21世纪新概念全能实战规划教材

中文版 After Effects 2022 基础教程

凤凰高新教育◎编著

内容简介

After Effects是美国Adobe公司推出的一款影视编辑软件，其特效制作功能非常强大，适用于电视栏目包装、影视广告制作、三维动画合成、电视剧特效合成等领域。After Effects 2022 是该软件的最新版本，不仅保留了前期版本的强大功能，还增加了许多非常实用的新功能。

本书以案例为引导，系统、全面地讲解了After Effects 2022 视频处理与制作的相关功能及技能应用，内容包括After Effects 2022 快速入门、添加与管理素材、图层的操作及应用、蒙版工具与动画制作、文字特效动画的创建及应用、创建与制作动画、常用视频效果设计与制作、图像色彩调整与抠像、三维空间效果、视频的渲染与输出等。在本书的最后，笔者设置了一章商业案例实训内容，以期帮助读者显著提升After Effects 2022 视频编辑与制作的综合实战技能水平。

全书内容由浅入深，写作语言通俗易懂，实战案例丰富多样，且对每个操作步骤的介绍都清晰准确，特别适合广大职业院校及计算机培训学校作为相关专业的教材用书，同时适合作为广大After Effects初学者、视频编辑爱好者的学习参考书。

图书在版编目(CIP)数据

中文版After Effects 2022基础教程 / 凤凰高新教育编著. — 北京：北京大学出版社，2023.8
ISBN 978-7-301-34008-0

Ⅰ. ①中… Ⅱ. ①凤… Ⅲ. ①图像处理软件 – 教材 Ⅳ. ①TP391.413

中国国家版本馆CIP数据核字（2023）第089245号

书　　名 中文版After Effects 2022基础教程
ZHONGWENBAN After Effects 2022 JICHU JIAOCHENG
著作责任者 凤凰高新教育　编著
责任编辑 滕柏文
标准书号 ISBN 978-7-301-34008-0
出版发行 北京大学出版社
地　　址 北京市海淀区成府路205 号　100871
网　　址 http://www.pup.cn　新浪微博: @ 北京大学出版社
电子邮箱 编辑部 pup7@pup.cn　总编室 zpup@pup.cn
电　　话 邮购部 010-62752015　发行部 010-62750672　编辑部 010-62570390
印 刷 者 三河市北燕印装有限公司
经 销 者 新华书店
787毫米×1092毫米　16开本　19.75印张　476千字
2023年8月第1版　2023年8月第1次印刷
印　　数 1-3000册
定　　价 69.00元

After Effects是优秀的视频特效处理软件，适合从事视频特效设计和视频特效制作的机构使用，包括电视台、动画制作公司、个人后期制作工作室、多媒体工作室等。在新兴的用户群（如网页设计师和图形设计师）中，也开始有越来越多的人使用After Effects。After Effects 2022不仅保留了前期版本的强大功能，还增加了许多非常实用的新功能。

本书特色

本书以案例为引导，系统、全面地讲解了After Effects 2022视频编辑与制作的相关功能及技能应用。本书具有以下特色。

由浅入深，通俗易懂。书中实战案例丰富多样，且对每个操作步骤的介绍都清晰准确，特别适合广大职业院校及计算机培训学校作为相关专业的教材用书，同时适合作为广大After Effects初学者、视频编辑爱好者的学习参考书。

内容全面，轻松易学。本书内容翔实，系统全面，采用“步骤讲述+配图说明”的方法进行编写，操作介绍简单明了，浅显易懂。本书配套赠送书中所有案例的素材文件与最终效果文件，同时提供对书中内容进行同步讲解的多媒体教学视频，帮助读者轻松、高效地学会使用After Effects 2022进行视频编辑与制作。

案例丰富，实用性强。全书包括23个“课堂范例”，帮助初学者认识并掌握相关工具、命令的实战应用；设置34个“课堂问答”，帮助初学者解决学习过程中的疑难问题；设置10个“上机实战”和10个“同步训练”综合案例，帮助初学者提升实战技能水平；除了第11章（实训章），本书每章后都设置了“知识能力测试”练习题，认真完成这些练习题，有助于初学者巩固所学的知识、技能（提示：相关习题答案可以通过网盘下载，方法在随后的“配套资源与下载说明”板块中介绍）。

本书知识结构图

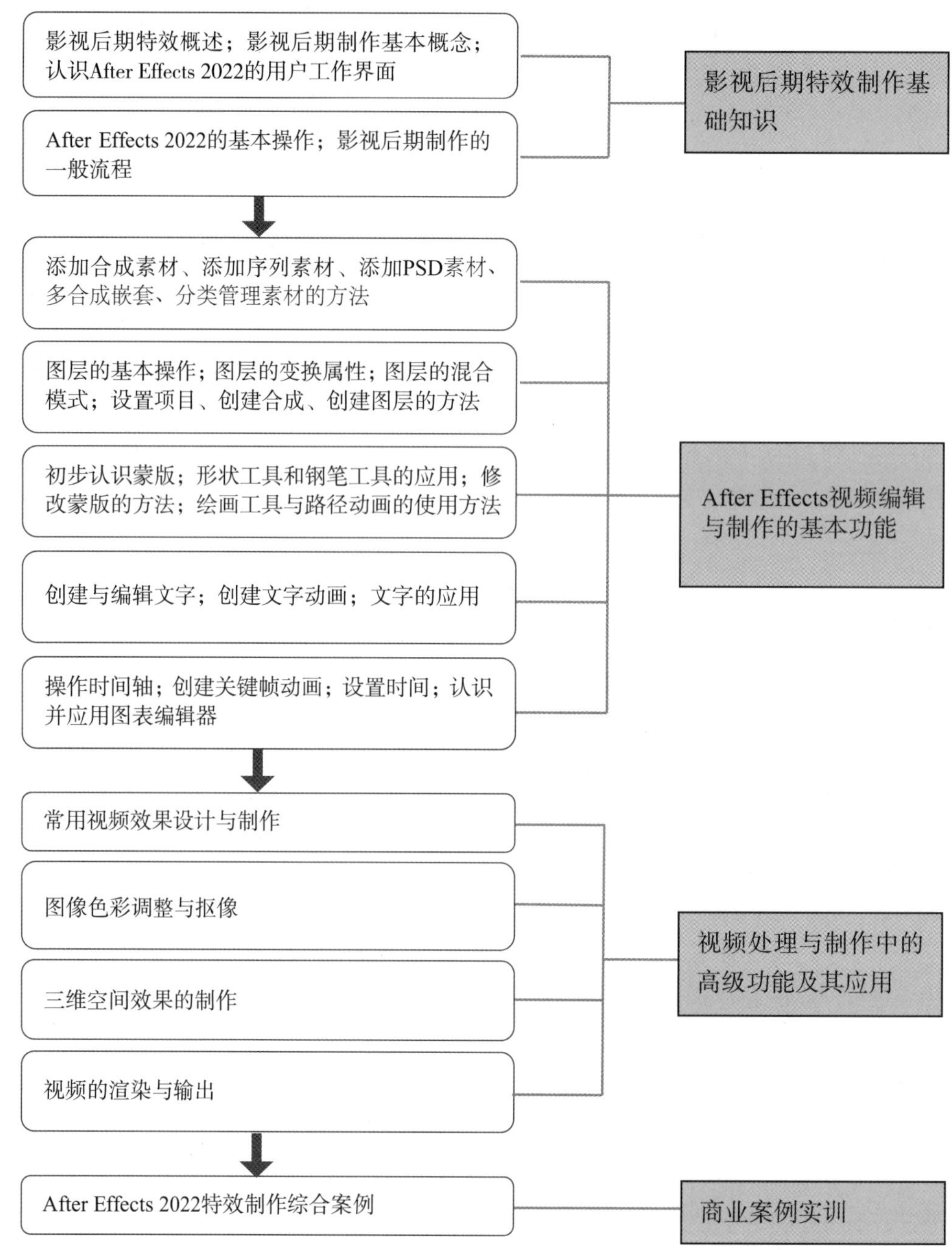

教学课时安排

本书综合介绍 After Effects 2022 的功能及应用，现给出使用本书进行教学的参考课时（共 70 课时），包括教师讲授（41 课时）和学生上机实训（29 课时），具体见下表。

章节内容	课时分配	
	教师讲授（课时）	学生上机（课时）
第 1 章　After Effects 2022 快速入门	2	2
第 2 章　添加与管理素材	3	3
第 3 章　图层的操作及应用	4	3
第 4 章　蒙版工具与动画制作	5	4
第 5 章　文字特效动画的创建及应用	4	2
第 6 章　创建与制作动画	4	2
第 7 章　常用视频效果设计与制作	5	3
第 8 章　图像色彩调整与抠像	3	2
第 9 章　三维空间效果	3	2
第 10 章　视频的渲染与输出	2	2
第 11 章　商业案例实训	6	4
合计	41	29

配套资源与下载说明

本书配套的学习资源和教学视频如下，读者可以自行下载使用。

1. 素材文件

本书中所有章节案例的素材文件，全部收录在网盘中的“\素材文件\第*章\”文件夹中。读者学习时，可以根据图书讲解内容，打开对应的素材文件进行同步操作练习。

2. 结果文件

本书中所有章节案例的结果文件，全部收录在网盘中的“\结果文件\第*章\”文件夹中。读者学习时，可以打开结果文件，查看案例完成效果，为操作练习提供帮助。

3. 视频教学文件

本书为读者提供了与书中案例同步的视频教程，读者可以使用视频播放软件（Windows Media Player、暴风影音等），打开每章对应的视频教学文件进行学习。

4. PPT 课件

本书为教师提供了配套的PPT教学课件，教师选择本书作为教材，不用担心没有教学课件，自己也不必再耗费精力制作课件内容，使用起来十分方便。

5. 习题答案

“习题答案汇总”文件为读者提供每章后面的“知识能力测试”的参考答案，以及本书“知识与能力总复习题”的参考答案。

6. 其他赠送资源

为了提高读者的软件应用水平，本书作者团队整理、编排了《设计专业软件在不同行业中的学习指导》电子书，方便读者结合其他软件，灵活掌握设计技巧，学以致用。

温馨提示：读者可以使用手机微信扫描下方二维码，关注微信公众号，输入本书77页的资源下载码，获取以上资源的下载地址及密码。

创作者说

在本书的编写过程中，我们竭尽所能地为读者呈现最好、最全的实用功能，但仍难免有疏漏和不妥之处，敬请广大读者不吝指正。若您在学习过程中产生疑问或有任何建议，可以通过E-mail与我们联系。

读者邮箱：pup7@pup.cn。

编　者

CONTENTS 目录

第1章 After Effects 2022 快速入门

第2章 添加与管理素材

第3章 图层的操作及应用

第4章 蒙版工具与动画制作

第5章 文字特效动画的创建及应用

After Effects 2022

第1章 After Effects 2022快速入门

1

电影、电视、网络视频等是当前极为大众化、极具影响力的媒体形式，数字技术也全面进入影视制作领域，计算机逐步取代许多过时的影视设备，在影视制作各个环节发挥着重要作用。本章将详细介绍有关After Effects影视后期特效制作合成的基础知识。

学习目标

- 认识影视后期特效并了解影视后期特效制作合成软件
- 认识 After Effects 2022 的用户工作界面
- 熟练掌握 After Effects 2022 的基本操作
- 熟练掌握影视后期制作的一般流程

1.1 影视后期特效概述

后期特效技术被广泛应用在影视制作中。特效制作，实质上是在已完成拍摄或已完成基础制作的素材中进行锦上添花的制作，实现现实生活中不可能存在或很难拍摄的效果。

1.1.1 什么是影视后期特效

随着计算机技术的应用与普及，影视制作方式发生了全新的改变。如今，越来越多的计算机制作效果被应用于影视作品，在影视后期特效制作合成领域产生了深远的影响，如平常看到的电影、广告、天气预报等，都有后期特效制作合成的影子。如今，电影中的各种特效让观众眼花缭乱，其实许多特效都是先由特技演员真实演绎，再进行后期特效制作合成的。例如，被很多电影爱好者及影视后期制作者津津乐道的《复仇者联盟》中的很多场景及人物效果，就是用后期特效制作合成技术制作的，如图 1-1 所示。

图 1-1 用后期特效制作合成技术制作的特效

1.1.2 影视后期特效制作合成的常用软件

对于影视后期特效制作合成来说，目前使用的大多是非线性编辑软件，国内使用人数较多、使用范围较广的是Adobe系列软件。当然，根据不同的剪辑需要和不同的内容，软件的选择也有所不同。现在很多人在使用的会声会影、爱剪辑等软件，属于非专业的剪辑软件，这里不做赘述。下面详细介绍几款专业的影视后期特效制作合成软件。

1. Houdini

Houdini是Side Effects Software公司的旗舰级产品，是创建高级视觉效果的终极工具。因为Houdini具备横跨公司整个产品线的能力，所以Houdini Master为想让计算机动画更加精彩的用户提供了强大的制作能力。Houdini在特效制作合成方面功能非常强大，许多电影特效是由它制作合成的，如《指环王》中甘道夫放的魔法礼花和水马冲垮戒灵的场面、《后天》中的龙卷风等。

2. Digital Fusion

Digital Fusion是Eyeon Software公司推出的运行于SGI工作站及Windows NT系统的专业非线性编辑软件，其强大的功能和便捷的操作远非普通非线性编辑软件可比，曾是许多电影大片的后期特效制作合成工具。例如，《泰坦尼克号》大量使用Digital Fusion制作合成特效。Digital Fusion具有真实的3D环境支持，拥有市场上最有效的3D粒子系统，通过3D硬件加速，在一个程序内就可以实现从Pre-Vis到finals的转变。Digital Fusion是真正的2D和3D协同终极合成器。

3. Shake

Shake是Apple公司推出的主要用于后期图像合成的处理软件，许多荣获奥斯卡奖项的影片使用Shake来获得最佳视觉效果。在影视后期制作中，Shake艺术家们可以在没有任何损害的情况下自由组合标准分辨率、HD或影片。因为支持8点、16点和32点（浮点）彩色分辨率，Shake能够以更高的保真度，合成高动态范围图像和CG元素。此外，Shake包含经制作验证的视觉效果工具，比如画面分层、轨迹跟进、蚀刻滚印效果，以及绘画、色彩校正、新的影片纹理图案模拟等。目前，Shake已处于停产状态，Apple公司不再对其进行升级更新。

4. Inferno/Flame/Flint

Inferno/Flame/Flint是由加拿大的Discreet公司开发的系列合成软件。该公司是数字合成软件业的佼佼者，其主打产品是运行在SGI平台上的Inferno/Flame/Flint系列软件，这3个软件分别是这个系列的高、中、低档产品。Inferno运行在多CPU的超级图形工作站ONYX上，一直是高档电影特技制作的主要工具；Flame运行在高档图形工作站OCTANE上，可以满足从高清晰度电视（HDTV）到普通视频等多种节目的制作需求；Flint主要用于制作电视节目。在合成方面，Inferno/Flame/Flint以Action功能为核心，提供面向层的合成方式，用户可以在真正的三维空间操作各层画面。

5. Combustion

Combustion是Discreet公司出品的高级特效软件，具备制作极具震撼力的视觉效果所需要的高运算速度和优良的可视化交互性能，提供了许多强有力的工具用于设计、合成等，最终实现创造性想象。Combustion的高级结构将图像加速、多处理器支持、多场景视图等有机地集成在一起，提出了台式机上可视化交互的新标准，用户可以使用无压缩的视频素材在与分辨率无关的工作区中进行合成工作。

6. After Effects

After Effects是Adobe公司出品的一款用于高端视频编辑系统的专业非线性编辑软件，借鉴了许多软件的成功之处，将视频编辑上升到了新的高度。层概念的引入，使After Effects可以对多层合成图像进行控制，制作出天衣无缝的合成效果；关键帧、路径概念的引入，使After Effects在控制高级的二维动画方面如鱼得水；高效的视频处理系统，确保了高质量视频的输出；令人眼花缭乱的光效和特技系统，则使After Effects能够实现使用者的更多创意。

After Effects保留有Adobe软件优秀的兼容性。在After Effects中，可以非常方便地调入Photoshop

和Illustrator的层文件，Premiere的项目文件也可以近乎完美地再现。在After Effects中，甚至可以调入Premiere的EDL文件。

1.2 影视后期制作基本概念

谈论影视后期制作前，要先明确有关视频信号的基本概念，比如，视频信号制式、逐行扫描、隔行扫描、帧速率、分辨率、像素比等。在明确基本概念的基础上，才能更好地了解影视后期制作的工具和技术，掌握它们在影视后期制作过程中的应用。

1.2.1 视频信号制式

世界各国使用的视频信号制式主要有NTSC、PAL和SECAM 3种，日本、韩国、美国等国家使用NTSC制式，中国大部分地区使用PAL制式，法国、俄罗斯等国家使用SECAM制式。目前，中国国内市场上正式进口的DV产品都是PAL制式。各国的视频信号制式不尽相同，制式的区分主要在于其帧频（场频）不同、分解率不同、信号带宽及载频不同、色彩空间的转换关系不同等。

- NTSC制式：1952年由美国国家电视系统委员会制定的彩色电视广播标准，采用正交平衡调幅的技术方式，故也称为正交平衡调幅制。
- PAL制式：联邦德国在1962年制定的彩色电视广播标准，采用逐行倒相正交平衡调幅的技术方法，克服了NTSC制式相位敏感、易造成色彩失真的缺点。根据不同的参数细节，可以进一步将PAL制式划分为PAL-G、PAL-I、PAL-D等制式，其中，PAL-D制式是我国大部分地区采用的制式。
- SECAM制式：SECAM意为顺序传送彩色信号与存储恢复彩色信号，是由法国在1956年提出、1966年制定的新型彩色电视制式。它同样克服了NTSC制式相位敏感的缺点，采用时间分隔法来传送两个色差信号。

1.2.2 逐行扫描与隔行扫描

显示器扫描方式通常分逐行扫描和隔行扫描两种。逐行扫描相对于隔行扫描来说是一种先进的扫描方式，指显示器对所显示图像进行扫描时，从屏幕左上角的第一行开始逐行进行，整个图像扫描一次完成。目前先进的显示器大多采用逐行扫描方式。隔行扫描则是每一帧被分割为两场，每一场包含一帧中所有的奇数扫描行或偶数扫描行的扫描方式，隔行扫描时，通常先扫描奇数行得到第一场，再扫描偶数行得到第二场。

隔行扫描是传统的电视扫描方式。按照我国的电视播出标准，一幅完整图像垂直方向由625条扫描线构成，分两次显示，先显示奇数场，再显示偶数场。由于线数是恒定的，所以屏幕越大，扫描线越粗，大屏幕的背投电视扫描线可能有几毫米宽，小屏幕的电视扫描线相对细一些。

逐行扫描是如今应用越来越多的电视扫描方式，按顺序一行一行地显示一幅图像，构成一幅图像的625行一次显示完成。由于每幅完整画面都由625条扫描线组成，观看电视时，扫描线几乎不可见。逐行扫描的垂直分辨率较隔行扫描提高了一倍，成功克服了隔行扫描时大面积闪烁的隔行扫描的缺点，使图像更为细腻、稳定，使用大屏幕电视观看时效果尤佳，即便是长时间、近距离观看，眼睛也不易疲劳。

1. 隔行扫描的缺点

传统的隔行扫描方式存在以下三个缺点：隔行扫描的场频接近人眼对闪烁的敏感频率，观看大面积浅色背景画面时会感到明显闪烁；隔行扫描的奇偶轮回会导致明显的扫描线间闪烁，观看文字信息时尤为明显；隔行扫描的奇偶轮回导致画面中出现明显的、排列整齐的行结构线，屏幕尺寸越大，行结构线越明显，会影响画面细节的体现和整体画面效果。

2. 逐行扫描的优点

逐行扫描方式独有非线性信号处理技术，能够将隔行扫描电视信号转换成480行扫描格式，将帧频由普通模拟电视的每秒25帧提高到每秒60～75帧，实现精确的运动检测和运动补偿，从而克服传统隔行扫描方式的三大缺点。我们可以来做一个比较，隔行扫描方式先在1/50秒的时间内扫描奇数行，再在紧跟着的1/50秒内扫描偶数行，而逐行扫描方式是在1/50秒内完成整幅图像的扫描。逐行扫描出来的画面清晰无闪烁，动态失真较小，若与逐行扫描电视、数字高清晰度电视配合使用，可以获得胜似电影的美妙画质。

1.2.3 帧速率

帧速率指每秒钟刷新的图片的帧数，可以理解为图形处理器每秒钟能够刷新几次。对影片内容而言，帧速率指每秒钟显示的静止帧格数。要生成平滑连贯的动画效果，帧速率一般不小于8帧/秒，而电影的帧速率为24帧/秒。捕捉动态视频内容时，此数字越大越好。

视频是由一系列单独图像（称之为帧）组成并放映到观众面前的屏幕上的，每秒钟放映24~30帧，才会产生平滑、连续的效果。正常情况下，一个或多个音频轨迹要与视频同步，以便为影片提供声音。

帧速率是描述视频信号的一个重要概念，对每秒钟扫描多少帧有一定的要求。对于PAL制式电视系统来说，帧速率为25帧/秒，而对于NTSC制式电视系统来说，帧速率为30帧/秒。虽然这些帧速率足以提供平滑的运动效果，但它们没有高到足以使视频显示避免闪烁的程度。根据实验，人的眼睛可觉察到刷新频率低于1/50秒的图像中的闪烁，如果要求帧速率提高到这种程度，则需要显著提高系统的频带宽度，这是相当困难的。

1.2.4 分辨率和像素比

分辨率和像素比是不同的概念。

分辨率可以从显示分辨率与图像分辨率两个方面来分类。显示分辨率（又称屏幕分辨率）是屏幕图像的精密度，指显示器所能显示的像素有多少。由于屏幕上的点、线和面都是由像素组成的，显示器可显示的像素越多，画面越精细，同样的屏幕区域内能显示的信息就越多。所以，显示分辨率是非常重要的性能指标之一。大家可以把整个图像想象成一个大型棋盘，显示分辨率就是所有经线和纬线交叉点的数目。在显示分辨率一定的情况下，显示屏越小，图像越清晰；在显示屏大小一定的情况下，显示分辨率越高，图像越清晰。图像分辨率则是单位英寸中包含的像素点数，其定义更趋近于分辨率本身的定义。

像素比指图像中一个像素的宽度与高度之比，帧纵横比则指图像中一帧的宽度与高度之比。例如，某些D1/DV NTSC图像的帧纵横比是4:3，使用方形像素（1.0像素比）的分辨率是640×480，使用矩形像素（0.9像素比）的分辨率则是720×480。DV大多使用矩形像素，在NTSC制式视频中是纵向排列的，在PAL制式视频中则是横向排列的。使用计算机图形软件制作生成的图像大多使用方形像素。

1.2.5 视频压缩

视频压缩也称编码，是一种相当复杂的数学运算过程，其操作目的是通过减少文件的数据冗余，节省数据存储空间、缩短数据处理时间、节约数据传输通道等。根据不同应用领域的实际需要，不同的信号源及其存储和传播的媒介决定了视频压缩的方式，压缩比率和压缩效果各不相同。

视频压缩的方式大致分为两种。一种是利用数据之间的相关性，根据相同或相似的数据特征对数据进行归类，用较少的数据描述原始数据，以减少数据量，这种压缩通常为无损压缩；另一种是利用人的视觉和听觉特性，有针对性地简化不重要的信息，以减少数据量，这种压缩通常为有损压缩。即使是同一种AVI格式的影片，也可以用不同的视频压缩方式进行处理。

视频格式有很多，常用的有AVI、WMA、MOV、RM、RMVB、MPEG等几种格式。即便是同一种AVI或MOV格式的视频，也可以有多种不同的压缩方式。在众多的AVI视频压缩方式当中，NONE清晰度最高，但是文件容量最大。

1.3 认识After Effects 2022的用户工作界面

After Effects 2022允许定制工作区布局，用户可以根据工作的需要，移动或重新组合工作区中的工具栏和面板。

1.3.1 菜单栏

菜单栏几乎是所有软件都有的重要界面要素之一，它包含软件全部功能的命令及操作。After Effects 2022中有9项菜单，分别为文件、编辑、合成、图层、效果、动画、视图、窗口、帮助，如图1-2所示。

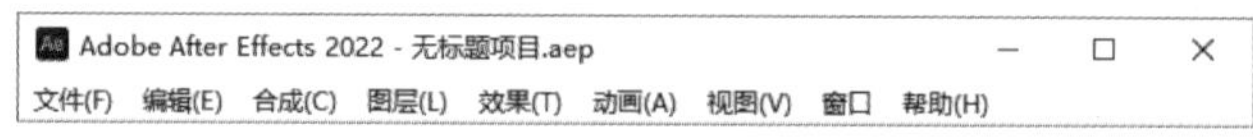

图1-2 After Effects 2022的菜单栏

1.3.2 【工具】面板

在菜单栏中选择【窗口】→【工具】命令，或者按【Ctrl+1】快捷键，即可打开或关闭【工具】面板，如图 1-3 所示。

【工具】面板中包含常用的编辑工具，使用这些工具，可以在【合成】面板中对素材进行编辑操作，如移动、缩放、旋转、输入文字、创建遮罩、绘制图形等。

在【工具】面板中，有些工具按钮的右下角有一个黑色的三角形符号，表示该工具选项组中包含隐藏工具，在该工具上按住鼠标左键不放，即可显示隐藏工具，如图 1-4 所示。

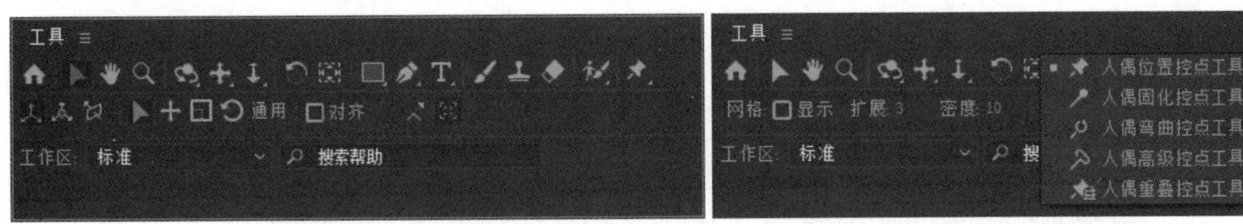

图 1-3　After Effects 2022 的【工具】面板　　图 1-4　显示隐藏工具

1.3.3 【项目】面板

【项目】面板位于界面左上角，主要用来组织、管理视频中所使用的素材。制作视频所使用的素材，都要导入【项目】面板，在此面板中，可以对素材进行预览。用户可以使用文件夹管理【项目】面板，将不同的素材分类导入不同的文件夹，以方便视频编辑操作，文件夹可以展开，也可以折叠。【项目】面板如图 1-5 所示。

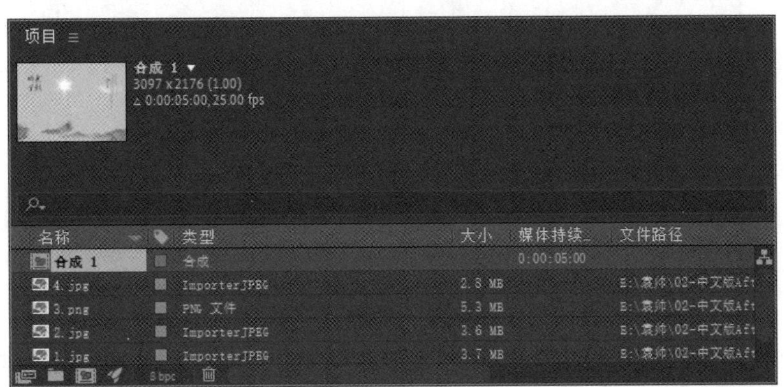

图 1-5　After Effects 2022 的【项目】面板

在素材目录区上方的列表名称栏中，有名称、类型等属性指示，表示每个素材不同的属性。下面分别详细介绍这些属性的含义。

- 名称：显示素材、合成或文件夹的名称，单击该图标，可将素材根据名称进行排序。
- 标记：显示不同的颜色，用于区分项目文件，单击该图标，可将素材根据标记进行排序。如果需要修改某个素材的标记颜色，可以单击素材右侧的颜色按钮，在弹出的快捷菜单中选择合适的颜色。

- 类型：显示素材的类型，如合成文件、图像文件或音频文件，单击该图标，可将素材根据类型进行排序。
- 大小：显示素材文件的大小，单击该图标，可将素材根据大小进行排序。
- 媒体持续时间：显示素材的持续时间，单击该图标，可将素材根据持续时间进行排序。
- 文件路径：显示素材的存储路径，以便进行素材的更新与查找，以及素材管理。

1.3.4 【合成】面板

【合成】面板是视频效果的预览区，如图 1-6 所示，进行视频项目制作时，它是最重要的面板，在该面板中，可以预览编辑视频时的每一帧效果。如果需要在【合成】面板中显示画面，必须将素材添加到时间线上，并将时间线滑块移动到当前素材的有效帧内。

图 1-6 After Effects 2022 的【合成】面板

1.3.5 【时间轴】面板

时间轴是工作界面的核心组成部分之一，在 After Effects 2022 中，动画设置基本是在【时间轴】面板中完成的，其主要功能是拖动时间指示标预览动画，同时对动画进行设置和编辑操作，如图 1-7 所示。

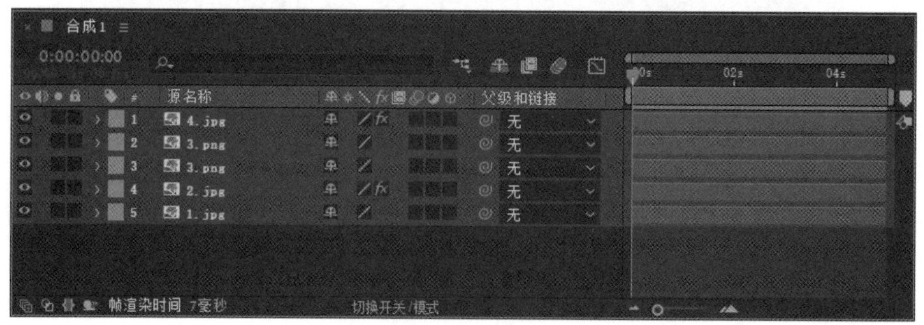

图 1-7 After Effects 2022 的【时间轴】面板

1.4 After Effects 2022的基本操作

After Effects 2022 中的每个项目都是存储在硬盘上的单独文件，其中存储了合成、素材，以及所有动画信息。一个项目可以包含多个合成和多个素材，合成中的层有些是通过导入的素材创建的，还有些是在After Effects 2022 中直接创建的图形图像文件。

1.4.1 创建与打开项目

编辑视频文件前，要创建一个项目，确定项目名称及用途。创建项目后，如果用户需要打开另一个项目，After Effects 2022 会提示是否要保存对当前项目的修改，用户确定后，After Effects 2022 才会将项目关闭。下面详细介绍创建与打开项目的操作方法。

步骤 01 启动After Effects 2022 软件，在菜单栏中选择【文件】→【新建】→【新建项目】命令，如图 1-8 所示。

步骤 02 创建项目后，在菜单栏中选择【文件】→【打开项目】命令，如图 1-9 所示。

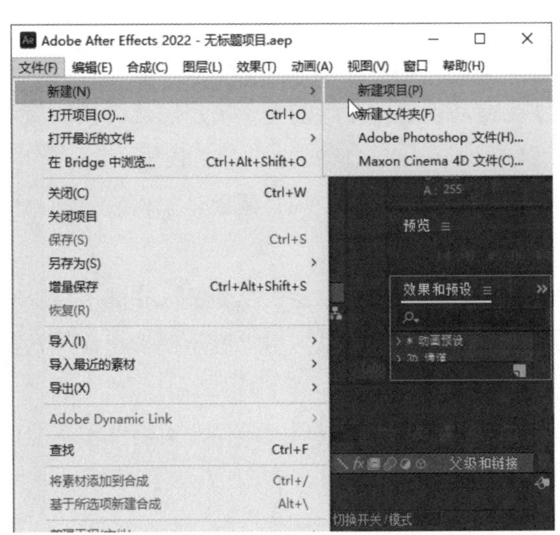

图 1-8 选择【新建项目】命令

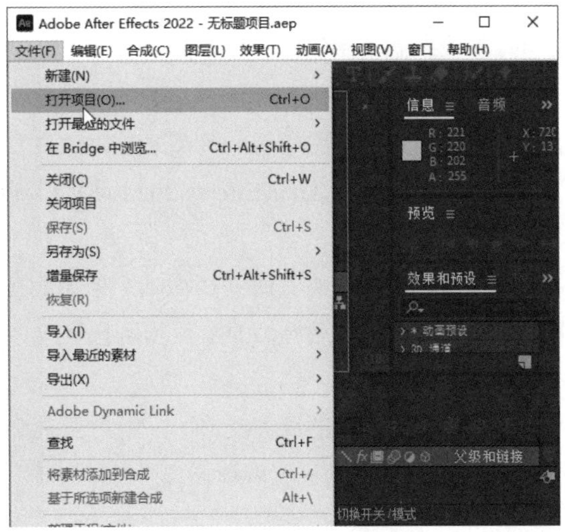

图 1-9 选择【打开项目】命令

步骤 03 在弹出的【打开】对话框中选择要打开的项目文件，单击【打开】按钮，如图 1-10 所示。

步骤 04 完成以上操作后，所选择的项目文件即可被打开，如图 1-11 所示，完成创建与打开项目的操作。

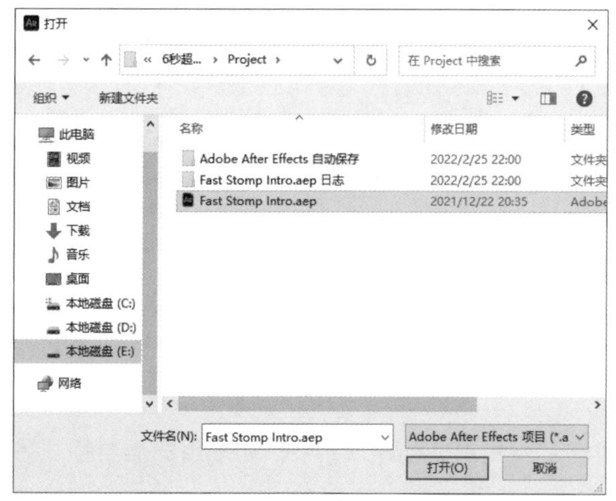

图 1-10　选择要打开的项目文件并单击【打开】按钮

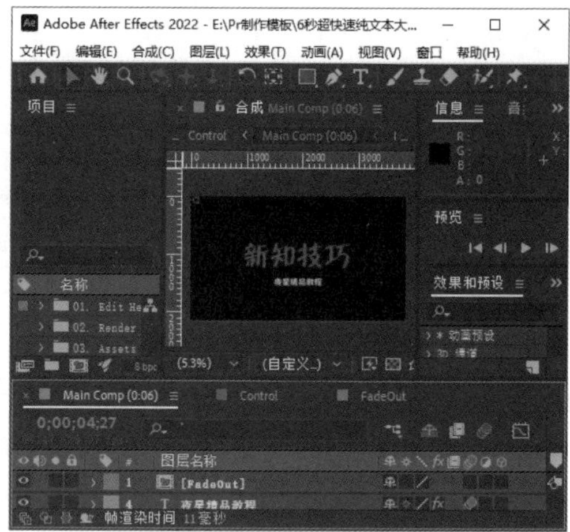

图 1-11　打开所选择的项目文件

1.4.2 项目模板与项目示例

项目模板是存储在硬盘上的单独文件，以.aet作为文件扩展名。用户可以调用许多After Effects 2022 预置项目模板，如DVD菜单模板，这些项目模板可以作为用户制作项目的基础。用户可以在项目模板的基础上添加自己的设计元素，也可以为当前项目创建新模板。

当用户打开一个项目模板时，After Effects 2022 会自动创建一个新的基于用户所选择模板的未命名项目。用户编辑完毕后，保存这个项目并不会影响到After Effects 2022 的项目模板。

当用户打开一个After Effects 2022 项目模板时，如果想要了解这个项目模板是如何创建的，可以使用以下方法。

打开一个合成，将其时间线激活，使用【Ctrl+A】快捷键将所有层选中后，按【U】键，可以展开图层中所有设置了关键帧的参数和所有修改过的参数，这些参数可以向用户展示模板设计师究竟做了哪些工作。

如果有些模板中的层被锁定了，用户无法对其进行展开参数操作或修改操作，需要单击层左边的【锁定】按钮🔒对其进行解锁。

1.4.3 保存与备份项目

制作完项目及合成文件后，用户需要及时对项目文件进行保存与备份，以免计算机出错或突然停电带来不必要的损失，下面详细介绍保存与备份项目文件的操作方法。

步骤 01　如果是新创建的项目文件，可以在菜单栏中选择【文件】→【保存】命令，如图 1-12 所示。

步骤 02　在弹出的【另存为】对话框中选择准备保存文件的位置，并且为文件设置文件名及保存类型，完成操作后单击【保存】按钮即可，如图 1-13 所示。

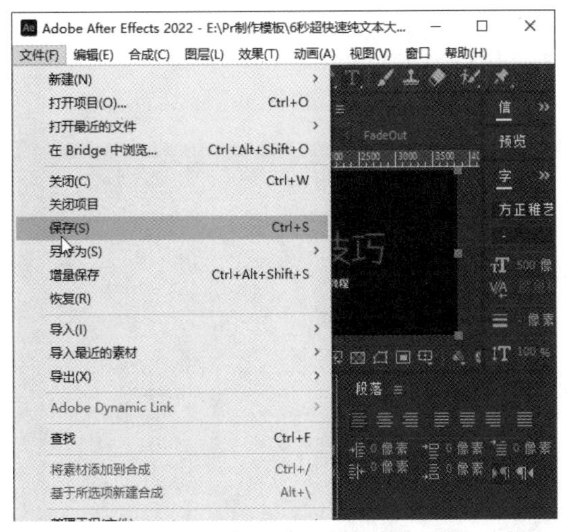

图 1-12 选择【保存】命令

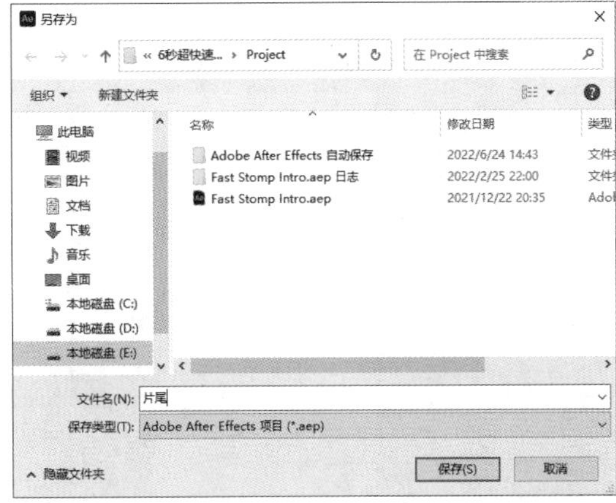

图 1-13 选择保存位置并设置文件名及保存类型

步骤 03 如果希望将项目保存为XML项目的副本，用户可以在菜单栏中选择【文件】→【另存为】→【将副本另存为XML】命令，如图 1-14 所示。

步骤 04 在弹出的【副本另存为XML】对话框中选择准备保存文件的位置，并且为文件设置文件名及保存类型，完成操作后单击【保存】按钮即可，如图 1-15 所示。

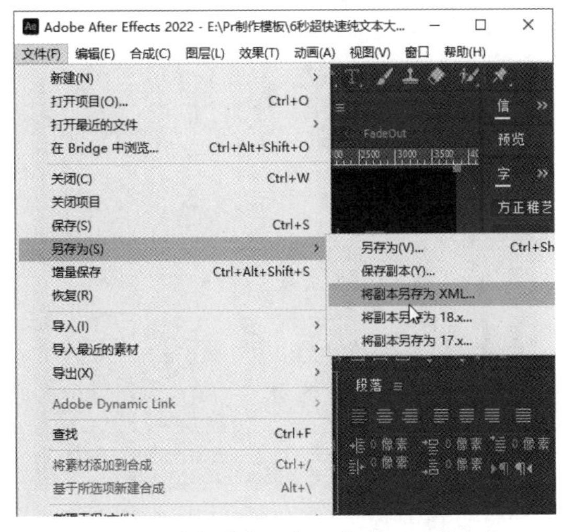

图 1-14 选择【将副本另存为XML】命令

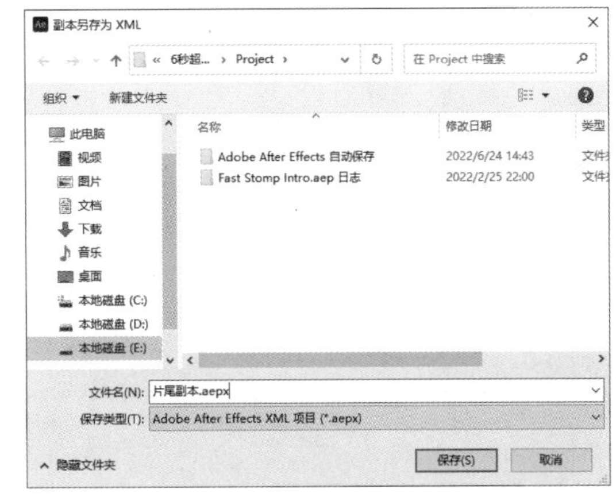

图 1-15 选择保存位置并设置文件名及保存类型

课堂范例——设置工作界面

本案例主要介绍After Effects 2022 中面板的操作方法，通过学习本案例，读者可以掌握独立显示和重置面板的操作方法。

步骤 01 启动After Effects 2022 后，在【合成】面板中单击▤按钮，在弹出的下拉菜单中选择【浮动面板】命令，如图 1-16 所示。

步骤 02　完成以上操作后，即可看到【合成】面板以独立的对话框形式显示，如图 1-17 所示。

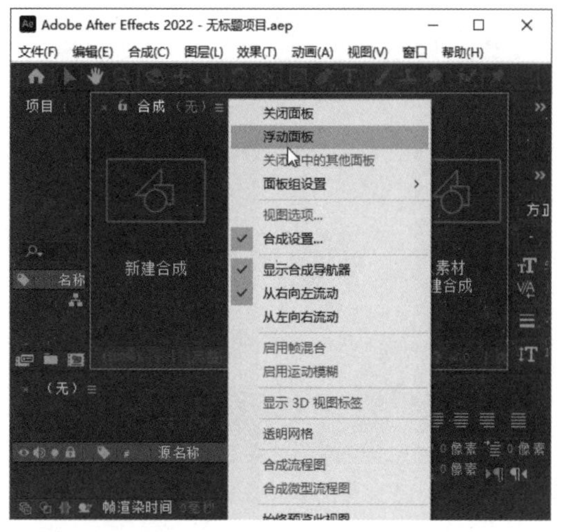

图 1-16　选择【浮动面板】命令

图 1-17　以独立的对话框形式显示【合成】面板

步骤 03　关闭【合成】对话框，在菜单栏中选择【窗口】→【工作区】→【将“标准”重置为已保存的布局】命令，如图 1-18 所示。

步骤 04　完成以上操作后，After Effects 2022 界面即可恢复到初始状态，如图 1-19 所示。

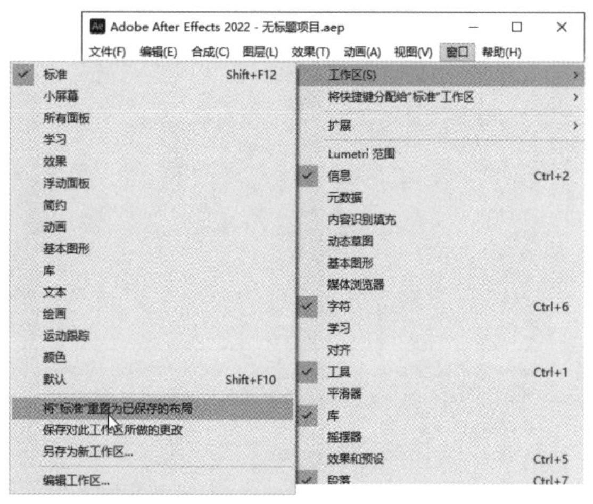

图 1-18　选择【将“标准”重置为已保存的布局】命令

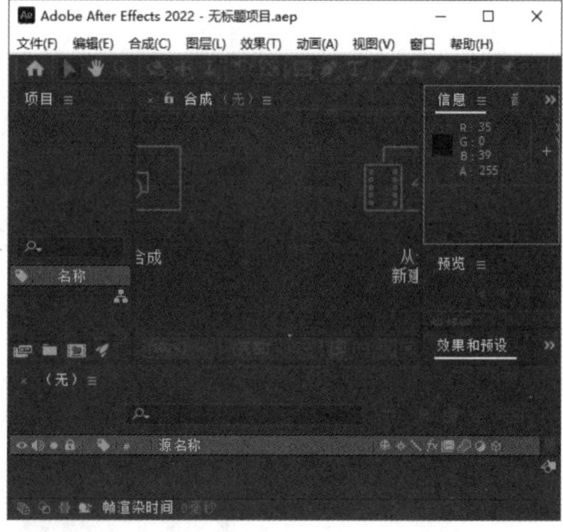

图 1-19　界面恢复到初始状态

影视后期制作的一般流程

无论用户使用After Effects 2022创建特效合成还是关键帧动画，或者仅使用After Effects 2022制作简单的文字效果，各种操作都要遵循相同的工作流程。

1.5.1 导入素材

用户创建一个项目后，需要将素材导入【项目】面板中。After Effects 2022 会自动识别常见的媒体格式，但是用户需要自己定义素材的属性，如像素比、帧速率等。用户可以在【项目】面板中查看每个素材的信息，并设置素材的出入点以匹配合成。

1.5.2 创建项目合成

用户可以创建一个或多个合成，任何导入的素材都可以作为层的源素材导入合成中。用户可以在【合成】面板中排列和对齐所导入的层，可以在【时间轴】面板中调整它们的时间排序或设置动画，还可以设置层是二维层还是三维层，以及是否需要真实的三维空间感。用户可以使用遮罩、混合模式，以及各种抠像工具来进行多层合成，也可以使用形状层、文本层或绘画工具创建需要的视觉元素，最终完成需要的合成创建或视觉效果制作。

1.5.3 添加效果

用户可以为层添加一个或多个特效，通过这些特效制作视觉效果和音频效果，或通过简单的拖曳创建美妙的时间元素。用户可以在After Effects 2022 中应用数以百计的预置特效、预置动画与图层样式，可以使用调整好的特效并将其保存为预设特效，还可以为特效设置关键帧动画，制作更丰富的视觉效果。

1.5.4 设置关键帧

用户可以修改层的属性，如大小、位移、透明度等。使用关键帧或表达式，用户可以在任何时间修改层的属性，完成对动画效果的制作，甚至可以通过跟踪或稳定面板，让一个元素跟随另一个元素运动，或让一个晃动的画面静止。

1.5.5 预览画面

使用After Effects 2022 在用户的计算机显示器上预览合成效果是非常快速和高效的。即使是非常复杂的项目，用户也可以使用OpenGL技术加快渲染速度。用户可以通过修改渲染的帧速率或分辨率来改变渲染速度，也可以通过限制渲染区域或渲染时间来达到类似改变渲染速度的效果。通过色彩管理，用户可以在不同设备上预览影片的显示效果。

1.5.6 渲染输出视频

用户可以定义影片的合成并通过渲染队列将其输出。不同的设备需要不同的合成，用户可以创建标准的电视或电影格式的合成，也可以自定义合成，最终通过After Effects 2022 强大的输出模块将其输出为用户需要的影片编码格式。After Effects 2022 预置多种输出设置，并支持渲染队列与联机渲染。

课堂问答

通过对本章内容的学习，相信读者对影视后期特效、影视后期制作、After Effects 2022 的用户工作界面和After Effects 2022 的基本操作有了一定的了解，下面列出一些常见问题，供读者学习参考。

问题 1：如何调整面板大小？

答：使用After Effects 2022 时，用户可以调整面板的大小，使工作空间的结构更加紧凑，节约空间资源，下面详细介绍调整面板大小的操作方法。

选择准备调整的面板，将鼠标指针移动至左右两个面板之间，当鼠标指针变为左右双向箭头时，按住鼠标左键后拖曳鼠标向左或向右移动，即可调整面板的大小，如图 1-20 所示。

完成调整面板大小的操作后，效果如图 1-21 所示。

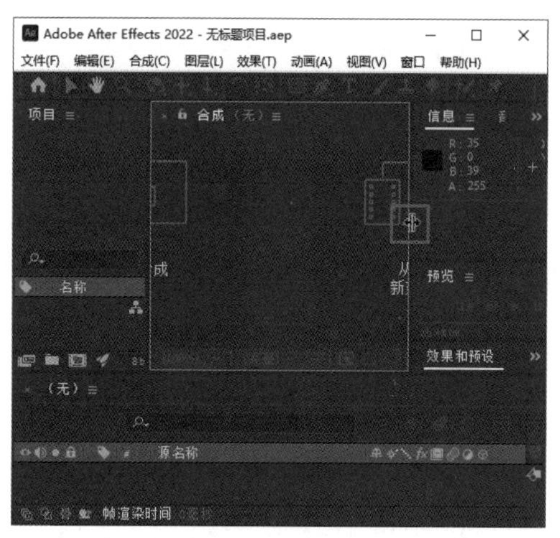

图 1-20 拖曳鼠标调整面板的大小

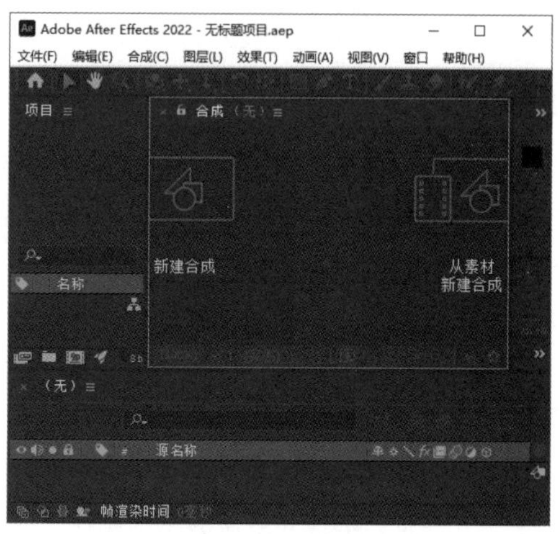

图 1-21 调整后的效果

> **技能拓展**
>
> 选择准备调整的面板，将鼠标指针移动至上下两个面板之间，当鼠标指针变为上下双向箭头时，按住鼠标左键后拖曳鼠标向上或向下移动，即可调整面板的高度。

问题 2：如何快速新建、导入文件？

答：在【项目】面板的空白区域右击鼠标，在弹出的快捷菜单中选择目标命令，即可快速新建、导入文件，如图 1-22 所示。

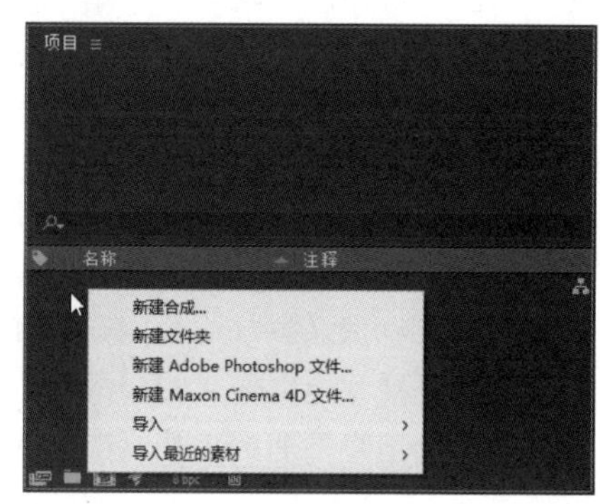

图 1-22 快速新建、导入文件

问题 3：After Effects 2022 软件的界面颜色太暗，可以调整界面颜色吗？

答：After Effects 2022 软件的默认界面颜色为黑色，使用时，用户可以自定义界面颜色。合理地调整界面颜色不仅可以缓解眼睛疲劳，还可以更加清晰地分辨各个区域，下面详细介绍调整界面颜色的操作方法。

步骤 01 启动After Effects 2022 软件，在菜单栏中选择【编辑】→【首选项】→【外观】命令，如图 1-23 所示。

步骤 02 弹出【首选项】对话框，用户可以在【首选项】对话框中进行亮度调节、颜色加亮等界面颜色参数设置，如图 1-24 所示，完成设置后，单击【确定】按钮。

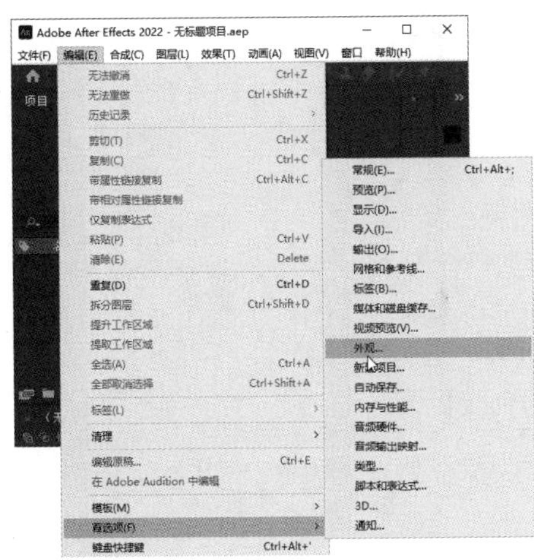

图 1-23 选择【外观】命令

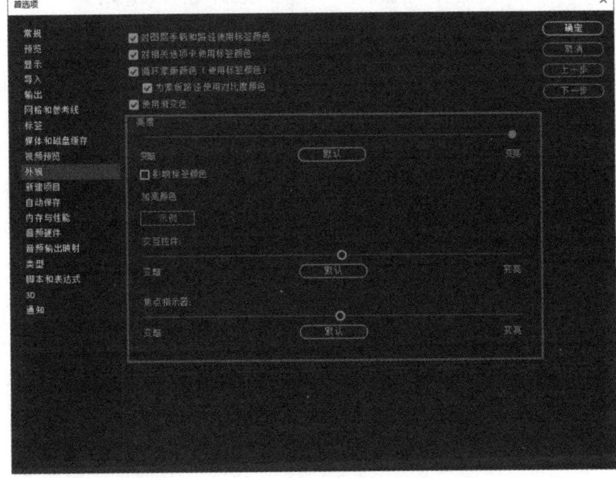

图 1-24 设置界面颜色参数

步骤 03 完成以上操作后，返回主界面，可以看到界面颜色已被调整，如图 1-25 所示，即完成了调整界面颜色的操作。

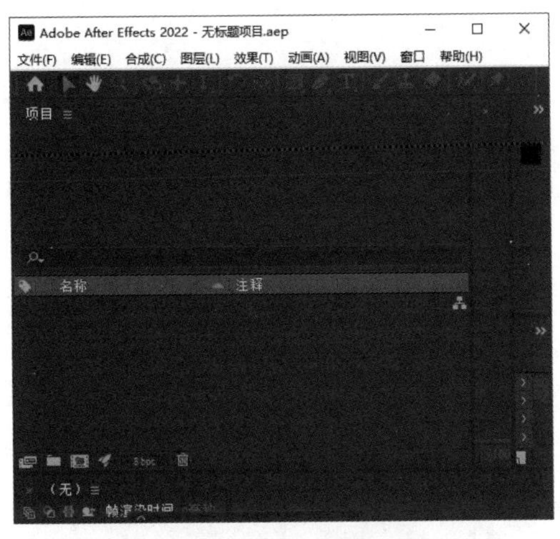

图 1-25 调整后的界面颜色

温馨提示

用户可以按下键盘上的【Ctrl+Alt+;】快捷键，快速打开【首选项】对话框，进行详细的参数设置。

上机实战——对文件进行打包

为了帮助读者巩固本章所学的知识，下面对一个上机实战案例进行分析与讲解。

效果展示

案例素材如图 1-26 所示，效果如图 1-27 所示。

图 1-26　素材

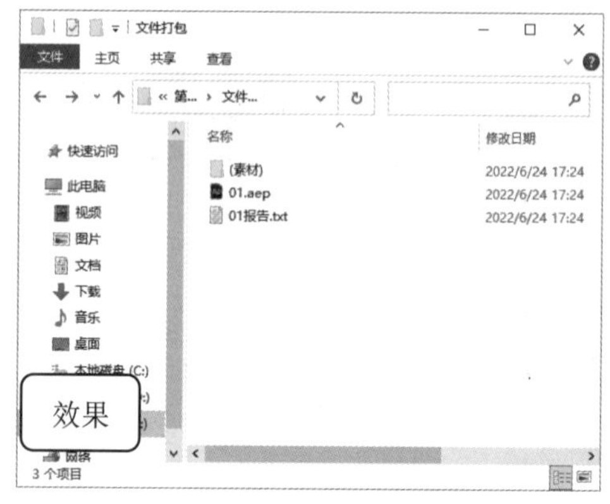

图 1-27　效果

思路分析

使用 After Effects 2022 中的“收集文件”功能，可以将所有用到的素材打包保存在一个文件夹中。打开本案例的素材文件后，只需要使用菜单栏执行简单的命令，即可快速完成文件打包操作。

制作步骤

步骤 01　打开“素材文件\第 1 章\01.aep”，在菜单栏中选择【文件】→【整理工程（文件）】→【收集文件】命令，如图 1-28 所示。

步骤 02　弹出【收集文件】对话框，在【收集源文件】下拉列表框中选择【全部】选项，单击【收集】按钮，如图 1-29 所示。

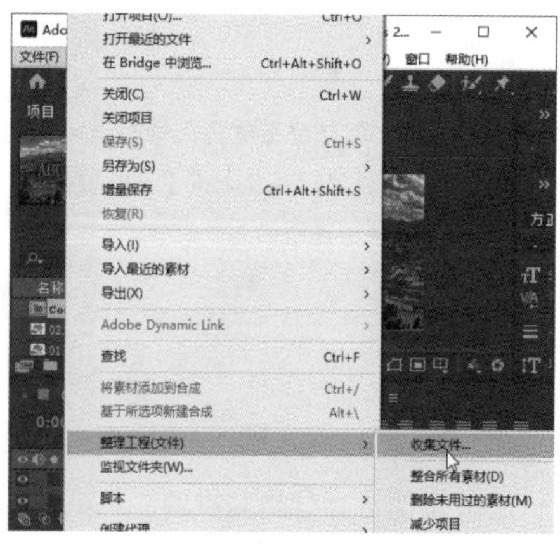

图 1-28　选择【收集文件】命令

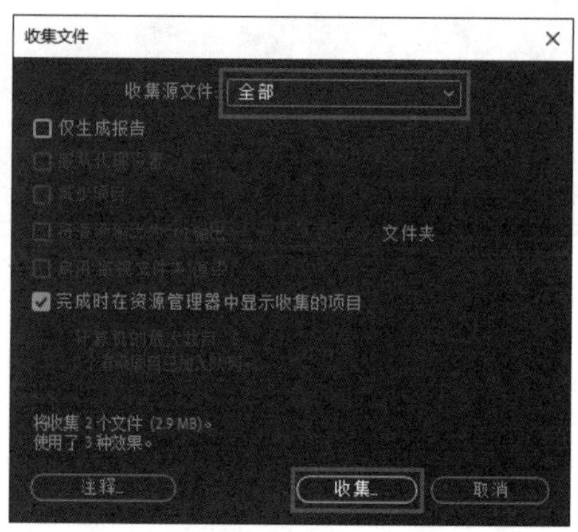

图 1-29　单击【收集】按钮

步骤 03　弹出【将文件收集到文件夹中】对话框，确定存放打包文件的路径，设置文件名，单击【保存】按钮，如图 1-30 所示。

步骤 04　完成以上操作后，系统会自动弹出打包后的文件夹，其中显示了打包的文件项目，如图 1-31 所示，即完成了文件打包操作。

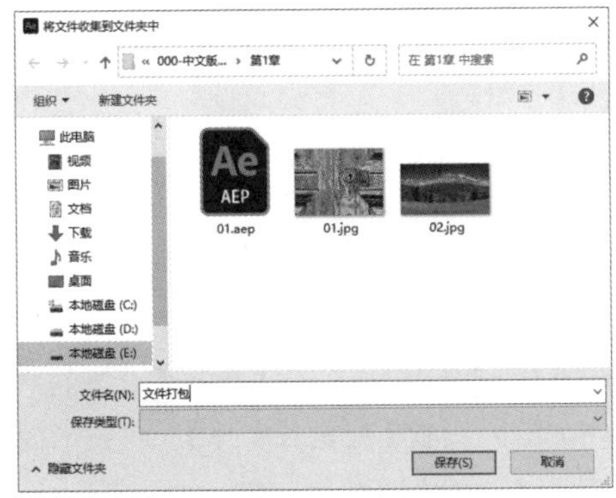

图 1-30　单击【保存】按钮

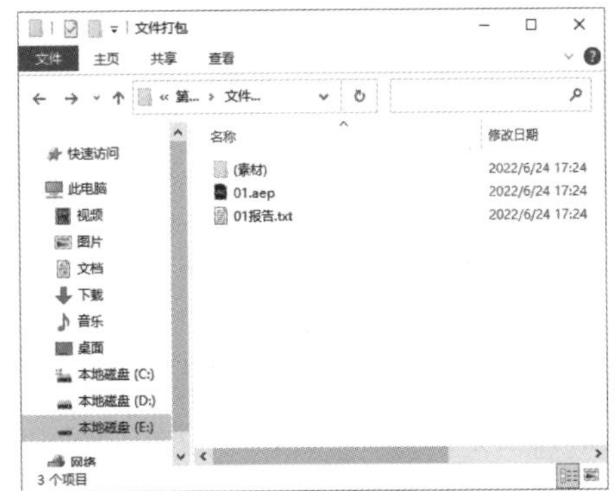

图 1-31　打包后的文件夹

同步训练——为素材添加一个调色类效果

完成对上机实战案例的学习后，为了提高读者的动手能力，下面安排一个同步训练案例，以期达到举一反三、触类旁通的学习效果。

图解流程

同步训练案例的流程图解如图 1-32 所示。

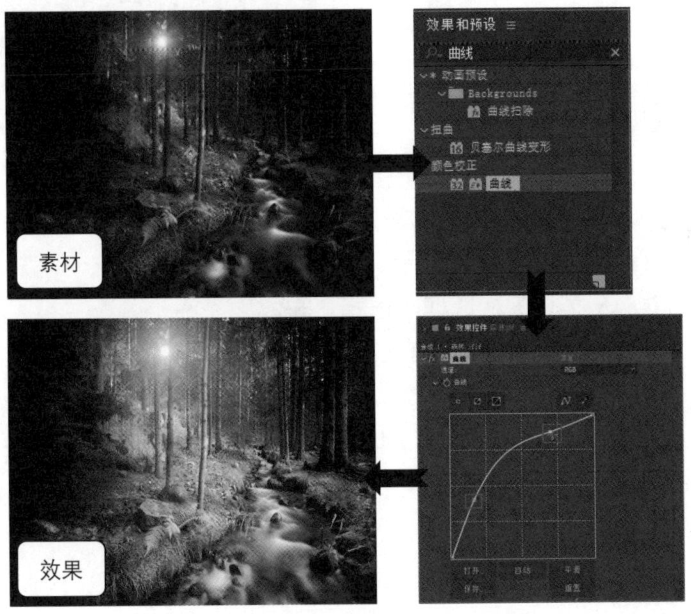

图 1-32　图解流程

思路分析

【效果控件】面板用于为图层添加效果，在该面板中可以选择图层，并修改图层效果中的各个参数。使用After Effects 2022，可以为素材添加调色类效果，并对素材效果进行色彩调整，以得到想要的效果。

本案例将首先新建一个合成，然后导入一个素材文件并拖曳到【时间轴】面板中，最后添加曲线效果并进行色彩调整，完成为素材添加一个调色类效果的操作。

关键步骤

步骤 01 新建一个项目文件后，右击【项目】面板的空白位置，在弹出的快捷菜单中选择【新建合成】命令，如图 1-33 所示。

步骤 02 弹出【合成设置】对话框，设置【合成名称】为“合成 1”，在【预设】下拉列表框中选择【自定义】选项，设置【宽度】为 960px、【高度】为 600px，设置【像素长宽比】为“方形像素”，设置【帧速率】为 25 帧/秒，设置【持续时间】为 5 秒，单击【确定】按钮，如图 1-34 所示。

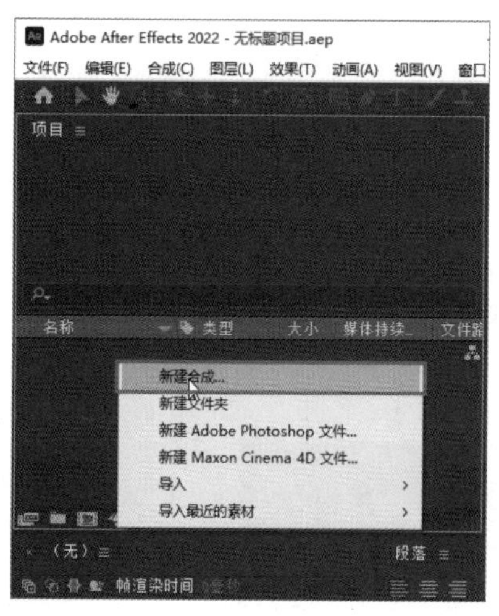

图 1-33　选择【新建合成】命令

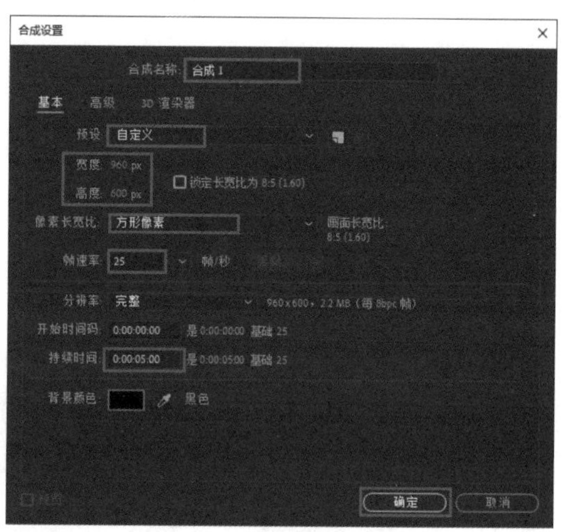

图 1-34　设置合成参数

步骤 03 创建合成后，在菜单栏中选择【文件】→【导入】→【文件】命令，如图 1-35 所示。

步骤 04 弹出【导入文件】对话框，选择“素材文件\第 1 章\森林.jfif”，单击【导入】按钮，如图 1-36 所示。

步骤 05 导入素材文件后，将【项目】面板中的素材文件拖曳到【时间轴】面板中，如图 1-37 所示。

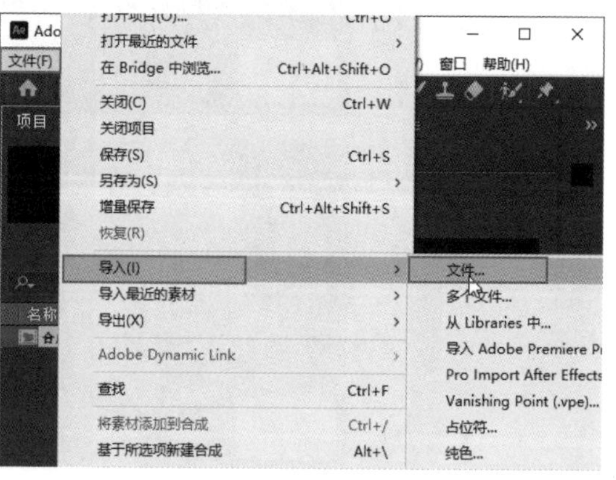

图 1-35　选择【文件】命令

图 1-36　选择素材文件

图 1-37　将素材文件拖曳到【时间轴】面板中

步骤 06　此时可以在【合成】面板中看到，素材图像的色彩比较暗淡。在界面右侧的【效果和预设】面板中搜索【曲线】效果，并将该效果拖曳到【时间轴】面板中的【森林.jfif】图层上，如图 1-38 所示。

步骤 07　选中【时间轴】面板中的素材图层后，在【效果控件】面板中的曲线上单击添加两个控制点，向左上方拖曳控制点，即可调整素材色彩，如图 1-39 所示。

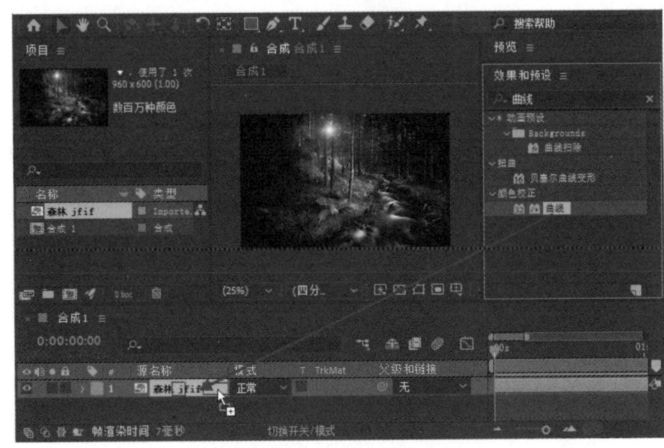
图 1-38　为图层添加效果

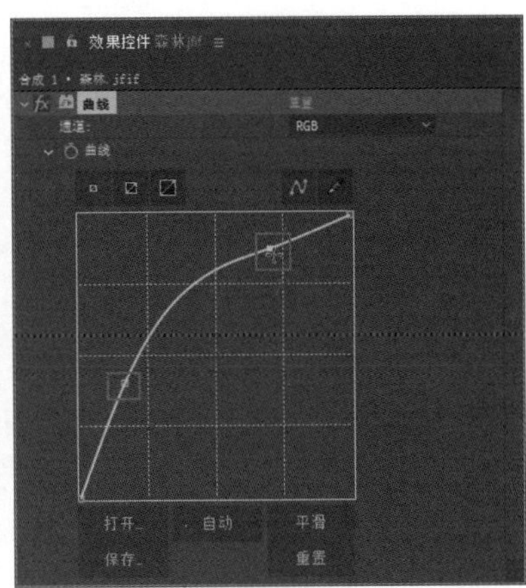
图 1-39　调整素材色彩

步骤 08　完成以上操作后，在【合成】面板中可以看到素材图像的色彩变亮了，如图 1-40 所示，即完成了为素材添加一个调色类效果的操作。

图 1-40　调整后的效果

知识能力测试

本章讲解了After Effects 2022影视后期特效及后期制作的基本知识及基础操作，为对知识进行巩固和考核，请读者完成以下练习题。

一、填空题

1. 世界各国使用的视频信号制式主要有______、______、______3种，中国大部分地区使用______制式，日本、韩国、美国等国家使用______制式，法国、俄罗斯等国家则使用______制式。

2. 显示器扫描方式通常分________和________两种。

3. 在显示分辨率一定的情况下，显示屏________，图像越清晰；在显示屏大小一定的情况下，显示分辨率________，图像越清晰。

二、选择题

1. 在菜单栏中选择【窗口】→【工具】命令，或者按（　　）快捷键，即可打开或关闭【工具】面板。

A.【Ctrl+2】　B.【Ctrl+1】　C.【Ctrl+3】　D.【Ctrl+4】

2.（　　）面板位于界面左上角，主要用来组织、管理视频中所使用的素材。

A.【项目】　B.【合成】　C.【素材】　D.【时间轴】

三、简答题

1. 如何创建与打开项目？

2. 如何调整面板大小？

After Effects 2022

第2章 添加与管理素材

完成项目创建后，需要在After Effects的【项目】面板中导入素材文件，因为素材是丰富多彩的视觉效果的基本构成元素。学会添加与管理素材是掌握After Effects软件的基础，本章具体介绍添加与管理素材的相关知识及操作方法。

学习目标

- 学会添加合成素材
- 学会添加序列素材
- 学会添加 PSD 素材
- 学会多合成嵌套
- 学会分类管理素材

2.1 添加合成素材

素材的导入非常关键，因为要想制作丰富多彩的视觉效果，仅凭借After Effects 2022 软件是不够的，还需要许多制作软件来辅助设计。用户可以将在其他制作软件中做出的不同类型、格式的图形、动画效果导入After Effects 2022 中进行应用。

2.1.1 应用菜单栏导入素材

进行视频编辑时，首要任务是导入要编辑的素材文件，下面详细介绍应用菜单栏导入素材的操作方法。

步骤 01 启动After Effects 2022 软件，在菜单栏中选择【文件】→【导入】→【文件】命令，如图 2-1 所示。

步骤 02 在弹出的【导入文件】对话框中，选择要导入的文件“素材文件\第 2 章\海上日落.mov”，单击【导入】按钮，如图 2-2 所示。

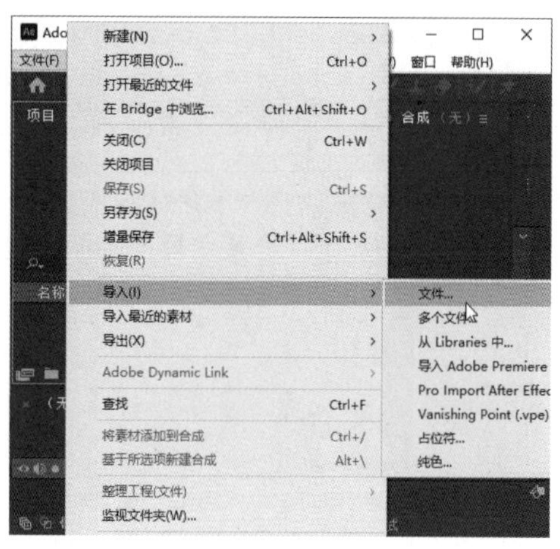

图 2-1 选择【文件】命令

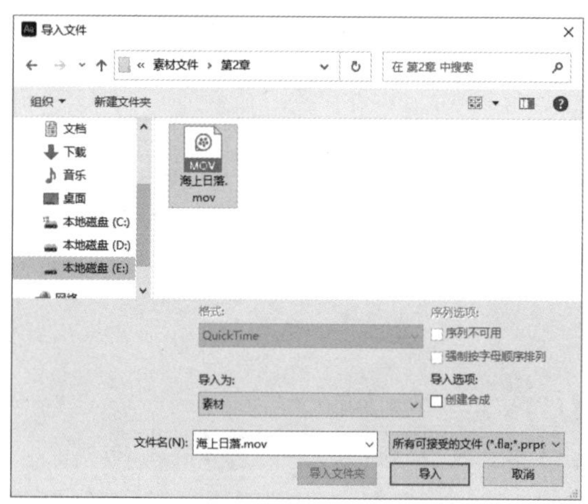

图 2-2 选择要导入的素材文件

步骤 03 在【项目】面板中，可以看到导入的素材文件，如图 2-3 所示，即完成了应用菜单栏导入素材的操作。

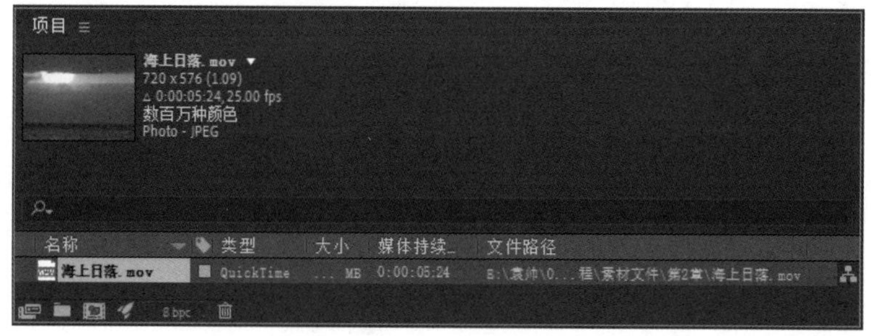

图 2-3 导入到【项目】面板中的素材文件

2.1.2 应用鼠标右键导入素材

除了可以应用菜单栏导入素材，用户还可以在【项目】面板的空白位置右击鼠标导入素材，下面详细介绍应用鼠标右键导入素材的操作方法。

步骤 01 在【项目】面板的空白位置右击鼠标，在弹出的快捷菜单中选择【导入】→【文件】命令，如图 2-4 所示。

步骤 02 弹出【导入文件】对话框，选择要导入的文件“素材文件\第 2 章\城市建筑在晚上照亮.mp4”，单击【导入】按钮，如图 2-5 所示。

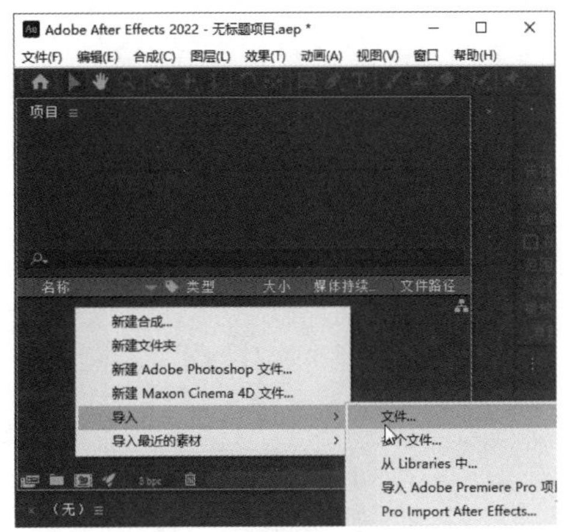

图 2-4 选择【文件】命令

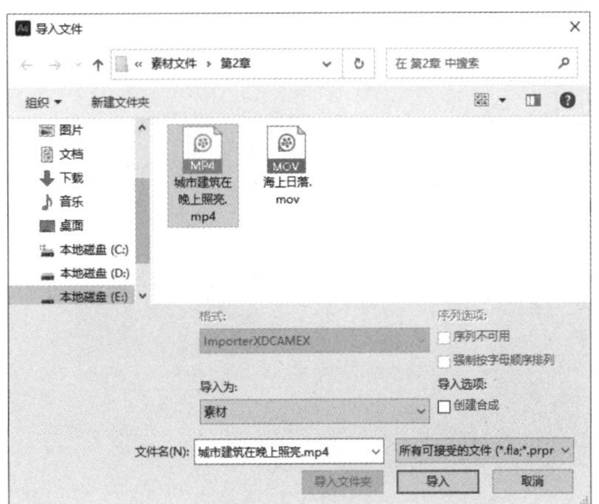

图 2-5 选择要导入的素材文件

步骤 03 在【项目】面板中，可以看到导入的素材文件，如图 2-6 所示，即完成了应用鼠标右键导入素材的操作。

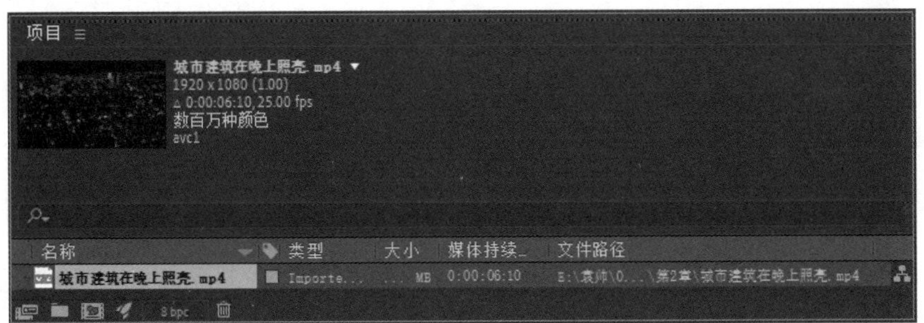

图 2-6 导入到【项目】面板中的素材文件

2.2 添加序列素材

序列是一种存储视频的方式。存储视频的时候，经常需要将音频和视频分别存储为单独的文件，以便再次进行组织和编辑。存储视频文件时，经常将每一帧存储为单独的图片文件，需要再次编辑的时候，将其以视频方式导入，这些图片被称为图像序列。

2.2.1 设置导入序列

很多文件格式可以作为序列进行存储，如JPEG、BMP等，一般存储为TGA序列。相比其他格式，TGA是最重要的序列格式。下面详细介绍设置导入序列的操作方法。

步骤 01 在【项目】面板的空白位置右击鼠标，在弹出的快捷菜单中选择【导入】→【文件】命令，如图2-7所示。

步骤 02 弹出【导入文件】对话框，定位到“素材文件\第2章\虾米”文件夹，单击导入序列的起始帧，勾选【Targa序列】复选框，单击【导入】按钮，如图2-8所示，即可将选择的序列文件导入。

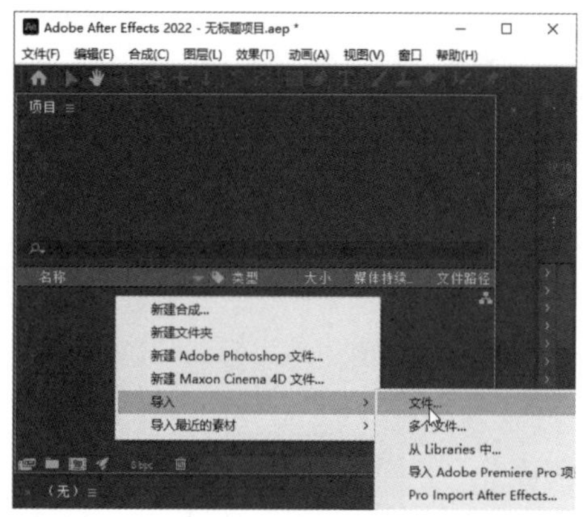

图 2-7 选择【文件】命令

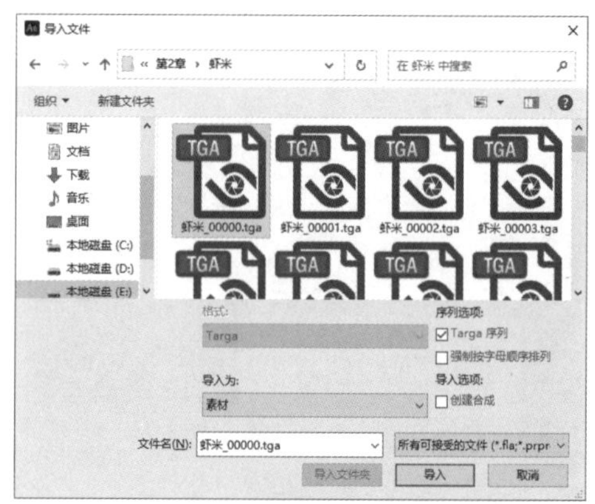

图 2-8 设置导入序列

2.2.2 设置素材通道

选择序列文件，单击【导入】按钮后，会弹出【解释素材】对话框，下面详细介绍设置素材通道的操作方法。

步骤 01 在弹出的【解释素材】对话框中，选中【Alpha】选项组中的【直接-无遮罩】单选按钮，单击【确定】按钮，如图2-9所示。

步骤 02 在【项目】面板中，可以看到导入的序列素材文件，如图2-10所示，即完成了设置素材通道的操作。

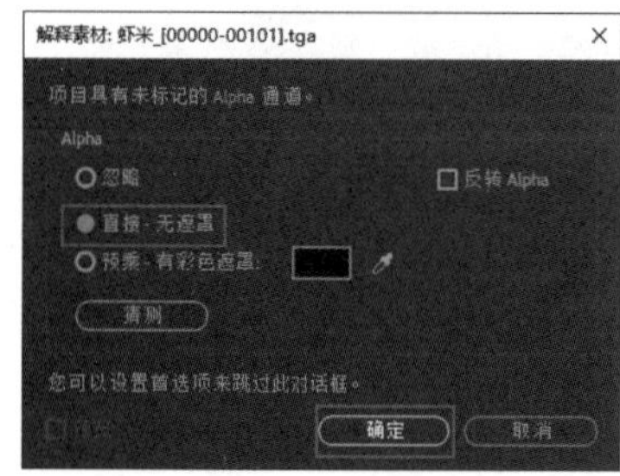

图 2-9 选中【直接-无遮罩】单选按钮后单击【确定】按钮

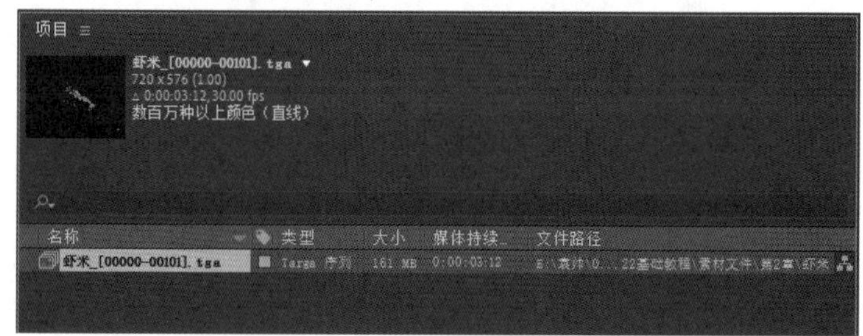

图 2-10 导入序列素材文件

【解释素材】对话框中 3 个单选按钮的含义如下。

- 忽略：导入序列素材时选中该单选按钮，将不计算素材的通道信息。
- 直接-无遮罩：透明度信息只存储在Alpha通道中，不存储在任何可见的颜色通道中。使用直接通道时，仅在支持直接通道的应用程序中显示图像才能看到透明度结果。
- 预乘-有彩色遮罩：透明度信息既存储在Alpha通道中，也存储在可见的RGB通道中，后者乘以一个背景颜色。半透明区域（如羽化边缘）的颜色偏向于背景颜色，偏移度与其透明度成比例。

2.2.3 序列素材应用

导入序列素材后，用户就可以应用序列素材制作色彩丰富的作品了，下面详细介绍应用序列素材的操作方法。

步骤 01 新建一个合成项目，在【项目】面板中选择视频素材“素材文件\第 2 章\探索宇宙.mp4”，并将其拖曳至【时间轴】面板中，作为合成的背景素材，如图 2-11 所示。

步骤 02 在【项目】面板中选择导入的序列素材，并将其拖曳至【时间轴】面板中，将序列素材放置在背景素材上方，作为合成的元素素材进行显示即可，如图 2-12 所示。

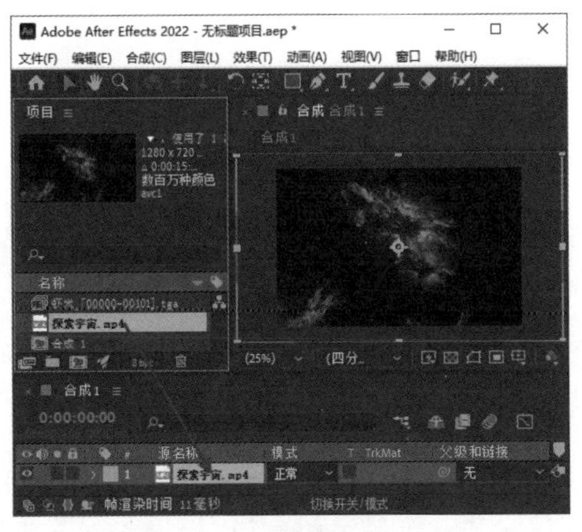

图 2-11 合成的背景素材

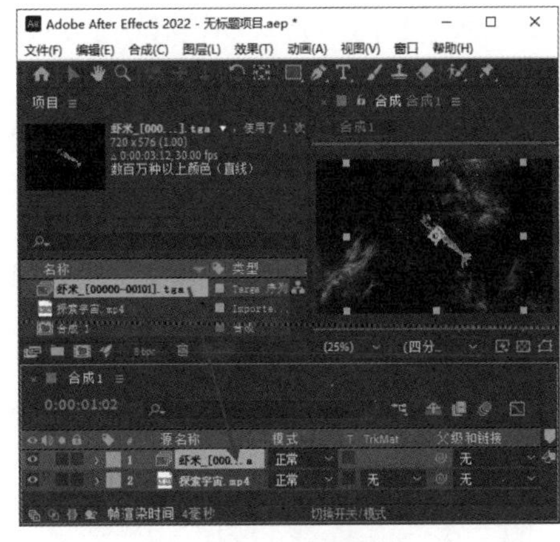

图 2-12 序列素材应用

> **技能拓展**
> 导入序列素材时，因为勾选了【Targa 序列】复选框，所以只需要选择起始帧素材，软件就会自动将所有序列素材连续导入。导入的素材会显示自身帧数信息和分辨率尺寸，便于用户对素材进行管理。

2.3 添加PSD素材

PSD素材是重要的图片素材之一，由Photoshop软件创建。使用PSD文件进行编辑有非常重要的优势：高兼容，支持分层，透明。

2.3.1 导入合并图层

导入合并图层时，可将所有层合并后作为一个素材导入，下面详细介绍导入合并图层的操作方法。

步骤 01 在【项目】面板的空白位置双击，准备进行素材的导入操作，如图 2-13 所示。

步骤 02 在弹出的【导入文件】对话框中选择“花坊.psd”，在【导入为】下拉列表框中选择【素材】选项，单击【导入】按钮，如图 2-14 所示。

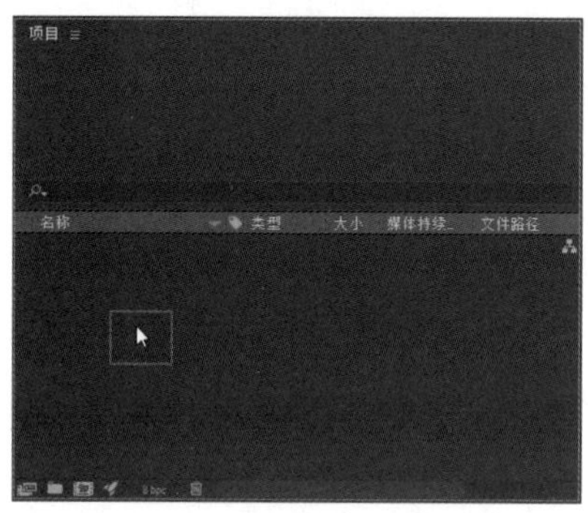

图 2-13 在【项目】面板的空白位置双击

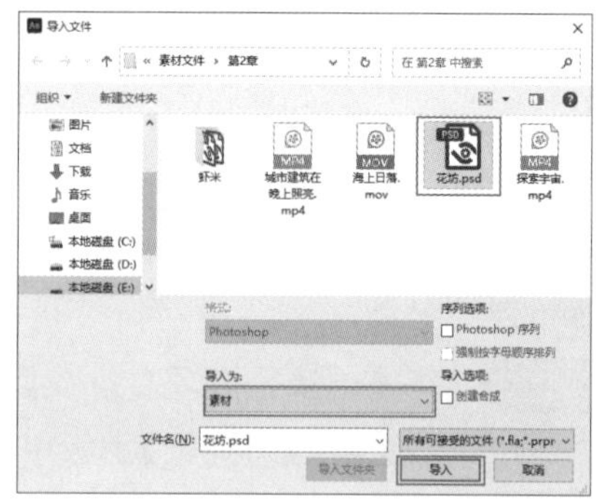

图 2-14 导入素材文件

步骤 03 弹出【花坊.psd】对话框，设置【导入种类】为【素材】，在【图层选项】选项组中选中【合并的图层】单选按钮，单击【确定】按钮，如图 2-15 所示。

步骤 04 在【项目】面板中可以看到，导入的素材已合并为一个图层，如图 2-16 所示，即完成了导入合并图层的操作。

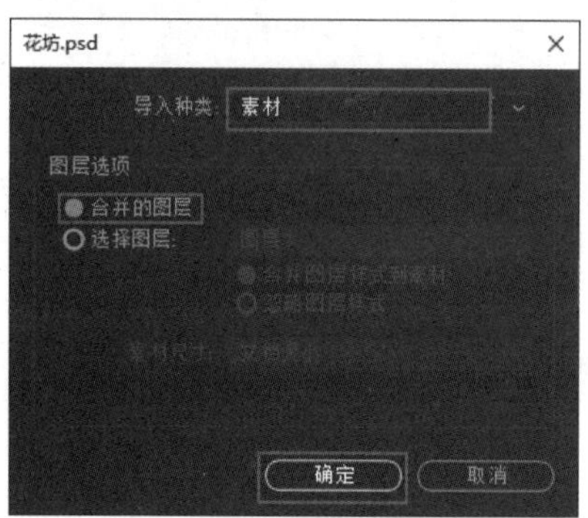

图 2-15 设置合并图层

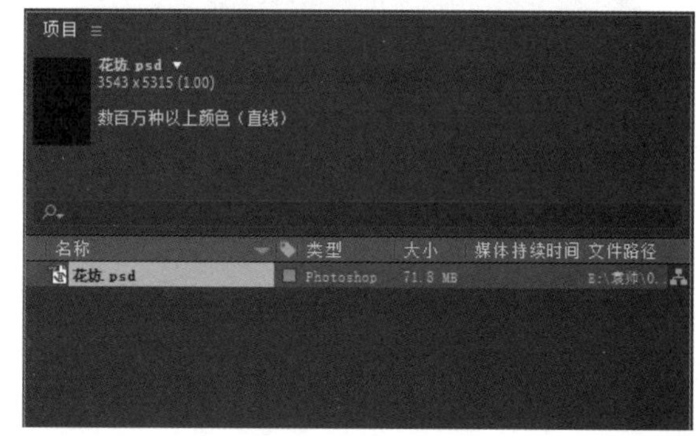

图 2-16 合并的图层

2.3.2 导入所有图层

导入所有图层，即将分层 PSD 文件作为合成导入 After Effects 2022 中，合成中的层遮挡顺序与 PSD 文件在 Photoshop 中的顺序相同，下面详细介绍导入所有图层的操作方法。

步骤 01 导入素材文件“素材文件\第 2 章\花坊.psd”，在弹出的【花坊.psd】对话框中设置【导入种类】为【合成】，在【图层选项】选项组中选中【可编辑的图层样式】单选按钮，单击【确定】按钮，如图 2-17 所示。

步骤 02 在【项目】面板中可以看到，素材是分层导入的，每个元素都是单独的图层，如图 2-18 所示。

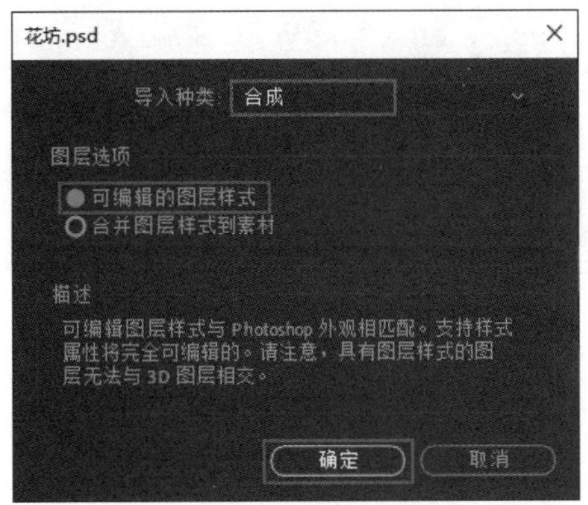

图 2-17 设置导入图层

图 2-18 导入所有图层

步骤 03 在【项目】面板的顶部选择“花坊”文件，即可对所有图层进行整体控制，如图 2-19 所示。

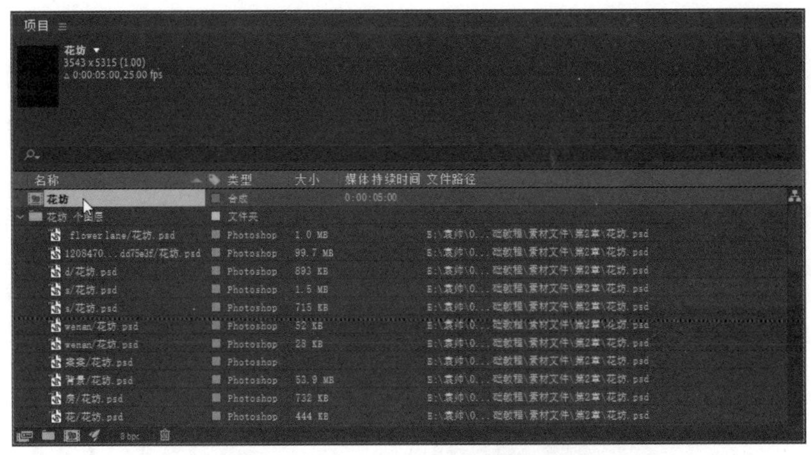

图 2-19 对所有图层进行整体控制

2.3.3 导入指定图层

导入指定图层后，合成中的层会完全保持Photoshop中的层信息，下面详细介绍导入指定图层的操作方法。

步骤 01 在 2.3.2 小节的【花坊 .psd】对话框中，设置【导入种类】为【素材】，在【图层选项】选项组中选中【选择图层】单选按钮，在【选择图层】下拉列表框中选择【鲜花店】选项，单击【确定】按钮，如图 2-20 所示。

步骤 02 在【项目】面板中，可以看到导入的指定图层，如图 2-21 所示，即完成了导入指定图层的操作。

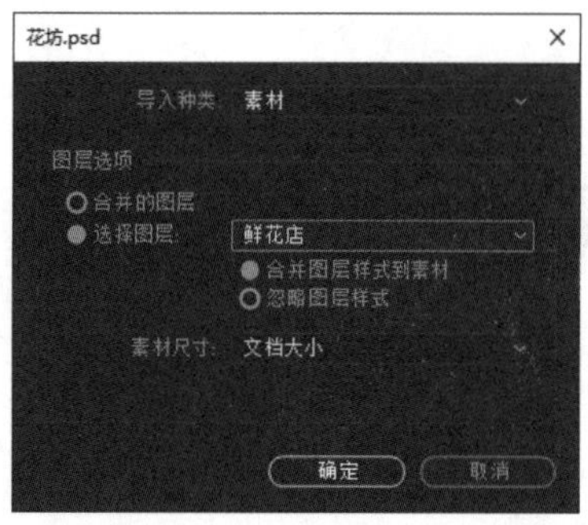

图 2-20　选择指定图层

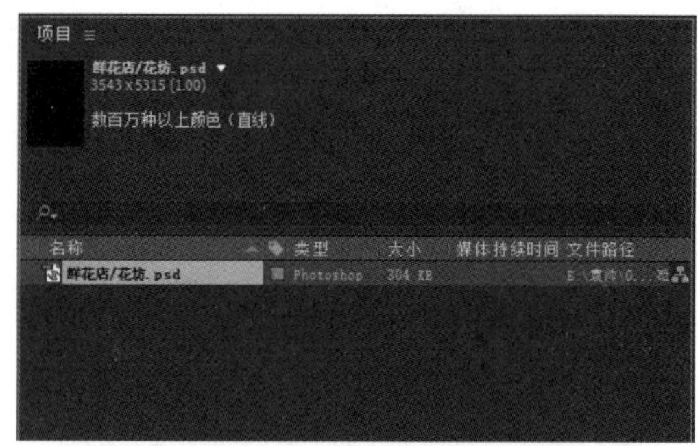

图 2-21　导入的指定图层

2.4 多合成嵌套

嵌套操作多用于素材繁多的合成项目，例如，可以先通过一个合成项目制作影片背景，再通过其他合成项目制作影片元素，最终将影片元素的合成项目拖曳至背景合成项目中，便于对不同素材进行管理与操作。

2.4.1 选择文件进行导入

在影片制作过程中，可以对有多个合成的工程文件进行嵌套操作，下面详细介绍选择文件进行导入的操作方法。

步骤 01　在菜单栏中选择【文件】→【导入】→【多个文件】命令，如图 2-22 所示。

步骤 02　在弹出的【导入多个文件】对话框中，选择目标工程文件进行导入操作，如图 2-23 所示。

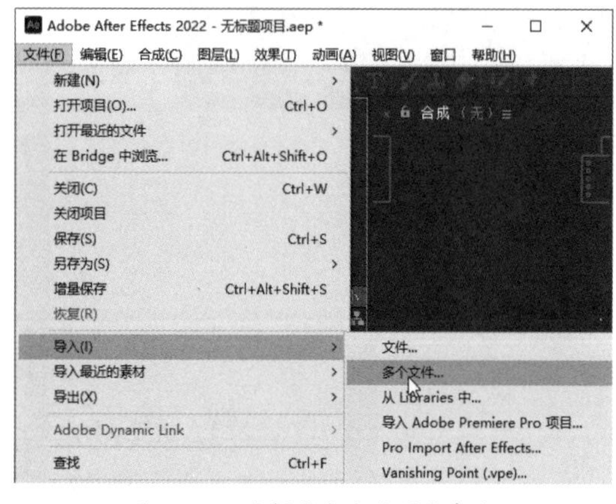

图 2-22　选择【多个文件】命令

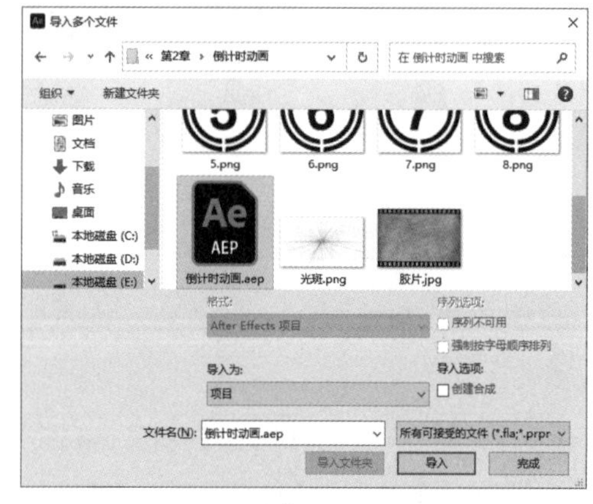

图 2-23　选择文件进行导入

2.4.2 切换导入合成

在【项目】面板中，可以看到完成导入的所有素材，包括文件夹、合成文件、视频文件等，下面详细介绍切换导入合成的操作方法。

步骤 01 在【项目】面板中，导入素材项目文件“倒计时动画.aep”后，双击导入的合成项目文件夹图标，如图 2-24 所示。

步骤 02 展开合成项目文件夹，双击选择新导入的After Effects 2022 工程文件，即可切换至此工程文件的合成状态，如图 2-25 所示。

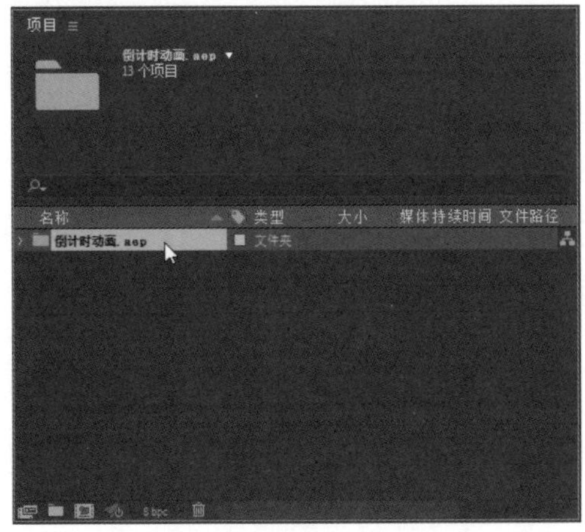

图 2-24 双击合成项目文件夹图标

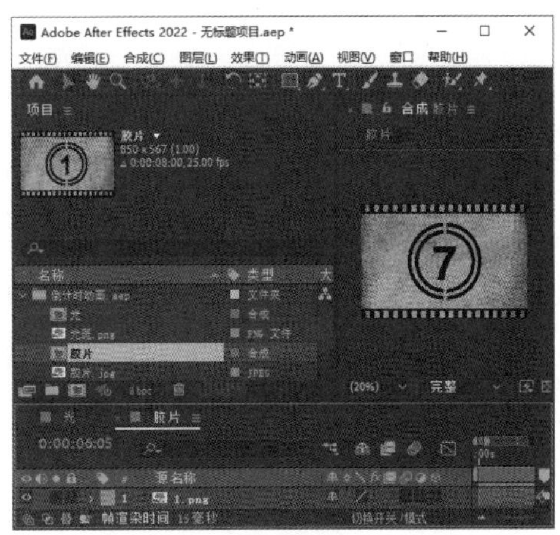

图 2-25 切换导入合成

2.4.3 多合成嵌套操作方法

After Effects 2022 软件支持在一个项目里对多个项目文件进行编辑，即支持把项目文件当作素材进行编辑，下面详细介绍多合成嵌套的操作方法。

步骤 01 在【时间轴】面板中，切换至【胶片】合成，并将新导入的合成项目拖曳至【时间轴】面板中，完成多合成项目的嵌套操作，如图 2-26 所示。

步骤 02 在【时间轴】面板中展开新嵌套的层，开启【变换】项并设置其缩放值为 75，*X* 轴值为 430，*Y* 轴值为 280，使其缩小，便于观察两个合成文件的嵌套效果，如图 2-27 所示。

图 2-26 多合成项目的嵌套

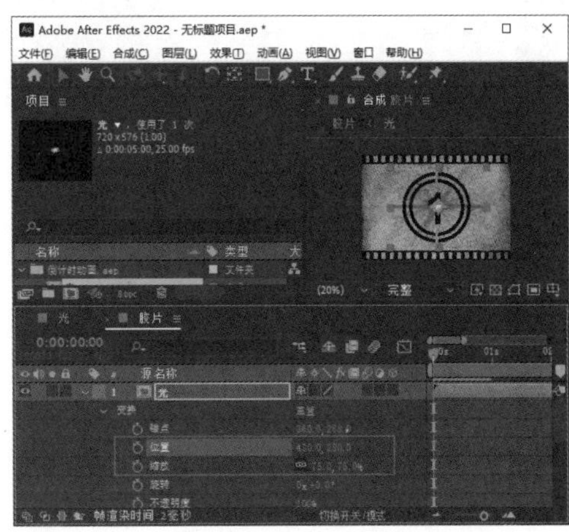

图 2-27 设置参数

2.5 分类管理素材

使用After Effects 2022 软件进行视频编辑时，有时需要使用大量素材，若导入的素材在类型上各不相同，并未加以归类，将对以后的操作造成很大的麻烦，因此需要对素材进行合理的分类管理。

2.5.1 合成素材分类

在【项目】面板中，素材文件的类型有图片素材、音频素材、视频素材等，为了便于对合成素材进行管理，可对其进行分类整理，下面详细介绍素材分类的操作方法。

步骤 01 在【项目】面板的空白位置右击鼠标，在弹出的快捷菜单中选择【新建文件夹】命令，如图 2-28 所示。

步骤 02 完成以上操作后，界面中出现一个名为“未命名 1”的文件夹，且文件夹名称处于可编辑状态，如图 2-29 所示。

图 2-28 选择【新建文件夹】命令

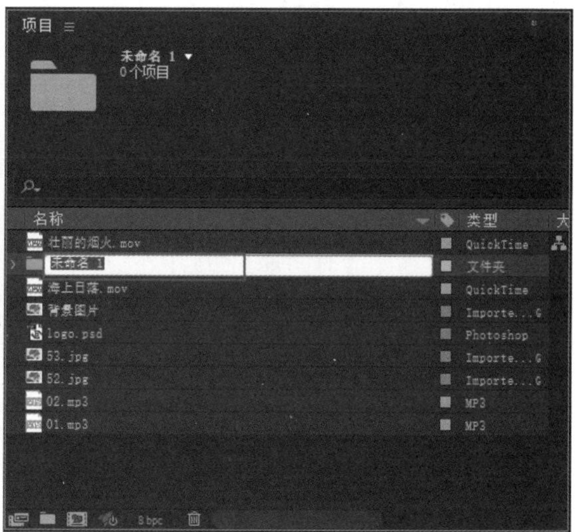

图 2-29 可编辑文件夹名称

步骤 03 将“未命名 1”文件夹重命名为“图片素材”文件夹，按【Enter】键确认，如图 2-30 所示。

步骤 04 按住【Ctrl】键，选择所有图片素材并将其拖曳至“图片素材”文件夹中，如图 2-31 所示。

图 2-30　重命名文件夹

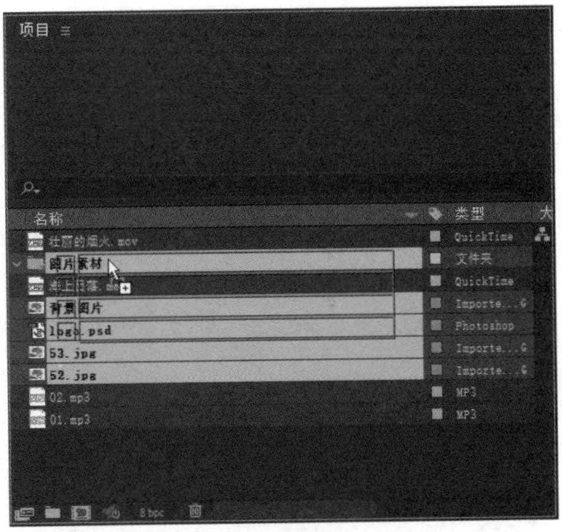

图 2-31　拖曳图片素材

步骤 05 完成以上操作后，即可看到所选择的图片素材均已整理至“图片素材”文件夹中，如图 2-32 所示。

步骤 06 在【项目】面板中，新建“影音文件”文件夹，并将所有音频文件和视频文件拖曳至此文件夹中，完成对素材的分类整理，如图 2-33 所示。

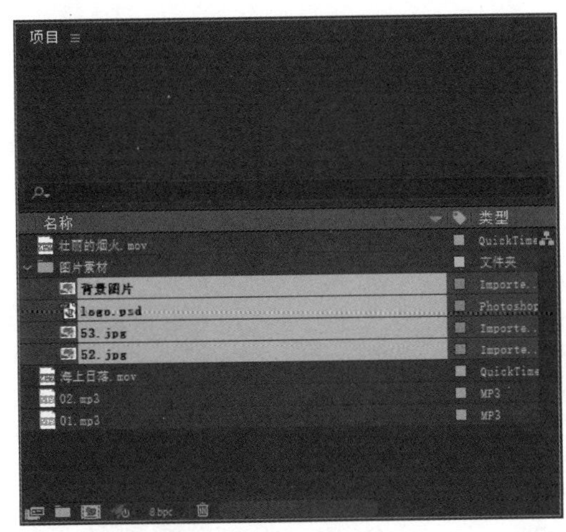

图 2-32　整理后的文件夹

图 2-33　整理影音素材

2.5.2　素材重命名

使用 After Effects 2022 软件，可以对文件夹中的素材进行重命名操作，并对素材进行细化管理，下面详细介绍素材重命名的操作方法。

步骤 01 在文件夹中的素材上右击鼠标，在弹出的快捷菜单中选择【重命名】命令，如图 2-34 所示。

步骤 02 素材名称进入可编辑状态后，输入新的素材名称“背景”，按【Enter】键确认，即可完成素材重命名操作，如图 2-35 所示。

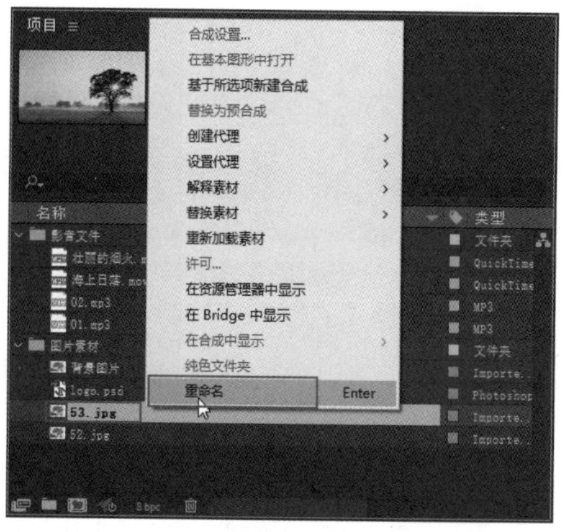

图 2-34　选择【重命名】命令

图 2-35　重命名素材

课堂范例——整理素材

使用After Effects 2022做完项目后，最好及时清理多余的素材和合成，以便条理清晰地管理工程文件。下面详细介绍整理素材的操作方法。

步骤 01 打开“素材文件\第 2 章\整理素材.aep”，在【项目】面板中，可以看到素材文件有重复的情况，如图 2-36 所示。

步骤 02 在菜单栏中选择【文件】→【整理工程（文件）】→【整合所有素材】命令，如图 2-37 所示。

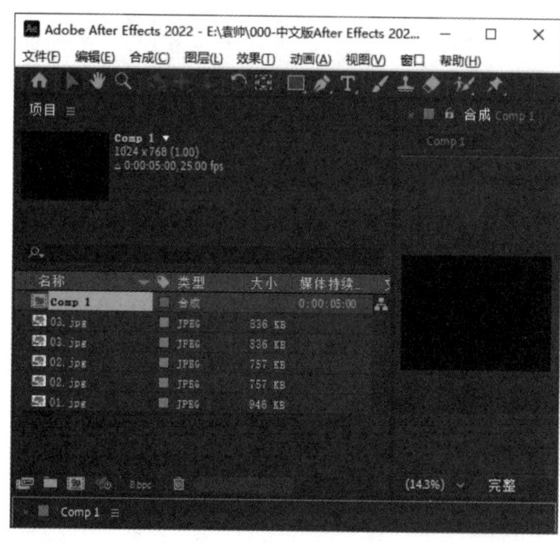

图 2-36　打开素材文件

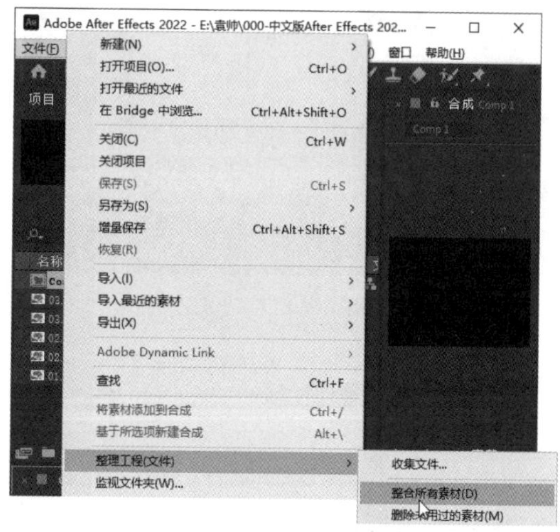

图 2-37　选择【整合所有素材】命令

步骤 03 弹出【After Effects】提示框，显示素材或文件夹项目整合的相关信息，单击【确定】按钮，如图 2-38 所示。

步骤 04 完成以上操作后，即可看到【项目】面板中的重复素材都被合并整理，如图2-39 所示。

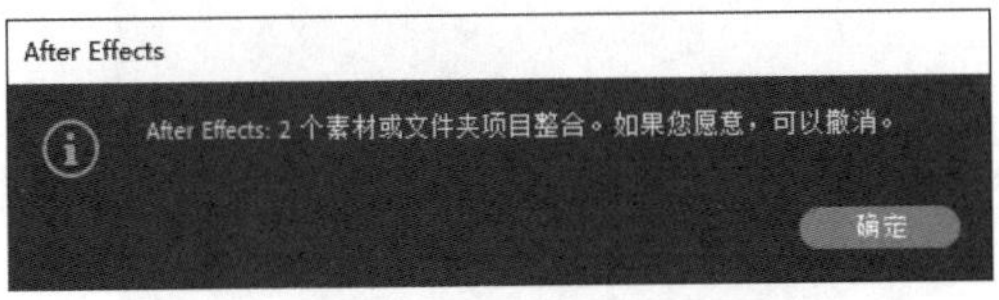

After Effects

After Effects: 2 个素材或文件夹项目整合。如果您愿意，可以撤消。

确定

图 2-38 【After Effects】提示框

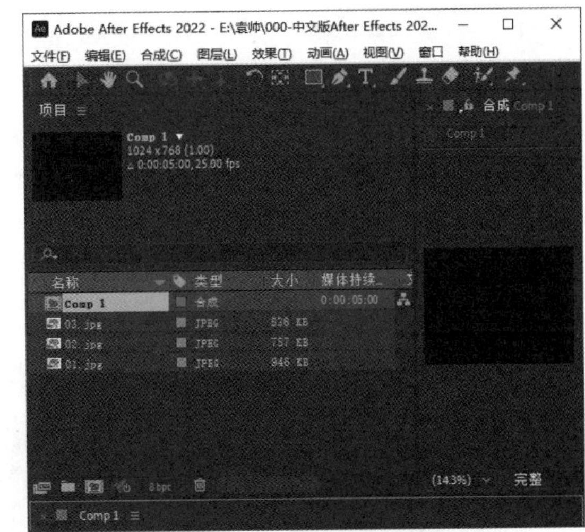

图 2-39 重复素材都被合并整理

课堂问答

通过对本章内容的学习，相信读者对添加合成素材、添加序列素材、添加PSD素材、多合成嵌套、分类管理素材有了一定的了解，下面列出一些常见问题，供读者学习参考。

问题 1：新创建的文件夹也可以重命名吗？如何操作？

答：新创建的文件夹会以“未命名 1”“未命名 2”等形式出现，为了便于管理，用户可以及时对文件夹进行重命名操作，下面详细介绍重命名文件夹的操作方法。

步骤 01 在【项目】面板中选择需要重命名的文件夹，按【Enter】键激活输入框，如图 2-40 所示。

步骤 02 输入新的文件夹名称后按【Enter】键，即可完成重命名文件夹的操作，如图 2-41 所示。

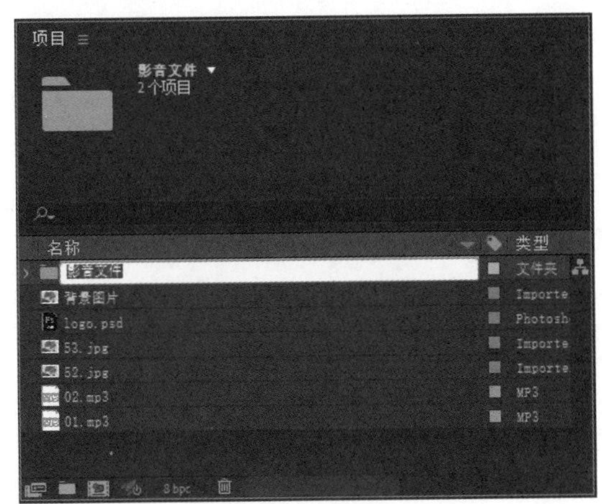

图 2-40 激活输入框

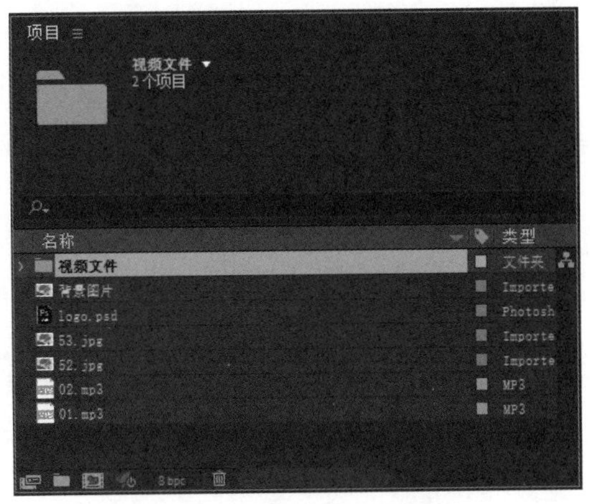

图 2-41 完成文件夹重命名

问题 2：系统盘空间不足时，如何设置 After Effects 2022 磁盘缓存？

答：After Effects 2022 对内存容量的要求较高，因此，软件支持将磁盘空间作为虚拟内存（磁盘缓存）使用。默认情况下，After Effects 2022 的缓存路径是系统盘，如果系统盘的空间不足，用户可以在菜单栏中选择【编辑】→【首选项】→【媒体和磁盘缓存】命令，打开【首选项】对话框后，在左侧列表中选择【媒体和磁盘缓存】选项，在右侧区域设置缓存空间的大小和缓存路径，如图 2-42 所示。

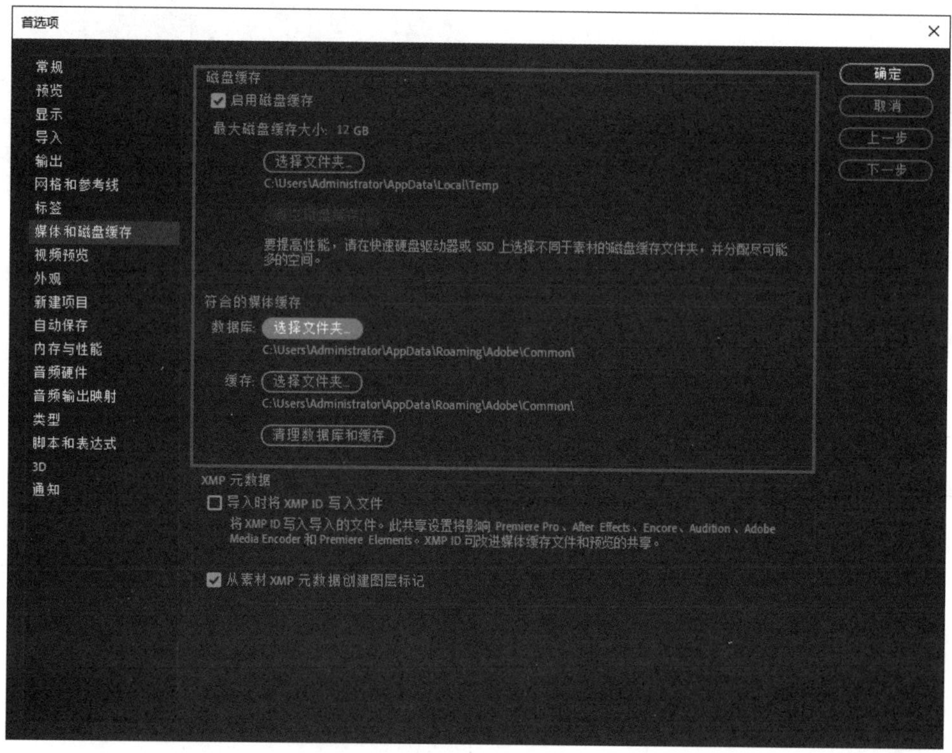

图 2-42　设置缓存

问题 3：如果创建合成后想修改合成参数，该如何操作？

答：选择【项目】面板中的合成，按【Ctrl+K】快捷键，即可打开合成设置，在其中修改合成参数。

上机实战——使用多种方法删除不需要的素材

为了帮助读者巩固本章所学的知识，下面对一个上机实战案例进行分析与讲解。

案例素材如图 2-43 所示，效果如图 2-44 所示。

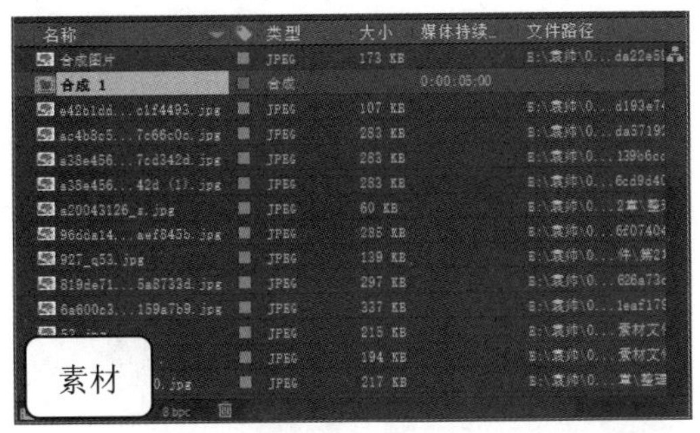

图 2-43 素材

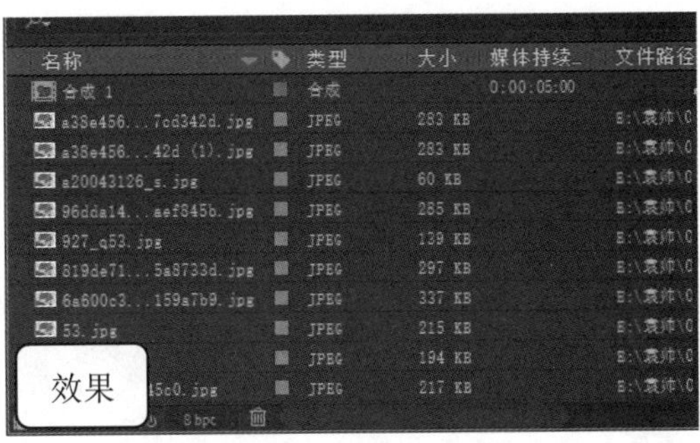

图 2-44 效果

思路分析

对于当前项目中未曾使用且不准备使用的素材，用户可以将其删除，从而精简项目中的文件。本案例将详细介绍删除素材的操作方法。

下面通过介绍清除素材文件、删除所选素材文件、删除未用过的素材文件、删除合成影像中正在使用的素材文件的方法，带读者学习删除操作。

制作步骤

步骤 01 在【项目】面板中选择准备删除的素材文件后，在菜单栏中选择【编辑】→【清除】命令，或按【Delete】键，即可清除素材文件，如图 2-45 所示。

步骤 02 选择准备删除的素材文件后，单击【项目】面板底部的【删除所选项目项】按钮，也可以删除所选素材文件，如图 2-46 所示。

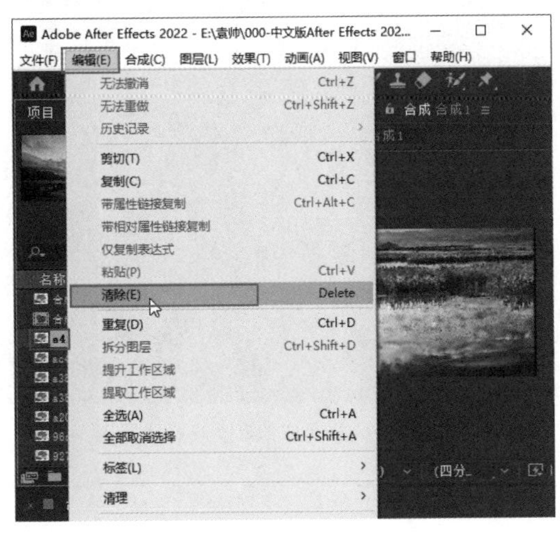

图 2-45 清除素材文件

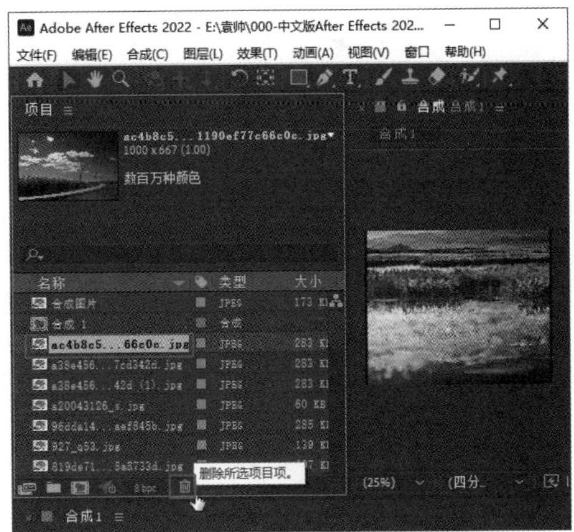

图 2-46 删除所选素材文件

步骤 03 在菜单栏中选择【文件】→【整理工程（文件）】→【删除未用过的素材】命令，即可将【项目】面板中未使用过的素材文件全部删除，如图 2-47 所示。

步骤 04 选择一个合成影像中正在使用的素材文件后，单击【删除所选项目项】按钮，如图 2-48 所示。

图 2-47　删除全部未使用过的素材文件

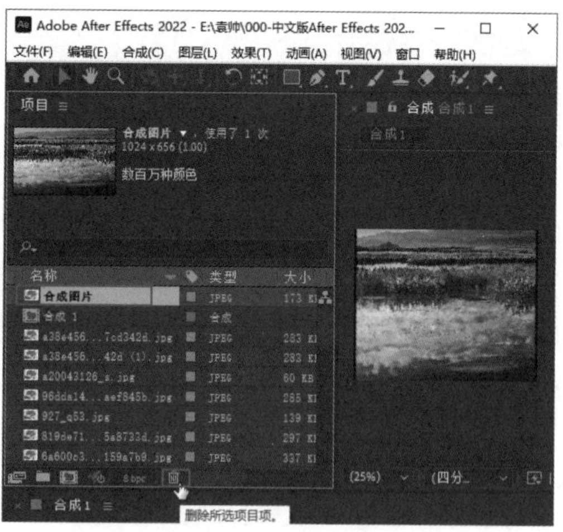

图 2-48　选择正在使用的素材文件后单击【删除所选项目项】按钮

步骤 05 弹出一个系统提示对话框，提示用户该素材正在被使用，如图 2-49 所示。若确实想删除该素材文件，单击【删除】按钮即可。

步骤 06 完成以上操作后，即可将所选择的素材文件从【项目】面板中删除，与此同时，该素材将被从合成影像中删除，如图 2-50 所示。

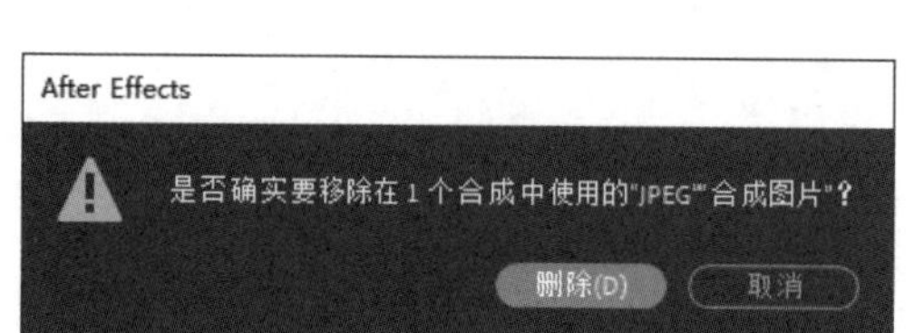

图 2-49　提示用户该素材正在被使用

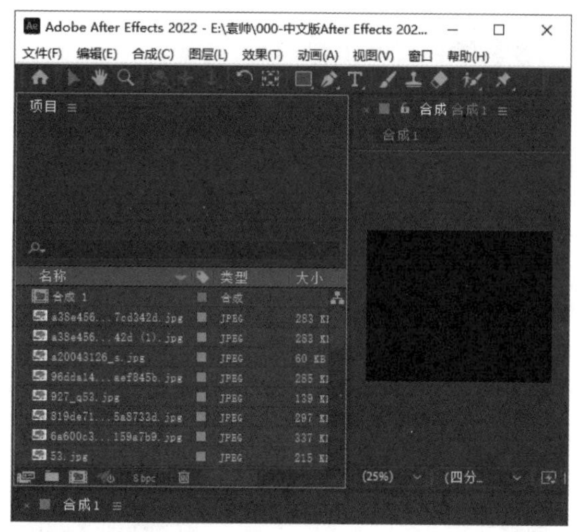

图 2-50　素材被从【项目】面板及合成影像中删除

同步训练——修改和查看素材参数

完成对上机实战案例的学习后，为了提高读者的动手能力，下面安排一个同步训练案例，以期达到举一反三、触类旁通的学习效果。

图解流程

同步训练案例的流程图解如图 2-51 所示。

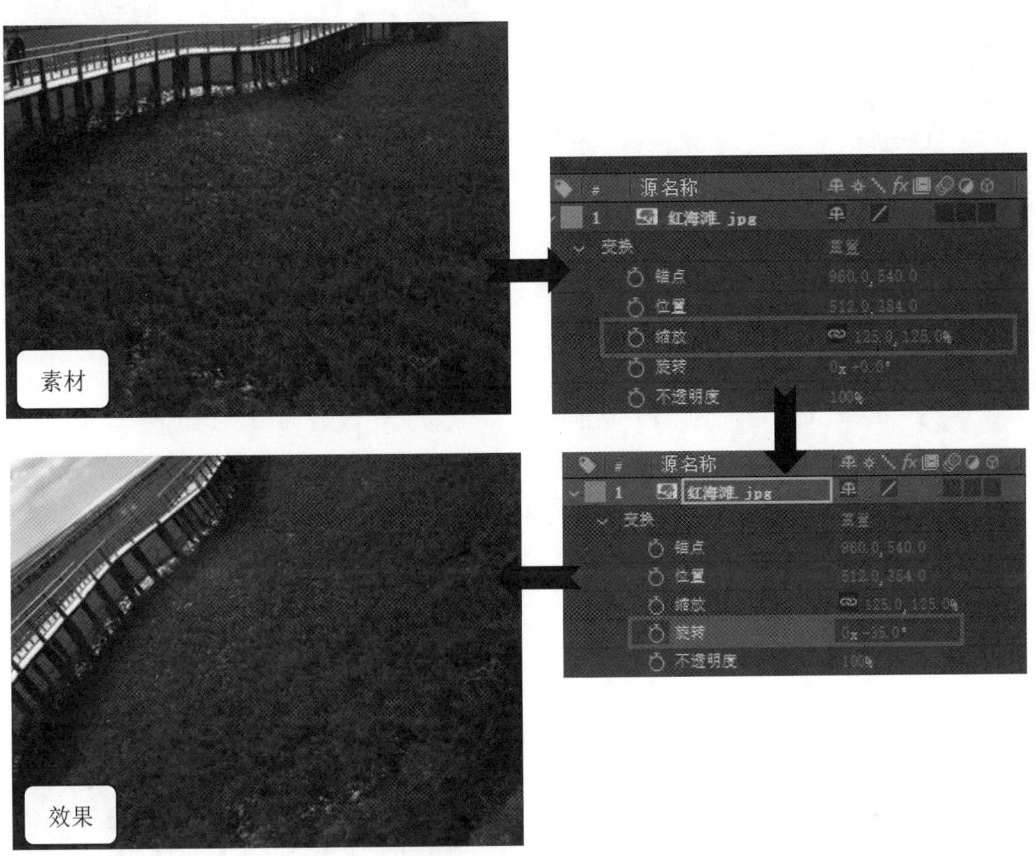

图 2-51　图解流程

思路分析

添加素材文件后，用户可以使用 After Effects 2022 修改素材参数，如修改缩放、旋转等参数。本案例首先新建一个合成，然后导入素材，最后进行参数修改和查看，完成效果制作。

关键步骤

步骤 01　打开【合成设置】对话框，设置【合成名称】为“合成 1”，在【预设】下拉列表框中选择【自定义】选项，设置【宽度】为 1024px，设置【高度】为 768px，设置【像素长宽比】为“方形像素”，设置【帧速率】为 25 帧/秒，设置【持续时间】为 5 秒，完成设置后单击【确定】按钮，如图 2-52 所示。

步骤 02　创建合成后，在菜单栏中选择【文件】→【导入】→【文件】命令，如图 2-53 所示。

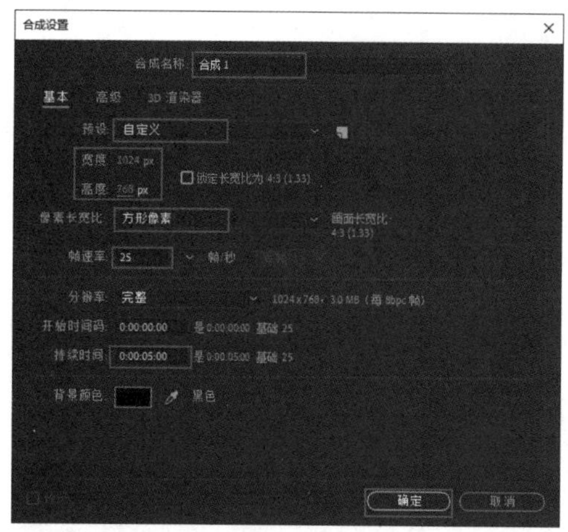

图 2-52 设置合成参数

图 2-53 选择【文件】命令

步骤 03 在弹出的【导入文件】对话框中选择“素材文件\第 2 章\红海滩.jpg”，单击【导入】按钮，如图 2-54 所示。

步骤 04 导入素材文件后，将【项目】面板中的素材文件拖曳到【时间轴】面板中，如图 2-55 所示。

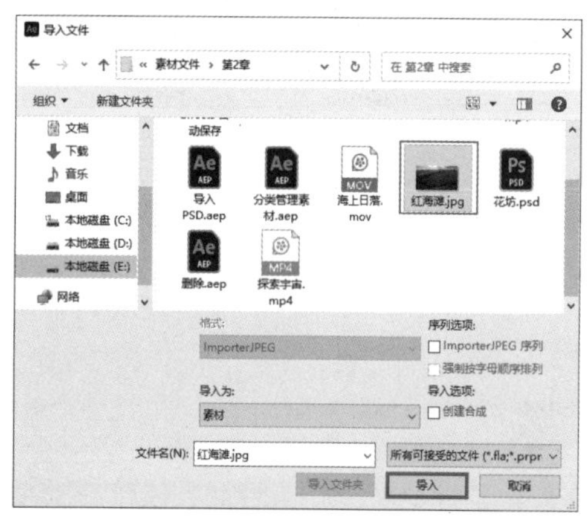

图 2-54 选择素材文件

图 2-55 将素材文件拖曳到【时间轴】面板中

步骤 05 调整素材的基本参数，开启【变换】项并设置其缩放参数为 125，如图 2-56 所示。

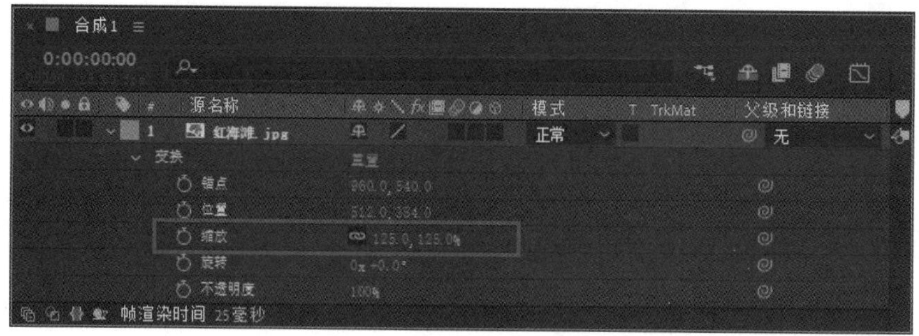

图 2-56 设置缩放参数

步骤 06 继续调整素材的基本参数，设置旋转参数为 0x-35.0°，如图 2-57 所示。

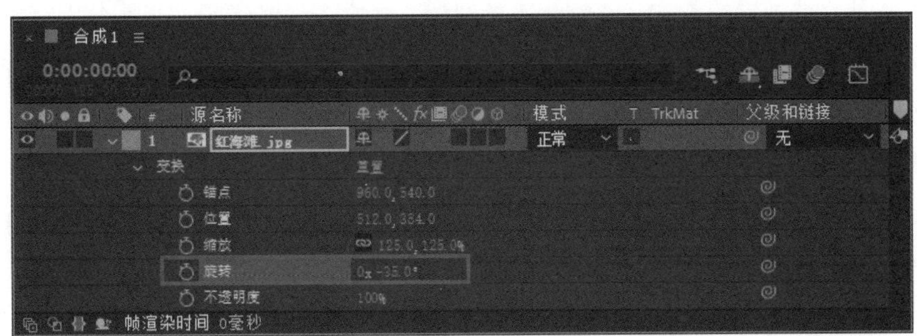

图 2-57 设置旋转参数

步骤 07 完成以上操作后，可以看到【合成】面板中的图像发生了变化，如图 2-58 所示，即完成了修改和查看素材参数的操作。

图 2-58 【合成】面板中的素材效果

知识能力测试

本章讲解了素材的添加与管理，为对知识进行巩固和考核，请读者完成以下练习题。

一、填空题

1. 很多文件格式可以作为____________进行存储，如 JPEG、BMP 等，一般存储为 TGA 序列。相比其他格式，TGA 是最重要的序列格式。

2. 选择序列文件，单击【导入】按钮后，会弹出__________对话框。

3. 使用 After Effects 2022 软件，在一个项目里可以对多个项目文件进行编辑，即可以把项目文件当作_______进行编辑。

4. 在【项目】面板中，素材文件的类型有_______、________、视频素材等，为了便于对合成素材进行管理，用户可对其进行分类整理。

5. 除了可以应用菜单栏导入素材，用户还可以在【项目】面板的空白位置完成______操作导入素材。

6. 序列是一种存储视频的方式。存储视频的时候，经常需要将音频和视频分别存储为单独的文件，以便再次进行组织和编辑。存储视频文件时，经常将每一帧存储为单独的图片文件，需要再次编辑的时候，将其以视频方式导入，这些图片被称为____________。

二、选择题

1. 导入所有图层，即将分层PSD文件作为合成导入After Effects 2022中，合成中的层遮挡顺序与PSD文件在Photoshop中的顺序（　　）。

A. 相同　　B. 无关　　C. 相似　　D. 相反

2. 导入指定图层后，合成中的层会（　　）保持Photoshop中的层信息。

A. 根据实际情况　　B. 完全　　C. 部分　　D. 整体

3. 在【项目】面板中，可以看到完成导入的（　　），包括文件夹、合成文件、视频文件等。

A. 部分素材　　B. 所有文件　　C. 所有素材　　D. 所有资料

4. 进行视频处理的过程中，如果导入After Effects 2022软件的素材不理想，可以通过（　　）方式进行处理。

A. 修改　　B. 替换　　C. 删除　　D. 重命名

5. After Effects 2022对内存容量的要求较高，因此，软件支持将磁盘空间作为虚拟内存（磁盘缓存）使用。默认情况下，After Effects 2022的缓存路径是（　　）。

A. 安装盘　　B. 软键盘　　C. 应用盘　　D. 系统盘

三、简答题

1. 添加合成素材的方法有哪些？如何操作？

2. 使用PSD文件进行编辑有哪些重要的优势？如何导入合并图层？

3. 请详细回答如何导入PSD素材的指定图层。

After Effects 2022

第3章 图层的操作及应用

图层的操作和应用是After Effects 2022操作中比较基础的内容，需要熟练掌握。本章通过讲解在After Effects 2022中创建、编辑图层的操作，帮助读者掌握图层的应用方法。在After Effects 2022中，用户可以创建多种类型的图层，通过应用这些图层，制作理想的效果。

学习目标

- 了解有关图层的基本知识
- 熟练掌握图层的基本操作
- 熟练掌握图层的变换属性
- 熟练掌握图层的混合模式
- 熟练掌握设置项目及创建合成的方法
- 熟练掌握创建图层的方法

3.1 认识图层

After Effects 2022 是一款层级式影视后期处理软件，“层”的概念贯穿几乎所有软件内操作，本节将详细介绍有关图层的基本概念、类型、创建方法等相关知识。

3.1.1 图层的基本概念

在 After Effects 2022 中，无论是制作合成动画，还是进行特效处理，种种操作都离不开对图层的操作，因此，制作动态影像的第一步是了解图层并掌握有关图层的操作技巧。【时间轴】面板中的素材都是以图层的形式按照上下关系依次排列组合的，如图 3-1 所示。

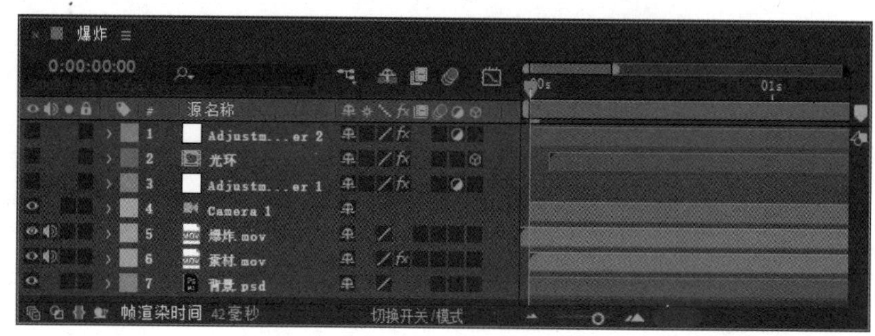

图 3-1 【时间轴】面板中的素材

大家可以将 After Effects 2022 软件中的图层想象为一层层叠放的透明胶片，上一层有内容的地方将遮盖住下一层同位置的内容，上一层没有内容的地方则会露出下一层同位置的内容，上一层处于半透明状态时，将依据半透明程度混合显示下一层同位置的内容。这是图层最简单、最基本的存在形式。图层与图层之间还存在更复杂的混合模式，如叠加模式、蒙版模式等。

3.1.2 图层的类型

在 After Effects 2022 中，有很多类型的图层，不同类型的图层适用于不同的操作环境。有些图层用于绘图，有些图层用于影响其他图层的效果，有些图层用于带动其他图层运动等。

能够用在 After Effects 2022 中的合成元素非常多，这些合成元素体现为各种类型的图层，可将其归纳为以下 9 种。

（1）【项目】面板中的素材（包括声音素材）。

（2）项目中的其他合成。

（3）文本图层。

（4）纯色图层、摄影机图层、灯光图层。

（5）形状图层。

（6）调整图层。

（7）已经存在的图层的复制层（副本图层）。

（8）拆分的图层。

（9）空对象图层。

3.1.3 图层的创建方法

在After Effects 2022中进行合成操作时，每个导入合成图像的素材都会以图层的形式出现在合成中。制作一个复杂效果时，往往会用到大量图层，以便使制作过程更顺利。常用的创建图层的方法有两种，下面分别予以详细介绍。

1. 通过菜单栏创建

在菜单栏中选择【图层】→【新建】命令，在展开的子菜单中选择要创建的图层类型即可，如图3-2所示。

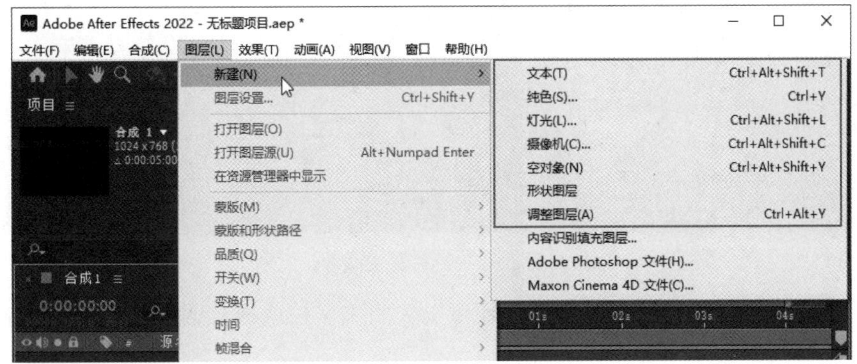

图3-2 通过菜单栏创建图层

2. 通过【时间轴】面板创建

在【时间轴】面板中右击鼠标，在弹出的快捷菜单中选择【新建】命令后，在展开的子菜单中选择要创建的图层类型即可，如图3-3所示。

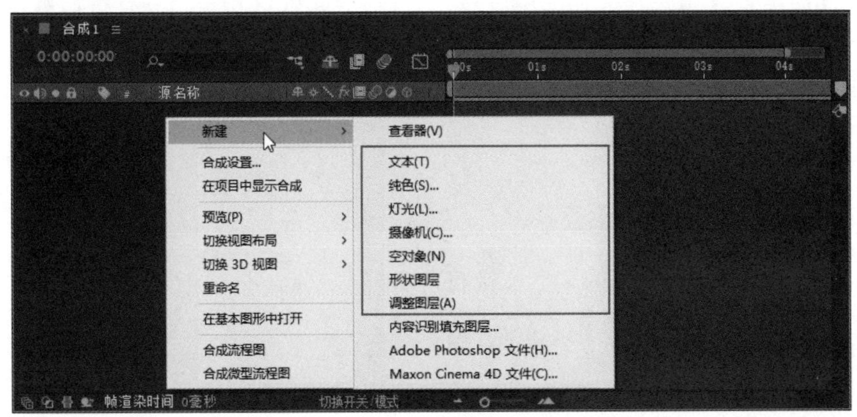

图3-3 通过【时间轴】面板创建图层

3.2 图层的基本操作

使用After Effects 2022制作特效和动画时，直接操作对象是图层，无论是创建合成、动画，还是特效，都离不开对图层的操作，本节将详细介绍有关图层的基本操作方法。

3.2.1 调整图层顺序

在【时间轴】面板中选择图层，向上或向下拖曳到适当的位置，可以改变图层顺序。拖曳时应注意观察蓝色水平线的位置，如图 3-4 所示。

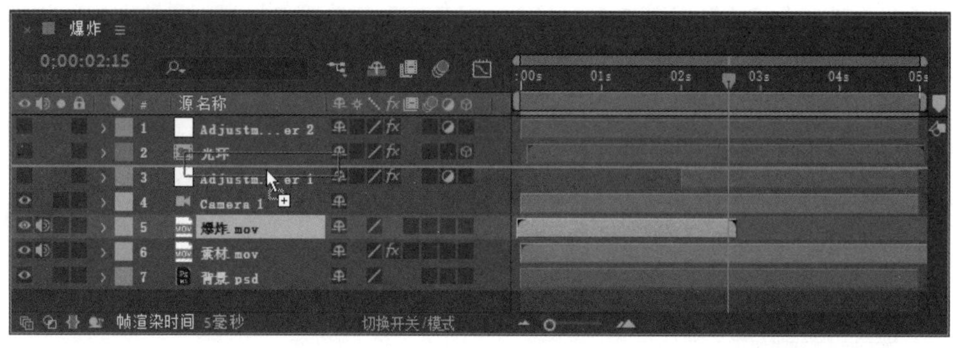

图 3-4 调整图层顺序

在【时间轴】面板中选择目标图层后，还可以使用菜单栏或快捷键进行调整图层顺序的操作，方法如下。

（1）选择【图层】→【排列】→【将图层置于顶层】命令或按【Ctrl+Shift+]】快捷键，可以将图层移到最上方。

（2）选择【图层】→【排列】→【使图层前移一层】命令或按【Ctrl+]】快捷键，可以将图层向上移一层。

（3）选择【图层】→【排列】→【使图层后移一层】命令或按【Ctrl+[】快捷键，可以将图层向下移一层。

（4）选择【图层】→【排列】→【将图层置于底层】命令或按【Ctrl+Shift+[】快捷键，可以将图层移到最下方。

3.2.2 选择图层的多种方法

在After Effects 2022中，选择图层分为选择单个图层和选择多个图层。选择单个图层和选择多个图层分别有多种方法，下面分别予以详细介绍。

1. 选择单个图层

在After Effects 2022中，选择单个图层的方法有3种，具体如下。

方法1：在【时间轴】面板中单击要选择的图层，如图3-5所示。

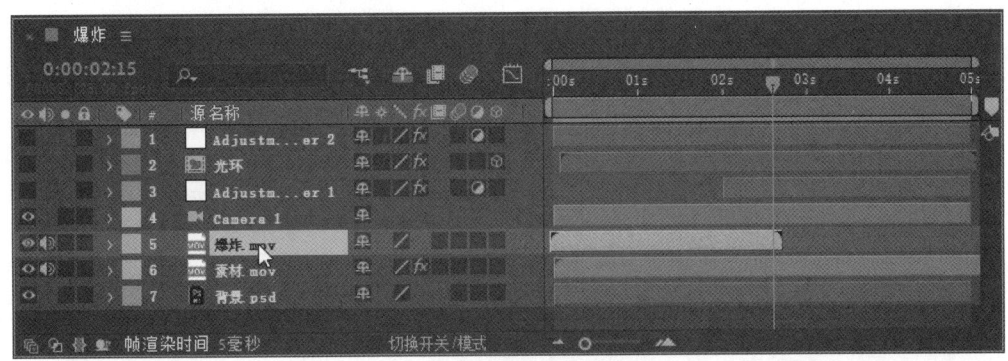

图3-5　单击要选择的图层

方法2：使用键盘中的小数字键盘，按下与目标图层的序号对应的数字键，即可选择目标图层。如图3-6所示，按下小数字键盘中的数字键“4”，即可选择图层4。

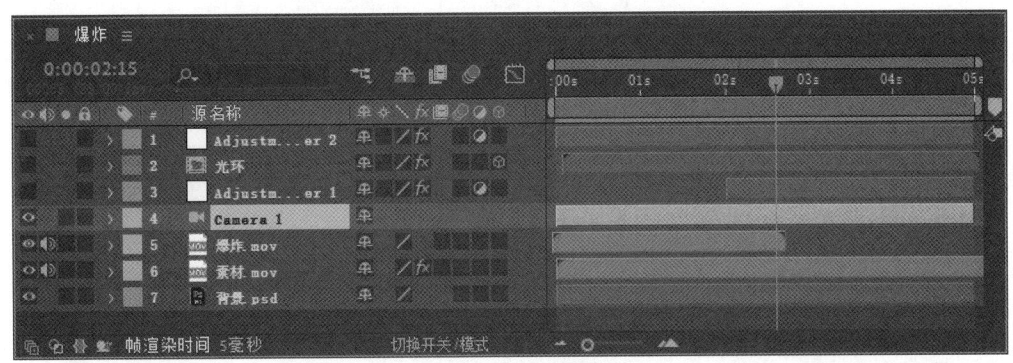

图3-6　选择图层4

方法3：在未选择任何图层的情况下，单击【合成】面板中准备选择的图层，即可在【时间轴】面板中看到目标图层被选择。如图3-7所示，是选择图层5时的界面效果。

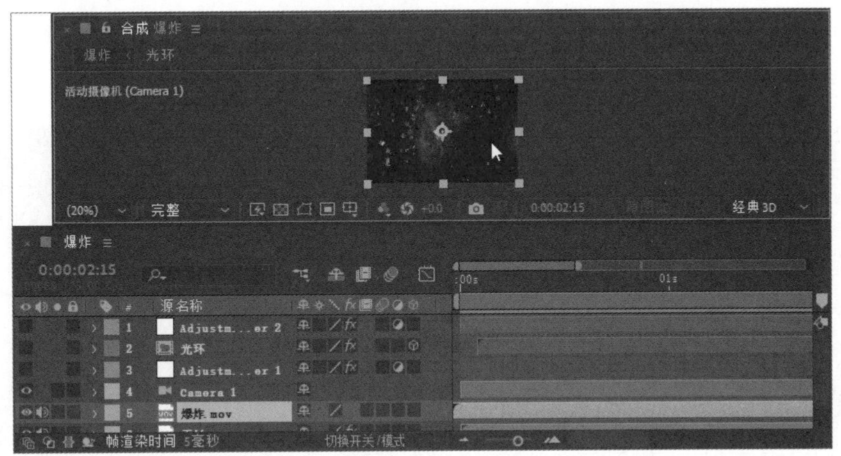

图3-7　选择图层5时的界面效果

2. 选择多个图层

在 After Effects 2022 中，选择多个图层的方法有 3 种，具体如下。

方法 1：将光标定位在【时间轴】面板中的空白区域中，按住鼠标左键并向上拖曳，即可框选目标图层，如图 3-8 所示。

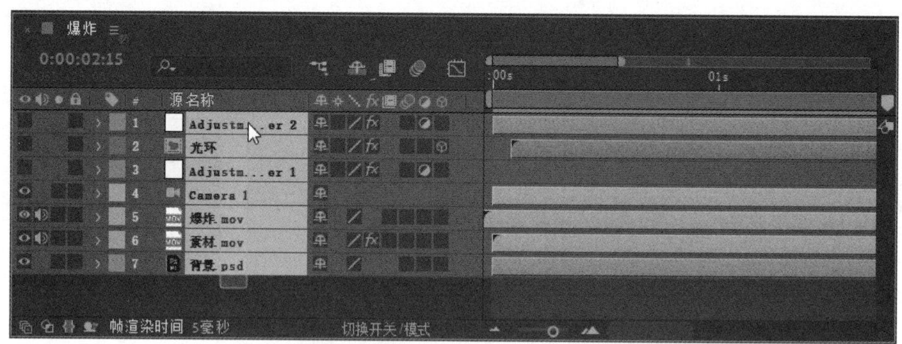

图 3-8　按住鼠标左键并向上拖曳

方法 2：在【时间轴】面板中，按住【Ctrl】键的同时依次单击目标图层，即可逐个加选目标图层，如图 3-9 所示。

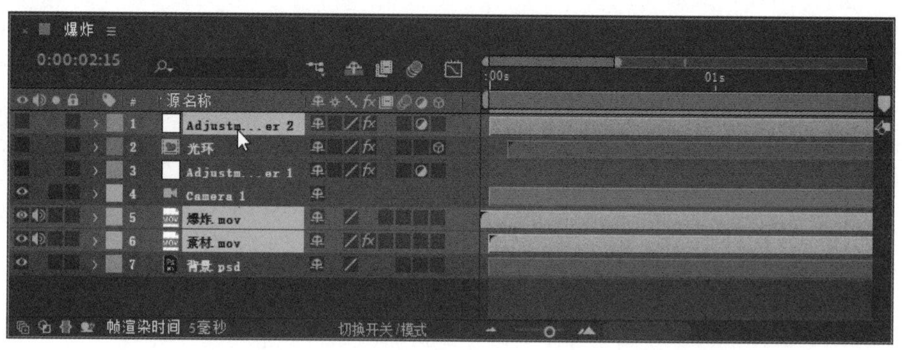

图 3-9　按住【Ctrl】键的同时依次单击目标图层

方法 3：在【时间轴】面板中，按住【Shift】键的同时依次单击目标图层的起始图层和结束图层，即可连续选择这两个图层和这两个图层之间的所有图层，如图 3-10 所示。

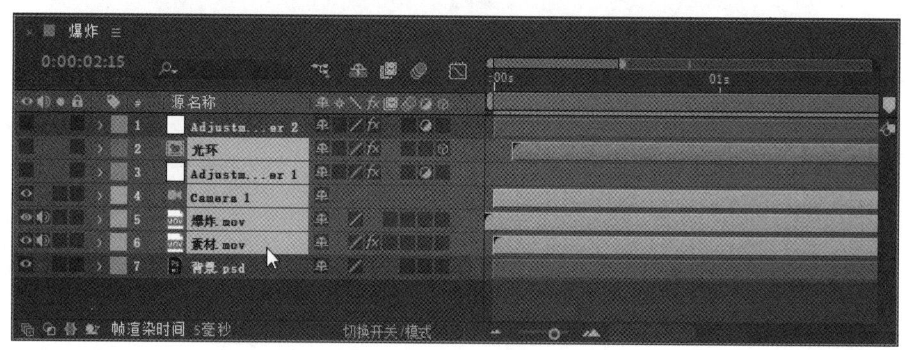

图 3-10　按住【Shift】键的同时依次单击目标图层的起始图层和结束图层

3.2.3 创建图层副本

使用After Effects 2022的过程中，经常需要创建图层副本，因为这能够节省大量重复操作的时间，下面详细介绍相关操作方法。

1. 复制与粘贴图层

在【时间轴】面板中单击需要复制的图层后，依次按复制图层的【Ctrl+C】快捷键和粘贴图层的【Ctrl+V】快捷键，即可得到图层副本，如图3-11所示。

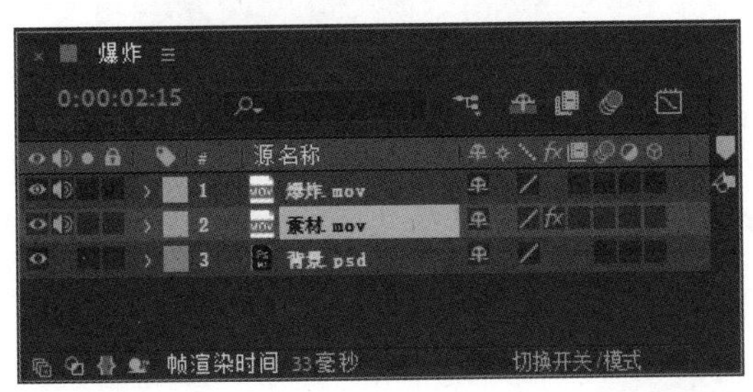

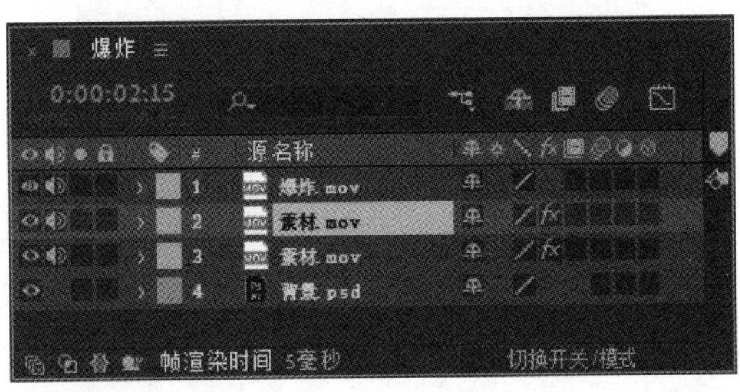

图3-11　复制与粘贴图层

2. 快速创建图层副本

在【时间轴】面板中单击需要复制的图层后，按创建副本的【Ctrl+D】快捷键，即可得到图层副本，如图3-12所示。

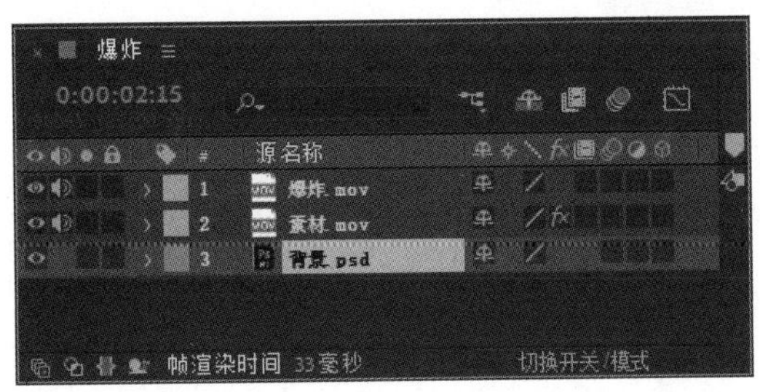

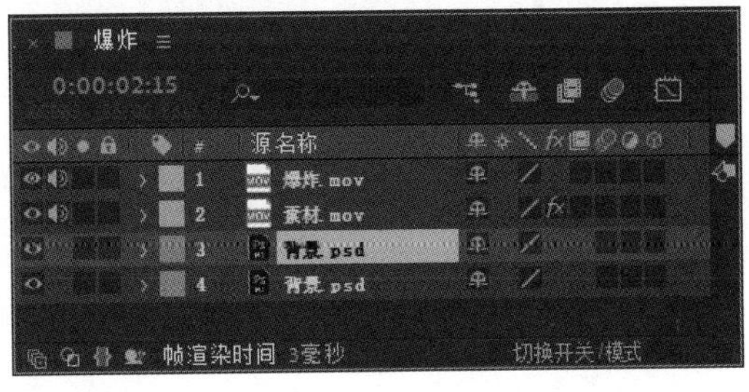

图3-12　快速创建图层副本

3.2.4 合并多个图层

After Effects 2022中的合并图层操作与Photoshop中的合并图层操作不同，After Effects 2022中的合并图层是预合成，即把几个图层组合成一个新的合成，下面详细介绍在After Effects 2022中合并多个图层的操作方法。

步骤01 打开“素材文件\第3章\合并图层.aep”，在【时间轴】面板中选择需要合并的图层并右击鼠标，在弹出的快捷菜单中选择【预合成】命令，如图3-13所示。

步骤02 弹出【预合成】对话框，在【新合成名称】文本框中设置新合成名称后单击【确定】按钮，如图3-14所示。

图 3-13　选择【预合成】命令

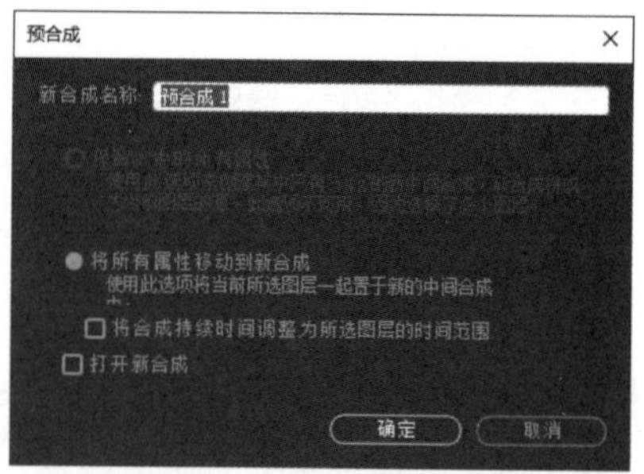

图 3-14　设置新合成名称

步骤 03　完成以上操作后，可以在【时间轴】面板中看到预合成的图层，如图 3-15 所示，即完成了在 After Effects 2022 中合并多个图层的操作。

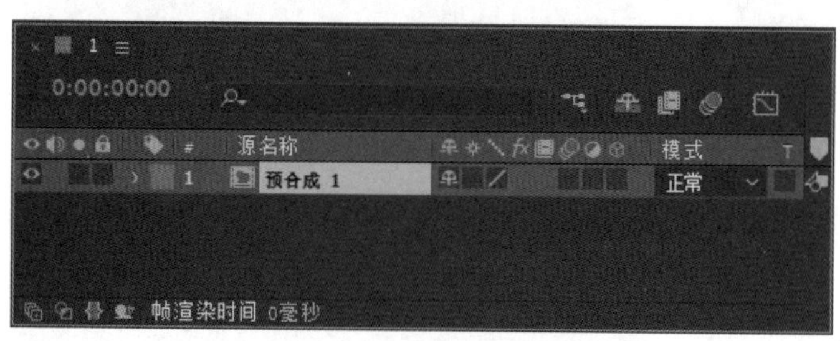

图 3-15　预合成的图层

技能拓展

如果想调整预合成中的某一个图层，双击预合成即可。

3.2.5 拆分与删除图层

使用 After Effects 2022 的过程中，经常需要拆分与删除图层，下面分别详细介绍相关操作方法。

1. 拆分图层

拆分图层，即将一个图层在指定的时间处拆分为多个图层，具体操作方法如下。

步骤 01　打开“素材文件\第 3 章\拆分与删除图层.aep”，选择需要拆分的图层后，在【时间轴】面板中将当前时间指示滑块拖曳到目标位置，如图 3-16 所示。

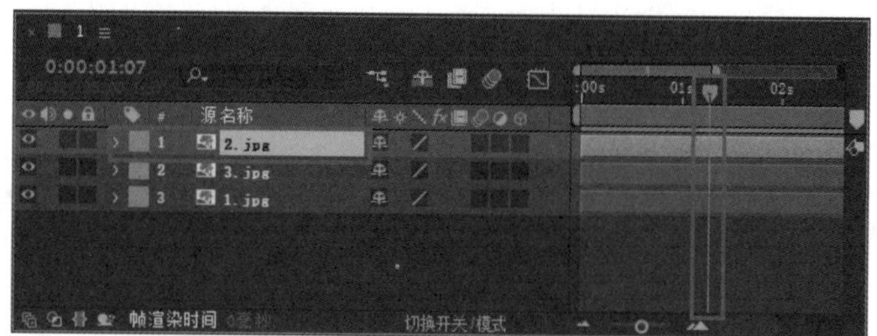

图 3-16　定位要拆分的图层与位置

步骤 02　在菜单栏中选择【编辑】→【拆分图层】命令，如图 3-17 所示，或者按【Ctrl+Shift+D】

快捷键。

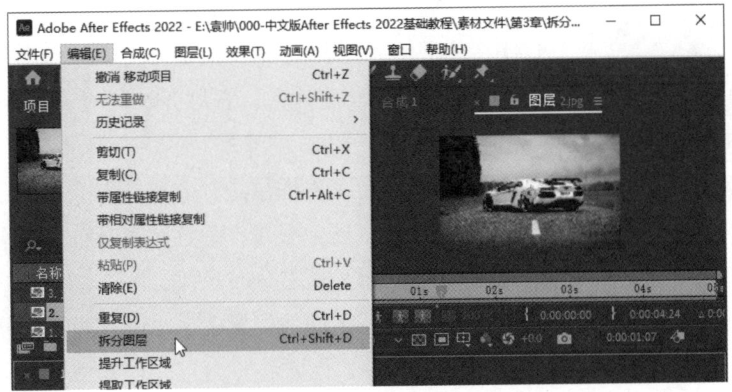

图 3-17　选择【拆分图层】命令

步骤 03　完成以上操作后，可以看到所选图层在目标时间处分离，如图 3-18 所示，即完成了拆分图层的操作。

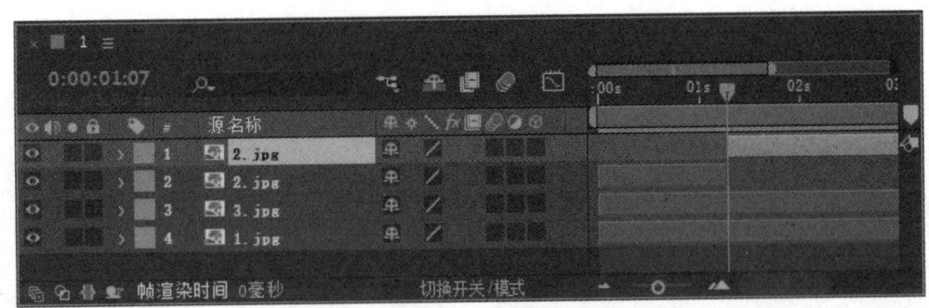

图 3-18　拆分图层

2. 删除图层

在【时间轴】面板中选择一个或多个需要删除的图层，按【Backspace】键或【Delete】键，即可删除所选图层，如图 3-19 所示。

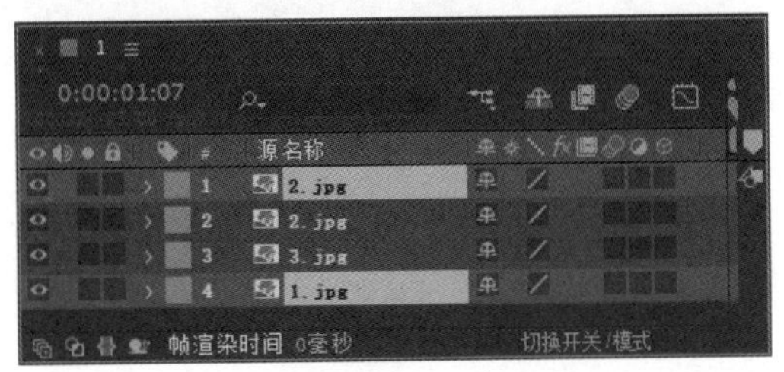

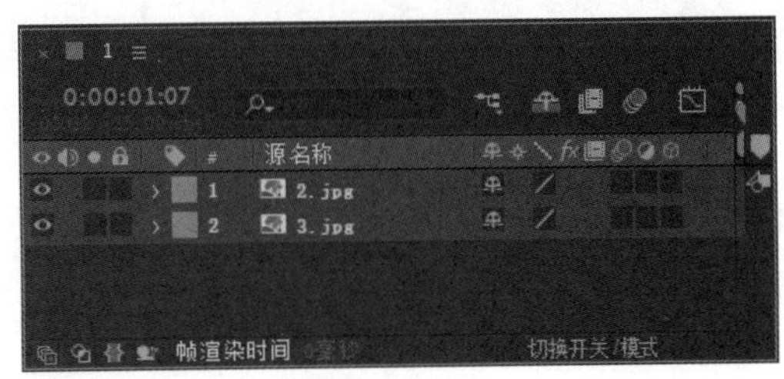

图 3-19　删除图层

3.2.6　对齐和分布图层

如果需要对图层在【合成】面板中的空间关系进行快速对齐或分布操作，除了可以使用选择工具手动拖曳，还可以使用【对齐】面板对所选图层进行自动对齐或分布操作。注意，至少选择两个图层才可以进行对齐操作，至少选择三个图层才可以进行分布操作。

在菜单栏中选择【窗口】→【对齐】命令，即可打开【对齐】面板。【对齐】面板如图 3-20 所示。

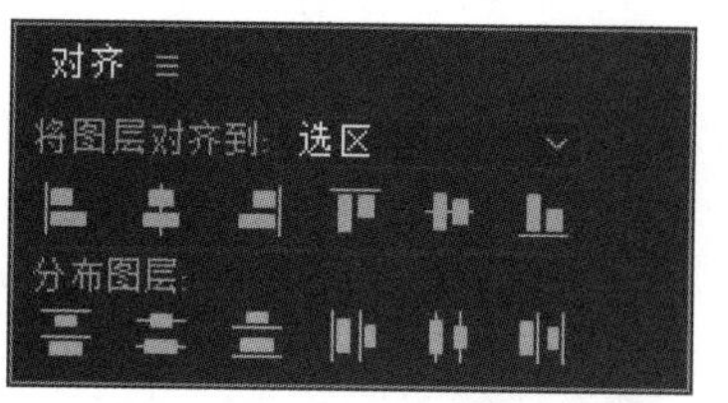

图 3-20 【对齐】面板

【对齐】面板中 2 个组的含义如下。

- 【将图层对齐到】组：对图层进行对齐操作，从左至右依次为左对齐、垂直居中对齐、右对齐、顶对齐、水平居中对齐、底对齐。
- 【分布图层】组：对图层进行分布操作，从左至右依次为垂直居顶分布、垂直居中分布、垂直居底分布、水平居左分布、水平居中分布、水平居右分布。

进行对齐或分布操作之前，要注意调整各图层之间的位置关系。进行对齐或分布操作时，基于的是图层的位置，而非图层在时间轴上的先后顺序。

3.2.7 隐藏和显示图层

After Effects 2022 中的图层可以设置隐藏和显示。用户单击目标图层左侧的【隐藏】按钮，即可将目标图层隐藏或显示，【合成】面板中的素材会随之产生隐藏或显示变化，如图 3-21 所示。

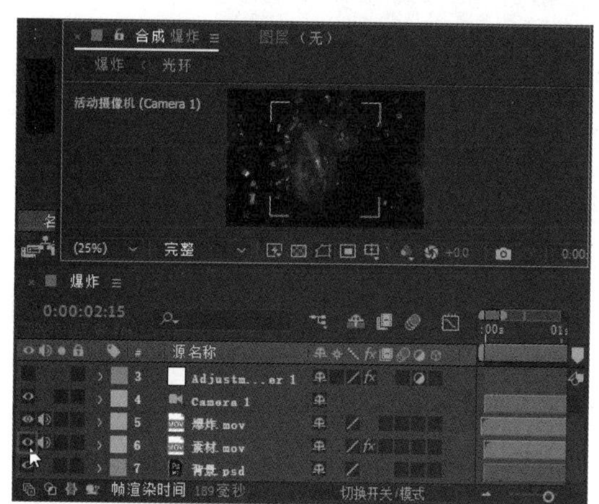

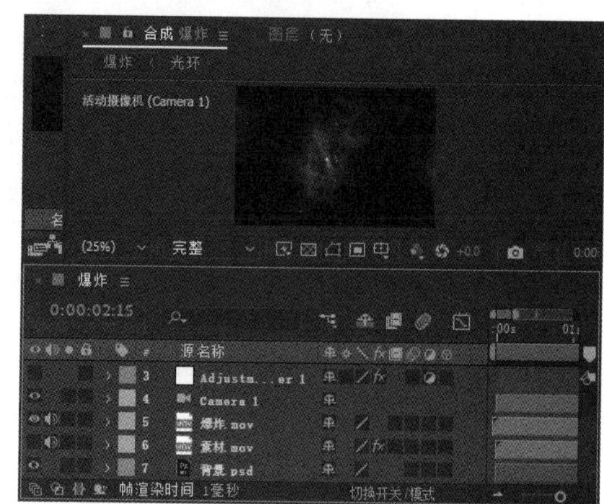

图 3-21 隐藏和显示图层

技能拓展

【时间轴】面板中的图层数量较多时，用户经常需要单击【隐藏】按钮，观察【合成】面板中的素材效果，判断某个图层是否为需要寻找的图层。

3.2.8 设置图层时间

设置图层时间时，可以使用时间设置栏对图层出入点进行精确设置，也可以手动对图层进行直观操作，下面分别对两种方法予以详细介绍。

方法 1：在【时间轴】面板的时间设置栏的出入点数字上按住鼠标左键后拖曳鼠标，或者单击这些数字，在弹出的对话框中直接输入数字，可以精确设置图层的出入点时间，如图 3-22 所示。

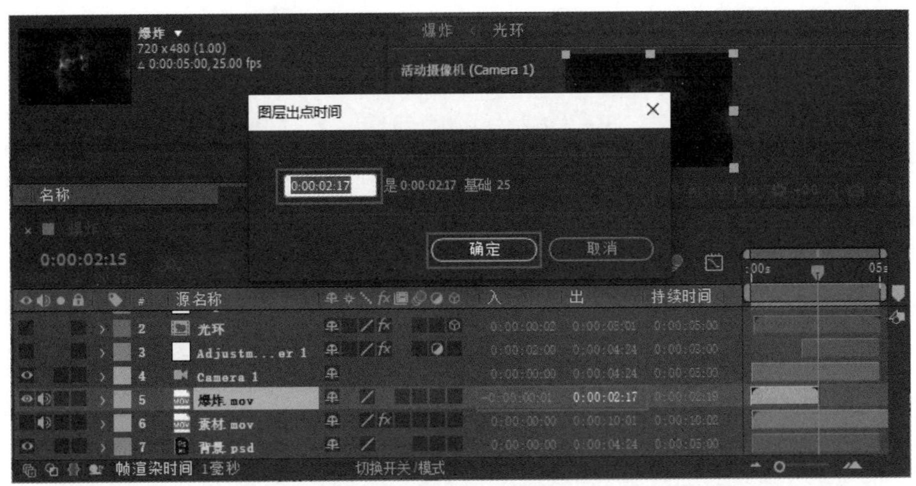

图 3-22　直接输入数字，精确设置图层的出入点时间

方法 2：在【时间轴】面板中，在目标图层对应的时间标尺上按住鼠标左键拖曳图层的出入点，可以设置图层的出入点时间，如图 3-23 所示。

图 3-23　按住鼠标左键拖曳图层的出入点，设置图层的出入点时间

3.2.9 排列图层

使用【序列图层】命令，可以自动排列图层。在【时间轴】面板中依次选择作为序列图层的图层后，在菜单栏中选择【动画】→【关键帧辅助】→【序列图层】命令，即可打开【序列图层】对话框。【序列图层】对话框如图 3-24 所示。

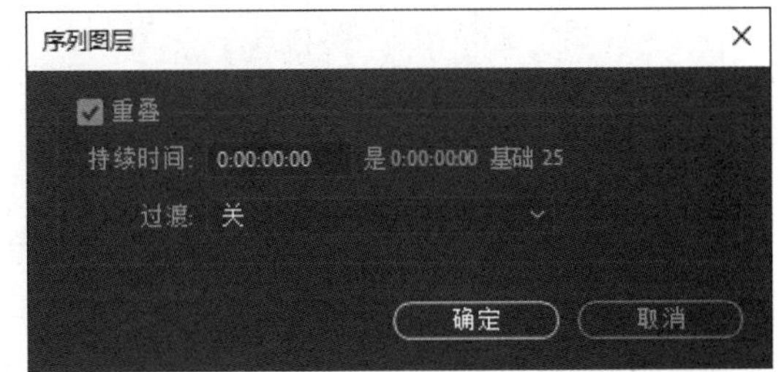

图 3-24　【序列图层】对话框

【序列图层】对话框中参数的含义如下。

- 重叠：用来设置是否执行图层交叠。
- 持续时间：用来设置层之间相互交叠的时间。
- 过渡：用来设置交叠部分的过渡方式。

完成设置后，图层会依次排列，可能的排列方式如图 3-25 所示。

图 3-25　完成设置后，图层可能的排列方式

课堂范例——制作倒计时动画

本案例主要介绍【序列图层】命令的使用方法，通过对本案例的学习，读者可以充分理解和掌握图层排序的操作方法。

步骤 01　新建一个项目，在菜单栏中选择【合成】→【新建合成】命令后，在弹出的【合成设置】对话框中设置宽度为 850px、高度为 567px、持续时间为 8 秒，单击【确定】按钮，如图 3-26 所示。

步骤 02　在菜单栏中选择【文件】→【导入】→【文件】命令，将素材文件“素材文件\第 3 章\倒计时动画\胶片.jpg ”和 8 个 PNG 图像文件导入【项目】面板中后，新建一个名为“数字”的文件夹，将导入 PNG 图像文件后出现的 8 个 PNG 图层拖曳到“数字”文件夹中，如图 3-27 所示。

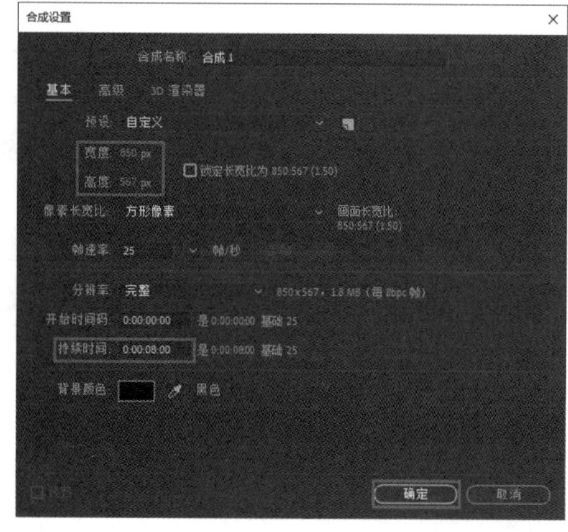

图 3-26　设置合成

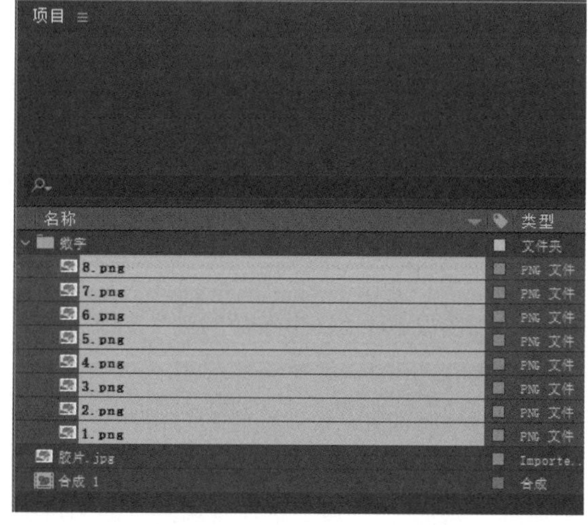

图 3-27　导入文件并分类管理

步骤 03 将图像素材拖曳到【时间轴】面板中，并将“胶片.jpg”放置在最底层，如图 3-28 所示。

图 3-28 将图像素材拖曳到【时间轴】面板中并调整素材位置

步骤 04 选择所有 PNG 图像，将图层时间设置为 1 秒，如图 3-29 所示。

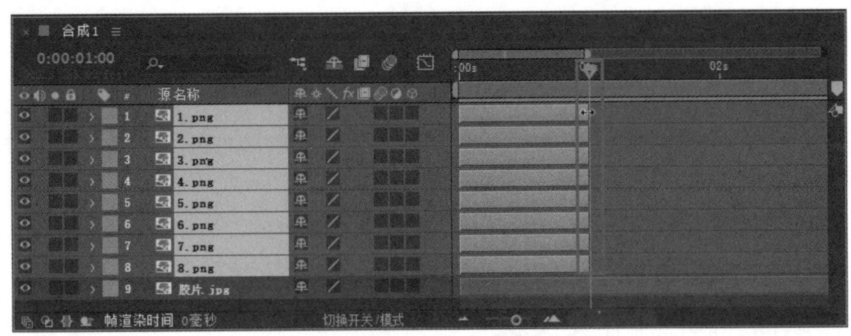

图 3-29 将图层时间设置为 1 秒

步骤 05 在菜单栏中选择【动画】→【关键帧辅助】→【序列图层】命令，如图 3-30 所示。

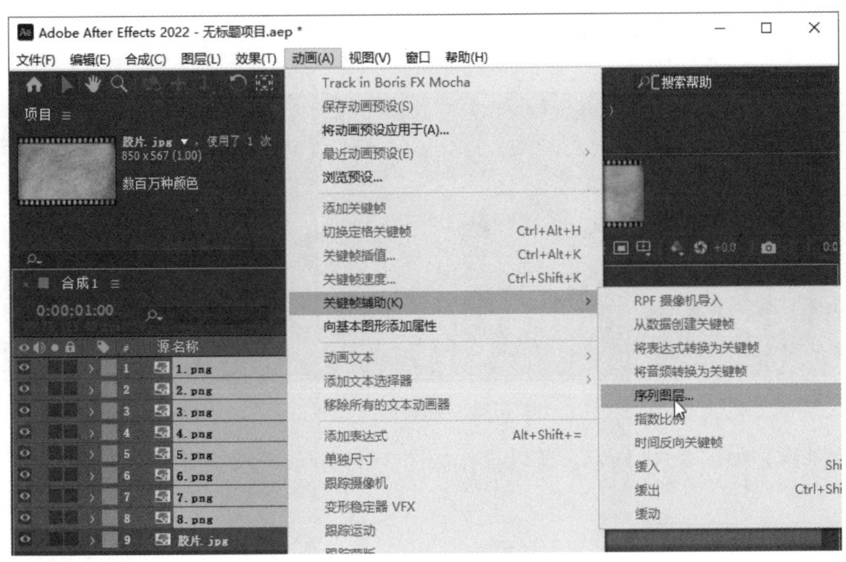

图 3-30 选择【序列图层】命令

步骤 06 在弹出的【序列图层】对话框中勾选【重叠】复选框，单击【确定】按钮，如图 3-31 所示。

步骤 07 完成以上操作后，可以看到 8 个 PNG 图层依次排列，如图 3-32 所示，即完成了制作倒计时动画的操作。

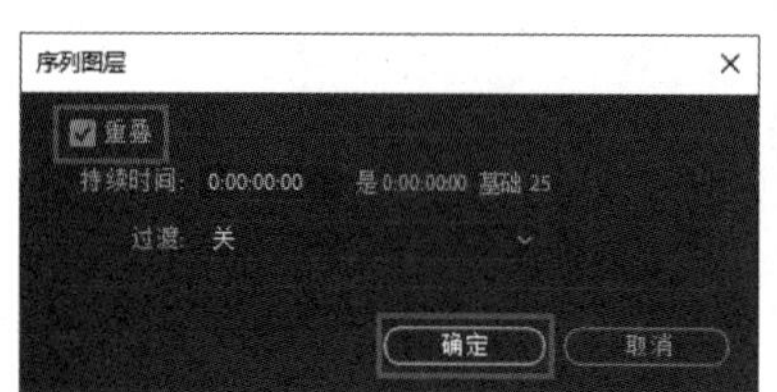

图 3-31 【序列图层】对话框

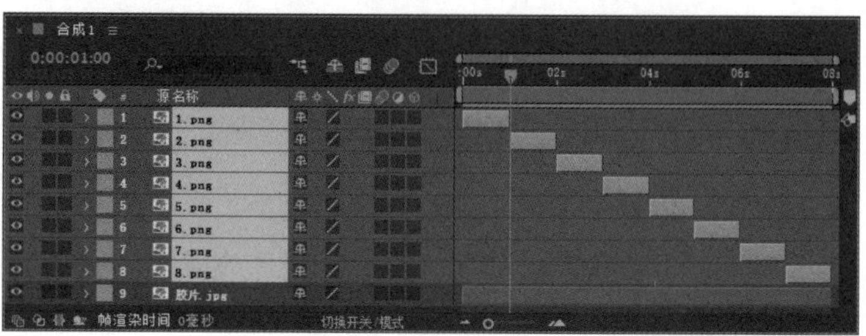

图 3-32 图层依次排列

3.3 图层的变换属性

在没有添加遮罩及特效的情况下，一个图层只有一个变换属性组，包含图层最重要的 5 个属性。图层的变换属性在制作动画特效时非常重要。

3.3.1 修改锚点属性制作变换效果

无论图层的面积多大，其位置移动、旋转和缩放都是依据一个点来进行的，这个点就是锚点。

打开“素材文件\第 3 章\锚点属性.aep”，选择目标图层后，按【A】键即可打开锚点属性，如图 3-33 所示。

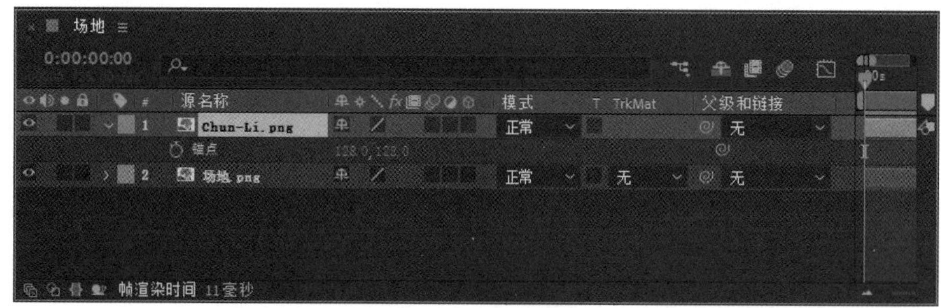

图 3-33 打开锚点属性

以锚点为基准，如图 3-34 所示。旋转操作如图 3-35 所示，缩放操作如图 3-36 所示。

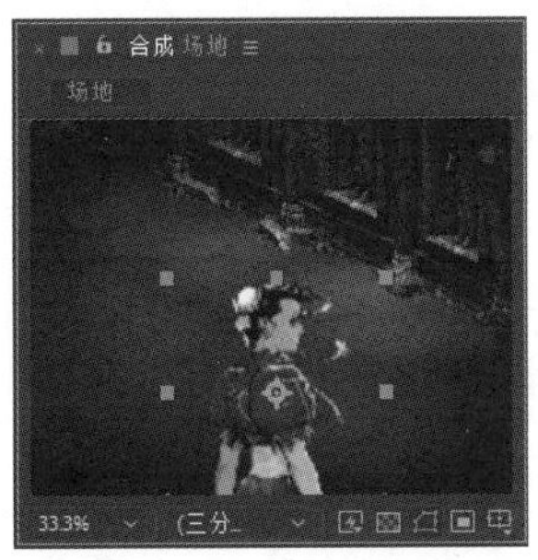

图 3-34 以锚点为基准

图 3-35 旋转操作

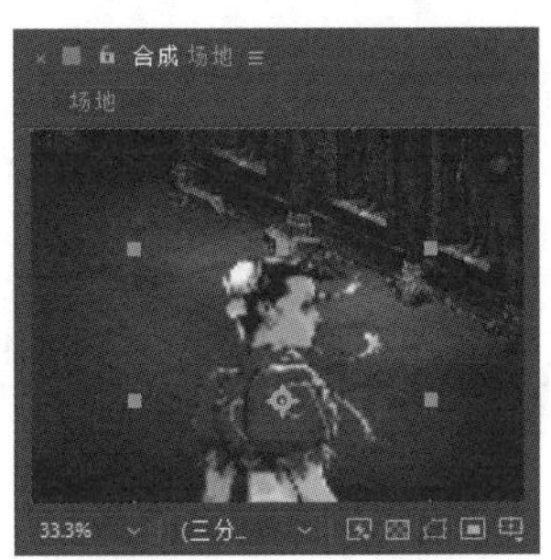

图 3-36 缩放操作

3.3.2 修改位置属性制作变换效果

位置属性主要用来制作图层的位移动画，下面详细介绍位置属性的相关知识。

打开“素材文件\第 3 章\位置属性.aep”，选择目标图层后，按【P】键即可打开位置属性，如图 3-37 所示。以锚点为基准，如图 3-38 所示。

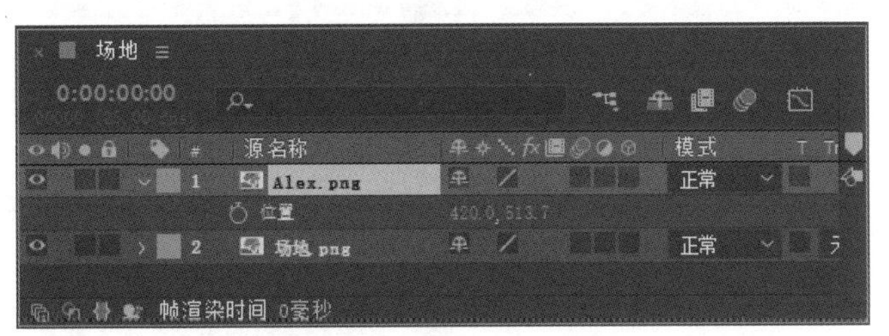

图 3-37 打开位置属性

图 3-38 以锚点为基准

在图层的位置属性后方的数值上按住鼠标左键并拖曳鼠标（或直接输入需要的数值），即可设置位置属性，如图 3-39 所示。释放鼠标后，效果如图 3-40 所示。普通二维图层的位置属性由*X*轴向和*Y*轴向两个参数组成，如果是三维图层，则由*X*轴向、*Y*轴向和*Z*轴向 3 个参数组成。

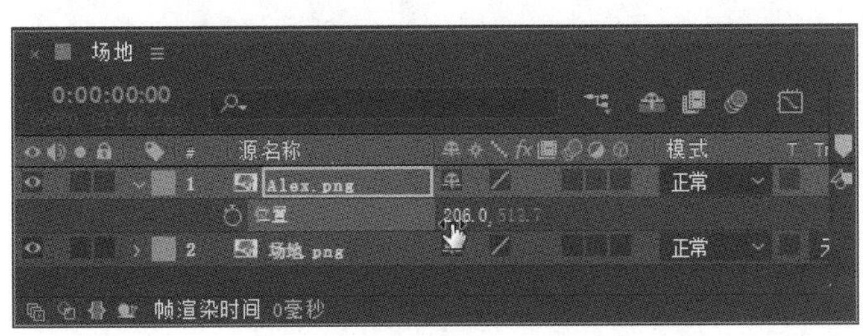

图 3-39 设置位置属性

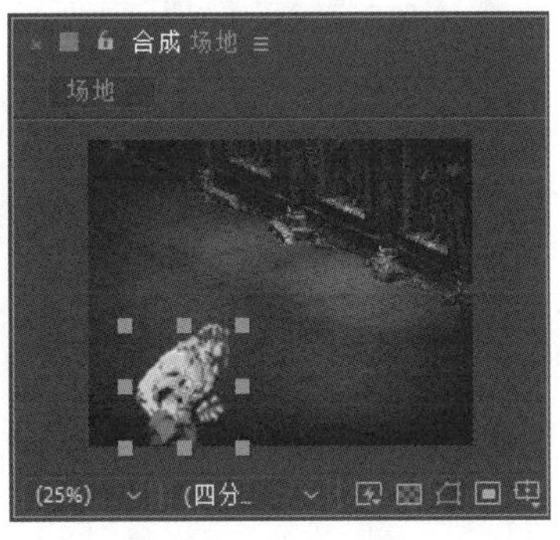

图 3-40 设置后的效果

技能拓展

制作位移动画时，为了保持移动时的方向不变，可以在菜单栏中选择【图层】→【变换】→【自动定向】命令，系统会弹出【自动定向】对话框，在其中选中【沿路径方向】单选按钮，单击【确定】按钮，即可完成设置。

3.3.3 修改缩放属性制作变换效果

修改缩放属性可以以锚点为基准改变图层大小，下面详细介绍缩放属性的相关知识。

打开“素材文件\第 3 章\缩放属性.aep”，选择目标图层后，按【S】键即可打开缩放属性，如图 3-41 所示。以锚点为基准，如图 3-42 所示。

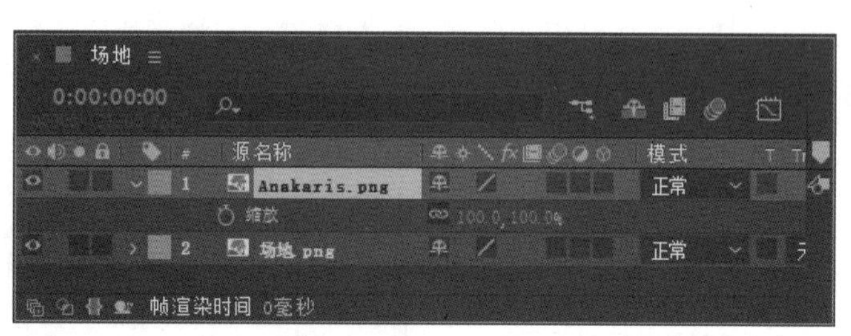

图 3-41 打开缩放属性

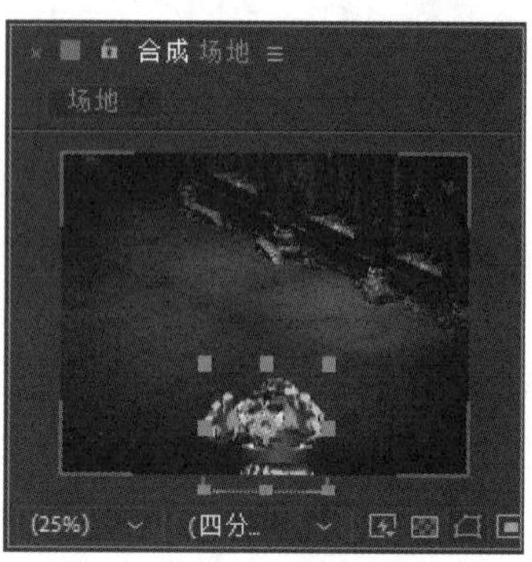

图 3-42 以锚点为基准

在图层的缩放属性后方的数值上按住鼠标左键并拖曳鼠标（或直接输入需要的数值），即可设置缩放属性，如图 3-43 所示。释放鼠标后，效果如图 3-44 所示。普通二维图层的缩放属性由 X 轴向和 Y 轴向两个参数组成，如果是三维图层，则由 X 轴向、Y 轴向和 Z 轴向 3 个参数组成。

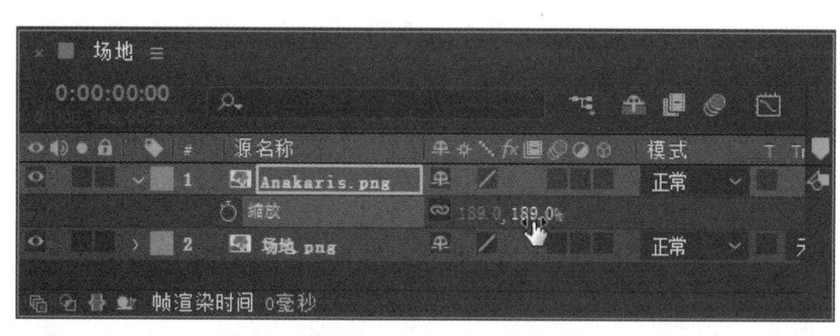

图 3-43 设置缩放属性

图 3-44 设置后的效果

3.3.4 修改旋转属性制作变换效果

旋转属性用于以锚点为基准旋转图层，下面详细介绍旋转属性的相关知识。

打开“素材文件\第 3 章\旋转属性.aep”，选择目标图层后，按【R】键即可打开旋转属性，如图 3-45 所示。以锚点为基准，如图 3-46 所示。

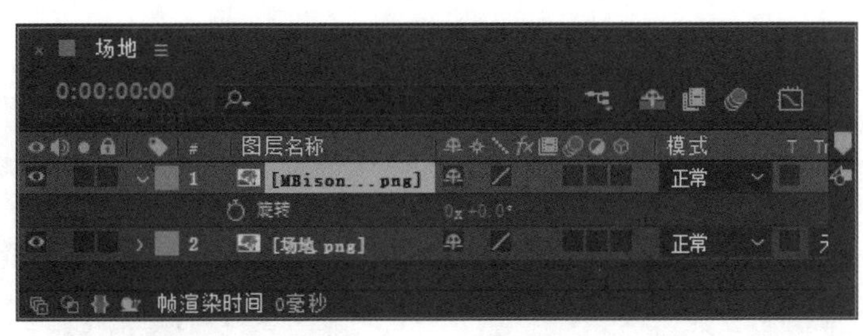

图 3-45　打开旋转属性

图 3-46　以锚点为基准

在图层的旋转属性后方的数值上按住鼠标左键并拖曳鼠标（或直接输入需要的数值），即可设置旋转属性，如图 3-47 所示。释放鼠标后，效果如图 3-48 所示。普通二维图层的旋转属性由圈数和度数两个参数组成，如“1x +30.0°”。

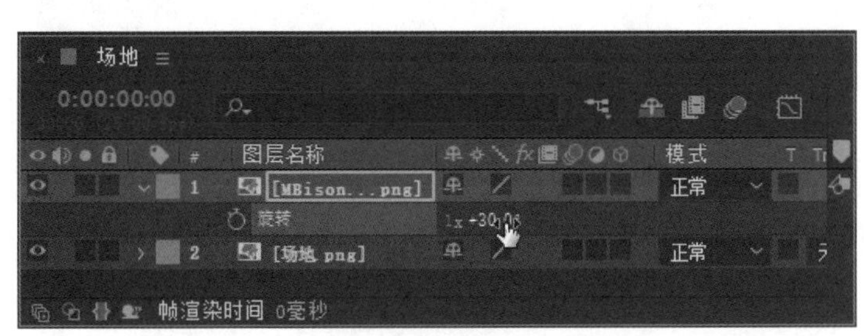

图 3-47　设置旋转属性

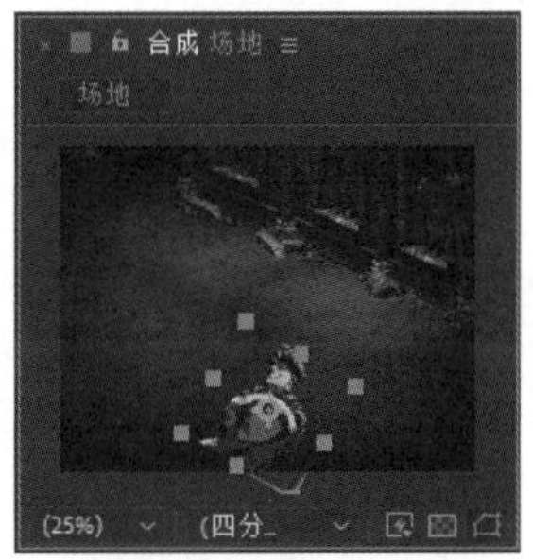

图 3-48　设置后的效果

如果是三维图层，旋转属性将增加为 3 个：可以同时设定 *X*、*Y*、*Z* 3 个轴向。*X* 轴旋转仅调整 *X* 轴向旋转，*Y* 轴旋转仅调整 *Y* 轴向旋转，*Z* 轴旋转仅调整 *Z* 轴向旋转。

3.3.5　修改不透明度属性制作变换效果

不透明度属性用于以百分比的形式调整图层的不透明度，下面详细介绍不透明度属性的相关知识。

打开“素材文件\第 3 章\不透明度属性.aep”，选择目标图层后，按【T】键即可打开不透明度属性，如图 3-49 所示。以锚点为基准，如图 3-50 所示。

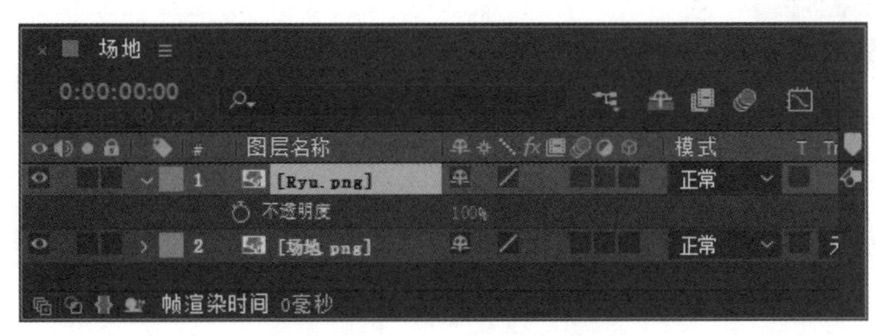

图 3-49　打开不透明度属性

图 3-50　以锚点为基准

在图层的不透明度属性后方的数值上按住鼠标左键并拖曳鼠标（或直接输入需要的数值），即可设置不透明度属性，如图 3-51 所示。释放鼠标后，效果如图 3-52 所示。

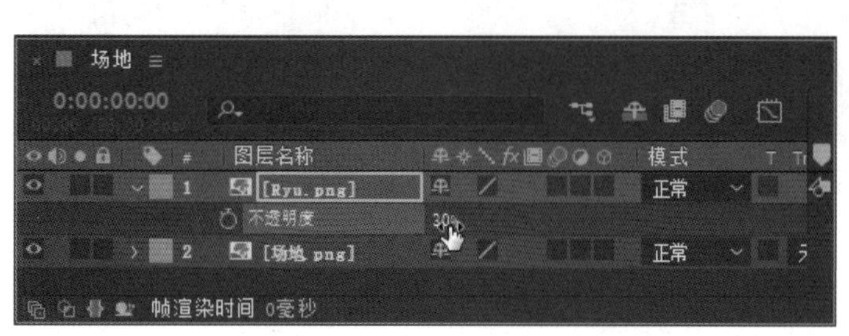

图 3-51　设置不透明度属性

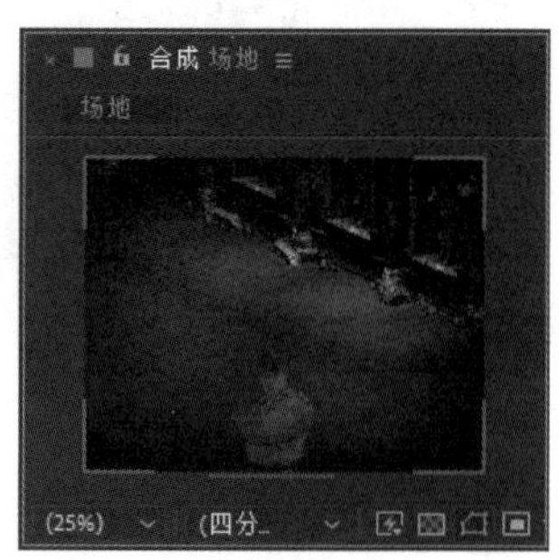

图 3-52　设置后的效果

技能拓展

一般情况下，一次按一个图层属性的快捷键，只显示一种属性。如果需要一次显示两种或两种以上图层属性，可以在已显示一种图层属性的情况下，按住【Shift】键的同时按显示其他图层属性对应的快捷键。

3.4 图层的混合模式

After Effects 2022 中预置了丰富的图层混合模式，用来定义当前图层与底图的混合关系。所谓图层混合，即一个图层与其下的图层发生叠加，产生特殊效果，并最终将该效果显示在【合成】面板中。

本节将使用两个素材文件详细讲解 After Effects 2022 的混合模式，一个素材文件用作底图素材图层，如图 3-53 所示，另一个素材文件用作叠加图层的源素材，如图 3-54 所示。

图 3-53　底图素材图层

图 3-54　叠加图层的源素材

3.4.1 打开混合模式选项

在 After Effects 2022 中，显示或隐藏混合模式选项的方法主要有以下两种。

第 1 种：在【时间轴】面板中，单击【切换开关/模式】按钮，可以显示或隐藏混合模式选项，如图 3-55 所示。

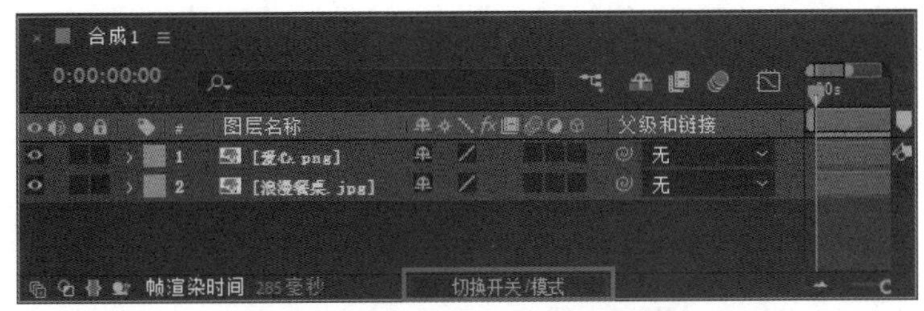

图 3-55 单击【切换开关/模式】按钮

第 2 种：在【时间轴】面板中按【F4】键，可以调出图层的叠加模式面板，如图 3-56 所示。

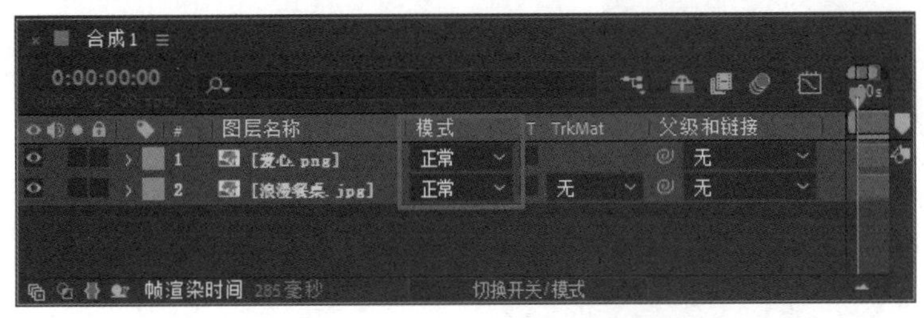

图 3-56 调出图层的叠加模式面板

3.4.2 使用普通模式制作特殊效果

普通模式包括“正常”模式、“溶解”模式、“动态抖动溶解”模式 3 个混合模式。在没有不透明度施加影响的情况下，使用这些混合模式产生的最终效果不会受底层像素颜色的影响，除非图层像素的不透明度小于源图层。下面分别予以详细介绍。

图 3-57 “正常”模式

1. “正常”模式

“正常”模式是使用 After Effects 2022 制作特殊效果时的默认模式。当图层的不透明度为 100%时，合成将根据 Alpha 通道正常显示当前图层，并且不受其他图层的影响，如图 3-57 所示；当图层的不透明度小于 100% 时，当前图层的每个像素点的颜色都将受到其他图层的影响。

图 3-58 “溶解”模式

2. “溶解”模式

在图层有羽化边缘或不透明度小于 100%时，“溶解”模式才起作用。使用“溶解”模式时，先在上层图层中选取部分像素，再采用随机颗粒图案的方式用下层图层中的像素来取代，上层图层的不透明度越低，溶解效果越明显，如图 3-58 所示。

3. “动态抖动溶解”模式

“动态抖动溶解”模式的原理和“溶解”模式的原理相似，只不过使用“动态抖动溶解”模式可以随时更新颗粒随机值，而使用“溶解”模式，颗粒随机值是不变的。

3.4.3 使用变暗模式制作特殊效果

变暗模式包括“变暗”模式、“相乘”模式、“颜色加深”模式、“经典颜色加深”模式、“线性加深”模式、“较深的颜色”模式 6 个混合模式。使用这些混合模式，可以使图像的整体颜色变暗。下面分别予以详细介绍。

1. “变暗”模式

使用“变暗”模式，可以通过比较源图层和底图层的颜色亮度，保留较暗的颜色部分，如图 3-59 所示。一个全黑的图层和任何图层变暗叠加的效果都是全黑的，而一个白色图层和任何颜色图层变暗叠加的效果都是透明的。

图 3-59 “变暗”模式

2. “相乘”模式

“相乘”模式是一种减色模式，用于将基色与叠加色相乘，形成一种光线透过两个图层叠加在一起的幻灯片效果，如图 3-60 所示。任何颜色与黑色相乘都将产生黑色，与白色相乘都将保持不变，而与中间亮度的颜色相乘，可以得到一种更暗的效果。

图 3-60 “相乘”模式

3. “颜色加深”模式

使用“颜色加深”模式，可以通过增加对比度来使颜色变暗（如果叠加色为白色，则不产生变化），进而反映叠加色，如图 3-61 所示。

图 3-61 “颜色加深”模式

4. “经典颜色加深”模式

使用“经典颜色加深”模式与使用“颜色加深”模式相同，都是通过增加对比度来使颜色变暗，进而反映叠加色，但其使用效果优于使用“颜色加深”模式的效果，如图 3-62 所示。

图 3-62 “经典颜色加深”模式

5. “线性加深”模式

使用“线性加深”模式，可以比较基色和叠加色的颜色信息，通过降低基色的亮度来反映叠加色。与使用“相乘”模式相比，使用“线性加深”模式可以产生更暗的效果，如图 3-63 所示。

图 3-63 “线性加深”模式

6. “较深的颜色”模式

使用“较深的颜色”模式的效果与使用“变暗”模式的效果相似，略有区别的是该模式不对单独的颜色通道起作用。

3.4.4 使用变亮模式制作特殊效果

变亮模式包括“相加”模式、“变亮”模式、“屏幕”模式、“颜色减淡”模式、“线性减淡”模式、“经典颜色减淡”模式、“较浅的颜色”模式 7 个混合模式。使用这些混合模式，可以使图像的整体颜色变亮。下面分别予以详细介绍。

1. “相加”模式

使用“相加”模式，可以对上下图层对应的像素进行加法运算，使画面变亮，如图 3-64 所示。

图 3-64 “相加”模式

图 3-65 “变亮”模式

2. “变亮”模式

“变亮”模式与“变暗”模式相反，使用“变亮”模式，可以查看每个通道中的颜色信息，选择基色和叠加色中较亮的颜色作为结果色（比叠加色暗的像素将被替换，比叠加色亮的像素将保持不变），如图 3-65 所示。

图 3-66 “屏幕”模式

3. “屏幕”模式

“屏幕”模式是一种加色混合模式，与“相乘”模式相反，可以将叠加色的互补色与基色相乘，得到更亮的效果，如图 3-66 所示。

图 3-67 “颜色减淡”模式

4. “颜色减淡”模式

使用“颜色减淡”模式，可以通过减小对比度来使颜色变亮，进而反映叠加色（如果与黑色叠加，则不发生变化），如图 3-67 所示。

图 3-68 “线性减淡”模式

5. “线性减淡”模式

使用“线性减淡”模式，可以查看每个通道的颜色信息，通过增加亮度使基色变亮，进而反映叠加色（如果与黑色叠加，则不发生变化），如图 3-68 所示。

6. “经典颜色减淡”模式

使用“经典颜色减淡”模式与使用“颜色减淡”模式相同，都是通过减小对比度来使颜色变亮，进而反映叠加色，但其使用效果要优于使用“颜色减淡”模式的效果，如图 3-69 所示。

图 3-69 “经典颜色减淡”模式

7. “较浅的颜色”模式

使用“较浅的颜色”模式，可以保留混合图层较亮的区域，其他部分被替换，如图 3-70 所示。

图 3-70 “较浅的颜色”模式

3.4.5 使用叠加模式制作特殊效果

叠加模式包括“叠加”模式、“柔光”模式、“强光”模式、“线性光”模式、“亮光”模式、“点光”模式、“纯色混合”模式 7 个混合模式。使用这些混合模式时，需要先确认源图层颜色和底层颜色的亮度是否低于 50% 灰色，再根据不同的叠加模式制作不同的混合效果。下面分别予以详细介绍。

1. “叠加”模式

使用“叠加”模式，可以增强图像的颜色，并保留底层图像的高光和暗调，如图 3-71 所示。“叠加”模式对中间色调的影响比较明显，对高亮度区域和暗调区域的影响不大。

图 3-71 “叠加”模式

图 3-72 “柔光”模式

2. “柔光”模式

使用“柔光”模式，可以使图像颜色变亮或变暗（具体效果取决于叠加色），效果与发散的聚光灯照在图像上的效果很相似，如图 3-72 所示。

图 3-73 “强光”模式

3. “强光”模式

使用“强光”模式时，当前图层中比 50% 灰色亮的像素会使图像变亮；比 50% 灰色暗的像素会使图像变暗。使用这种模式产生的效果与耀眼的聚光灯照在图像上的效果很相似，如图 3-73 所示。

图 3-74 “线性光”模式

4. “线性光”模式

使用“线性光”模式，可以通过减小或增大亮度来加深或减淡颜色，具体效果取决于叠加色，如图 3-74 所示。

图 3-75 “亮光”模式

5. “亮光”模式

使用“亮光”模式，可以通过增大或减小对比度来加深或减淡颜色，具体效果取决于叠加色，如图 3-75 所示。

6. “点光”模式

使用“点光”模式，可以替换图像的颜色。如果当前图层中的像素比50%灰色亮，则替换暗的像素；如果当前图层中的像素比50%灰色暗，则替换亮的像素。这种模式常用于为图像添加特效，如图3-76所示。

图3-76 “点光”模式

7. “纯色混合”模式

使用“纯色混合”模式时，如果当前图层中的像素比50%灰色亮，底层图像会变亮；如果当前图层中的像素比50%灰色暗，底层图像会变暗。使用这种模式，通常会使图像产生色调分离的效果，如图3-77所示。

图3-77 “纯色混合”模式

3.4.6 使用差值模式制作特殊效果

差值模式包括“差值”模式、“经典差值”模式、“排除”模式、“相减”模式、“相除”模式5个混合模式。使用这些混合模式，是基于源图层和底层的颜色值产生差异效果。下面分别予以详细介绍。

1. “差值”模式

使用“差值”模式，可以从基色中减去叠加色，或从叠加色中减去基色，具体取决于哪个颜色的亮度值更高，如图3-78所示。

图3-78 “差值”模式

图 3-79 “经典差值”模式

2. “经典差值”模式

使用“经典差值”模式与使用“差值”模式相同，都是从基色中减去叠加色，或从叠加色中减去基色，但其使用效果要优于使用“差值”模式的效果，如图 3-79 所示。

图 3-80 “排除”模式

3. “排除”模式

“排除”模式的使用效果与“差值”模式的使用效果相似，但是使用该模式可以制作对比度更低的叠加效果，如图 3-80 所示。

图 3-81 “相减”模式

4. “相减”模式

使用“相减”模式，可以从基础颜色中减去源颜色，如图 3-81 所示，如果源颜色是黑色，则结果颜色是基础颜色。

图 3-82 “相除”模式

5. “相除”模式

使用“相除”模式，可以用基础颜色除以源颜色，如图 3-82 所示，如果源颜色是白色，则结果颜色是基础颜色。

3.4.7 使用色彩模式制作特殊效果

色彩模式包括“色相”模式、“饱和度”模式、“颜色”模式、“发光度”模式4个混合模式。使用这些混合模式，可以改变颜色的一个或多个色相、饱和度、不透明度值。下面分别予以详细介绍。

1.“色相”模式

使用“色相”模式，可以将当前图层的色相应用到底层图像中，改变底层图像的色相，但不影响其亮度和饱和度，如图3-83所示。对于黑色、白色和灰色区域来说，该模式不起作用。

图3-83 “色相”模式

2.“饱和度”模式

使用“饱和度”模式，可以将当前图层的饱和度应用到底层图像中，改变底层图像的饱和度，但不影响其亮度和色相，如图3-84所示。

图3-84 “饱和度”模式

3.“颜色”模式

使用“颜色”模式，可以将当前图层的色相与饱和度应用到底层图像中，同时保持底层图像的亮度不变，如图3-85所示。

图3-85 “颜色”模式

图 3-86 “发光度”模式

4. “发光度”模式

使用“发光度”模式，可以将当前图层的亮度应用到底层图像中，改变底层图像的亮度，但不对其色相和饱和度产生影响，如图 3-86 所示。

3.4.8 使用蒙版模式制作特殊效果

蒙版模式包括“蒙版 Alpha”模式、“模板亮度”模式、“轮廓 Alpha”模式、“轮廓亮度”模式 4 个混合模式。使用这些混合模式，可以将源图层转换为底层的一个遮罩。下面分别予以详细介绍。

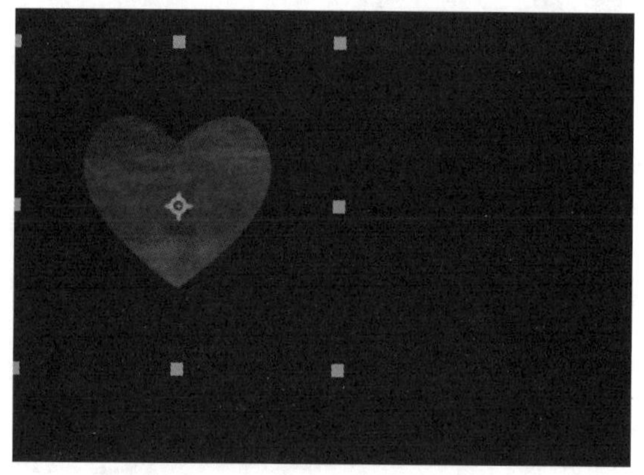

图 3-87 “蒙版 Alpha”模式

1. “蒙版 Alpha”模式

使用“蒙版 Alpha”模式，可以穿过蒙版层的 Alpha 通道显示多个图层，如图 3-87 所示。

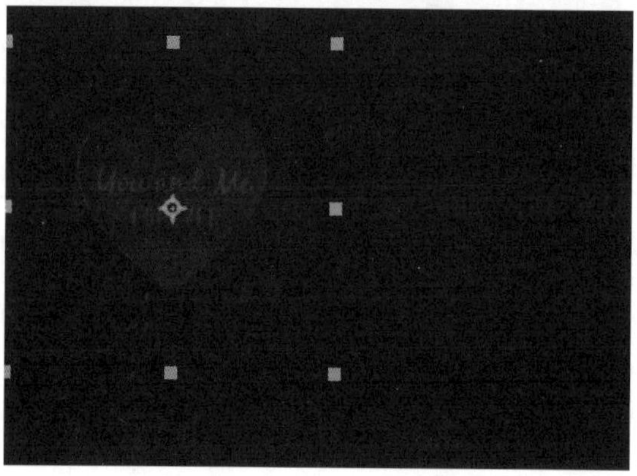

图 3-88 “模板亮度”模式

2. “模板亮度”模式

使用“模板亮度”模式，可以穿过蒙版层的像素亮度显示多个图层，如图 3-88 所示。

3. “轮廓Alpha”模式

使用“轮廓Alpha”模式，可以通过源图层的Alpha通道影响底层图像，使受到影响的区域被剪切，如图3-89所示。

图3-89 “轮廓Alpha”模式

4. “轮廓亮度”模式

使用“轮廓亮度”模式，可以用源图层上的像素亮度影响底层图像，使受到影响的像素被部分剪切或全部剪切，如图3-90所示。

图3-90 “轮廓亮度”模式

3.4.9 使用共享模式制作特殊效果

共享模式包括“Alpha添加”模式和“冷光预乘”模式。使用这两个混合模式，可以使底层与源图层的Alpha通道或透明区域像素产生相互作用。下面分别予以详细介绍。

1. “Alpha添加”模式

使用“Alpha添加”模式，可以用底层与源图层的Alpha通道共同建立一个无痕迹的透明区域，如图3-91所示。

图3-91 “Alpha添加”模式

图 3-92 “冷光预乘”模式

2. “冷光预乘”模式

使用“冷光预乘”模式，可以让源图层的透明区域像素与底层产生相互作用，在边缘呈现透镜和光亮效果，如图 3-92 所示。

> **技能拓展**
>
> 使用图层混合模式，可以控制图层与图层之间的融合方式。使用不同的混合模式，可以使画面产生不同的效果。在【时间轴】面板中单击目标图层对应的【模式】，即可在弹出的菜单中选择合适的混合模式。在【时间轴】面板中选择需要设置混合模式的图层后，在菜单栏中选择【图层】→【混合模式】命令，进而选择目标模式，也可设置合适的混合模式。

课堂范例——给书法作品裱框

现代社会，越来越多的家庭热衷于在家中放置书法作品，既能美化家居环境，又能烘托家庭文化氛围。本案例带大家学习给书法作品裱框的方法，更改图层的混合模式即可，下面详细介绍操作方法。

步骤 01 新建一个项目，在菜单栏中选择【合成】→【新建合成】命令后，在弹出的【合成设置】对话框中设置【合成名称】为“书法作品裱框”、【宽度】为 1024px、【高度】为 768px、【帧速率】为 25 帧/秒、【持续时间】为 5 秒，设置完成后单击【确定】按钮，如图 3-93 所示。

步骤 02 在菜单栏中选择【文件】→【导入】→【文件】命令，将素材文件“素材文件\第 3 章\素材图片\01.jpg”和“素材文件\第 3 章\素材图片\02.jpg”导入【项目】面板，如图 3-94 所示。

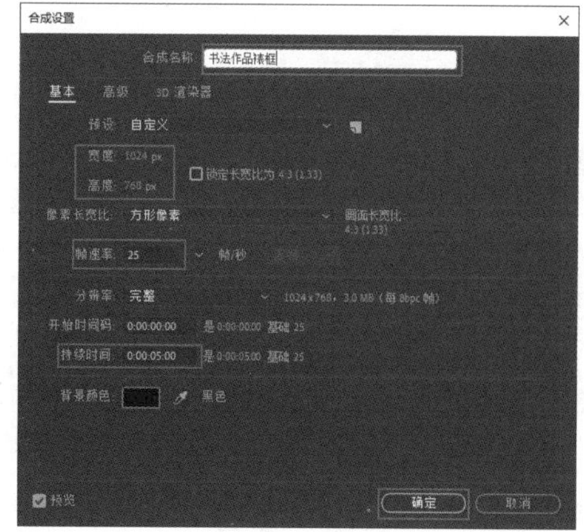

图 3-93 设置合成

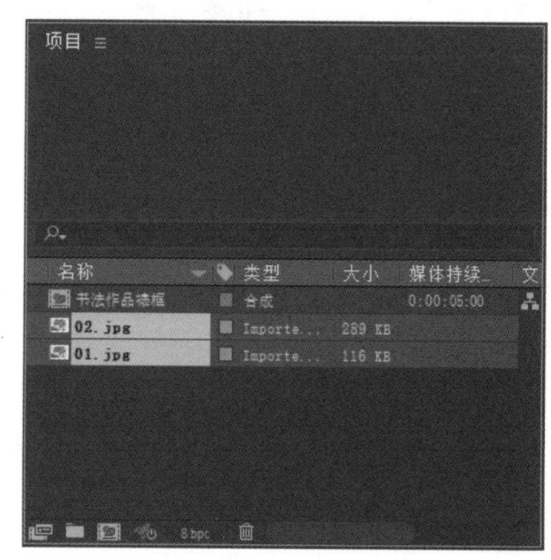

图 3-94 导入文件

步骤 03 将图像素材拖曳到【时间轴】面板中，并将“01.jpg”放置在最底层，如图 3-95 所示。

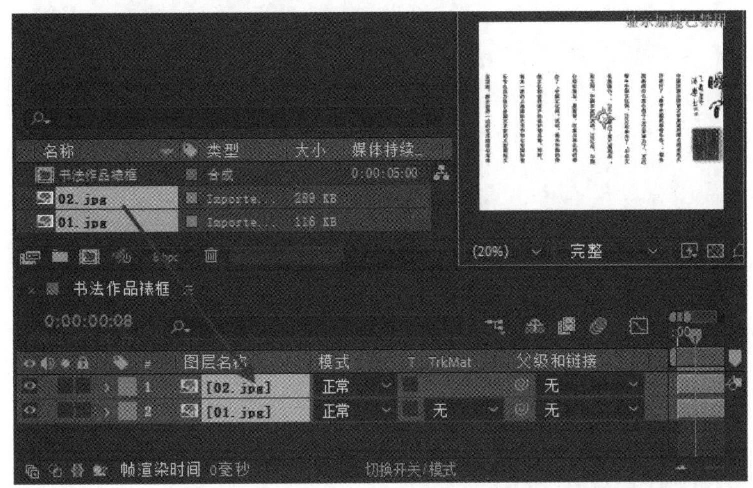

图 3-95 将图像素材拖曳到【时间轴】面板中并调整素材位置

步骤 04 在【时间轴】面板中，设置“02.jpg”图层的【模式】为“相乘”，如图 3-96 所示。

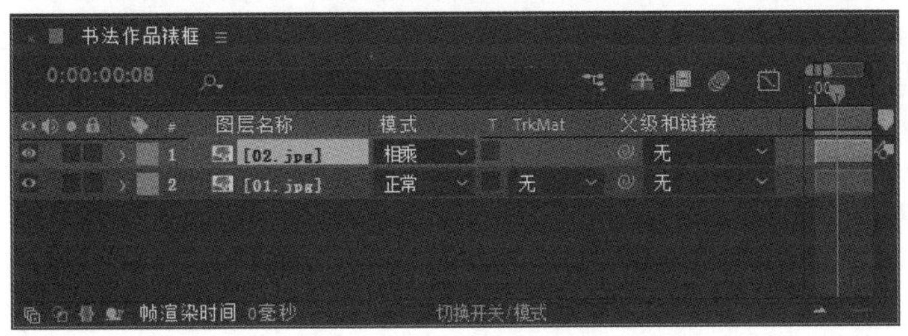

图 3-96 设置混合模式

步骤 05 分别打开“01.jpg”图层和“02.jpg”图层的位置属性和缩放属性，并分别设置它们的参数，如图 3-97 所示。

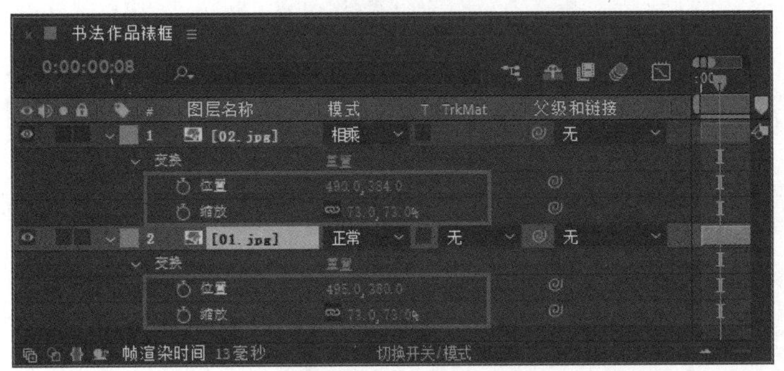

图 3-97 设置位置属性和缩放属性参数

步骤 06 完成以上操作后，可以在【合成】面板中看到本案例的最终效果，如图 3-98 所示，即完成了给书法作品裱框的操作。

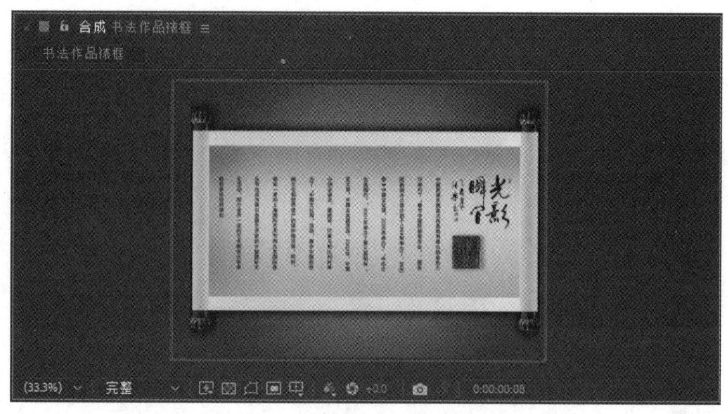

图 3-98　书法作品裱框效果

3.5 设置项目及创建合成

合成是After Effects 2022特效制作中的框架，决定了输出文件的分辨率、制式、帧速率、时间等信息。所有素材都需要先转换为合成下的图层，再进行处理，因此，设置项目、创建合成对于特效处理来说是至关重要的。

3.5.1 设置项目

启动After Effects 2022后，软件会自动创建一个项目，用户可以随时在项目中创建新合成。正确的项目设置可以帮助用户规避输出作品时不必要的错误和结果。在菜单栏中选择【文件】→【项目设置】命令，即可打开【项目设置】对话框。【项目设置】对话框如图3-99所示。

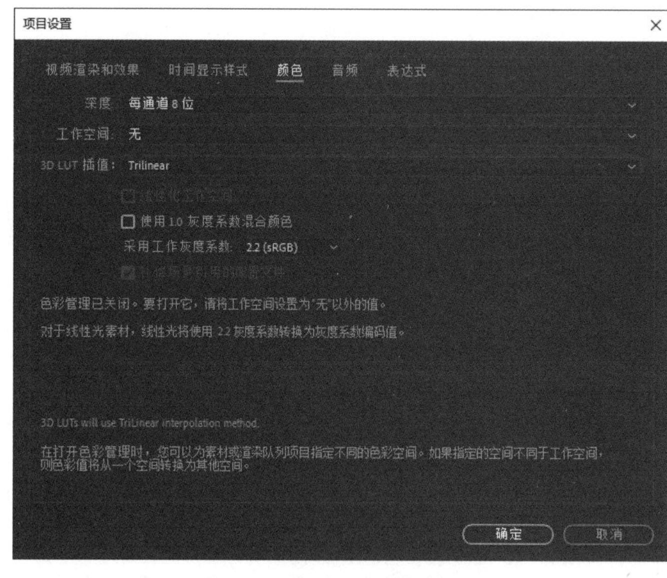

图 3-99　【项目设置】对话框

【项目设置】对话框中的参数设置分为5个部分，分别是"视频渲染和效果""时间显示样式""颜色""音频""表达式"。其中，"颜色"部分是设置项目时必须要考虑的，因为其中的参数决定了所导入素材的颜色将如何被解析，以及最终输出的视频颜色数据如何被转换。

3.5.2 创建合成

创建合成的方法有 3 种，下面分别予以详细介绍。

第 1 种：在菜单栏中选择【合成】→【新建合成】命令，如图 3-100 所示。

第 2 种：在【项目】面板中单击【新建合成】按钮，如图 3-101 所示。

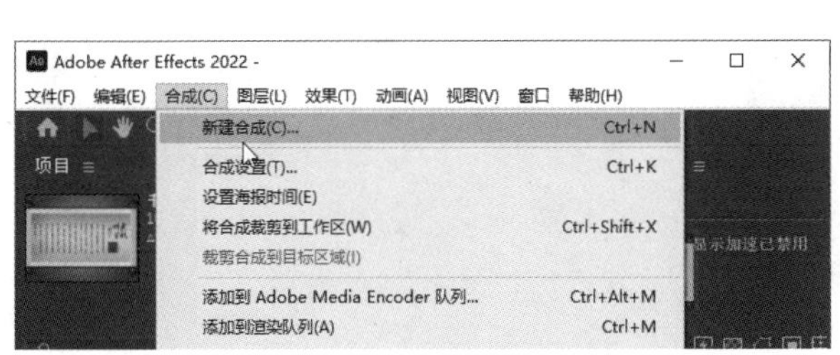

图 3-100 选择【新建合成】命令

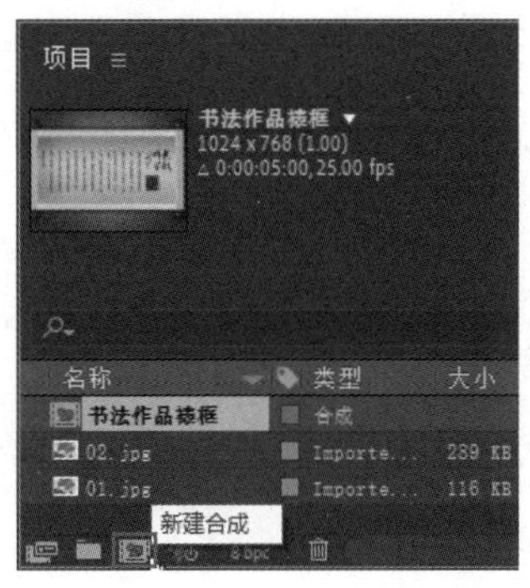

图 3-101 单击【新建合成】按钮

第 3 种：按【Ctrl+N】快捷键新建合成。创建合成时，系统会弹出【合成设置】对话框，默认显示“基本”参数设置，如图 3-102 所示。创建合成后，【项目】面板中会显示所创建的合成文件，如图 3-103 所示。

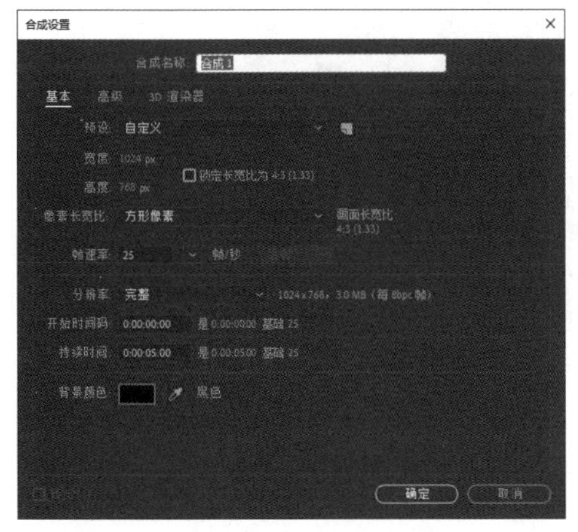

图 3-102 【合成设置】对话框

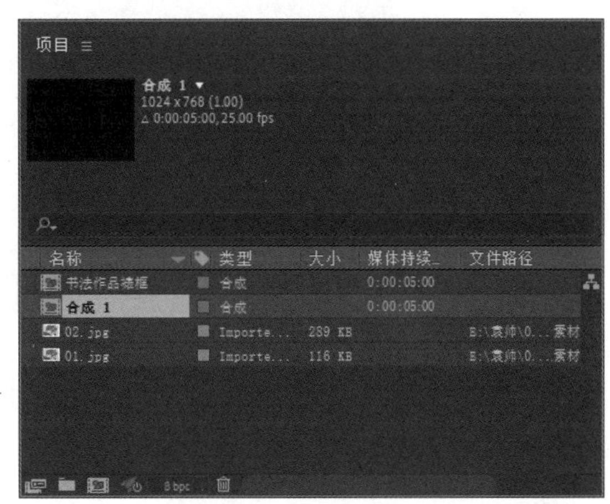

图 3-103 创建的合成文件

课堂范例——移动【合成】面板中的素材

通过对本案例的学习，读者可以掌握创建及设置合成的基本操作。

步骤 01 在菜单栏中选择【合成】→【合成设置】命令后，在弹出的【合成设置】对话框中设置【合成名称】为“合成 1”、【宽度】为 1500px、【高度】为 1000px、【帧速率】为 25 帧/秒、【持续时间】为 5 秒，单击【确定】按钮完成新建合成，如图 3-104 所示。

步骤 02 在菜单栏中选择【文件】→【导入】→【文件】命令，打开【导入文件】对话框，导入素材文件“素材文件\第 3 章\ 素材图片\ink.png”和“素材文件\第 3 章\ 素材图片\sea.jpg”，如图 3-105 所示。

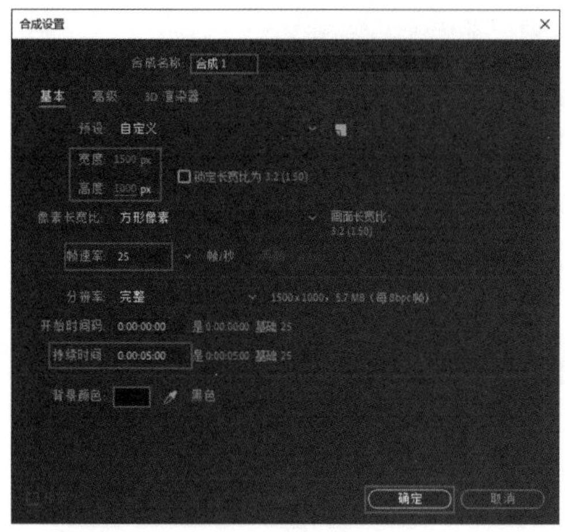

图 3-104　新建合成

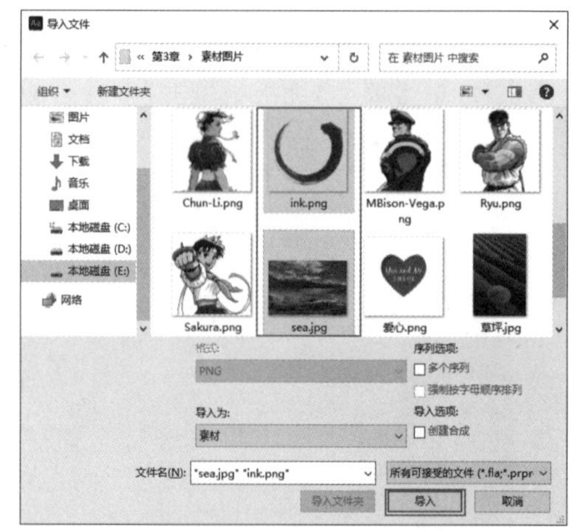

图 3-105　导入素材文件

步骤 03　将【项目】面板中的素材文件拖曳到【时间轴】面板中，如图 3-106 所示。

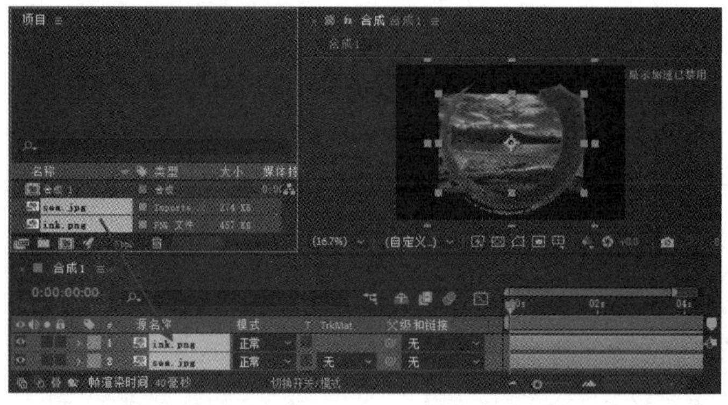

图 3-106　将素材文件拖曳到【时间轴】面板中

步骤 04　在【时间轴】面板中打开【ink.png】图层下方的【变换】项，设置【缩放】为（50.0，50.0%），随后，设置【sea.jpg】图层的【缩放】为（160.0，160.0%），将素材调整到合适的大小，如图 3-107 所示。

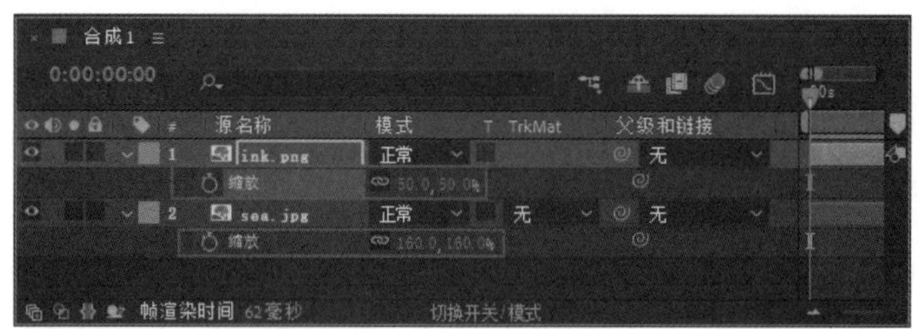

图 3-107　设置缩放参数

步骤 05　如果想调整素材位置，在【合成】面板中的目标位置按住鼠标左键进行拖曳即可，如

图 3-108 所示。

图 3-108　调整素材位置

3.6 创建图层

在After Effects 2022 中，用户可以创建多种类型的图层。本节将详细讲解创建文本图层、纯色图层、灯光图层、摄像机图层、空对象图层、形状图层和调整图层的操作方法，通过对这些图层进行操作，用户可以制作很多效果，如添加作品背景、添加文字、添加灯光阴影等。

3.6.1 创建文本图层

创建文本图层，可以为作品添加文字效果，如字幕、解说等。下面详细介绍创建文本图层的操作方法。

步骤 01 打开“素材文件\第 3 章\文本图层.aep”，在【时间轴】面板中右击鼠标，在弹出的快捷菜单中选择【新建】→【文本】命令，如图 3-109 所示。

步骤 02 完成以上操作后，将鼠标指针移至【合成】面板中，此时，鼠标指针已切换为输入文本状态，单击确定文本位置即可输入文本内容。在【字符】面板和【段落】面板中，用户可以设置合适的字体、颜色、字号、对齐方式等相关属性，完成对文本图层的创建，效果如图 3-110 所示。

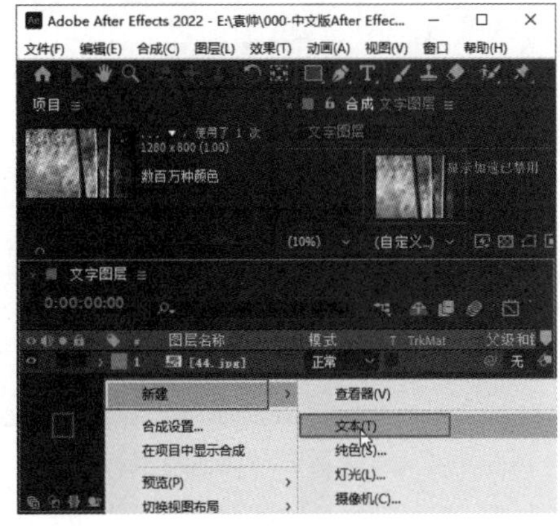

图 3-109　选择【文本】命令

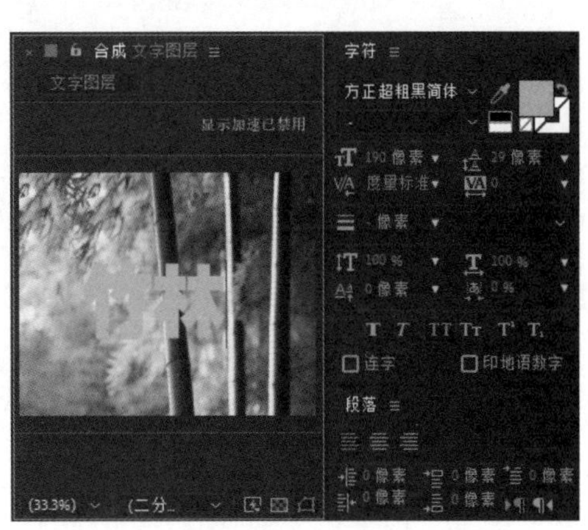

图 3-110　输入并设置文本

3.6.2 创建纯色图层

纯色图层是单一颜色的基本图层。因为在 After Effects 2022 中制作特效都基于“层”，所以纯色图层经常被用到，常用于制作纯色背景效果。下面详细介绍创建纯色图层的操作方法。

步骤 01 打开“素材文件\第 3 章\纯色图层.aep”，在【时间轴】面板中右击鼠标，在弹出的快捷菜单中选择【新建】→【纯色】命令，如图 3-111 所示。

步骤 02 弹出【纯色设置】对话框，在【名称】文本框中输入名称，设置大小和颜色后，单击【确定】按钮，如图 3-112 所示。

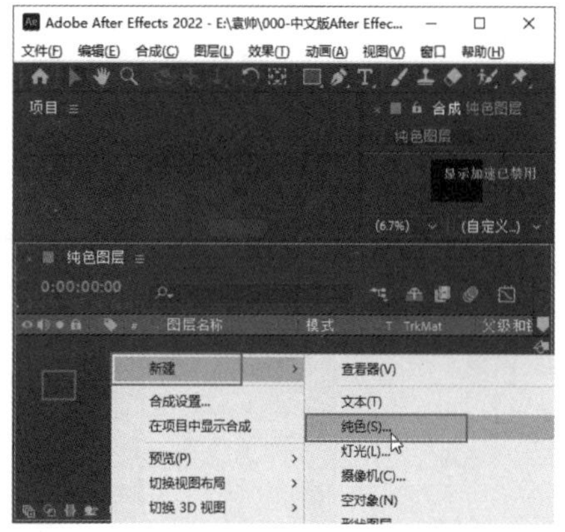

图 3-111 选择【纯色】命令

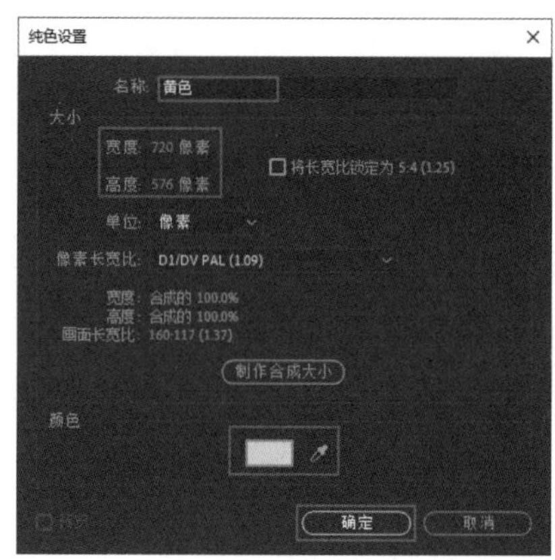

图 3-112 设置纯色图层

步骤 03 在【时间轴】面板中，可以看到已新建黄色纯色图层，如图 3-113 所示。

步骤 04 创建第一个纯色图层后，【项目】面板中会自动出现一个“纯色”文件夹，双击该文件夹，即可看到所创建的纯色图层，且该纯色图层会在【时间轴】面板中显示，效果如图 3-114 所示。

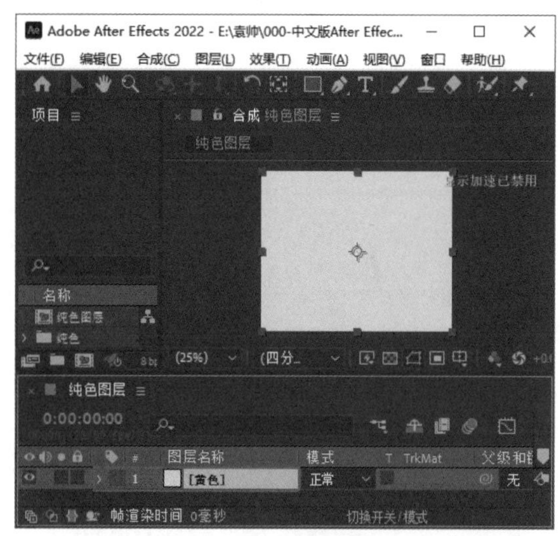

图 3-113 新建的黄色纯色图层

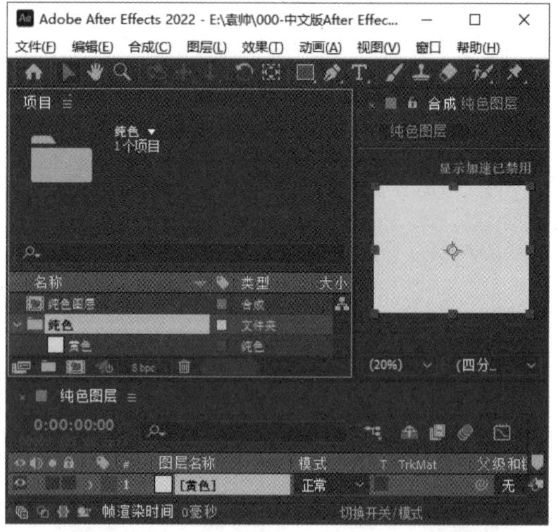

图 3-114 创建第一个纯色图层的效果

步骤 05 创建多个纯色图层后，【项目】面板和【时间轴】面板的显示效果如图 3-115 所示。

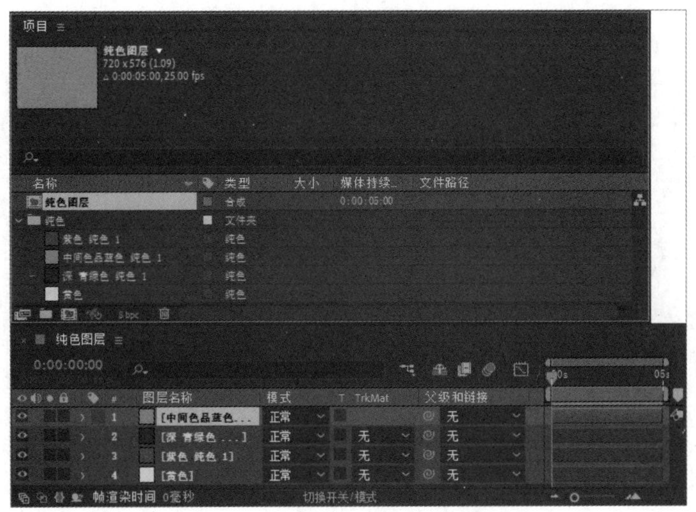

图 3-115　创建多个纯色图层后的效果

3.6.3 创建灯光图层

灯光图层主要用于模拟真实的灯光、阴影，使作品的层次感更加强烈。下面详细介绍创建灯光图层的操作方法。

步骤 01　打开“素材文件\第 3 章\灯光图层 .aep”，在【灯光图层】合成面板中单击【3D 图层】按钮，开启【背景 - 圣诞版 04.mov】图层的三维模式，如图 3-116 所示。

步骤 02　在菜单栏中选择【图层】→【新建】→【灯光】命令，如图 3-117 所示。

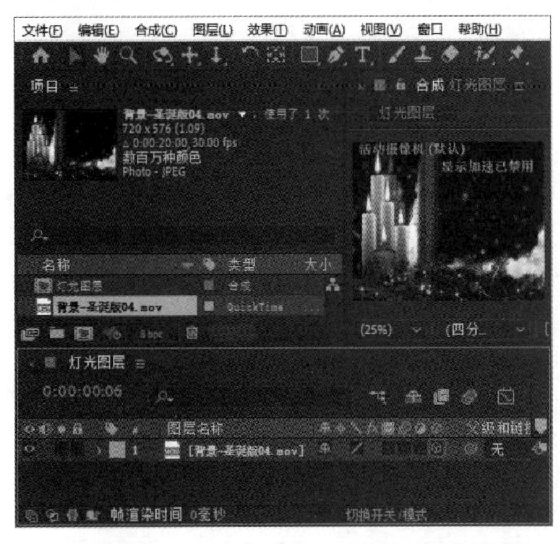

图 3-116　单击【3D 图层】按钮

图 3-117　选择【灯光】命令

步骤 03　在弹出的【灯光设置】对话框中设置合适的参数后，单击【确定】按钮，如图 3-118 所示。

步骤 04　完成以上操作后，可以在【时间轴】面板中看到新建的【聚光 1】图层，如图 3-119 所示，即完成了创建灯光图层的操作。

图 3-118　设置合适的参数

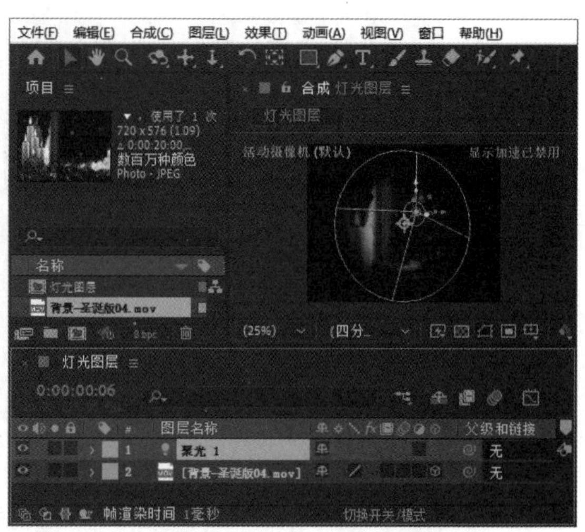

图 3-119　新建的【聚光 1】图层

技能拓展

创建灯光图层前，必须将素材图像转换为 3D 图层。若没有在【时间轴】面板中找到【3D 图层】按钮，可以单击【时间轴】面板左下方的【展开和折叠“图层开关”窗格】按钮。

3.6.4 创建摄像机图层

摄像机图层主要用于在三维合成制作中控制合成时的最终视角，通过设置动画，模拟三维镜头运动。下面详细介绍创建摄像机图层的操作方法。

步骤 01　打开“素材文件\第 3 章\摄像机图层.aep”，在【摄像机】合成面板中单击【3D 图层】按钮，开启【花卉.jpg】图层的三维模式，如图 3-120 所示。

步骤 02　在菜单栏中选择【图层】→【新建】→【摄像机】命令，如图 3-121 所示。

图 3-120　单击【3D 图层】按钮

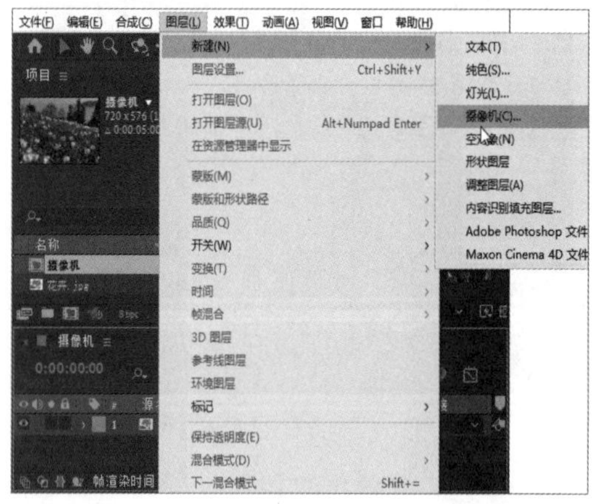

图 3-121　选择【摄像机】命令

步骤 03　在弹出的【摄像机设置】对话框中设置合适的参数后，单击【确定】按钮，如图 3-122 所示。

步骤 04 完成以上操作后，可以在【时间轴】面板中看到新建的【摄像机 1】图层，如图 3-123 所示，即完成了创建摄像机图层的操作。

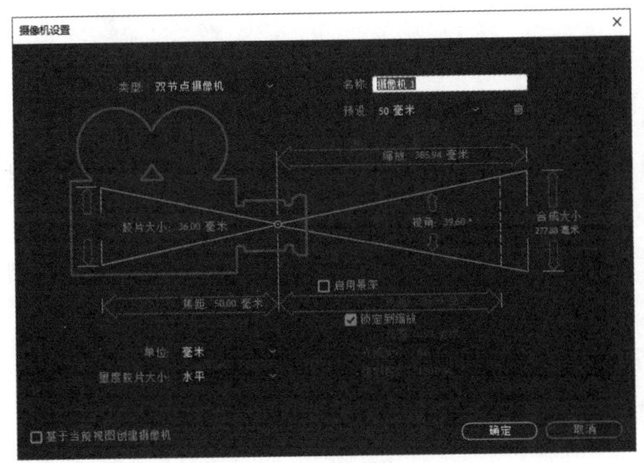

图 3-122 设置合适的参数

图 3-123 新建的【摄像机 1】图层

创建摄像机图层前，必须将素材图像转换为 3D 图层。

3.6.5 创建空对象图层

将空对象图层与其他图层关联后，修改空对象图层，可影响与其关联的图层。空对象图层常用于创建摄像机图层的父级，控制摄像机图层的移动和位置的设置。下面详细介绍创建空对象图层的操作方法。

步骤 01 打开“素材文件\第 3 章\空对象图层.aep”，在菜单栏中选择【图层】→【新建】→【空对象】命令，如图 3-124 所示。

步骤 02 完成以上操作后，可以在【时间轴】面板中看到新建的【空 1】图层，如图 3-125 所示，即完成了创建空对象图层的操作。

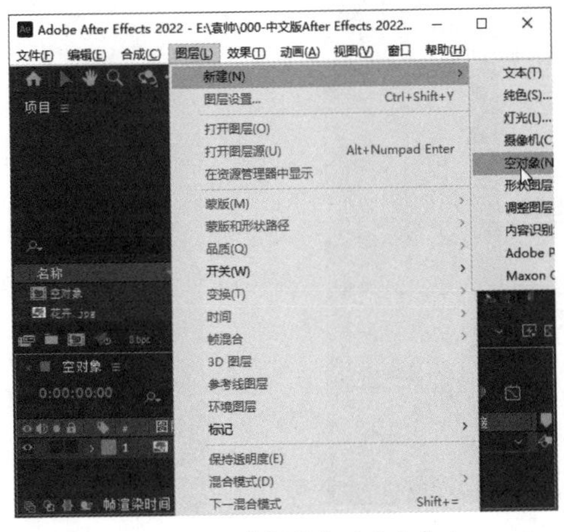

图 3-124 选择【空对象】命令

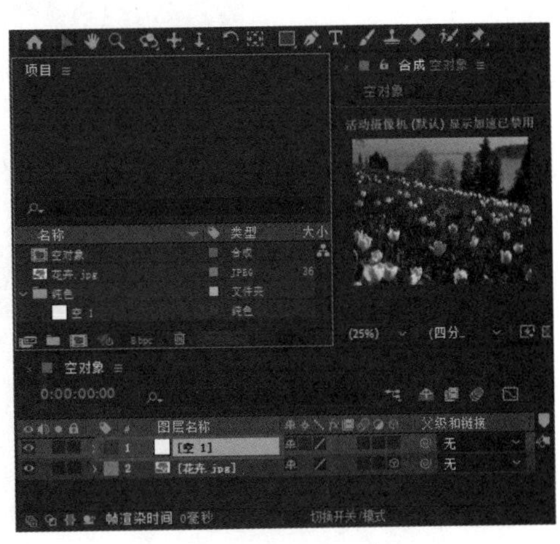

图 3-125 新建空对象图层

技能拓展

空对象图层是不可见图层，虽然可以在【合成】面板中看见一个红色的正方形，但它实际上是不存在的，输出成品时不会显示。

3.6.6 创建形状图层

使用形状图层，可以自由绘制图形并设置图形形状、图形颜色等。形状图层是制作遮罩动画的重要图层，下面详细介绍创建形状图层的操作方法。

步骤 01 打开“素材文件\第 3 章\形状图层.aep”，在菜单栏中选择【图层】→【新建】→【形状图层】命令，如图 3-126 所示。

步骤 02 完成以上操作后，【合成】面板中的鼠标指针样式会发生改变，在工具栏中单击准备创建的形状对应的形状按钮，在【合成】面板中按住鼠标左键并拖曳绘制一个形状，如图 3-127 所示。

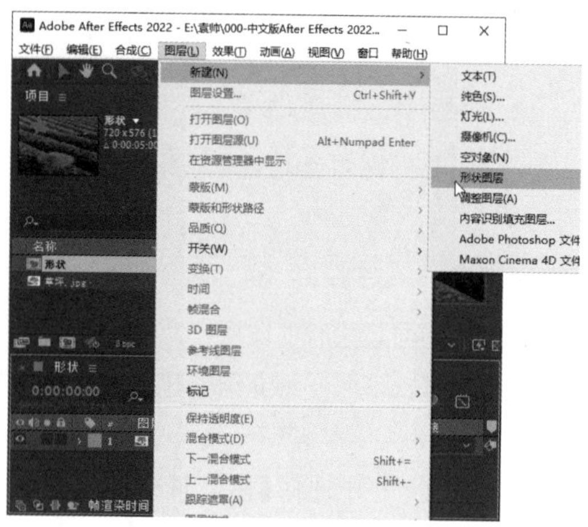

图 3-126 选择【形状图层】命令

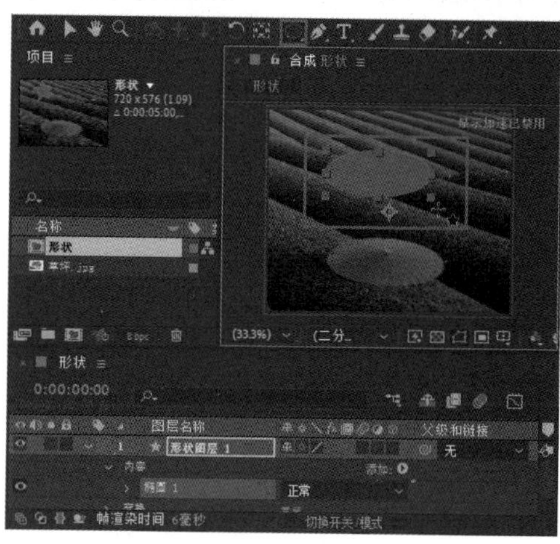

图 3-127 按住鼠标左键并拖曳绘制一个形状

步骤 03 完成创建形状图层的操作，效果如图 3-128 所示。

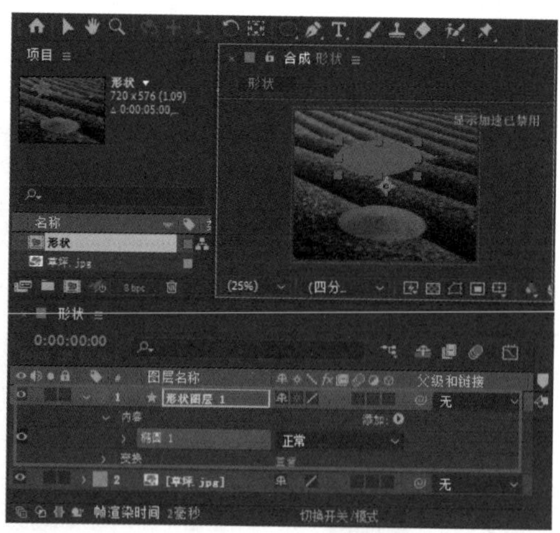

图 3-128 形状图层的效果

3.6.7 创建调整图层

为调整图层添加效果后，调整图层下方的所有图层可共享所添加的效果，因此，通常使用调整图层调整作品的整体色彩效果。下面详细介绍创建调整图层的操作方法。

步骤 01 打开"素材文件\第 3 章\调整图层.aep"，在菜单栏中选择【图层】→【新建】→【调整图层】命令，如图 3-129 所示。

步骤 02 完成以上操作后，可以在【时间轴】面板中看到新建的【调整图层 1】图层，如图 3-130 所示，即完成了创建调整图层的操作。

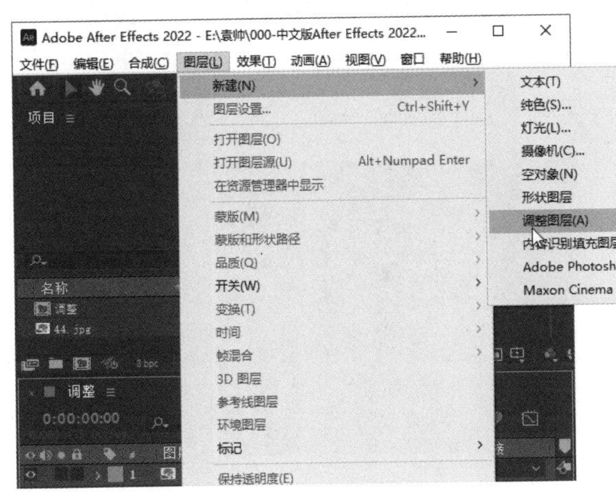

图 3-129　选择【调整图层】命令

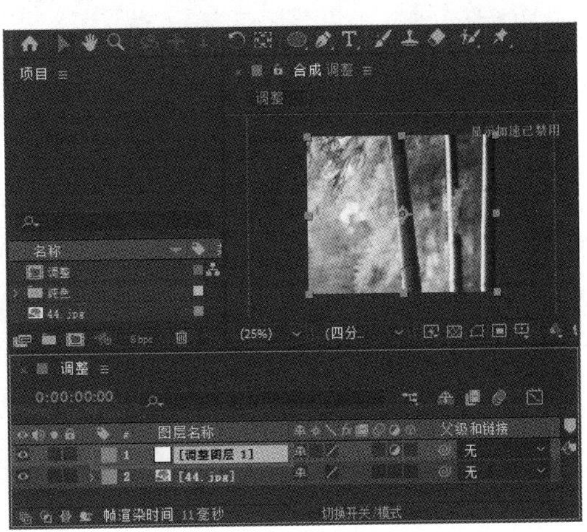

图 3-130　创建调整图层

课堂问答

通过对本章内容的学习，相信读者对图层的操作及应用有了一定的了解，下面列出一些常见问题，供读者学习参考。

问题 1：在 After Effects 2022 中可以锁定图层吗？如何操作？

答：After Effects 2022 中的图层是可以进行锁定的，锁定后的图层无法被选择或编辑。锁定图层时，单击图层左侧的🔒按钮即可，如图 3-131 所示。

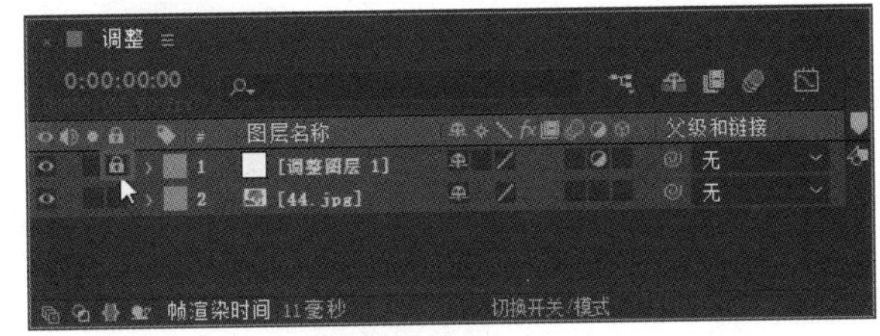

图 3-131　锁定图层

问题 2：如何为调整图层添加效果，进而调整整体画面效果？

答：以添加【曲线】效果为例，首先在【效果和预设】面板中搜索【曲线】效果，并将其拖曳至调整图层上，如图 3-132 所示，然后在【效果控件】面板中调整【曲线】效果的形状，如图 3-133 所示，

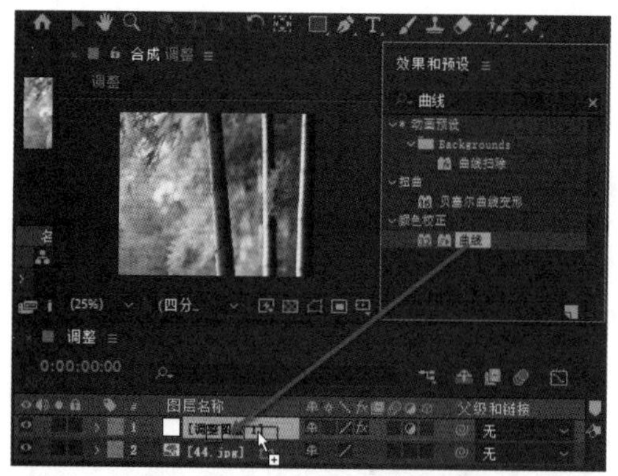

图 3-132 添加【曲线】效果

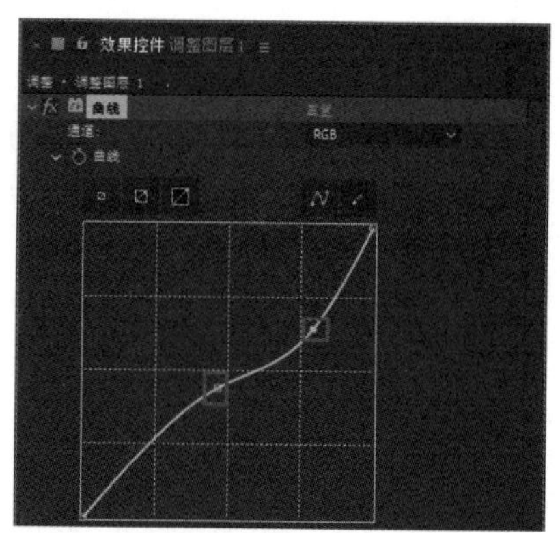

图 3-133 调整【曲线】效果的形状

完成调整后，即可看到画面的前后对比效果，如图 3-134 所示。

图 3-134 前后对比效果

问题 3：如何快速制作图层样式？

答：After Effects 2022 中图层样式的功能与 Photoshop 中图层样式的功能相似，合理使用，能够显著提升作品品质，快速制作出发光、投影、描边等 9 种图层效果。

选择准备制作样式的图层，在菜单栏中选择【图层】→【图层样式】命令后，在展开的子菜单中选择相应的图层样式命令，即可快速制作简单的图层样式，如图 3-135 所示。

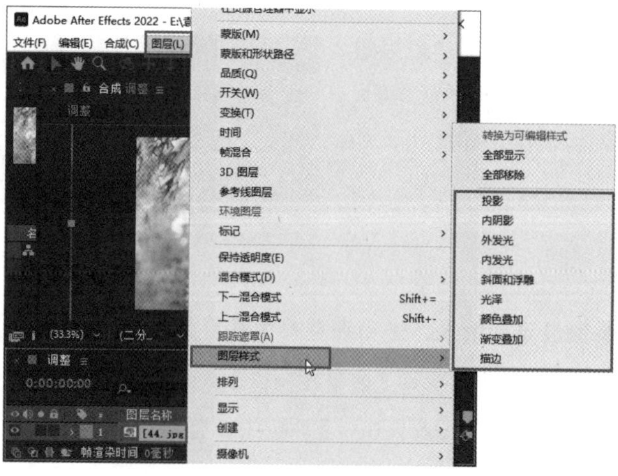

图 3-135 图层样式菜单

上机实战——使用纯色图层制作双色背景

为了帮助读者巩固本章所学的知识，下面对一个上机实战案例进行分析与讲解。

效果展示

案例素材如图 3-136 所示，效果如图 3-137 所示。

图 3-136　素材

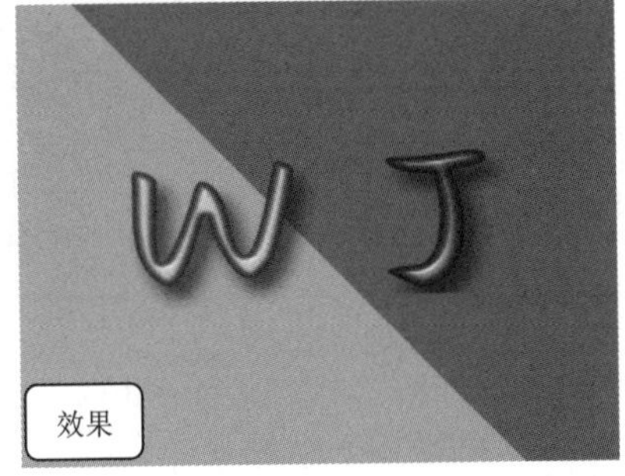

图 3-137　效果

思路分析

本案例通过新建纯色图层、修改纯色图层的参数，并设置其位置属性和旋转属性，制作出两个颜色相间的彩色拼接背景，完成对效果的制作。下面详细介绍其操作方法。

制作步骤

步骤 01　新建一个项目文件后，在【项目】面板的空白位置右击鼠标，在弹出的快捷菜单中选择【新建合成】命令，如图 3-138 所示。

步骤 02　在弹出的【合成设置】对话框中设置【合成名称】为“合成 1”、【预设】为“自定义”、【宽度】为 1024px、【高度】为 768px、【像素长宽比】为“方形像素”、【帧速率】为 30 帧/秒、【持续时间】为 5 秒，单击【确定】按钮，如图 3-139 所示。

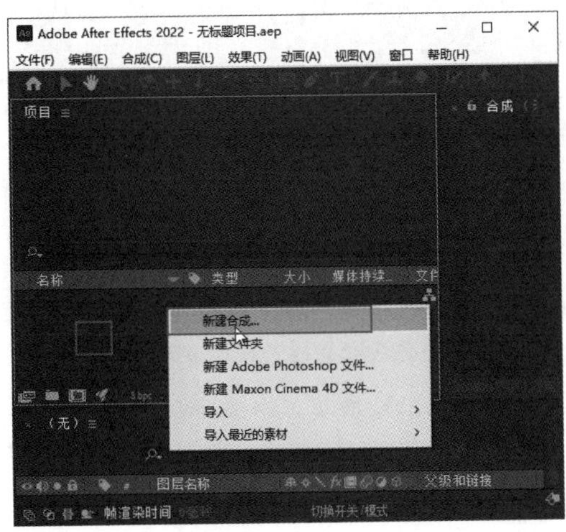

图 3-138　选择【新建合成】命令

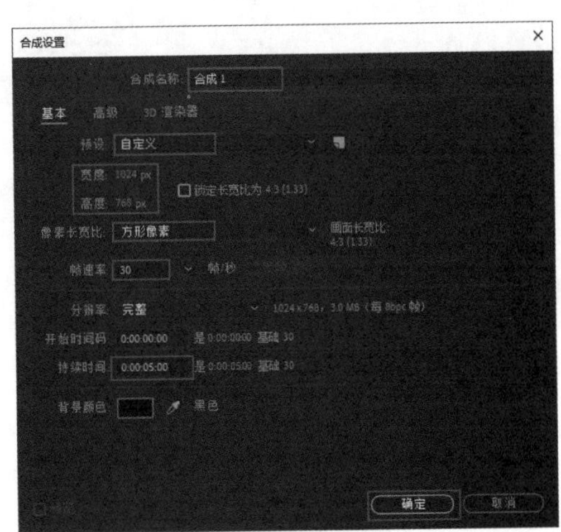

图 3-139　设置合成

步骤 03 在菜单栏中选择【文件】→【导入】→【文件】命令，如图 3-140 所示。

步骤 04 弹出【导入文件】对话框，选择准备导入的素材文件“wj.png”，单击【导入】按钮，如图 3-141 所示。

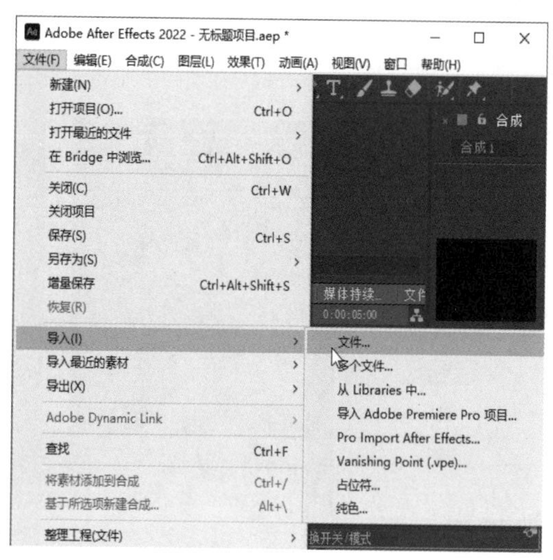

图 3-140 选择【文件】命令

图 3-141 选择准备导入的素材文件

步骤 05 将【项目】面板中的素材文件“wj.png”拖曳到【时间轴】面板中，如图 3-142 所示。

步骤 06 设置素材文件“wj.png”的【位置】为(502.0，397.0)、【缩放】为(49.5，36.0%)，如图 3-143 所示。

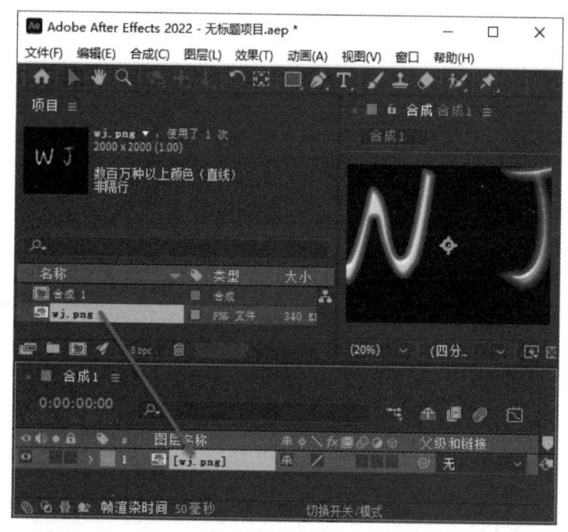

图 3-142 将素材文件拖曳到【时间轴】面板中

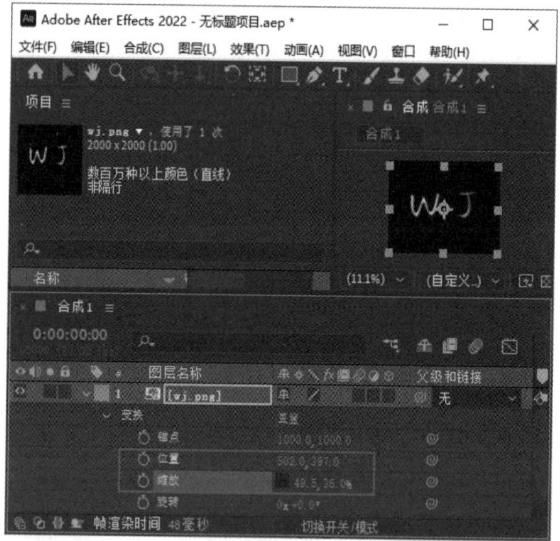

图 3-143 设置位置参数和缩放参数

步骤 07 在【时间轴】面板的空白位置右击鼠标，在弹出的快捷菜单中选择【新建】→【纯色】命令，如图 3-144 所示。

步骤 08 弹出【纯色设置】对话框，设置【名称】为“绿色 纯色 1”、【宽度】为 1300 像素、

【高度】为 768 像素、【颜色】为绿色，单击【确定】按钮，如图 3-145 所示。

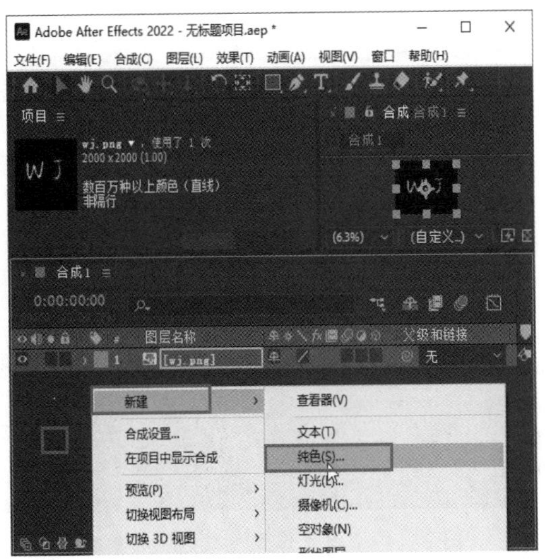

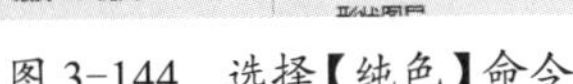
图 3-144 选择【纯色】命令

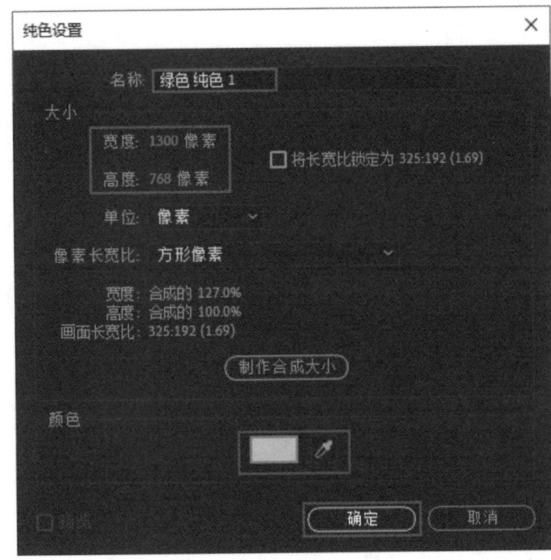

图 3-145 设置纯色参数

步骤 09 创建纯色图层后，设置该纯色图层的【位置】为(314.0，596.0)、【旋转】为 0x+45.0°，如图 3-146 所示。

步骤 10 再次在【时间轴】面板的空白位置右击鼠标，在弹出的快捷菜单中选择【新建】→【纯色】命令，如图 3-147 所示。

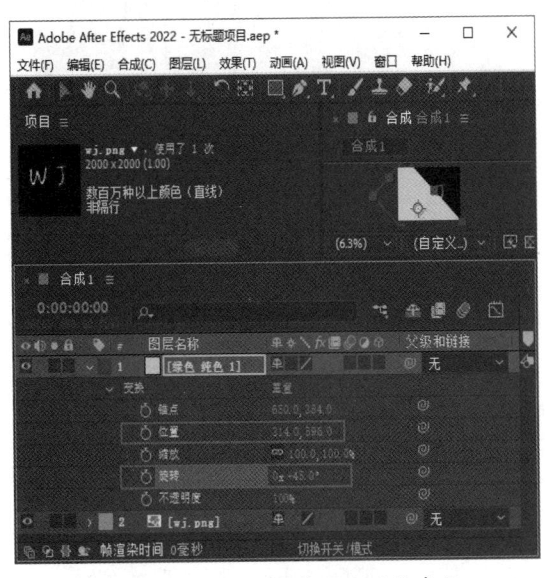

图 3-146 设置位置参数和旋转参数

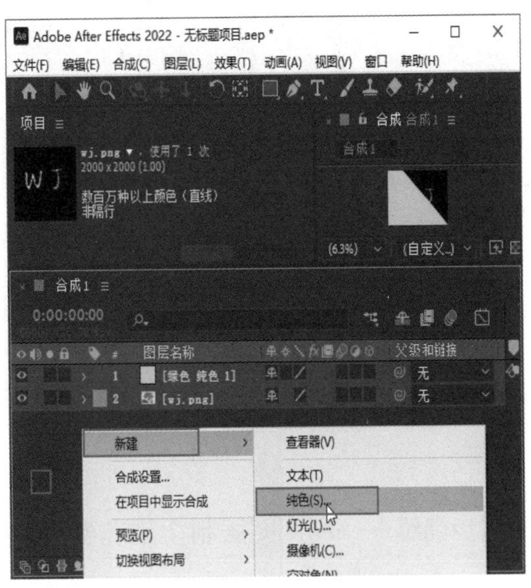

图 3-147 选择【纯色】命令

步骤 11 弹出【纯色设置】对话框，设置【名称】为“橙色 纯色 1”、【宽度】为 1300 像素、【高度】为 768 像素、【颜色】为橙色，单击【确定】按钮，如图 3-148 所示。

步骤 12 创建纯色图层后，设置该纯色图层的【位置】为(752.0，114.0)、【旋转】为

0x+225.0°，如图 3-149 所示。

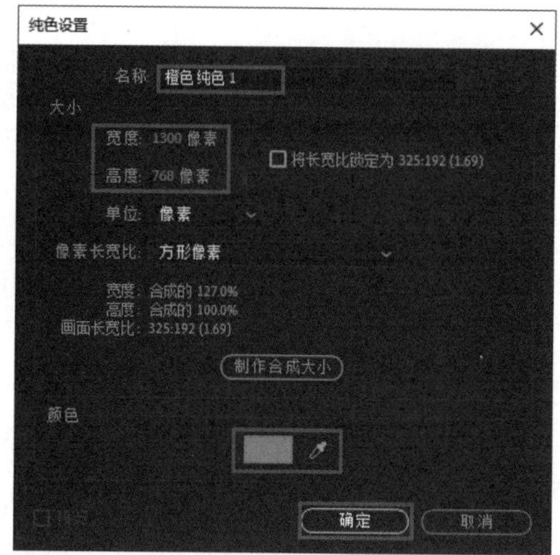

图 3-148　设置纯色参数

图 3-149　设置位置参数和旋转参数

步骤 13　在【时间轴】面板中，将【wj.png】图层拖曳到最顶层，如图 3-150 所示。

步骤 14　完成以上操作后，可以在【合成】面板中看到本案例的最终效果，如图 3-151 所示，即完成了使用纯色图层制作双色背景的操作。

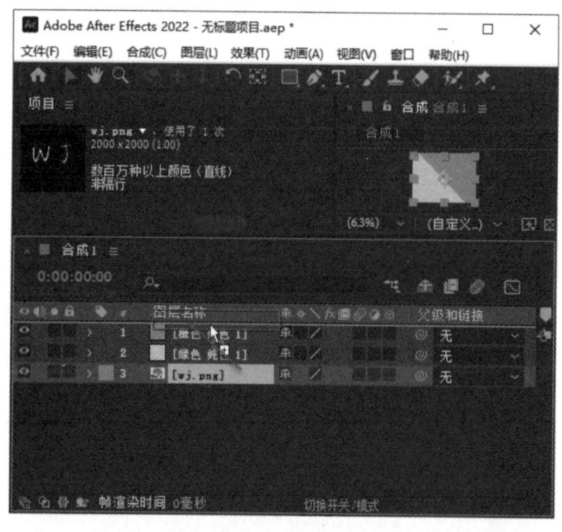

图 3-150　拖曳图层

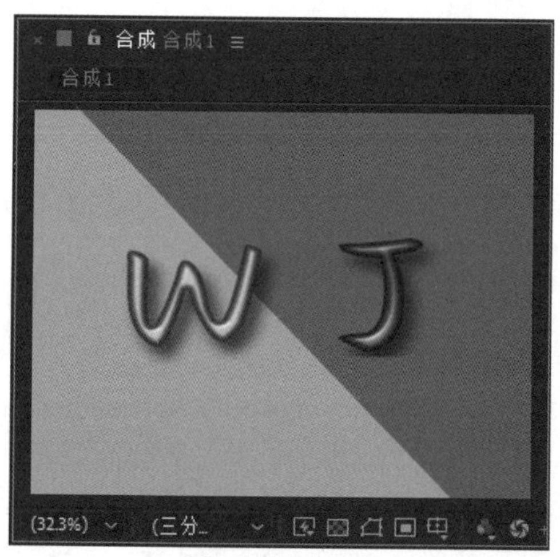

图 3-151　最终效果

同步训练——利用图层制作动态镜头效果

完成对上机实战案例的学习后，为了提高读者的动手能力，下面安排一个同步训练案例，以期达到举一反三、触类旁通的学习效果。

同步训练案例的流程图解如图 3-152 所示。

图 3-152　图解流程

思路分析

本案例首先使用灯光图层制作灯光效果，然后使用摄像机图层制作关键帧动画，最后新建一个调整图层，为作品添加百叶窗效果，并完成对动态镜头效果的制作，下面详细介绍其操作方法。

关键步骤

步骤 01　打开“素材文件\第 3 章\制作动态镜头效果.aep”，单击【咖啡.jpg】图层右侧的【3D 图层】按钮，将该图层转换为 3D 图层，如图 3-153 所示。

步骤 02　在【时间轴】面板的空白位置右击鼠标，在弹出的快捷菜单中选择【新建】→【灯光】命令，如图 3-154 所示。

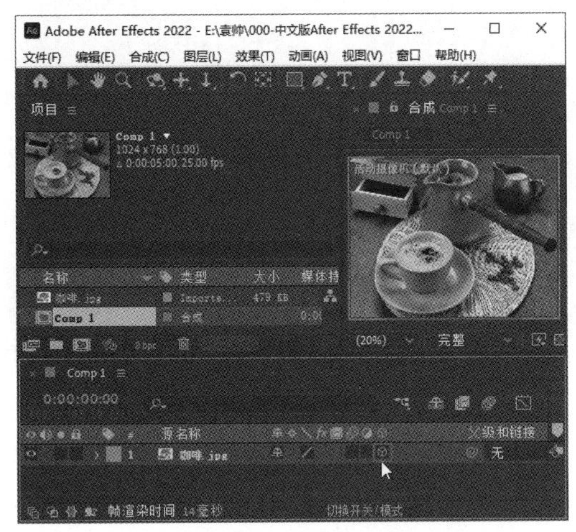

图 3-153　单击【3D 图层】按钮

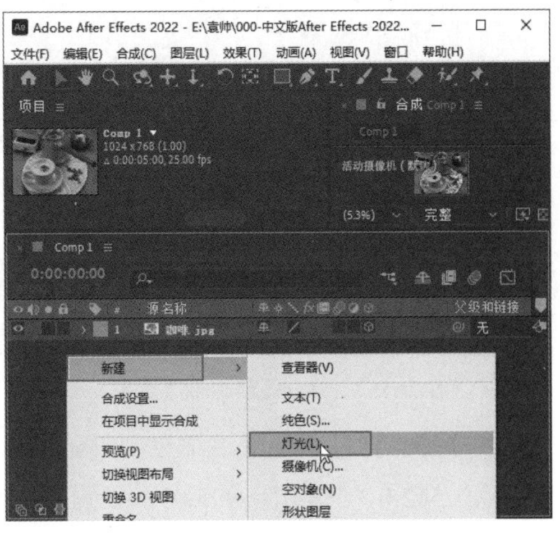

图 3-154　选择【灯光】命令

步骤 03　弹出【灯光设置】对话框，设置【灯光类型】为聚光、【颜色】为黄色，单击【确定】按钮，如图 3-155 所示。

步骤 04　【时间轴】面板中出现灯光图层，并且在【合成】面板中显示当前灯光效果后，打开灯光图层的【位置】属性，设置其参数为（554.7，341.3，-715.0），如图 3-156 所示。

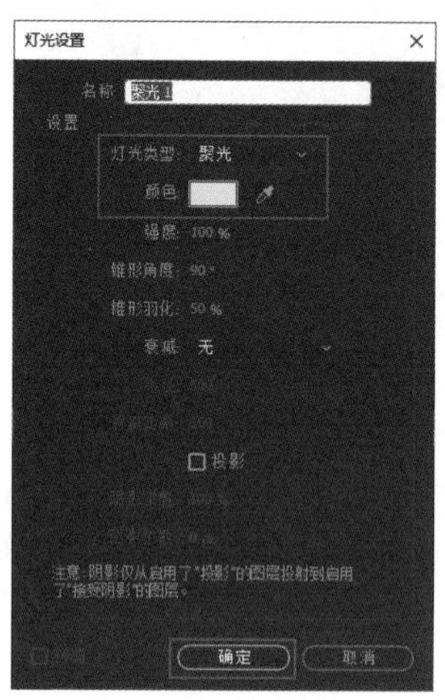

图 3-155　设置灯光参数

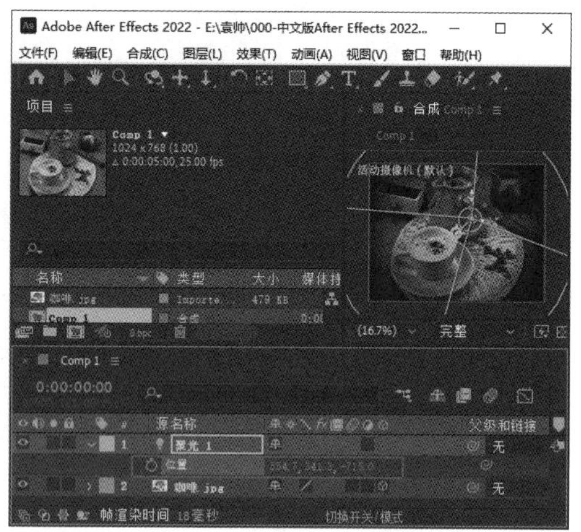

图 3-156　设置位置参数

步骤 05　在【时间轴】面板的空白位置右击鼠标，在弹出的快捷菜单中选择【新建】→【摄像机】命令，如图 3-157 所示。

步骤 06　弹出【摄像机设置】对话框，设置【预设】为35毫米，单击【确定】按钮，如图3-158 所示。

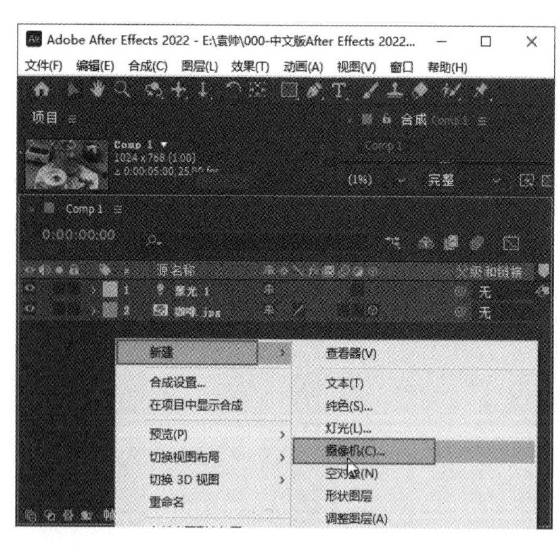

图 3-157　选择【摄像机】命令

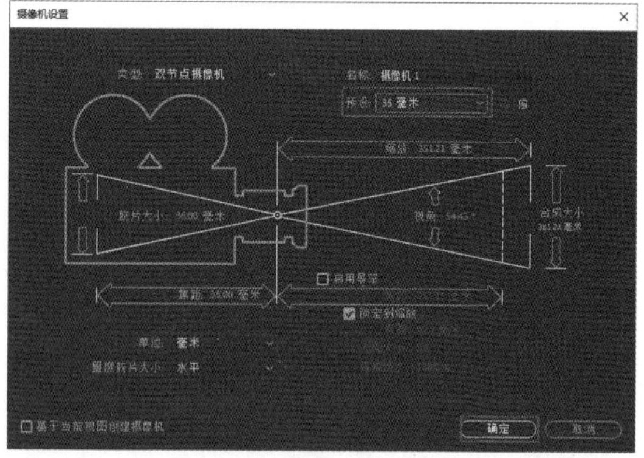

图 3-158　设置摄像机参数

步骤 07　将时间线滑块拖曳到起始帧位置，单击【位置】前的【开启关键帧】按钮，设置【位置】为（512.0，384.0，-995.0），设置完成后，将时间线滑块拖曳到第 1 秒位置，设置【位置】为（512.0，384.0，-400.0），如图 3-159 所示。

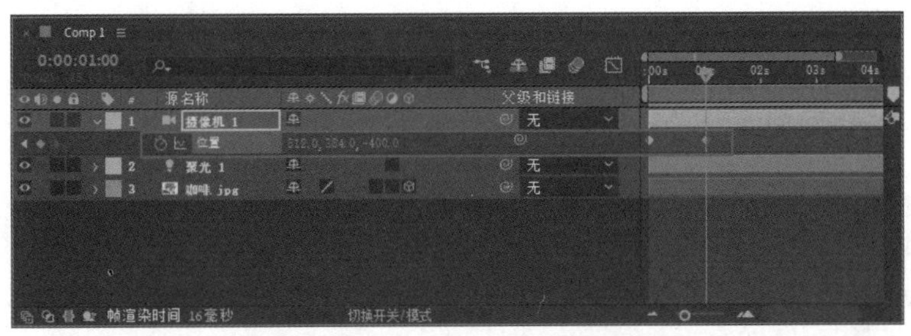

图 3-159　设置【位置】关键帧动画

步骤 08　单击【Z轴旋转】前的【开启关键帧】按钮，设置【Z轴旋转】为 0°，设置完成后，将时间线滑块拖曳到第 3 秒位置，设置【Z轴旋转】为 1x +20.0°，如图 3-160 所示。

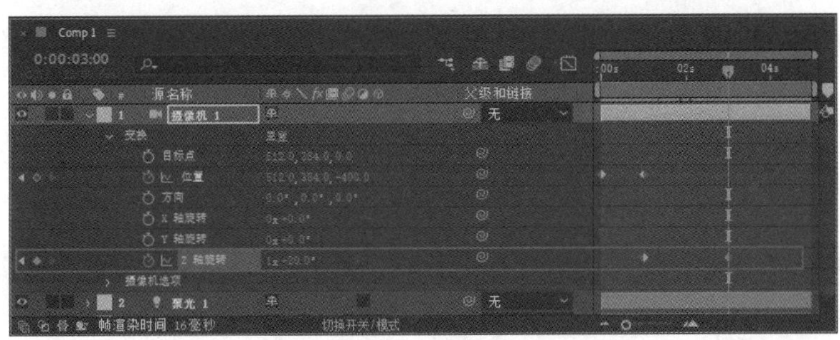

图 3-160　设置【Z轴旋转】关键帧动画

步骤 09　在【时间轴】面板的空白位置右击鼠标，在弹出的快捷菜单中选择【新建】→【调整图层】命令，如图 3-161 所示。

步骤 10　在【效果和预设】面板中搜索【百叶窗】效果，并将该效果拖曳到新建的调整图层上，如图 3-162 所示。

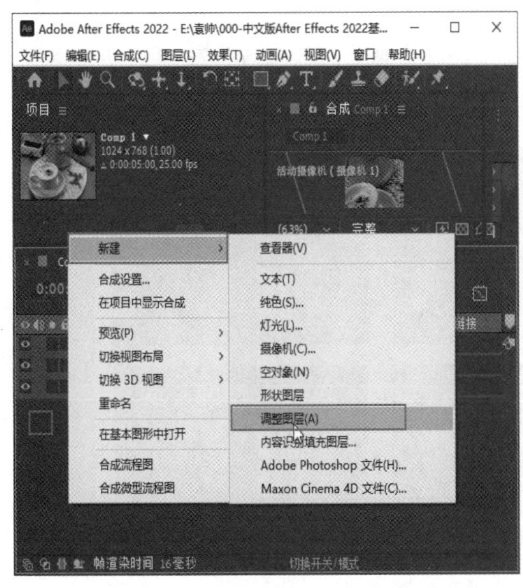

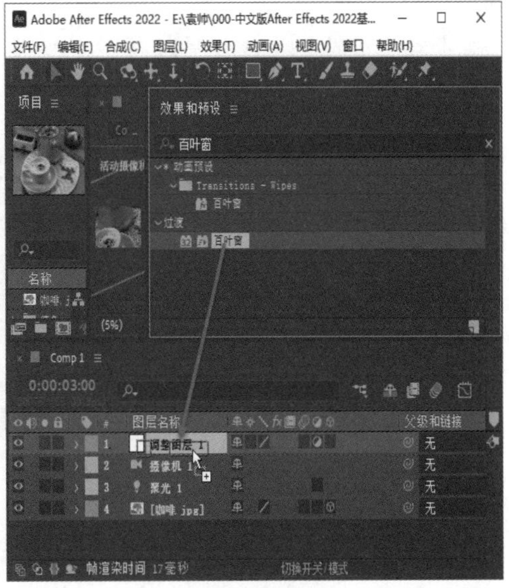

图 3-161　选择【调整图层】命令

图 3-162　为调整图层添加百叶窗效果

步骤 11 打开调整图层的【百叶窗】效果，将时间线滑块拖曳到第 3 秒位置后，分别单击【过渡完成】和【宽度】前的【开启关键帧】按钮，设置【过渡完成】为 0%、【宽度】为 20，如图 3-163 所示。

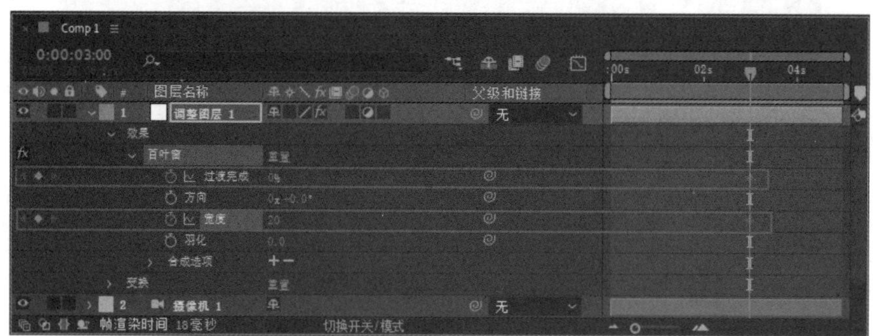

图 3-163 设置【过渡完成】和【宽度】关键帧动画（1）

步骤 12 将时间线滑块拖曳到第 4 秒位置，设置【过渡完成】为 40%、【宽度】为 25，如图 3-164 所示。

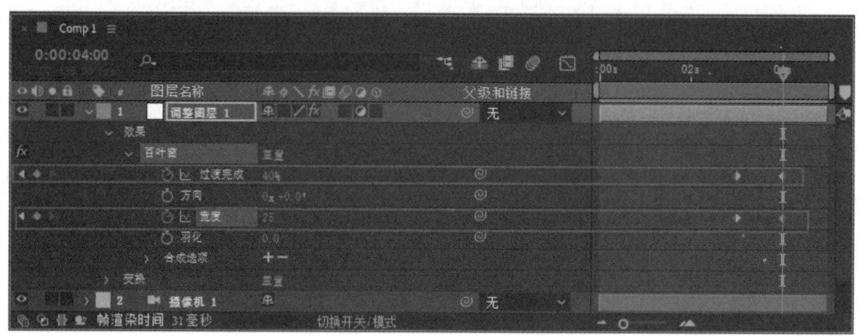

图 3-164 设置【过渡完成】和【宽度】关键帧动画（2）

步骤 13 完成以上操作后，按下空格键，即可在【合成】面板中预览制作的动态镜头效果，如图 3-165 所示。

图 3-165 动态镜头效果

知识能力测试

本章讲解了图层的操作及应用，为对知识进行巩固和考核，请读者完成以下练习题。

一、填空题

1.【时间轴】面板中的素材都是以图层的形式按照__________关系依次排列组合的。

2. 用户可以将After Effects 2022软件中的图层想象为一层层叠放的_______，上一层有内容的地方将遮盖住下一层同位置的内容，上一层没有内容的地方则会露出下一层同位置的内容，上一层内容处于半透明状态时，将依据半透明程度混合显示下一层同位置的内容。

3. 在After Effects 2022中进行合成操作时，每个导入合成图像的素材都会以_____的形式出现在合成中。

4. 在【时间轴】面板中选择图层，向上或向下拖曳到适当的位置，可以改变__________。

5. 完成______操作可以将一个图层在指定的时间处拆分为多个图层。

6. 完成__________操作可以以锚点为基准改变图层大小。

7. _______用于以锚点为基准旋转图层。

8. __________用于以百分比的形式调整图层的不透明度。

9. 普通模式包括“正常”模式、“_____”模式、“动态抖动溶解”模式3个混合模式。

10. ________包括“相加”模式、“变亮”模式、“屏幕”模式 、“线性减淡”模式 、“颜色减淡”模式、“经典颜色减淡”模式、“较浅的颜色”模式7个混合模式。

11. __________主要用于模拟真实的灯光、阴影，使作品的层次感更加强烈。

二、选择题

1. 使用键盘中的小数字键盘，按下与目标图层的序号对应的数字键，即可(　　)目标图层。

A. 删除　　B. 选择　　C. 复制　　D. 打开

2. 蒙版模式包括“蒙版Alpha”模式、“模板亮度”模式、“轮廓Alpha”模式、“轮廓亮度”模式4个(　　)。使用这些混合模式，可以将源图层转换为底层的一个遮罩。

A. 叠加模式　　B. 轮廓模式　　C. 混合模式　　D. 普通模式

3. 使用(　　)，可以调整作品的整体色彩效果。

A. 文字图层　　B. 纯色图层　　C. 形状图层　　D. 调整图层

三、简答题

1. 图层的创建方法有哪些？如何操作？

2. 如何创建摄像机图层？

3. 合成的创建方法有哪些？如何操作？

After Effects 2022

第4章 蒙版工具与动画制作

在After Effects 2022中，蒙版主要用于画面的修饰与“合成”。使用蒙版工具，用户可以为图层添加关键帧动画，使其产生基本的位置变化、缩放、旋转、不透明度变化等动画效果，也可以为素材中已经添加的效果参数设置关键帧动画，使其产生效果变化。本章将详细介绍蒙版工具与动画制作的相关知识及操作方法。

学习目标

- 初步认识蒙版
- 熟练掌握形状工具和钢笔工具的应用方法
- 熟练掌握修改蒙版的方法
- 熟练掌握绘画工具与路径动画的使用方法

4.1 初步认识蒙版

蒙版主要用来制作背景的镂空透明和图像之间的平滑过渡等效果。蒙版有多种形状，在After Effects 2022 软件自带的工具栏中，可以选择相关的蒙版工具，如方形、圆形蒙版工具和自由形状的蒙版工具。本节将详细介绍蒙版的相关知识及操作方法。

4.1.1 蒙版的原理

使用蒙版，可以通过蒙版层中的图形或轮廓对象，透出下面图层的内容。简单地说，蒙版层就像一张纸，而添加蒙版图像就像是在这张纸上挖一个洞，通过这个洞来观察蒙版层下的事物。蒙版对图层的作用原理示意图如图 4-1 所示。

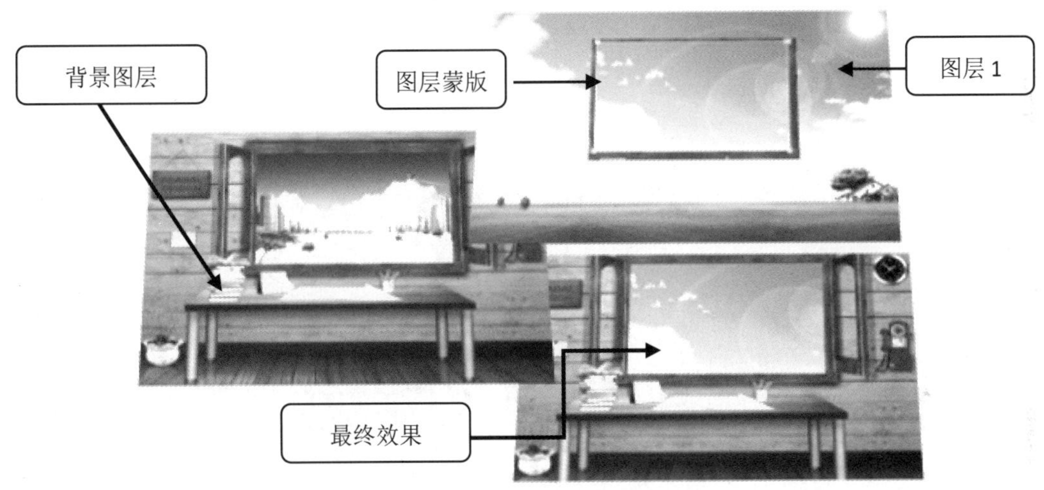

图 4-1　蒙版对图层的作用原理示意图

一般来说，使用蒙版需要有两个层，但在After Effects 2022 软件中，可以在一个图层上绘制轮廓以制作蒙版，看上去像是一个层。为了便于操作，可以将其理解为两个层：一个是轮廓层，即蒙版层；另一个是被蒙版层，即蒙版层下面的层。

蒙版层的轮廓形状决定着被看到的图像形状，而被蒙版层决定着被看到的内容。蒙版动画可以理解为一个人拿着望远镜眺望远方，在眺望时不停地移动望远镜，看到的内容随之变化，形成蒙版动画。当然，也可以理解为望远镜静止不动，而所看的画面在不停地移动，即被蒙版层不停地运动，以此来产生蒙版动画效果。

4.1.2 常用的蒙版工具

在After Effects 2022 中，绘制蒙版的工具有很多，包括【形状工具组】、【钢笔工具组】、【画笔工具】、【橡皮擦工具】等，如图 4-2 所示。

图 4-2　绘制蒙版的工具

4.1.3　使用多种方法创建蒙版

蒙版有很多创建方法和编辑技巧，使用工具栏中的工具和菜单中的命令，都可以快速地创建和编辑蒙版，下面介绍 3 种创建蒙版的方法。

1. 使用形状工具创建蒙版

使用形状工具，可以快速地创建标准形状的蒙版。下面详细介绍使用形状工具创建蒙版的操作方法。

步骤 01　打开“素材文件\第 4 章\蒙版.aep”，先在【时间轴】面板中选择需要创建蒙版的图层，再在工具栏中选择合适的形状工具，如图 4-3 所示。

步骤 02　保持对蒙版工具的选择，在【合成】面板中，按住鼠标左键并拖曳即可创建蒙版，如图 4-4 所示。

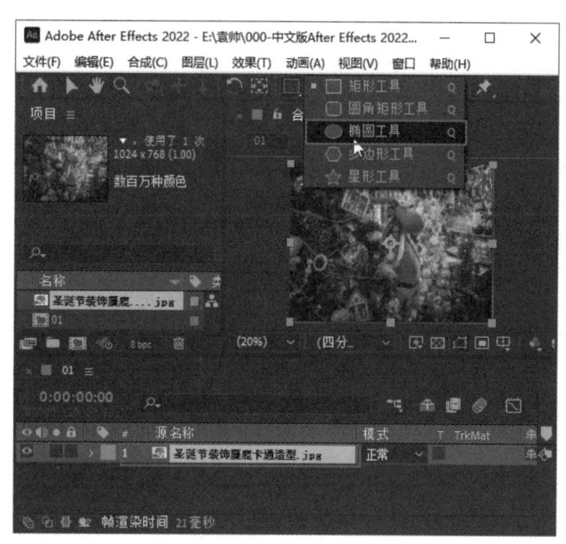

图 4-3　依次选择需要创建蒙版的图层及合适的形状工具

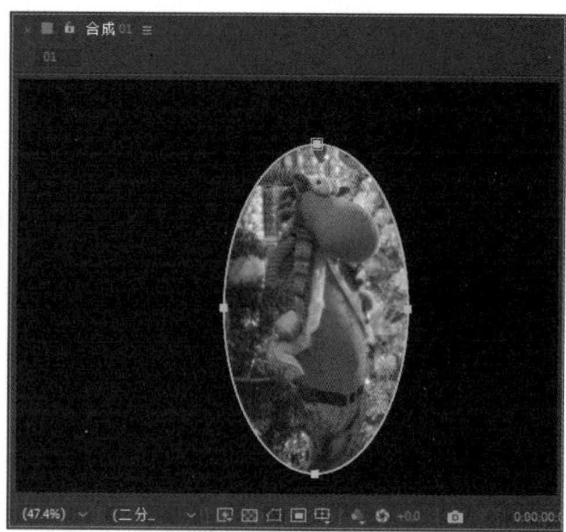

图 4-4　创建蒙版

2. 使用钢笔工具创建蒙版

使用钢笔工具，可以创建任意形状的蒙版。使用钢笔工具创建蒙版时，必须使蒙版呈闭合状态，下面详细介绍其操作方法。

步骤 01　打开“素材文件\第 4 章\蒙版.aep”，先在【时间轴】面板中选择需要创建蒙版的图层，再在工具栏中选择钢笔工具，如图 4-5 所示。

步骤 02　在【合成】面板中，先单击确定第 1 个点，再继续单击，直至绘制出一个闭合的贝塞尔曲线，即可完成使用钢笔工具创建蒙版的操作，如图 4-6 所示。

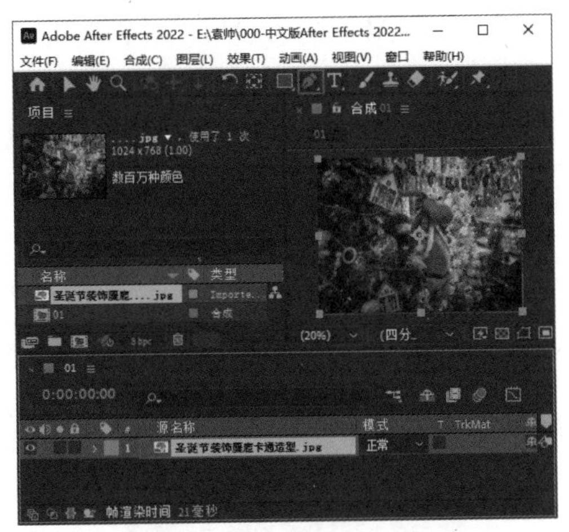

图 4-5　依次选择需要创建蒙版的图层及钢笔工具

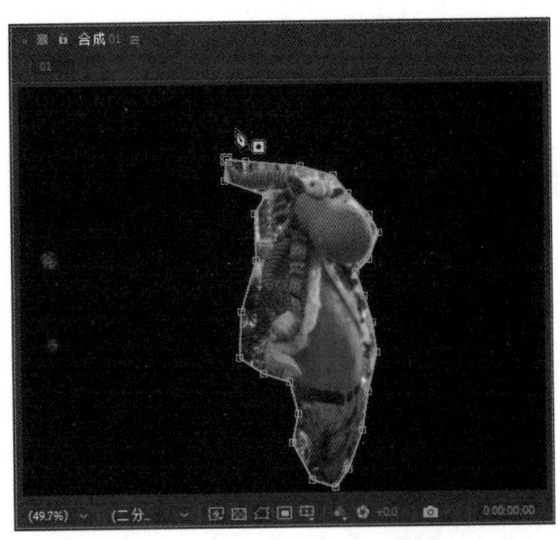

图 4-6　使用钢笔工具创建蒙版

技能拓展

在使用钢笔工具绘制贝塞尔曲线的过程中，如果需要在闭合的曲线上添加点，可以使用【添加“顶点”工具】；如果需要在闭合的曲线上减少点，可以使用【删除“顶点”工具】；如果需要对曲线上的点进行贝塞尔控制调节，可以使用【转换“顶点”工具】；如果需要对创建的曲线进行羽化操作，可以使用【蒙版羽化工具】。

3. 使用【新建蒙版】命令创建蒙版

使用【新建蒙版】命令创建的蒙版形状比较单一。下面详细介绍使用【新建蒙版】命令创建蒙版的操作方法。

步骤 01　打开“素材文件\第 4 章\蒙版.aep”，选择需要创建蒙版的图层后，在菜单栏中选择【图层】→【蒙版】→【新建蒙版】命令，如图 4-7 所示。

步骤 02　完成以上操作后，即可在【合成】面板中看到一个与图层大小一致的矩形蒙版，如图 4-8 所示，即完成了使用【新建蒙版】命令创建蒙版的操作。

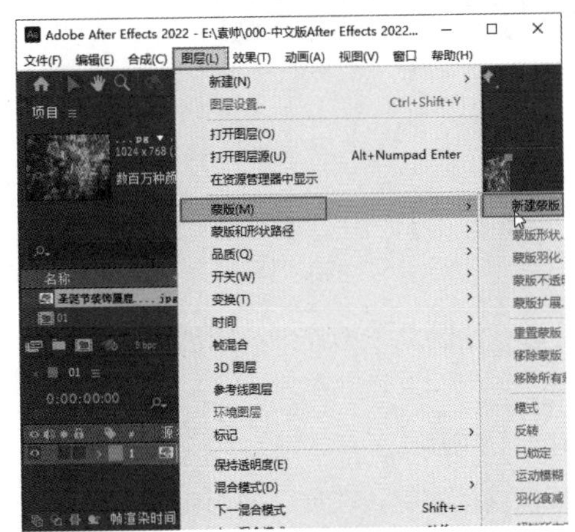

图 4-7　选择【新建蒙版】命令

图 4-8　矩形蒙版

步骤 03 如果需要对蒙版进行调节，可以先选择蒙版，再在菜单栏中选择【图层】→【蒙版】→【蒙版形状】命令，如图 4-9 所示。

步骤 04 在弹出的【蒙版形状】对话框中，对蒙版的位置、单位和形状进行调节后，单击【确定】按钮，如图 4-10 所示。

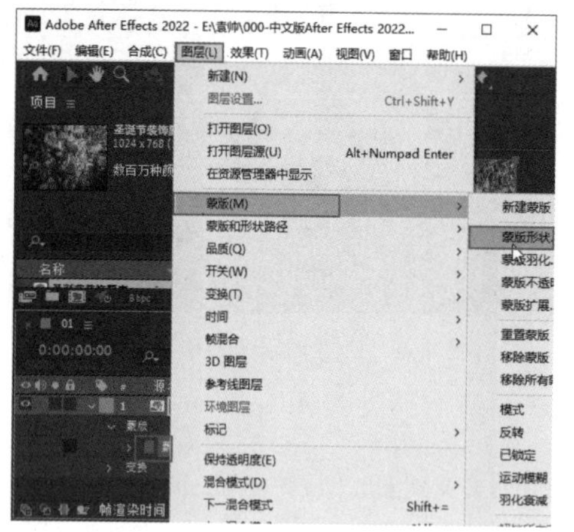

图 4-9 选择【蒙版形状】命令

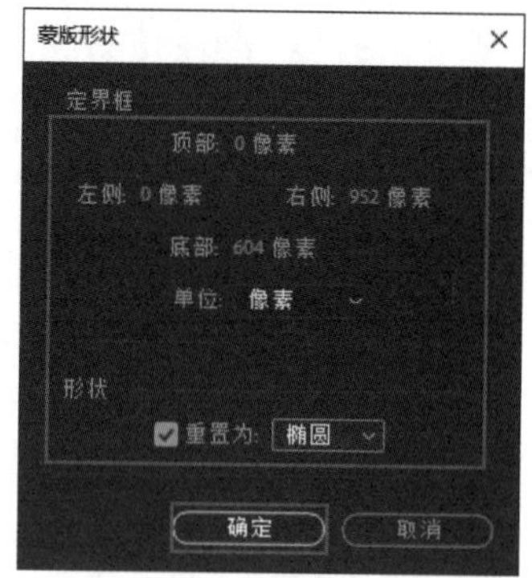

图 4-10 调节蒙版

步骤 05 按照以上步骤，完成使用【新建蒙版】命令创建蒙版的操作，最终效果如图 4-11 所示。

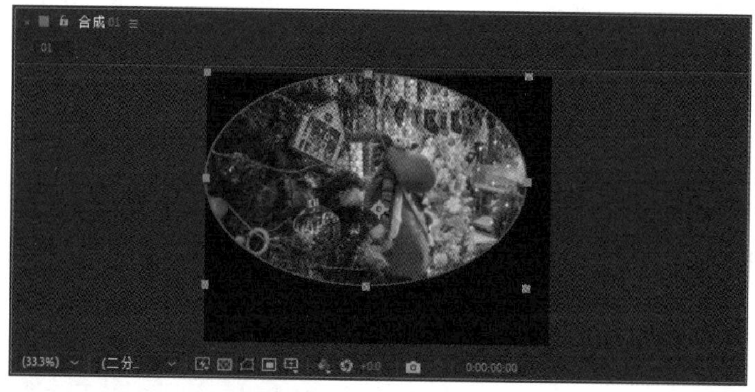

图 4-11 最终创建的蒙版

4.1.4 蒙版与形状图层的区别

1. 蒙版的创建方法及使用场景

创建蒙版，需要先选择目标图层，再选择蒙版工具进行绘制。下面详细介绍创建蒙版的操作方法及蒙版的使用场景。

步骤 01 新建一个纯色图层并选择该图层，如图 4-12 所示。

步骤 02 在工具栏中的【形状工具组】按钮■上长按鼠标左键，在展开的形状工具列表中选择【多边形工具】■，如图 4-13 所示。

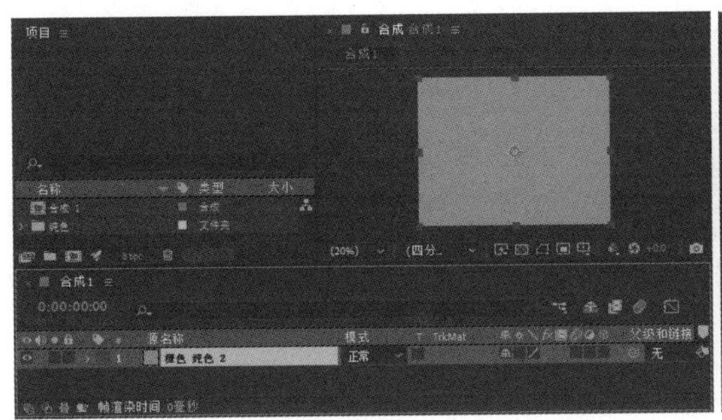

图 4-12　新建一个纯色图层并选择该图层

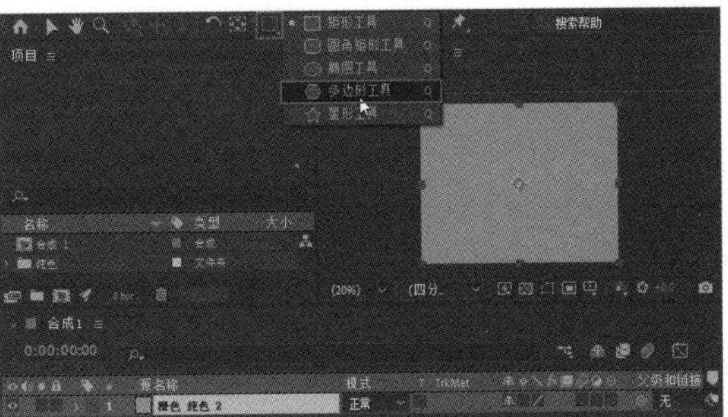

图 4-13　选择【多边形工具】

步骤 03　选择形状工具后就可以进行绘制了，绘制后出现蒙版效果，图形以外的部分不显示，只显示图形以内的部分，如图 4-14 所示。

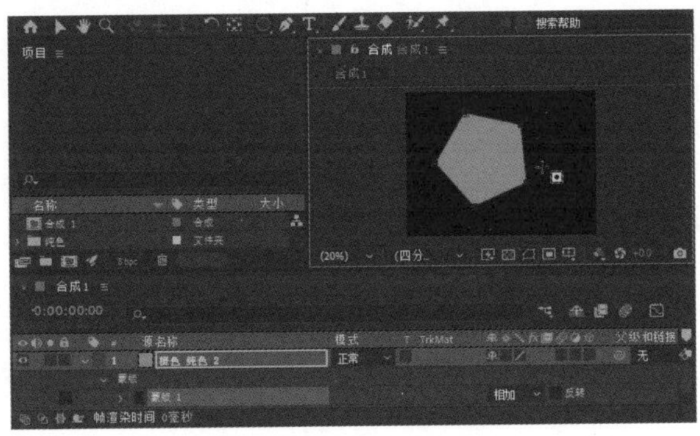

图 4-14　创建的蒙版

2. 形状图层的创建方法及使用场景

在 After Effects 2022 中创建形状图层，则不需要先选择已有图层，直接使用选择工具绘制一个单独的图案即可。下面详细介绍创建形状图层的操作方法。

步骤 01　新建一个纯色图层，不要选择该图层，如图 4-15 所示。

步骤 02　在工具栏中的【形状工具组】按钮上长按鼠标左键，在展开的形状工具列表中选择【多边形工具】并设置颜色，随后，按住鼠标左键并拖曳绘制，即可新建一个独立的形状图层，如图 4-16 所示。

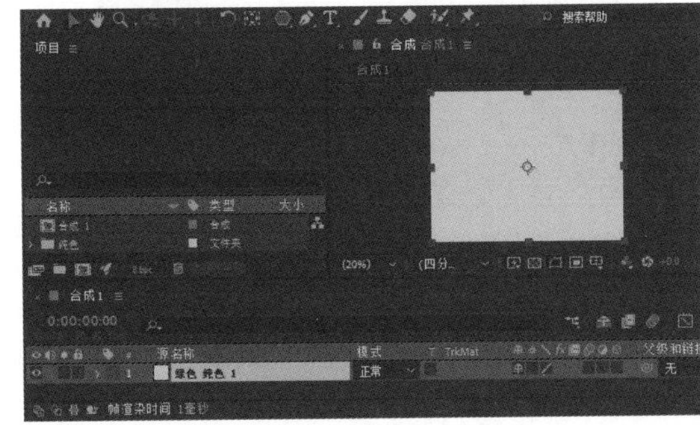

图 4-15　新建一个纯色图层

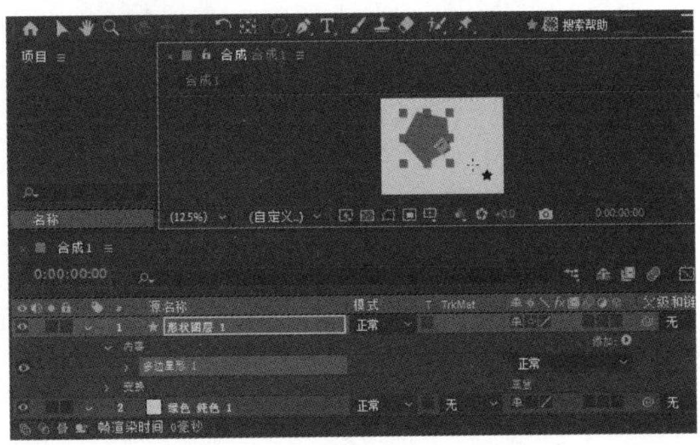

图 4-16　新建独立的形状图层

4.2 形状工具和钢笔工具的应用

在After Effects 2022 软件中，使用形状工具和钢笔工具，既可以创建形状图层，也可以创建形状遮罩。形状工具包括【矩形工具】、【圆角矩形工具】、【椭圆工具】、【多边形工具】和【星形工具】。

4.2.1 矩形工具

使用【矩形工具】，可以在图层中绘制矩形形状，如图 4-17 所示，也可以为图层绘制矩形遮罩，如图 4-18 所示。

图 4-17 绘制矩形形状

图 4-18 绘制矩形遮罩

4.2.2 圆角矩形工具

【圆角矩形工具】的使用方法及其相关属性设置与【矩形工具】相同，使用【圆角矩形工具】，可以在图层中绘制圆角矩形，如图 4-19 所示，也可以为图层绘制圆角矩形遮罩，如图 4-20 所示。

图 4-19 绘制圆角矩形形状

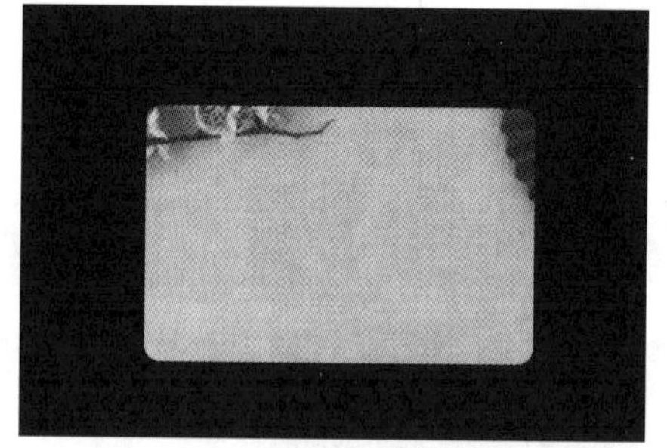

图 4-20 绘制圆角矩形遮罩

4.2.3 椭圆工具

使用【椭圆工具】，可以在图层中绘制椭圆形状，如图 4-21 所示，也可以为图层绘制椭圆形遮罩，如图 4-22 所示。

图 4-21　绘制椭圆形状

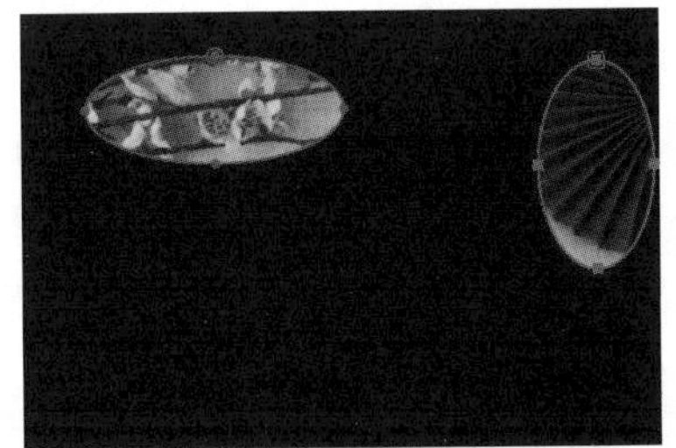
图 4-22　绘制椭圆形遮罩

技能拓展

如果需要绘制正方形，可以在选择【矩形工具】后，按住【Shift】键的同时按住鼠标左键并拖曳进行绘制；如果需要绘制圆形，可以在选择【椭圆工具】后，按住【Shift】键的同时按住鼠标左键并拖曳进行绘制。

4.2.4 多边形工具

使用【多边形工具】，可以在图层中绘制边数至少为 5 的多边形形状，如图 4-23 所示，也可以为图层绘制多边形遮罩，如图 4-24 所示。

图 4-23　绘制多边形形状

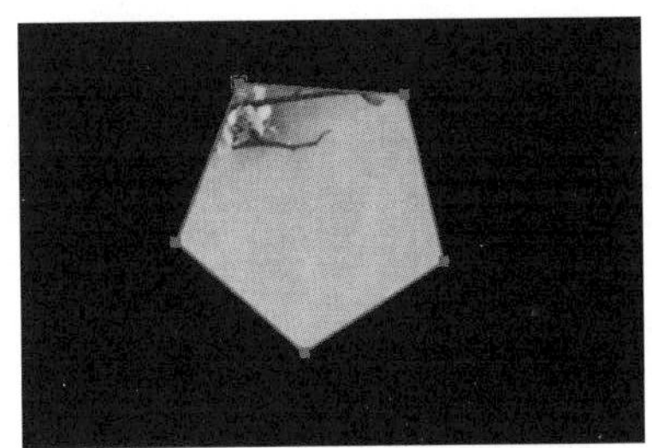
图 4-24　绘制多边形遮罩

4.2.5 星形工具

使用【星形工具】，可以在图层中绘制边数至少为 3 的星形形状，如图 4-25 所示，也可以为图层绘制星形遮罩，如图 4-26 所示。

图 4-25　绘制星形形状

图 4-26　绘制星形遮罩

4.2.6 钢笔工具

使用钢笔工具，可以在【合成】或【图层】预览窗口中绘制各种路径。钢笔工具组中，除了【钢笔工具】，还包含 4 个辅助工具，分别是【添加“顶点”工具】、【删除“顶点”工具】、【转换“顶点”工具】和【蒙版羽化工具】。在工具栏中选择【钢笔工具】后，工具栏右侧会出现一个【RotoBezier】复选框，如图 4-27 所示。

图 4-27 【RotoBezier】复选框

技能拓展

在默认情况下，【RotoBezier】复选框处于未被勾选状态，这时使用钢笔工具绘制的贝塞尔曲线的顶点包含控制手柄，用户可以通过调整控制手柄的位置来调节贝塞尔曲线的形状。如果勾选【RotoBezier】复选框，绘制出来的贝塞尔曲线将不包含控制手柄，曲线的顶点曲率是 After Effects 2022 软件自动计算的。

在实际工作中，使用【钢笔工具】绘制的贝塞尔曲线主要有直线、U 型曲线和 S 型曲线 3 种，下面分别介绍这 3 种贝塞尔曲线的绘制方法。

1. 绘制直线

先使用【钢笔工具】单击确定第 1 个点，再在其他地方单击确定第 2 个点，这两个点连成的线就是一条直线。如果需要绘制水平直线、垂直直线，或是 45° 倍数的直线，可以在按住【Shift】键的同时进行绘制，如图 4-28 所示。

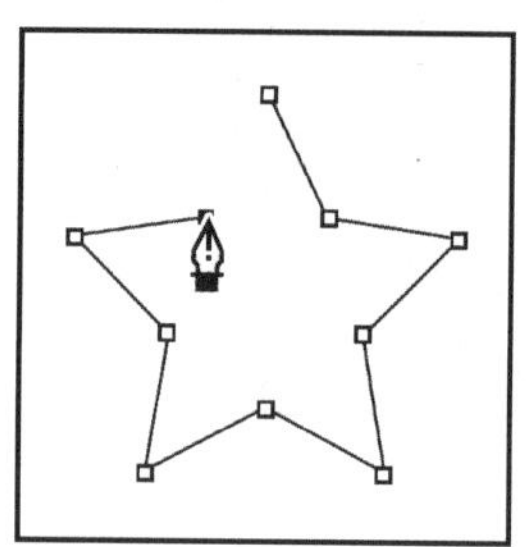
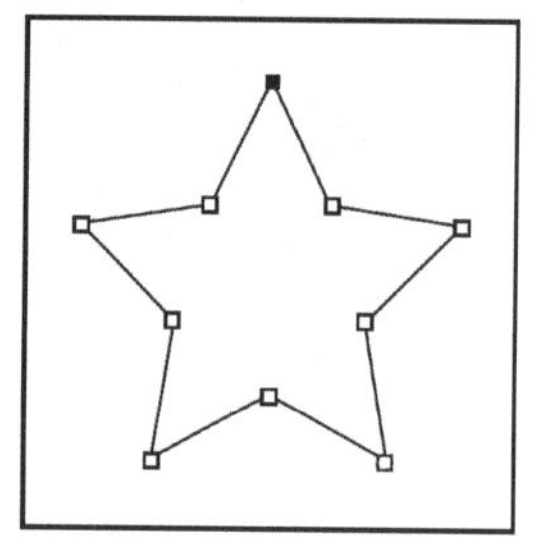

图 4-28 绘制直线

2. 绘制 U 形曲线

如果需要使用【钢笔工具】绘制 U 形曲线，可以在确定第 2 个顶点后按住鼠标左键拖曳第 2 个顶点的控制手柄，使其方向与第 1 个顶点的控制手柄的方向相反。在图 4-29 中，A 图为开始按住鼠标左键拖曳第 2 个顶点的控制手柄时的状态，B 图为将第 2 个顶点的控制手柄调节至与第 1 个顶点的控制手柄方向相反时的状态，C 图为最终结果。

A B C

图 4-29 绘制 U 形曲线

3. 绘制 S 形曲线

如果需要使用【钢笔工具】绘制S形曲线，可以在确定第 2 个顶点后按住鼠标左键拖曳第 2 个顶点的控制手柄，使其方向与第 1 个顶点的控制手柄的方向相同。在图 4-30 中，A 图为开始按住鼠标左键拖曳第 2 个顶点的控制手柄时的状态，B 图为将第 2 个顶点的控制手柄调节至与第 1 个顶点的控制手柄方向相同时的状态，C 图为最终结果。

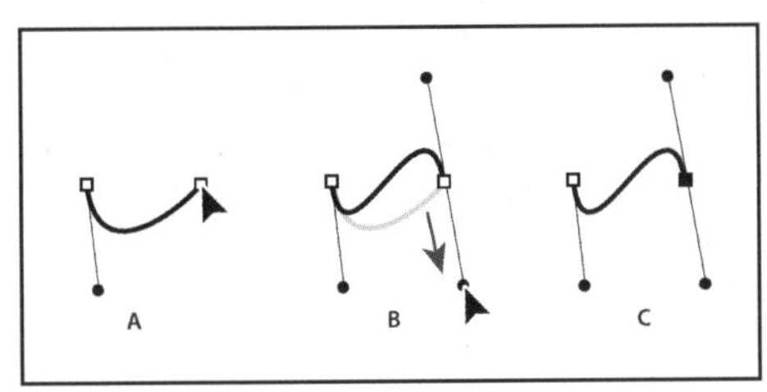

图 4-30 绘制 S 形曲线

课堂范例——使用蒙版制作中国风人像

本案例中，首先创建一个纯色图层，然后在该图层上绘制一个蒙版，最后设置蒙版属性，制作古风画面。

步骤 01 打开“素材文件\第 4 章\中国风人像 .aep”，新建一个纯色图层，在【时间轴】面板的空白位置右击鼠标，选择【新建】→【纯色】命令，如图 4-31 所示。

步骤 02 弹出【纯色设置】对话框，设置名称和颜色后，单击【确定】按钮，如图 4-32 所示。

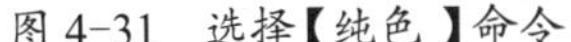

图 4-31 选择【纯色】命令

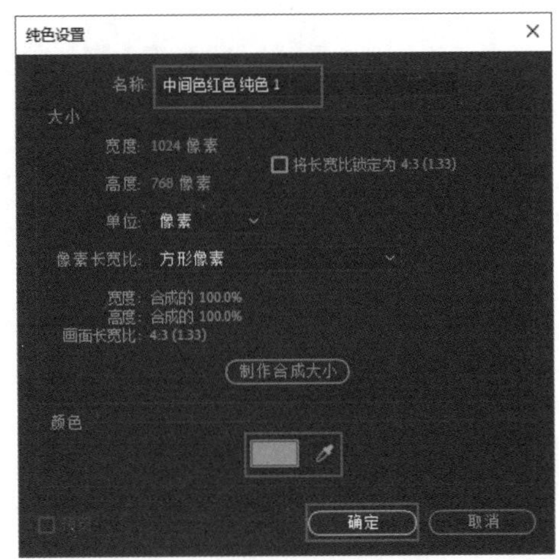

图 4-32 设置纯色图层

步骤 03 选择刚刚创建的纯色图层，在工具栏中选择【椭圆工具】后，在【合成】面板中按住【Shift】键的同时按住鼠标左键并拖曳，绘制一个正圆形，如图 4-33 所示。

步骤 04 在【时间轴】面板中单击打开纯色图层下方的【蒙版】→【蒙版 1】，勾选【反转】复选框，如图 4-34 所示。

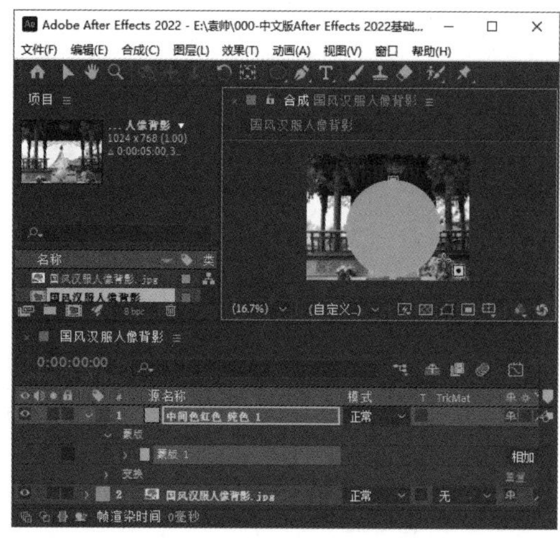

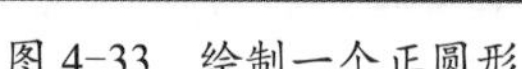

图 4-33 绘制一个正圆形

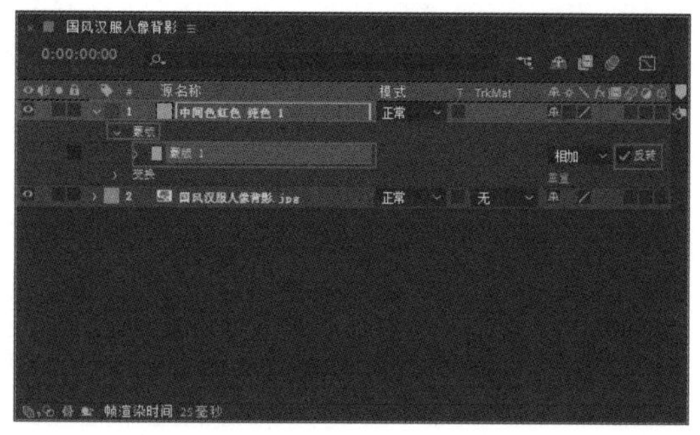

图 4-34 勾选【反转】复选框

步骤 05 此时，在【合成】面板中可以看到正圆形遮罩发生了变化，如图 4-35 所示，即完成了使用蒙版制作中国风人像的操作。

图 4-35 中国风人像效果

4.3 修改蒙版

在 After Effects 2022 软件中，修改蒙版的操作包括调节蒙版的形状、添加或删除锚点、切换角点和曲线点、缩放与旋转蒙版等，本节详细介绍修改蒙版的相关知识及操作方法。

4.3.1 调节蒙版为椭圆形状

在 After Effects 2022 中，创建蒙版后，如果用户对所创建蒙版的形状不满意，可以对蒙版的形状进行调节，下面详细介绍调节蒙版形状的操作方法。

步骤 01　打开“素材文件\第4章\蒙版1.aep”，依次展开【蓝色 纯色1】→【蒙版】→【蒙版1】，单击【蒙版路径】右侧的【形状】链接项，如图4-36所示。

步骤 02　在弹出的【蒙版形状】对话框中的【形状】区域中，单击【重置为】选项组右侧的下拉按钮，在弹出的列表框中选择【椭圆】选项，如图4-37所示，选择后单击【确定】按钮。

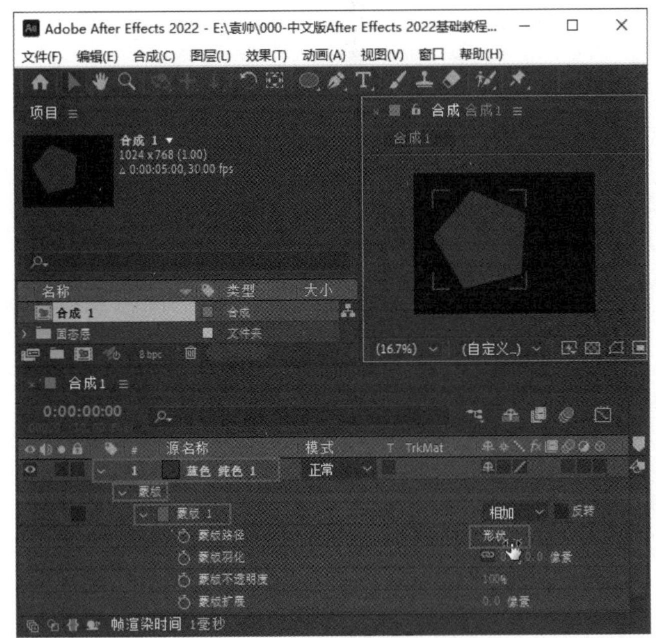

图4-36　单击【形状】链接项

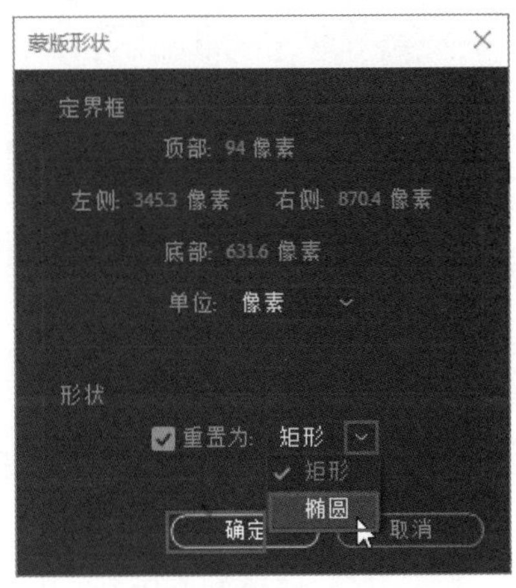

图4-37　设置蒙版形状

步骤 03　此时，在【合成】面板中可以看到，所选的蒙版形状已经改变成椭圆形状，如图4-38所示，即完成了调节蒙版形状的操作。

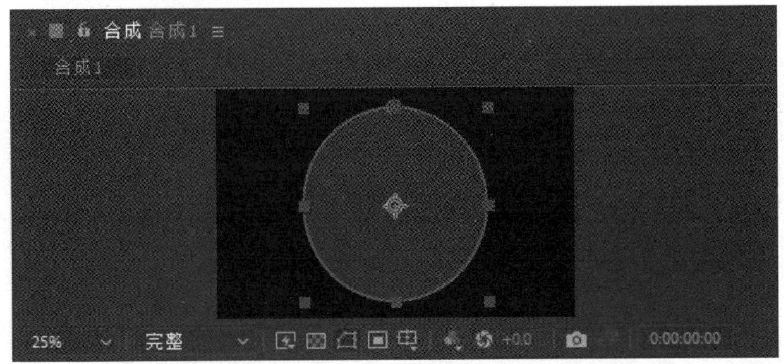

图4-38　调节蒙版形状

4.3.2　添加或删除锚点改变蒙版形状

在After Effects 2022中，创建蒙版后，用户可以进行添加或删除锚点的操作。下面详细介绍添加锚点和删除锚点的操作方法。

步骤 01　打开素材文件“椭圆蒙版 .aep”，选择蒙版层，在工具栏中的【钢笔工具组】按钮上长按鼠标左键，在展开的钢笔工具列表中选择【添加“顶点”工具】，如图 4-39 所示。

步骤 02　待鼠标指针变为形状时，在需要添加锚点的位置单击，即可完成添加锚点的操作，如图 4-40 所示。

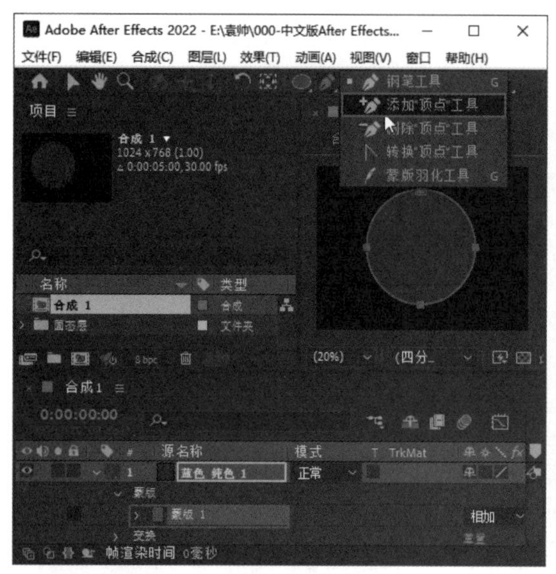

图 4-39　选择【添加“顶点”工具】

图 4-40　添加锚点

步骤 03　选择蒙版层后，在工具栏中的【钢笔工具组】按钮上长按鼠标左键，在展开的钢笔工具列表中选择【删除“顶点”工具】，如图 4-41 所示。

步骤 04　待鼠标指针变为形状时，在需要删除锚点的位置单击，如图 4-42 所示。

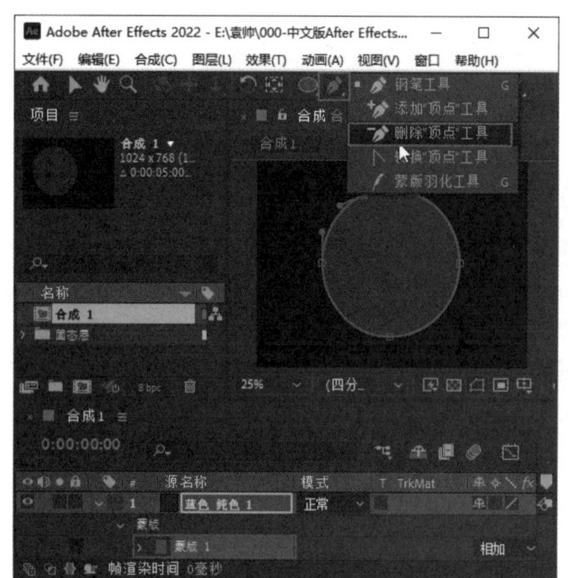

图 4-41　选择【删除“顶点”工具】

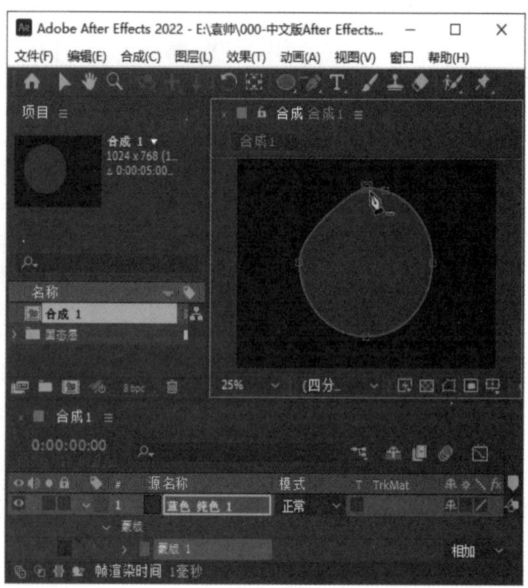

图 4-42　删除锚点

步骤 05 此时，在【合成】面板中可以看到蒙版的形状发生了变化，如图 4-43 所示，即完成了删除锚点的操作。

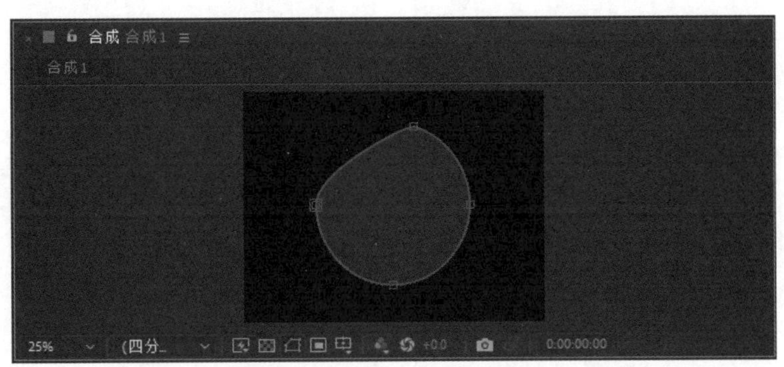

图 4-43 删除锚点后的形状

4.3.3 切换角点和曲线点控制蒙版形状

在 After Effects 2022 中，创建蒙版后，用户可以进行切换角点和曲线点的操作。下面详细介绍切换角点和曲线点的操作方法。

步骤 01 打开素材文件“椭圆蒙版.aep”，选择蒙版层，在工具栏中的【钢笔工具组】按钮上长按鼠标左键，在展开的钢笔工具列表中选择【转换“顶点”工具】，如图 4-44 所示。

步骤 02 待鼠标指针变为形状时，在需要切换的位置按住鼠标左键后拖曳鼠标，角点即可变为曲线点，拖曳控制线即可调整形状的弧度，如图 4-45 所示。

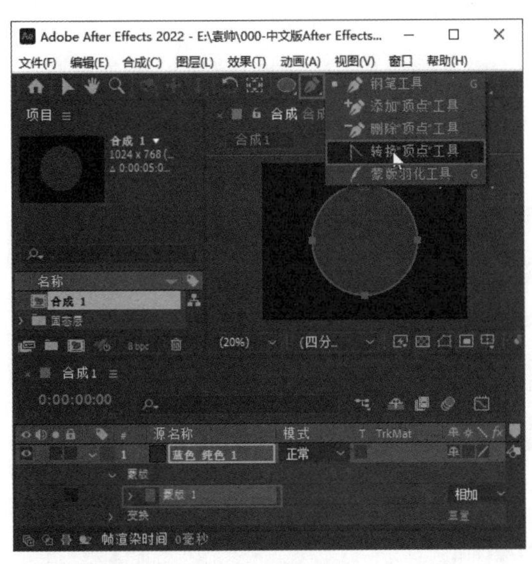

图 4-44 选择【转换“顶点”工具】

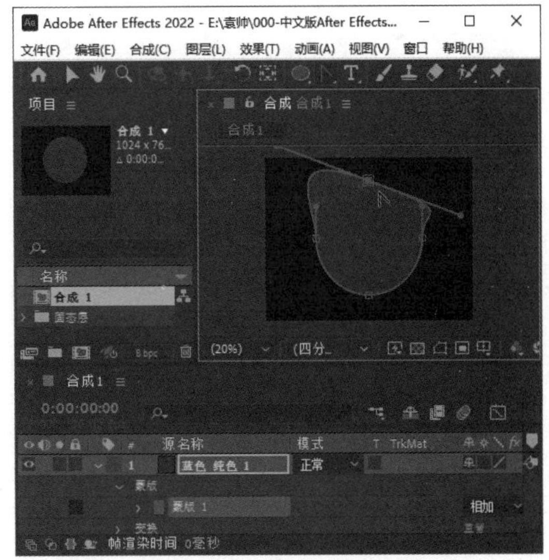

图 4-45 按住鼠标左键后拖曳鼠标调整形状的弧度

步骤 03 再次选择【转换“顶点”工具】，单击需要转换的曲线点，如图 4-46 所示。

步骤 04 曲线点变为角点，即完成了切换角点和曲线点的操作，如图 4-47 所示。

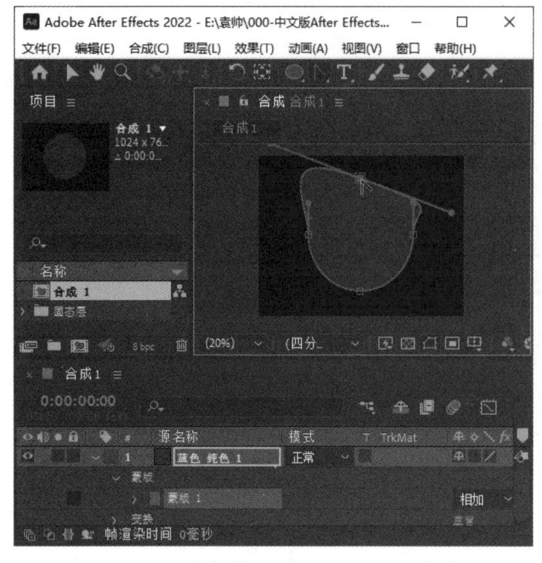
图 4-46　选择【转换"顶点"工具】并单击需要转换的曲线点

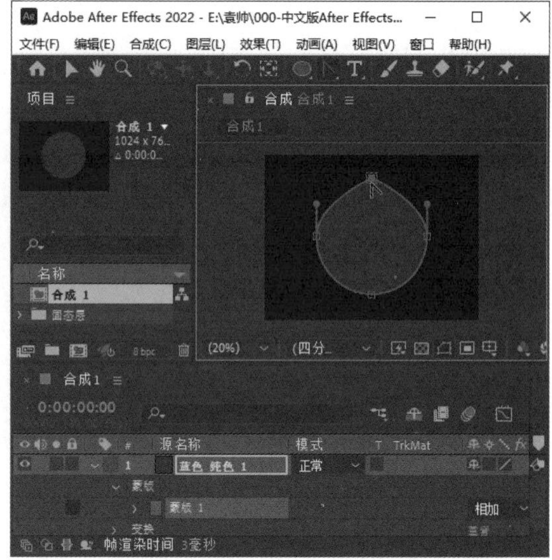
图 4-47　切换角点和曲线点

4.3.4 缩放与旋转蒙版

在 After Effects 2022 中，创建蒙版后，用户可以进行缩放蒙版和旋转蒙版的操作。下面详细介绍缩放蒙版和旋转蒙版的操作方法。

步骤 01 打开素材文件"蒙版 1.aep"，展开蒙版层的变换属性，在【缩放】属性右侧按住鼠标左键后拖曳鼠标调整数值，或直接输入数值，即可缩放蒙版，如图 4-48 所示。

步骤 02 在【旋转】属性右侧按住鼠标左键后拖曳鼠标调整数值，或直接输入数值，即可旋转蒙版，如图 4-49 所示。

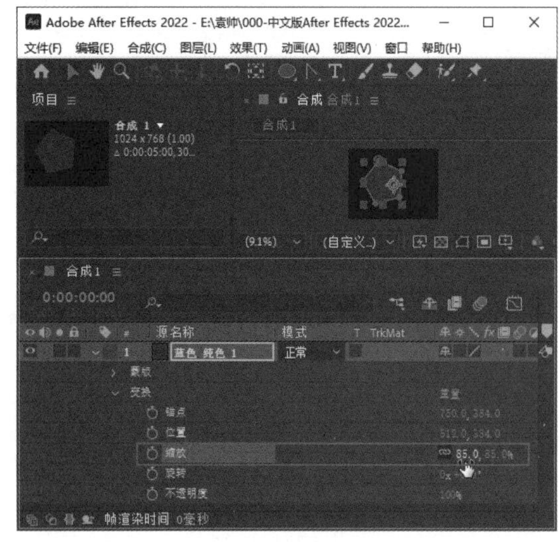
图 4-48　缩放蒙版

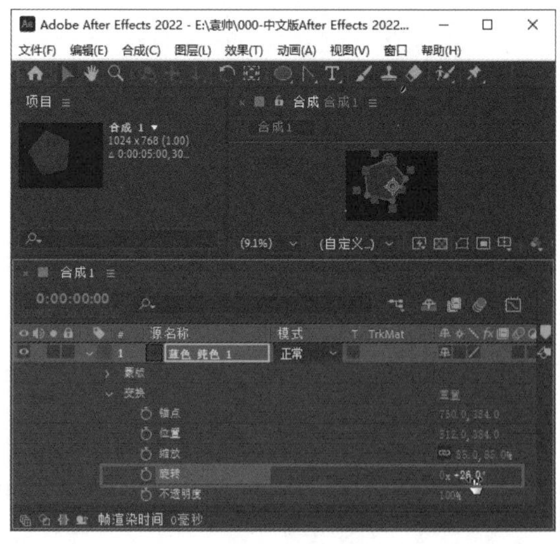
图 4-49　旋转蒙版

双击目标蒙版工具，即可在当前图层中创建一个最大目标形状的蒙版。在【合成】面板中，按住【Shift】键的同时使用蒙版工具，可以创建等比例的蒙版形状，如在按住【Shift】键的同时使用【矩形工具】，可以创建正方形蒙版；使用【椭圆工具】，可以创建圆形蒙版。如果在创建蒙版时按住【Ctrl】键，则可以创建一个以单击确定的第 1 个点为中心的蒙版。

4.4 绘画工具与路径动画

After Effects 2022 中的绘画工具与Photoshop中的绘画工具同原理，可以对指定的素材进行润色、逐帧加工，或者创建新的图像元素。在使用绘画工具进行创作时，每一步操作都可以被记录成动画，并实现动画回放。使用绘画工具，还可以制作出独特的、变化多端的图案或花纹。

4.4.1 【绘画】面板与【画笔】面板

【绘画】面板与【画笔】面板是进行绘制时必须用到的面板，想打开【绘画】面板，必须先在工具栏中选择目标绘画工具，如图 4-50 所示。

图 4-50 绘画工具

下面分别详细介绍【绘画】面板与【画笔】面板的相关知识。

1. 【绘画】面板

【绘画】面板主要用来设置各个绘画工具的笔刷不透明度、流量、模式、通道、持续时间等，如图 4-51 所示。不同绘画工具的【绘画】面板具有部分共同的特征。

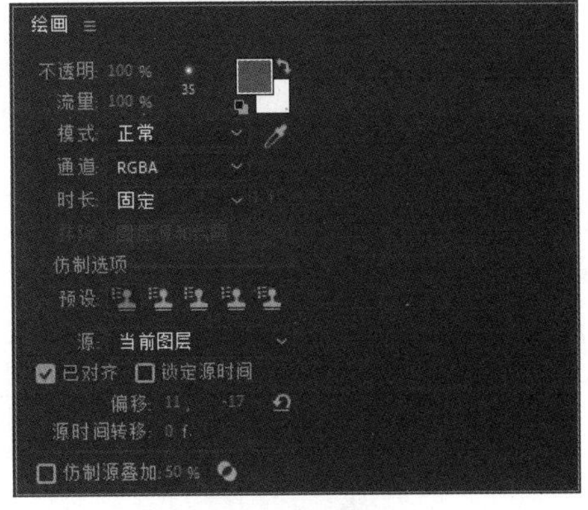

图 4-51 【绘画】面板

下面详细介绍【绘画】面板中的主要参数。

（1）不透明：对于【画笔工具】和【仿制图章工具】来说，【不透明】属性主要用来设置画笔笔刷和仿制画笔的不透明度百分比。对于【橡皮擦工具】来说，【不透明】属性主要用来设置擦除图层颜色的百分比。

（2）流量：对于【画笔工具】和【仿制图章工具】来说，【流量】属性主要用来设置画笔的流量百分比；对于【橡皮擦工具】来说，【流量】属性主要用来设置擦除的像素百分比。

（3）模式：用于设置画笔或仿制笔刷的混合模式，与图层中的混合模式是相同的。

（4）通道：用于设置绘画工具影响的图层通道，如果选择 Alpha 通道，则绘画工具只影响图层的透明区域。

（5）时长：用于设置笔刷的持续时间，共有 4 个选项，如图 4-52 所示。

图 4-52　笔刷的时长选项

- 固定：使笔刷能在整个笔刷使用时间段内显示。
- 写入：根据手写时的速度再现手写动画的过程。其特点是自动产生“开始”和“结束”关键帧，用户可以在【时间轴】面板中对图层绘画属性的“开始”和“结束”关键帧进行设置。
- 单帧：仅显示当前帧的笔刷。
- 自定义：自定义笔刷的持续时间。

2. 【画笔】面板

在【画笔】面板中，用户可以选择绘画工具预设的笔刷，如果对预设的笔刷不是很满意，可以自定义笔刷形状。通过修改笔刷的参数值，用户可以方便快捷地设置笔刷的直径、角度、圆度等属性，如图 4-53 所示。

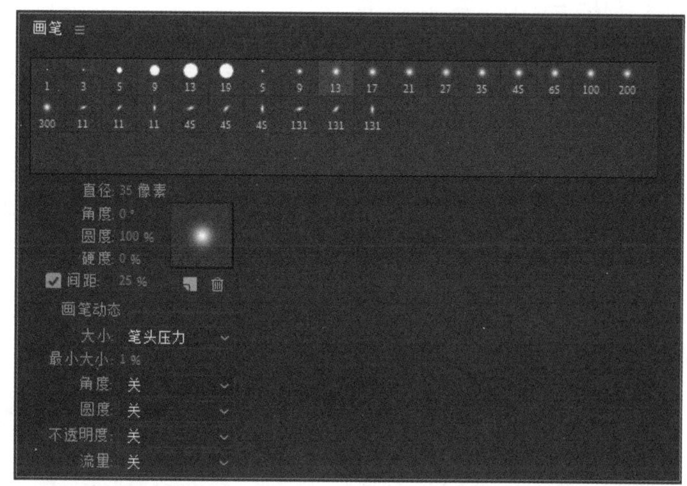

图 4-53　【画笔】面板

下面详细介绍【画笔】面板中的部分参数。

（1）直径：用于设置笔刷的直径，单位为像素。如图 4-54 所示，是使用不同直径笔刷的绘画效果。

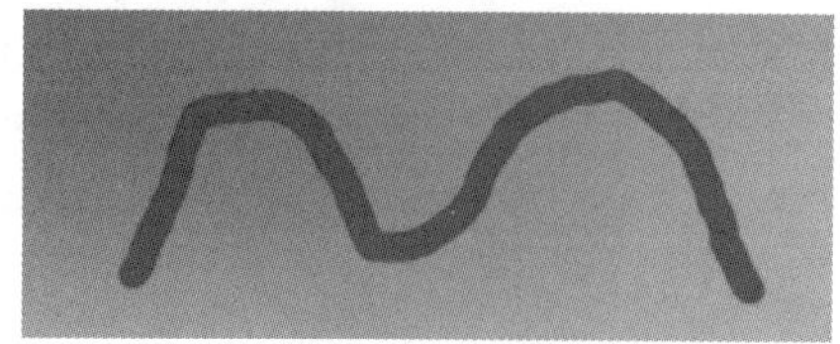
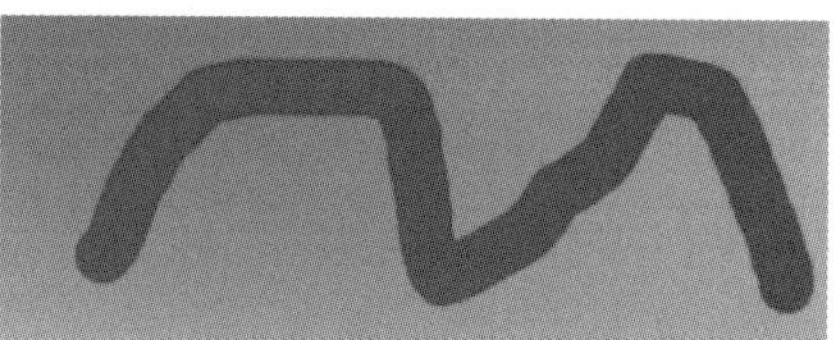

图 4-54　使用不同直径笔刷的绘画效果

（2）角度：用于设置椭圆形笔刷的旋转角度，单位为度（°）。如图 4-55 所示，是笔刷旋转角度分别为 45° 和 -45° 时的绘画效果。

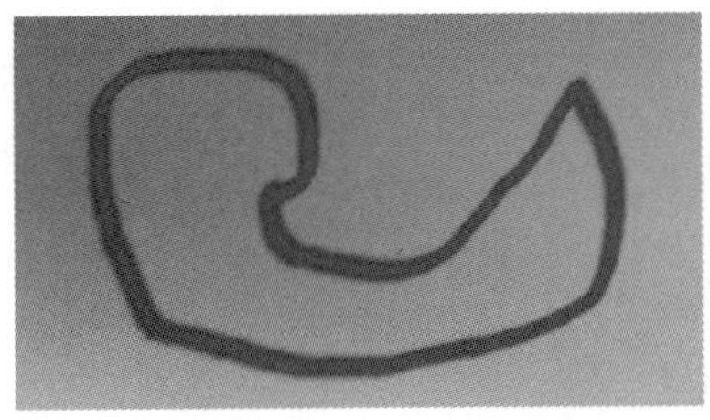

图 4-55　笔刷旋转角度分别为 45°和–45°时的绘画效果

（3）圆度：用于设置笔刷形状的长轴和短轴比例。其中，正圆笔刷的圆度为 100%，线形笔刷的圆度为 0%，圆度介于 0%~100% 之间的笔刷为椭圆形笔刷，如图 4-56 所示。

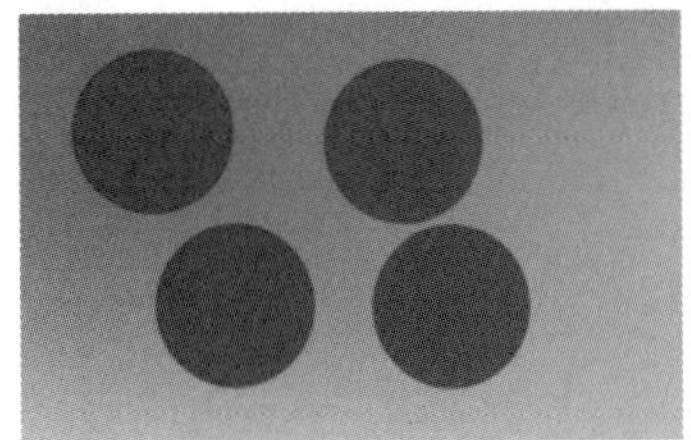
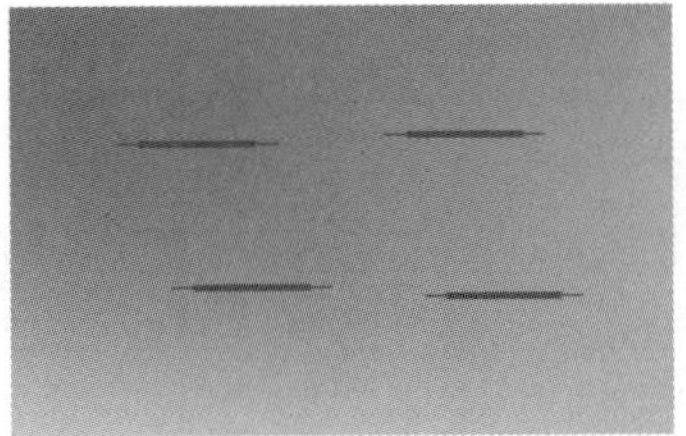
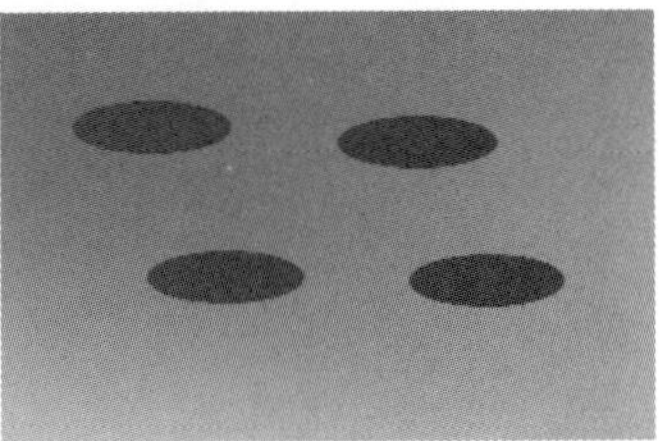

图 4-56　笔刷形状的不同长轴和短轴比例

（4）硬度：用于设置笔刷硬度的大小。硬度值越小，笔刷的边缘越柔和，如图 4-57 所示。

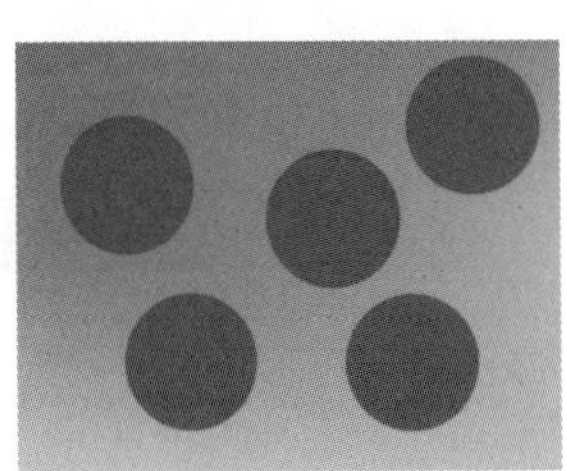
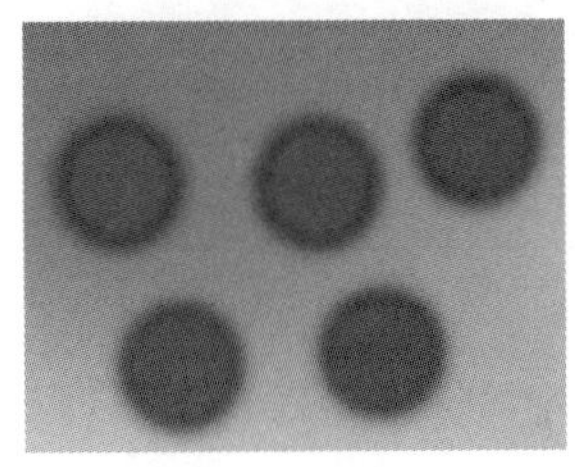

图 4-57　使用不同硬度笔刷的绘画效果

（5）间距：用于设置笔刷的间隔距离（绘图速度也会影响笔刷的间隔距离），如图 4-58 所示。

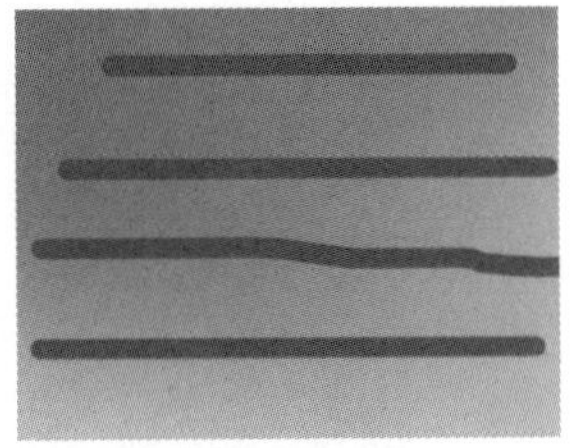
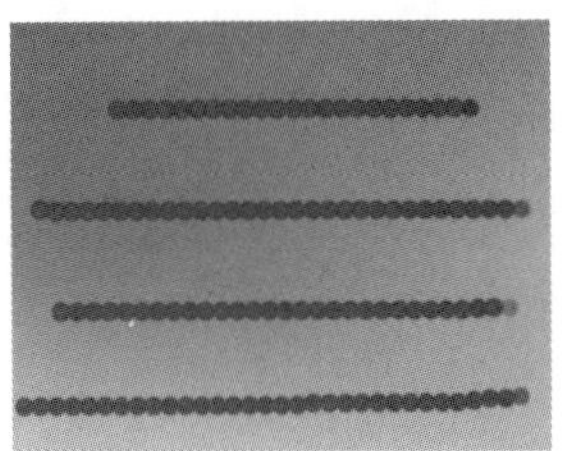

图 4-58　笔刷的不同间隔距离

（6）画笔动态：使用手绘板进行绘画时，该属性可以用来设置手绘板的压笔感应。

4.4.2 使用画笔工具绘制笔刷效果

使用【画笔工具】，可以在当前图层的【图层】面板中，以已在【绘画】面板中设置的前景色进行绘画，如图 4-59 所示。

1. 使用画笔工具绘画的流程

下面详细介绍使用【画笔工具】绘画的操作方法。

步骤 01 在【时间轴】面板中双击要进行绘画的图层，如图 4-60 所示。

步骤 02 将该图层在【图层】面板中打开，如图 4-61 所示。

图 4-59 在【图层】面板中绘画

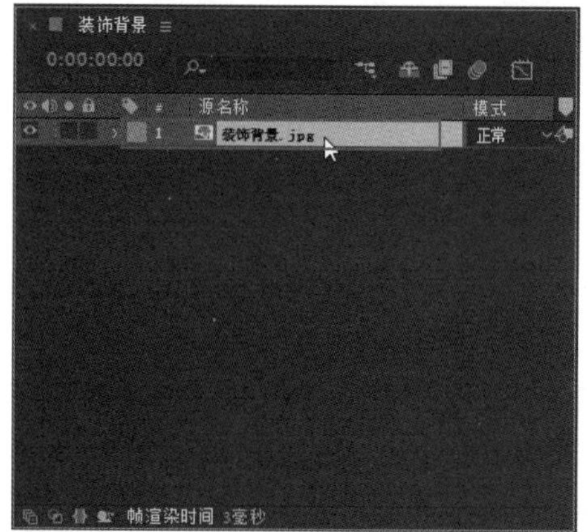

图 4-60 双击要进行绘画的图层

图 4-61 【图层】面板

步骤 03 在工具栏中选择【画笔工具】，并单击工具栏右侧的【切换“绘画”面板】按钮，如图 4-62 所示。

步骤 04 打开【画笔】面板和【绘画】面板。在【画笔】面板中，选择预设的笔刷或自定义笔刷形状，如图 4-63 所示。

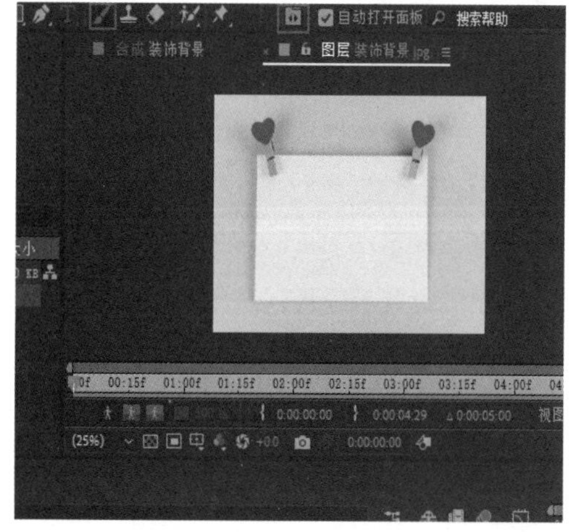

图 4-62 选择【画笔工具】并单击【切换“绘画”面板】按钮

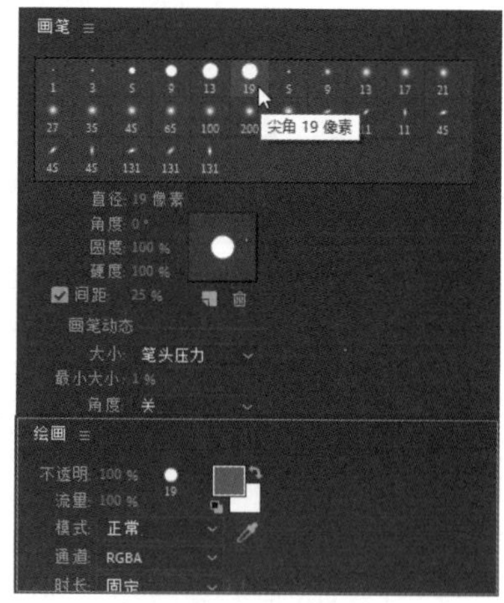

图 4-63 选择笔刷

步骤 05 在【绘画】面板中设置画笔的颜色、流量、模式等参数，如图 4-64 所示。

步骤 06 使用【画笔工具】在【图层】面板中进行绘制，每次释放鼠标，可绘制完成一个笔刷效果，如图 4-65 所示。

图 4-64 设置画笔参数

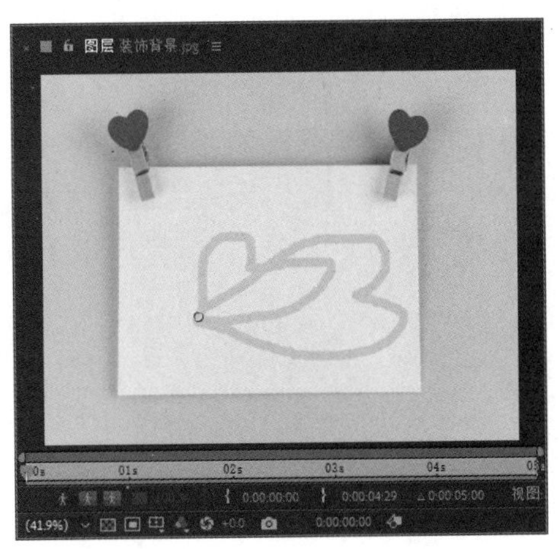

图 4-65 在【图层】面板中绘制

步骤 07 所有笔刷效果都会在图层的绘画属性栏中以列表的形式显示（连续按两次【P】键，即可展开笔刷列表），如图 4-66 所示。

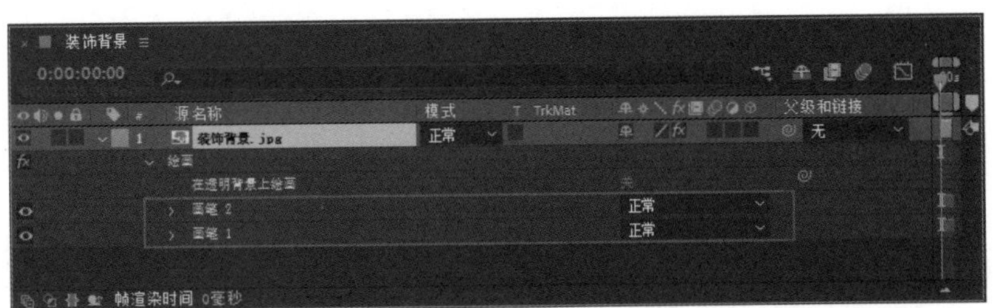

图 4-66 展开绘画属性

在工具栏中选择【自动打开面板】选项后，选择【画笔工具】时，系统会自动打开【绘画】面板和【画笔】面板。

2. 使用画笔工具的注意事项

使用【画笔工具】进行绘画时，需要注意以下 6 点。

（1）绘制笔刷效果后，可以在【时间轴】面板中对笔刷效果进行修改或设置动画。

（2）如果要改变笔刷直径，可以在【图层】窗口中按住【Ctrl】键的同时按住鼠标左键并拖曳鼠标。

（3）如果要设置画笔颜色，可以在【绘画】面板中单击【设置前景色】或【设置背景色】图标，在弹出的对话框中选择颜色。当然，也可以使用吸管工具吸取界面中的颜色作为前景色或背景色。

（4）在按住【Shift】键的同时使用画笔工具，可以在之前的笔刷效果上进行继续绘制。注意，如果没有在之前的笔刷效果上进行继续绘制，那么在按住【Shift】键的同时使用画笔工具，可以绘制直线笔刷效果。

（5）连续按两次【P】键，可以在【时间轴】面板中展开已完成绘制的各种笔刷的列表。

（6）连续按两次【S】键，可以在【时间轴】面板中展开当前正在绘制的笔刷的列表。

4.4.3 仿制图章工具

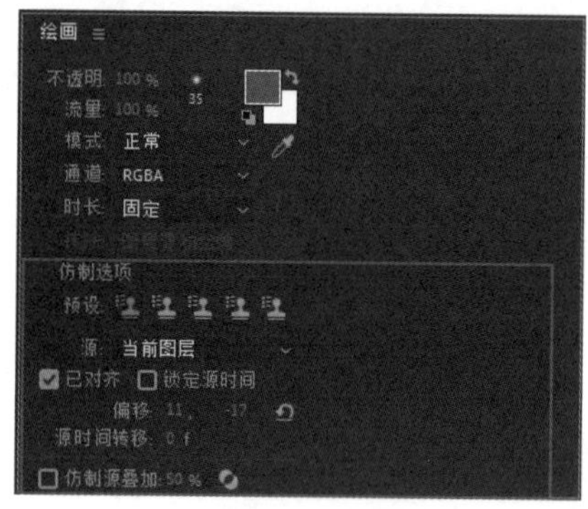

图 4-67　仿制图章工具的特有参数

图 4-68　预设选项

使用【仿制图章工具】，可以将某一时间某一位置的像素复制并应用到另一时间的另一位置中。【仿制图章工具】拥有与笔刷一样的属性，如笔刷形状、持续时间等，使用【仿制图章工具】前，也需要设置绘画参数和笔刷参数；仿制操作完成后，也可以在【时间轴】面板中的仿制属性中制作动画。【仿制图章工具】有一些特有参数，如图 4-67 所示。

1. 仿制图章工具的主要参数

下面详细介绍【仿制图章工具】的主要参数。

- 预设：仿制图像的预设选项，共有 5 种，如图 4-68 所示。
- 源：用于选择仿制的源图层。
- 已对齐：用于设置不同笔画采样点的仿制位置的对齐方式，勾选该复选框与未勾选该复选框时的对比效果如图 4-69 所示。

勾选【已对齐】复选框时的效果

未勾选【已对齐】复选框时的效果

图 4-69　对比效果

- 锁定源时间：用于控制是否只复制单帧画面。
- 偏移：用于确定取样点的位置。
- 源时间转移：用于设置源图层的时间偏移量。
- 仿制源叠加：用于设置源画面与目标画面的叠加混合程度。

2. 使用仿制图章工具的注意事项及操作技巧

下面详细介绍使用【仿制图章工具】时的注意事项及操作技巧。

(1) 使用【仿制图章工具】，要先取样源图层中的像素，再将取样的像素值复制并应用到目标图层中，目标图层可以是同一个合成中的其他图层，也可以是源图层自身。

(2) 在工具栏中选择【仿制图章工具】后，在【图层】面板中按住【Alt】键对采样点进行取样，采样点会自动显示在“偏移”中。使用【仿制图章工具】仿制图像时，用户只能在【图层】面板中进行操作，因为使用该工具制作的效果是非破坏性的，仿制操作是以添加滤镜的形式在图层上进行的。如果用户对仿制效果不满意，可以修改图层滤镜属性下的仿制参数。

(3) 如果仿制的源图层和目标图层在同一个合成中，为了操作方便，可以将目标图层和源图层在工作界面中同时显示出来。选择两个或多个图层后，按【Ctrl+Shift+Alt+N】快捷键，即可将这些图层通过不同的【图层】面板同时显示在操作界面中。

4.4.4 橡皮擦工具

使用【橡皮擦工具】，既可以选择擦除图层上的图像或笔刷，也可以选择仅擦除当前笔刷。如果设置为擦除源图层像素或笔刷，那么每个擦除操作都会在【时间轴】面板中的绘画属性中留下擦除记录，这些擦除记录对擦除素材没有任何破坏性，可以对其进行删除、修改、改变擦除顺序等操作；如果设置为擦除当前笔刷，那么擦除操作仅针对当前笔刷，并且不会在【时间轴】面板中的绘画属性中留下擦除记录。

选择【橡皮擦工具】后，在【绘画】面板中，可以设置擦除图像的模式，如图4-70所示。

- 图层源和绘画：擦除源图层中的像素和绘画笔刷效果。
- 仅绘画：仅擦除绘画笔刷效果。
- 仅最后描边：仅擦除最后一步绘画笔刷效果。

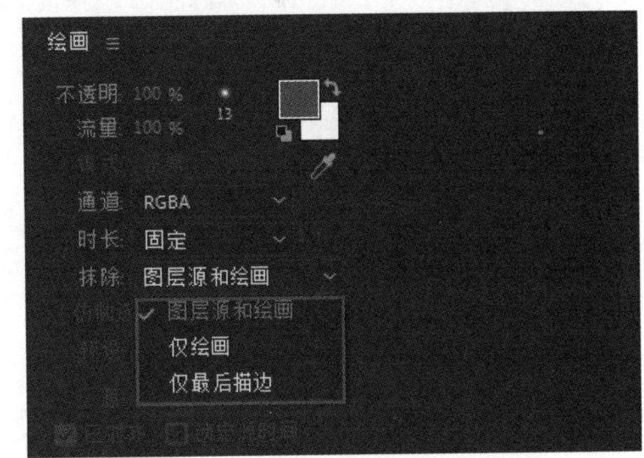

图 4-70　设置擦除图像的模式

课堂范例——使用橡皮擦工具制作神秘极光效果

使用【橡皮擦工具】，可以擦除当前图层中的部分内容。使用【橡皮擦工具】绘制蒙版时，可以在【画笔】面板中设置合适的属性、修改画面的大小和形态，下面详细介绍操作方法。

步骤 01　打开“素材文件\第4章\制作神秘极光.aep”，在【时间轴】面板中双击【极光.jpg】

图层，如图 4-71 所示。

步骤 02 选择【橡皮擦工具】，在【画笔】面板中设置画笔为柔角 200 像素，如图 4-72 所示。

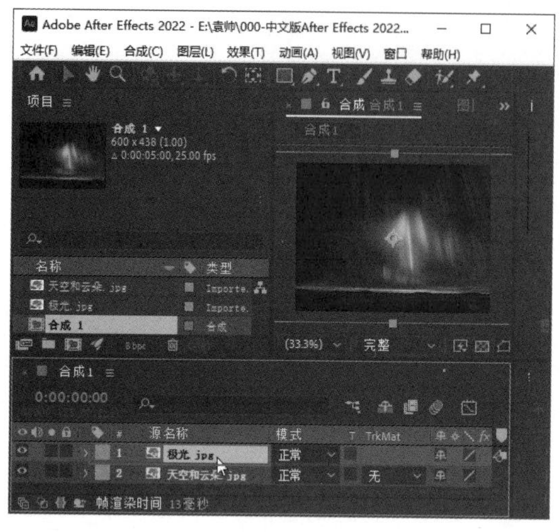

图 4-71 双击【极光.jpg】图层

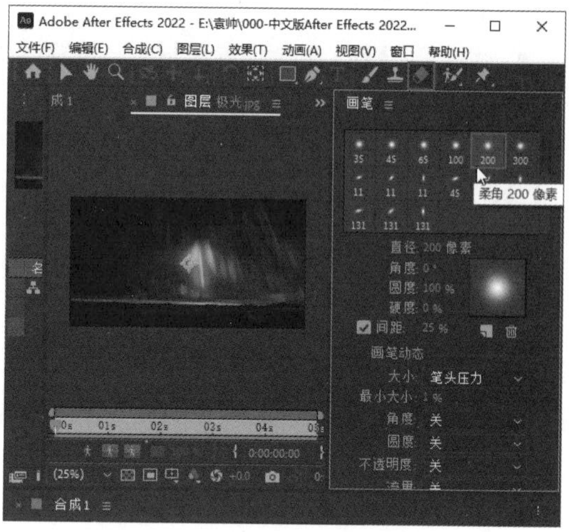

图 4-72 设置【橡皮擦工具】的画笔

步骤 03 在打开的【图层】面板中按住鼠标左键后拖曳鼠标，进行涂抹绘制，如图 4-73 所示。

步骤 04 绘制完成后，单击进入【合成】面板，可以看到已经出现了擦除效果，如图 4-74 所示，即完成了使用橡皮擦工具制作神秘极光效果的操作。

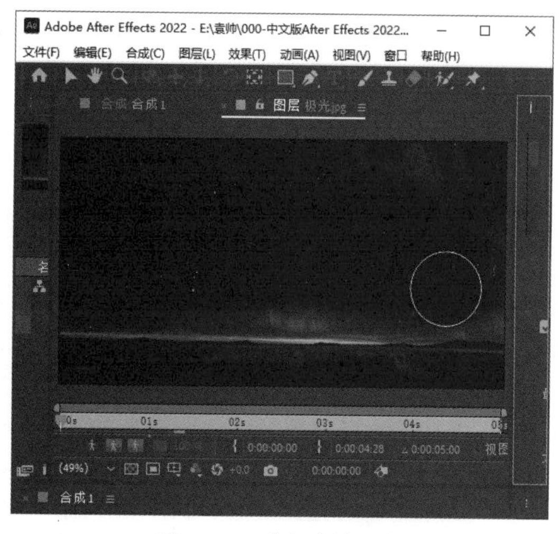

图 4-73 进行涂抹绘制

图 4-74 擦除效果

课堂问答

通过对本章内容的学习，相信读者对蒙版工具、形状工具、钢笔工具、绘画工具与路径动画有了一定的了解，下面列出一些常见问题，供读者学习参考。

问题 1：如何移动形状蒙版？

答：移动形状蒙版有两种方法，下面分别予以详细介绍。

方法 1：将形状蒙版绘制完成后，首先在【时间轴】面板中选择与之相对应的素材图层，然后在工具栏中选择【选取工具】，最后将光标移动到【合成】面板中形状蒙版的上方，待光标变为黑色箭头，按住鼠标左键后拖曳鼠标即可进行移动操作，如图 4-75 所示。

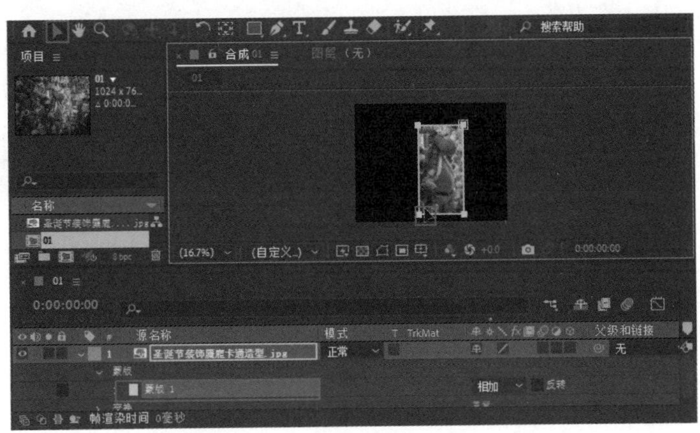

图 4-75　移动形状蒙版的方法 1

方法 2：将形状蒙版绘制完成后，首先在【时间轴】面板中选择与之相对应的素材图层，然后在按住【Ctrl】键的同时将光标移动到【合成】面板中的形状蒙版上方，最后，待光标变为黑色箭头，按住鼠标左键后拖曳鼠标即可进行移动操作，如图 4-76 所示。

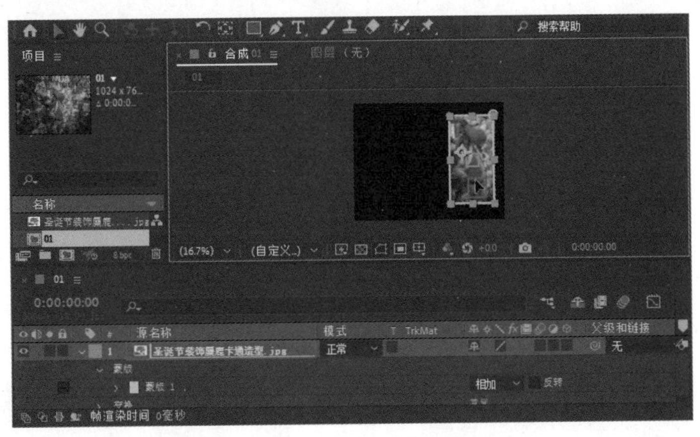

图 4-76　移动形状蒙版的方法 2

问题 2：如何绘制正方形蒙版？

答：选中素材图层，在工具栏中选择【矩形工具】后，将鼠标指针移动到【合成】面板中的图像上的合适位置，按住【Shift】键的同时按住鼠标左键拖曳绘制形状至合适的大小，即可得到正方形蒙版，如图 4-77 所示。

图 4-77 绘制正方形蒙版

问题 3：蒙版之间可以产生叠加效果吗？如何使蒙版之间产生叠加效果？

答：蒙版之间是可以产生叠加效果的。当一个图层中有多个蒙版时，可以通过设置混合模式，使蒙版之间产生叠加效果，如图 4-78 所示。

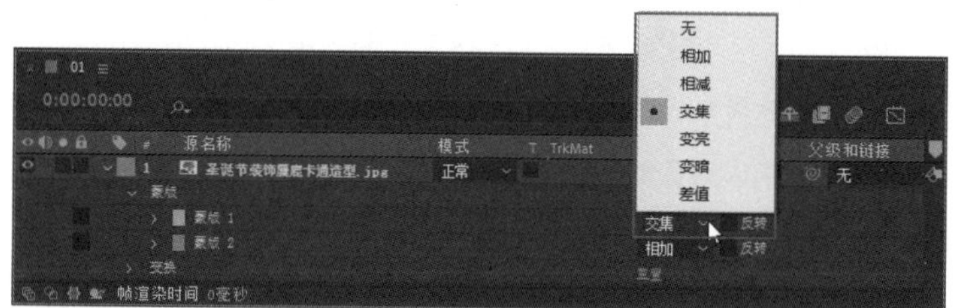

图 4-78 选择蒙版叠加方式

上机实战——制作望远镜动画效果

为了帮助读者巩固本章所学的知识，下面对一个上机实战案例进行分析与讲解。

案例素材如图 4-79 所示，效果如图 4-80 所示。

图 4-79 素材

图 4-80 效果

思路分析

本案例首先创建一个纯色图层，然后使用【椭圆工具】绘制两个相交的正圆形遮罩，最后设置遮罩模式，添加不透明度关键帧，完成对望远镜效果的制作 。

制作步骤

步骤 01 打开“素材文件\第 4 章\制作望远镜动画素材.aep”，在【时间轴】面板中右击鼠标，在弹出的快捷菜单中选择【新建】→【纯色】命令，如图 4-81 所示。

步骤 02 在弹出的【纯色设置】对话框中，设置【名称】为“黑色”，设置【宽度】和【高度】分别为1000像素、707像素，设置【颜色】为黑色（R：0，G：0，B：0），单击【确定】按钮，如图4-82所示。

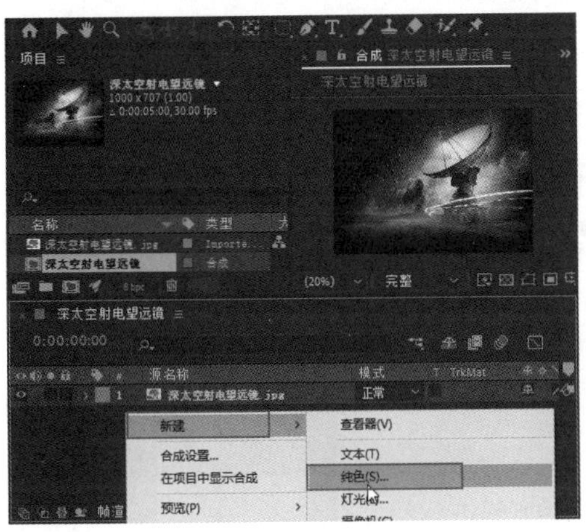

图 4-81 选择【纯色】命令

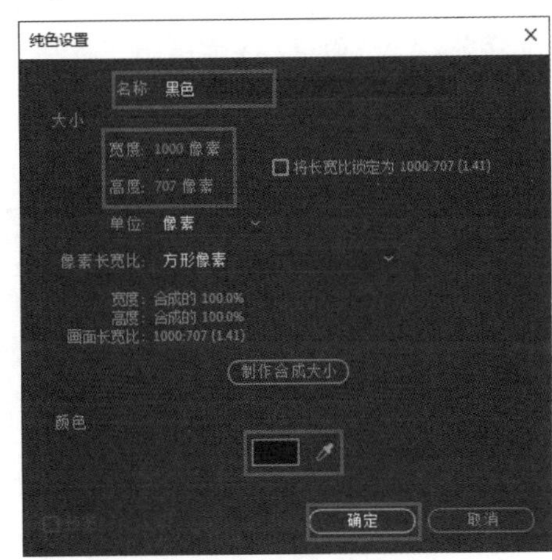

图 4-82 设置纯色图层

步骤 03 选择【椭圆工具】，在【黑色】图层上绘制两个相交的正圆形遮罩，如图 4-83 所示。

步骤 04 在【时间轴】面板中，打开【黑色】图层的【蒙版】属性，设置【蒙版 1】和【蒙版 2】的模式为【相减】，如图 4-84 所示。

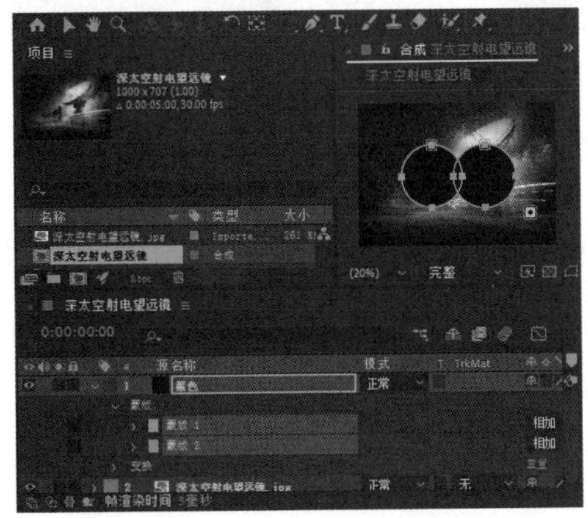

图 4-83 绘制两个相交的正圆形遮罩

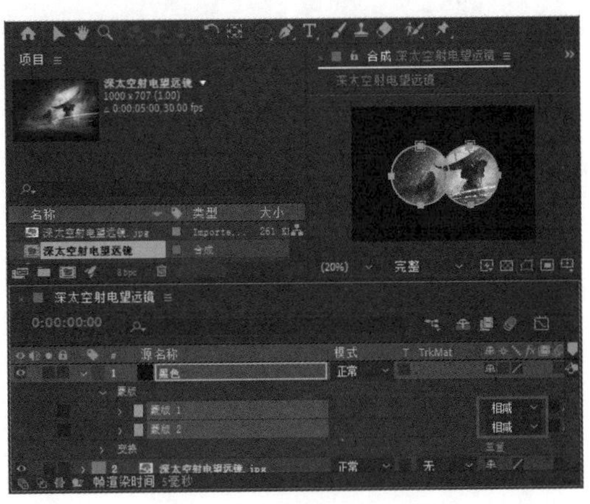

图 4-84 设置两个蒙版的模式

步骤 05 在【时间轴】面板中，将时间线滑块拖曳到 0 秒的位置，分别为【黑色】图层和【深太空射电望远镜.jpg】图层添加关键帧，并设置不透明度为 0%，如图 4-85 所示。

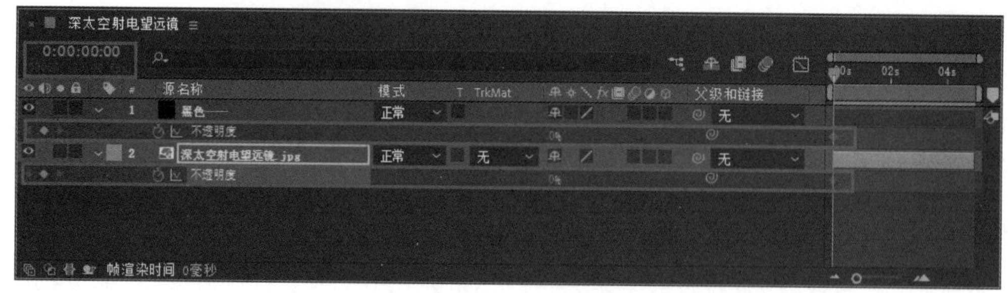

图 4-85 设置两个蒙版的关键帧（1）

步骤 06 在【时间轴】面板中，将时间线滑块拖曳到 4 秒 20 的位置，分别为【黑色】图层和【深太空射电望远镜.jpg】图层添加关键帧，并设置不透明度为 100%，如图 4-86 所示。

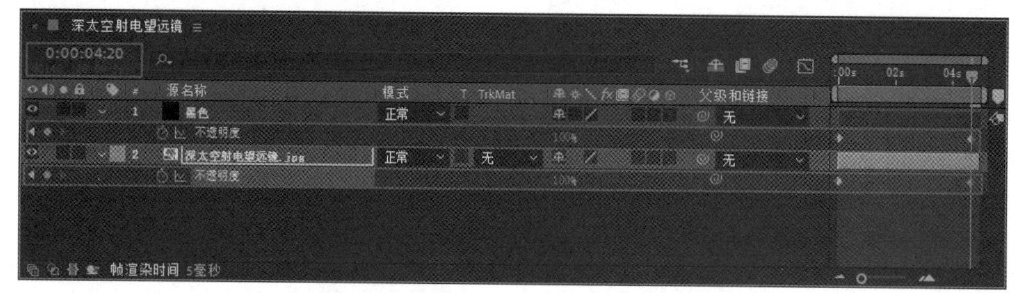

图 4-86 设置两个蒙版的关键帧（2）

步骤 07 此时拖曳时间线滑块，即可查看制作完成的望远镜动画效果，如图 4-87 所示。

 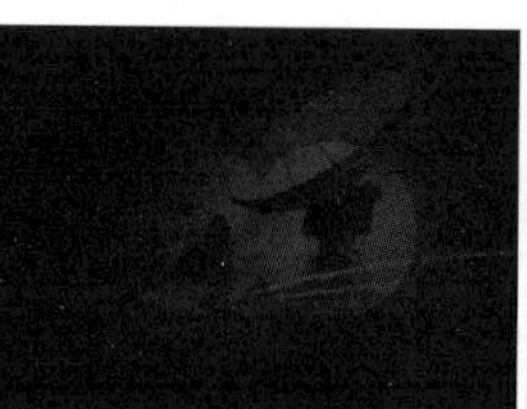 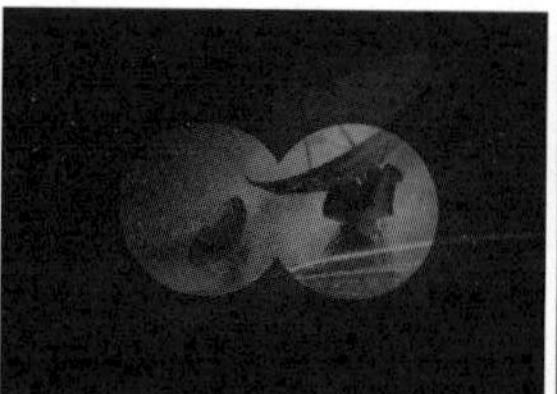 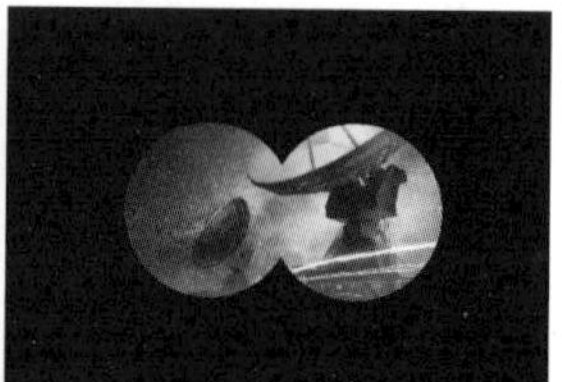

图 4-87 望远镜动画效果

同步训练——制作更换窗外风景动画

完成对上机实战案例的学习后，为了提高读者的动手能力，下面安排一个同步训练案例，以期达到举一反三、触类旁通的学习效果。

同步训练案例的流程图解如图 4-88 所示。

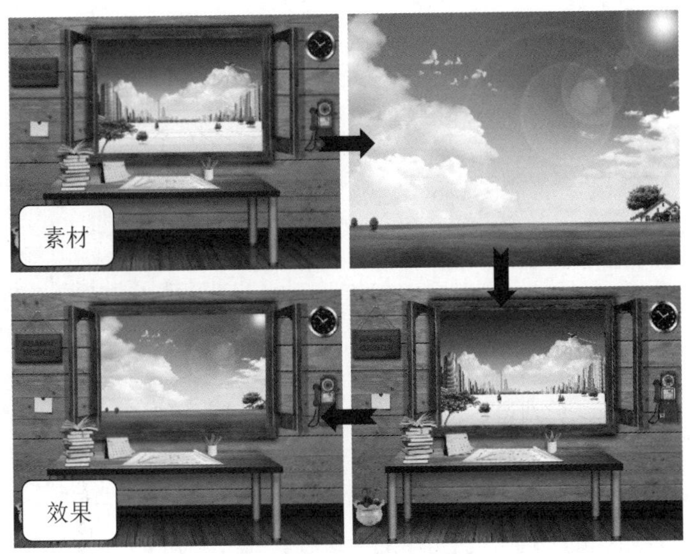

图 4-88　图解流程

思路分析

本案例首先使用钢笔工具绘制一个遮罩，然后设置【窗.jpg】图层的蒙版属性，最后为【风景.jpg】素材图层设置【位置】和【缩放】关键帧，完成对更换窗外风景的动画的制作。

关键步骤

步骤 01　在【项目】面板中右击鼠标，在弹出的快捷菜单中选择【新建合成】命令，如图 4-89 所示。

步骤 02　在弹出的【合成设置】对话框中设置【合成名称】为“合成 1”，设置【宽度】为 1024px、【高度】为 768px、【帧速率】为 25 帧/秒、【持续时间】为 5 秒，单击【确定】按钮，如图 4-90 所示。

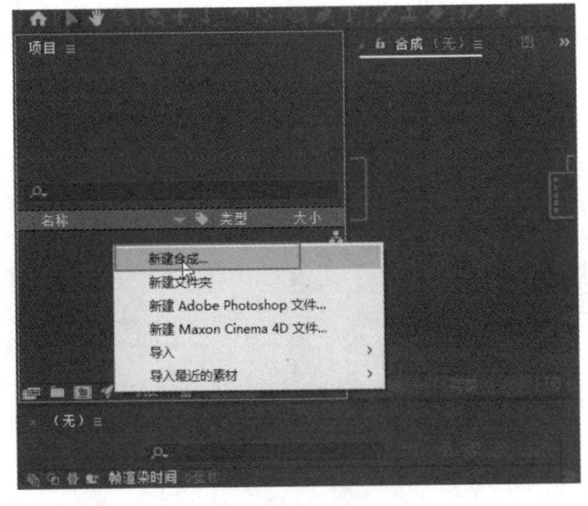

图 4-89　选择【新建合成】命令

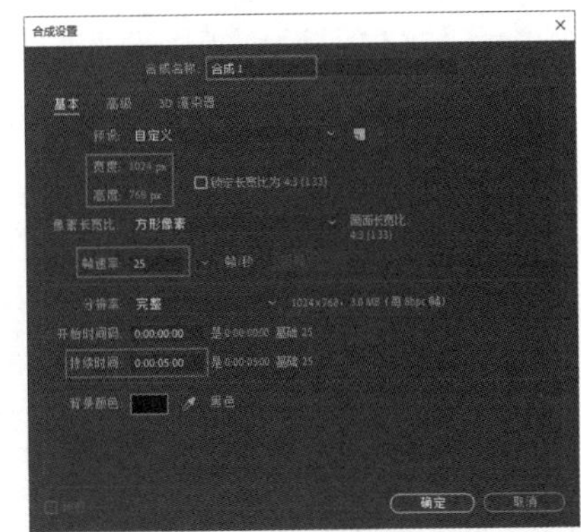

图 4-90　设置合成参数

步骤 03　在【项目】面板的空白位置双击鼠标，在弹出的【导入文件】对话框中选择“素材文件\第 4 章\素材\窗.jpg”和“素材文件\第 4 章\素材\风景.jpg”，单击【导入】按钮，如图 4-91 所示。

步骤 04　将【项目】面板中的素材文件“窗.jpg”拖曳到【时间轴】面板中，设置【缩放】为

（64.0，64.0%），如图 4-92 所示。

图 4-91 导入素材文件

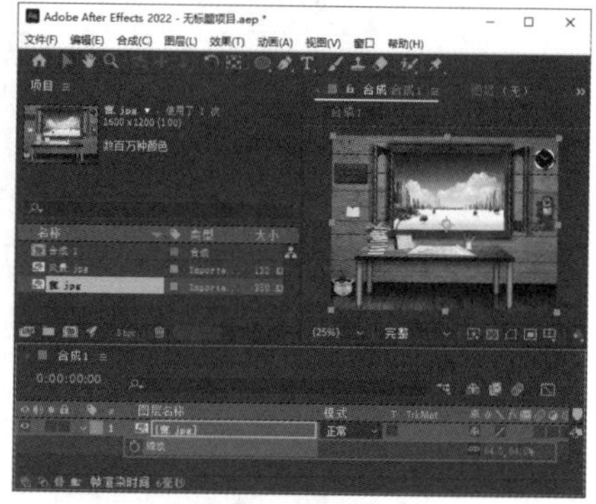

图 4-92 设置缩放参数

步骤 05 此时拖曳时间线滑块，即可查看制作效果，如图 4-93 所示。

步骤 06 选择【钢笔工具】，沿窗口的内边缘绘制一个遮罩，如图 4-94 所示。

图 4-93 查看制作效果

图 4-94 绘制一个遮罩

步骤 07 打开【窗.jpg】图层下的【蒙版 1】属性，设置模式为【相减】，如图 4-95 所示。

步骤 08 将【项目】面板中的“风景.jpg”素材文件拖曳到【时间轴】面板底部，并拖曳时间线滑块到 0 秒的位置，添加【位置】和【缩放】关键帧，如图 4-96 所示。

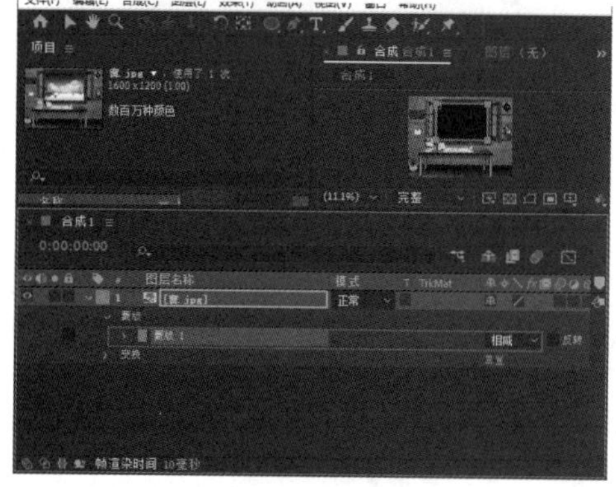

图 4-95 设置蒙版模式

图 4-96 添加关键帧

步骤 09 拖曳时间线滑块到 4 秒 20 的位置，设置【位置】为（527.0，241.0）、【缩放】为（45.0，45%），如图 4-97 所示。

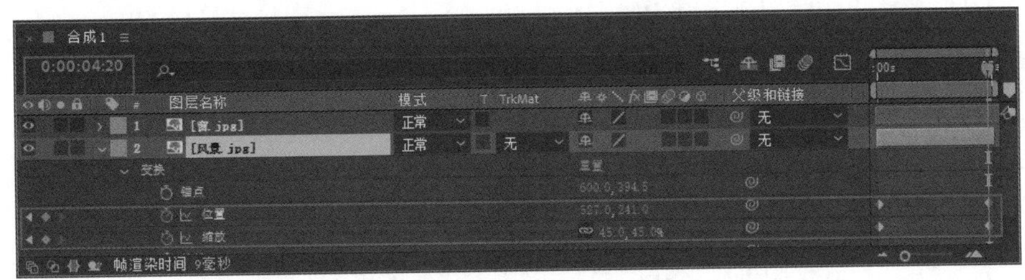

图 4-97 设置关键帧参数

步骤 10 此时拖曳时间线滑块，即可查看制作完成的更换窗外风景的动画效果，如图 4-98 所示。

图 4-98 更换窗外风景的动画效果

知识能力测试

本章讲解了蒙版工具与动画制作的相关知识，为对知识进行巩固和考核，请读者完成以下练习题。

一、填空题

1. 创建蒙版，需要先选择_____，再选择蒙版工具进行绘制。

2. 使用__________可以在【合成】或【图层】预览窗口中绘制各种路径。该工具组中，除了__________，还包含4个辅助工具，分别是【添加“顶点”工具】、【删除“顶点”工具】、【转换“顶点”工具】和【蒙版羽化工具】。

3. 使用【多边形工具】，可以在图层中绘制边数至少为__________的多边形形状。

4. 使用【星形工具】，可以在图层中绘制边数至少为__________的星形形状。

5. 在工具栏中选择【钢笔工具】后，工具栏右侧会出现一个__________复选框。

二、选择题

1. 在After Effects 2022中创建形状图层，不需要先选择已有图层，直接使用选择工具进行绘制即可，绘制出的是一个(　　)。

A. 单独的图案　　B. 嵌入图层

C. 无法二次调整的图案　　D. 蒙版图层

2. 使用蒙版，可以通过蒙版层中的图形或轮廓对象，透出(　　)图层的内容。

A. 上面　　B. 下面　　C. 中间　　D. 旁边

3. 使用(　　)，可以在图层中绘制矩形形状，也可以为图层绘制矩形遮罩。

A. 钢笔工具　　B. 圆角矩形工具　　C. 矩形工具　　D. 星形工具

4. 使用(　　)，可以将某一时间某一位置的像素复制并应用到另一时间的另一位置中。

A. 仿制图章工具　　B. 钢笔工具　　C. 星形工具　　D. 圆角矩形工具

5. 使用(　　)，可以在图层中绘制圆角矩形，也可以为图层绘制圆角矩形遮罩。

A. 蒙版工具　　B. 钢笔工具　　C. 星形工具　　D. 圆角矩形工具

三、简答题

1. 如何调节蒙版的形状？

2. 如何添加锚点、删除锚点？

After Effects 2022

第5章 文字特效动画的创建及应用

本章主要介绍创建与编辑文字和创建文字动画方面的知识与操作技巧，在本章的最后，针对实际工作需求，讲解了After Effects 2022 中文字的应用方法。通过对本章内容的学习，读者可以掌握创建文字与文字动画方面的知识，为深入学习 After Effects 2022 的操作方法奠定基础。

学习目标

- 学会创建与编辑文字
- 熟练掌握创建文字动画的方法
- 熟练掌握文字的应用方法

5.1 创建与编辑文字

在影视后期合成中，文字不仅担负着补充画面信息和辅助媒介交流的责任，也是设计师们常用来进行视觉设计的元素，能够使传达的内容更加明确、深刻。

5.1.1 创建文本图层

无论在何种视觉媒体中，文字都是必不可少的设计元素之一。使用After Effects 2022软件，有很多方法可以为作品添加文本内容，下面详细介绍使用菜单栏新建文本图层的操作方法。

步骤 01 打开“素材文件\第5章\文本图层.aep”，在菜单栏中选择【图层】→【新建】→【文本】命令，如图5-1所示。

步骤 02 在【合成】面板中的视图区域单击鼠标，确定文本内容的起始位置，如图5-2所示。

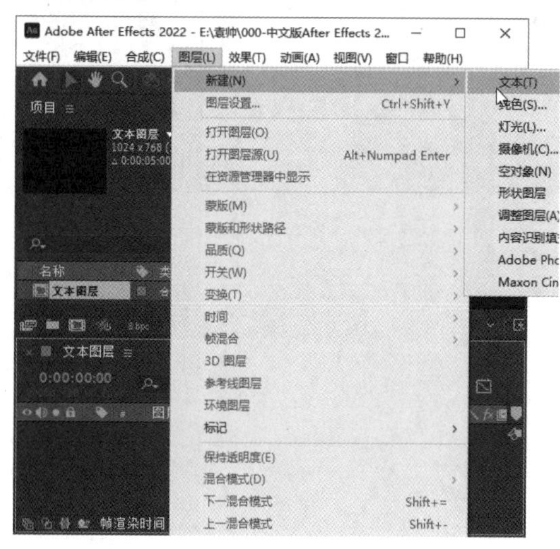

图 5-1 选择【文本】命令

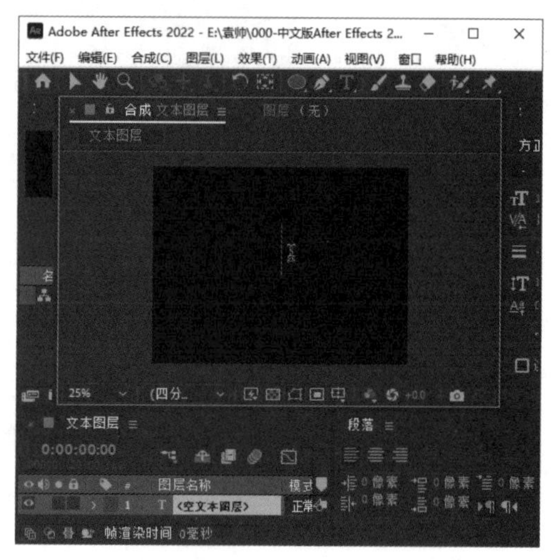

图 5-2 确定文本内容的起始位置

步骤 03 确定文本内容的起始位置后，在【合成】面板中输入“AE”，即可完成创建文本图层的操作，如图5-3所示。

图 5-3 输入“AE”，创建文本图层

技能拓展

在【时间轴】面板的空白位置右击鼠标，在弹出的快捷菜单中选择【新建】→【文本】命令，也可以快速新建一个文本图层。

5.1.2 使用文字工具创建文字

在工具栏中选择【文字工具】T，即可创建文字，下面详细介绍使用文字工具创建文字的操作方法。

步骤 01 打开“素材文件\第 5 章\文本图层.aep”，选择工具栏中的【横排文字工具】T，如图 5-4 所示。

步骤 02 在【合成】面板中的视图区域单击鼠标，确定文字内容的起始位置，如图 5-5 所示。

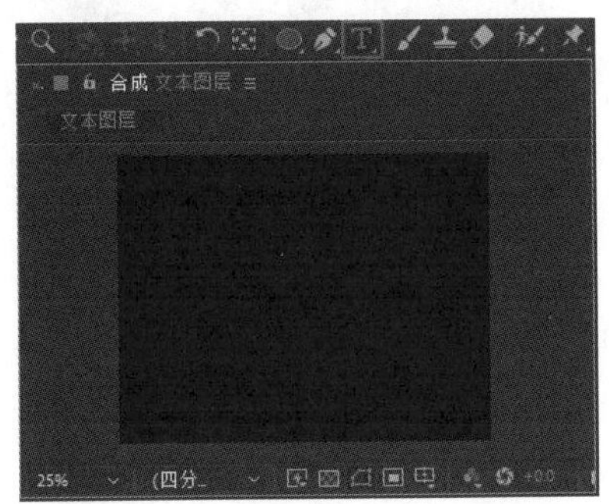

图 5-4 选择【横排文字工具】

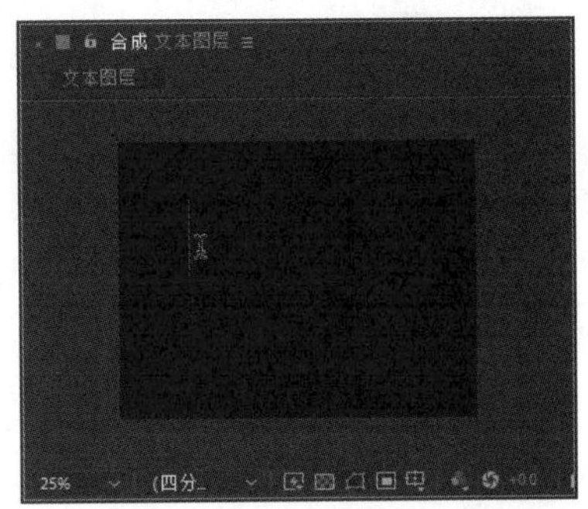

图 5-5 确定文字内容的起始位置

步骤 03 在【合成】面板中输入“文字特效”，即可完成使用文字工具创建文字的操作，如图 5-6 所示。

图 5-6 输入文字

技能拓展

在默认状态下，单击【横排文字工具】按钮T，即可建立横向排列的文字，如果需要建立竖向排列的文字，可以在【横排文字工具】按钮T上长按鼠标左键，在弹出的工具组中选择【直排文字工具】IT。

5.1.3 设置文字参数

在 After Effects 2022 中创建文字后，即可进入【字符】面板和【段落】面板，修改文字效果。下面分别予以详细介绍。

1. 【字符】面板

创建文字后，用户可以在【字符】面板中对文字的字体系列、字体样式、填充颜色、描边颜色、字体大小、行距、两个字符间的字偶间距、描边宽度、描边类型、垂直缩放、水平缩放、基线偏移、所选字符比例间距、字体类型等参数进行设置。【字符】面板如图 5-7 所示。

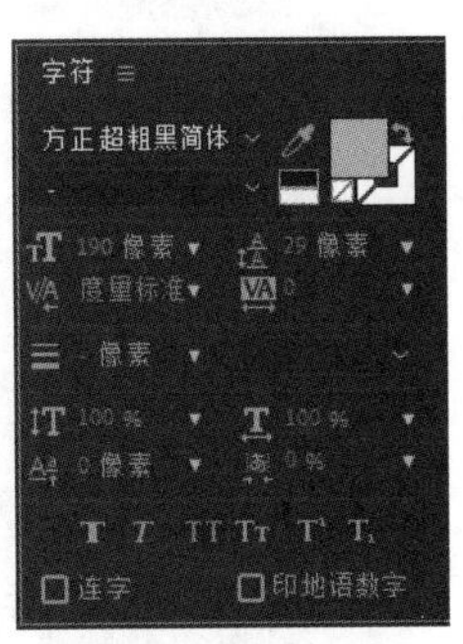

图 5-7 【字符】面板

下面详细介绍【字符】面板中的主要参数。

（1）字体系列：在【字体系列】下拉列表框中，可以选择所需要应用的字体，如图 5-8 所示。选择某一字体后，当前所选文字即应用该字体，如图 5-9 所示。

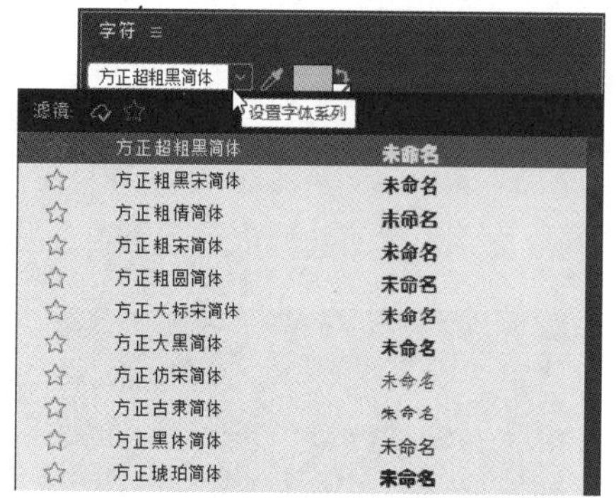

图 5-8 【字体系列】下拉列表框

图 5-9 应用字体效果

（2）字体样式：设置【字体系列】后，有些字体支持对其样式进行选择。在【字体样式】下拉列表框中，可以选择所需要应用的字体样式，如图 5-10 所示。选择某一字体样式后，当前所选文字即应用该样式。如图 5-11 所示，为同一字体系列但不同字体样式的对比效果。

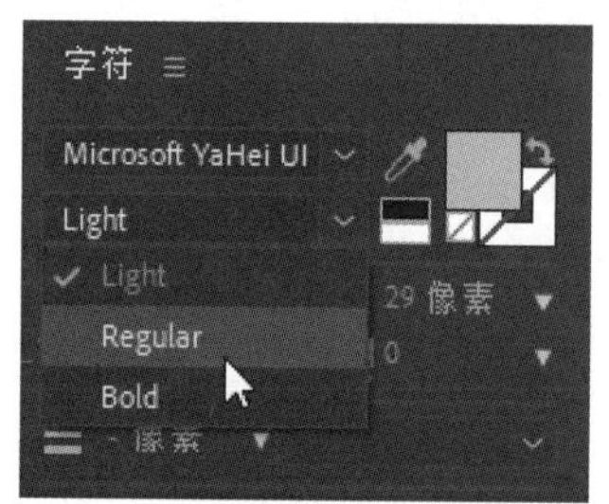

图 5-10 【字体样式】下拉列表框

图 5-11 同一字体系列但不同字体样式的对比效果

（3）填充颜色：单击【填充颜色】色块，弹出【文本颜色】对话框，如图 5-12 所示。在该对话框中，可以设置合适的文字颜色。此外，也可以使用【吸管工具】直接吸取所需要的颜色。如图 5-13 所示，为设置不同【填充颜色】后的文字对比效果。

图 5-12 【文本颜色】对话框

图 5-13 不同填充颜色的文字对比效果

（4）描边颜色：单击【描边颜色】色块，弹出【文本颜色】对话框，如图 5-14 所示。在该对话框中，可以设置合适的文字描边颜色。此外，也可以使用【吸管工具】直接吸取所需要的颜色。

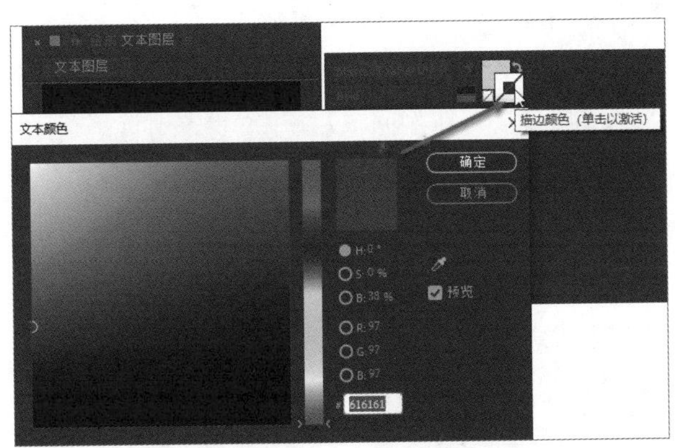

图 5-14 【文本颜色】对话框

（5）字体大小：在【字体大小】下拉列表框中，可以选择预设的字体大小。此外，也可以在数值处按住鼠标左键并左右拖曳鼠标调整数值，或在数值处单击鼠标，直接输入数值。如图 5-15 所示，是分别设置【字体大小】为 50 和 200 的对比效果。

（6）行距：【行距】用于设置段落文字，通过改变行距数值，可以调整行与行之间的距离。如图 5-16 所示，是分别设置【行距】为 60 和 220 的对比效果。

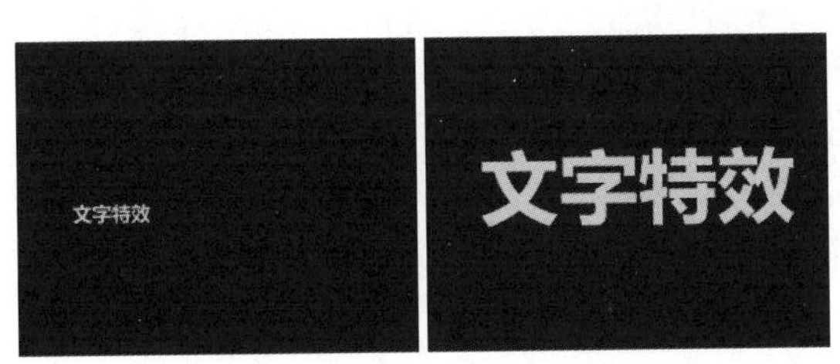

图 5-15 【字体大小】分别为 50 和 200 的对比效果

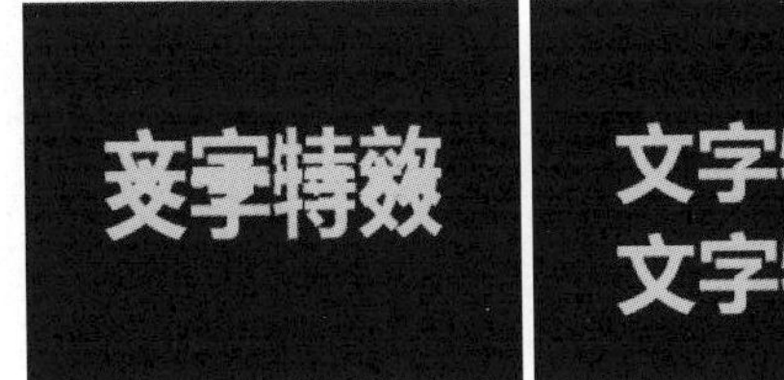

图 5-16 【行距】分别为 60 和 220 的对比效果

（7）两个字符间的字偶间距：【两个字符间的字偶间距】用于设置所选字符的字符间距。如图 5-17 所示，是分别设置【两个字符间的字偶间距】为-100 和 200 的对比效果。

（8）描边宽度：【描边宽度】用于设置描边的宽度。如图 5-18 所示，是分别设置【描边宽度】为 15 和 40 的对比效果。

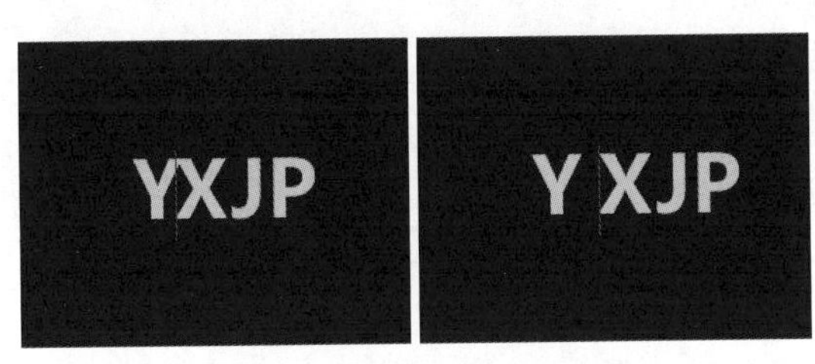

图 5-17 【两个字符间的字偶间距】分别为-100 和 200 的对比效果

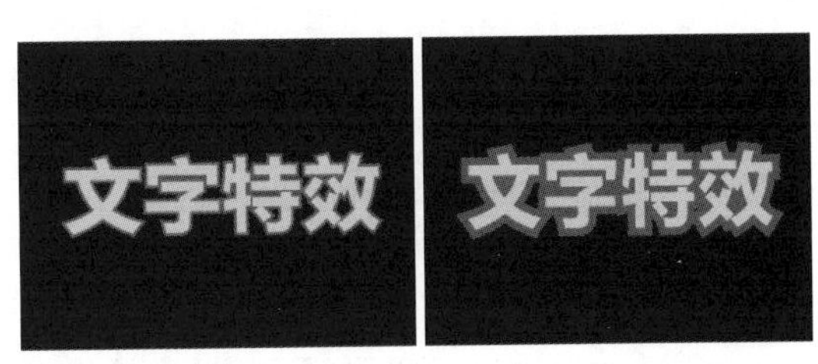

图 5-18 【描边宽度】分别为 15 和 40 的对比效果

（9）描边类型：在【描边类型】下拉列表框中，可以设置描边类型。如图 5-19 所示，为选择不同描边类型的对比效果。

（10）垂直缩放：【垂直缩放】用于垂直拉伸文本。

（11）水平缩放：【水平缩放】用于水平拉伸文本。

（12）基线偏移：【基线偏移】用于上下平移所选字符。

（13）所选字符比例间距：【所选字符比例间距】用于设置所选字符之间的比例间距。

（14）字体类型：【字体类型】用于设置字体类型，包括【仿粗体】、【仿斜体】、【全部大写字体】、【小型大写字母】、【上标】、【下标】。如图 5-20 所示，为选择【仿粗体】和【仿斜体】的对比效果。

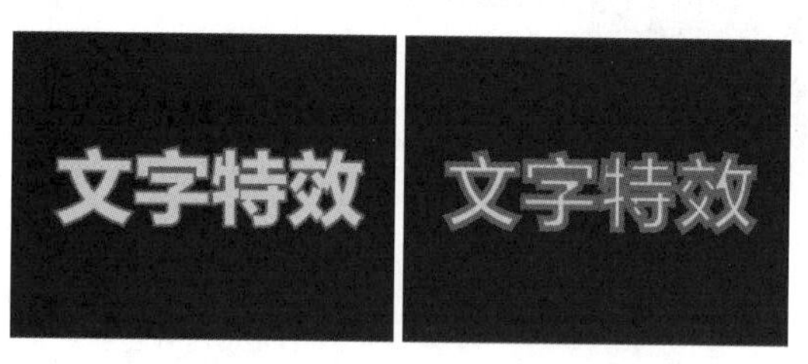

图 5-19　选择不同描边类型的对比效果

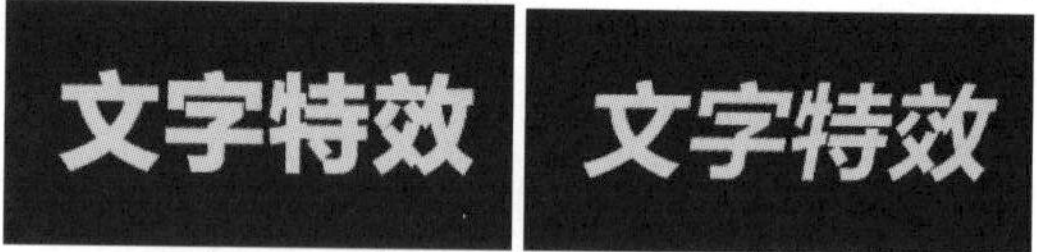

图 5-20　选择【仿粗体】和【仿斜体】的对比效果

2. 【段落】面板

在【段落】面板中，可以设置文本的对齐方式和缩进大小。【段落】面板如图 5-21 所示。

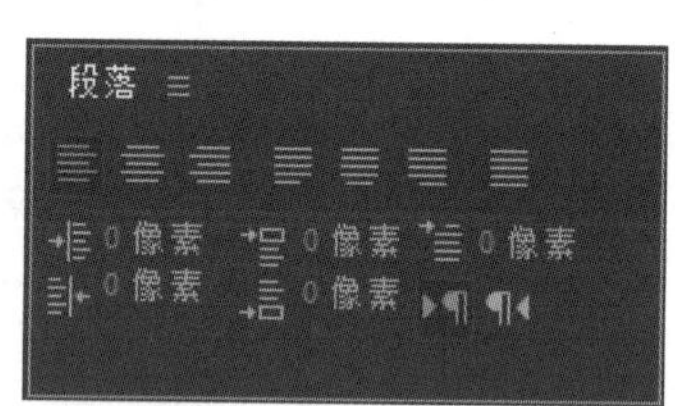

图 5-21　【段落】面板

下面详细介绍【段落】面板中的主要参数。

（1）对齐方式：【段落】面板中有 7 种文本对齐方式，分别为居左对齐文本、居中对齐文本、居右对齐文本、最后一行左对齐、最后一行居中对齐、最后一行右对齐和两端对齐，如图 5-22 所示。设置对齐方式为居左对齐文本和居右对齐文本的对比效果如图 5-23 所示。

图 5-22　7 种文本对齐方式

图 5-23　居左对齐文本和居右对齐文本的对比效果

（2）段落缩进和边距设置：【段落】面板中有缩进左边距、缩进右边距和首行缩进 3 种段落缩进方式，及段前添加空格和段后添加空格两种边距设置方式，如图 5-24 所示。设置不同段落缩进参数和边距参数的对比效果如图 5-25 所示。

图 5-24 段落缩进和边距设置

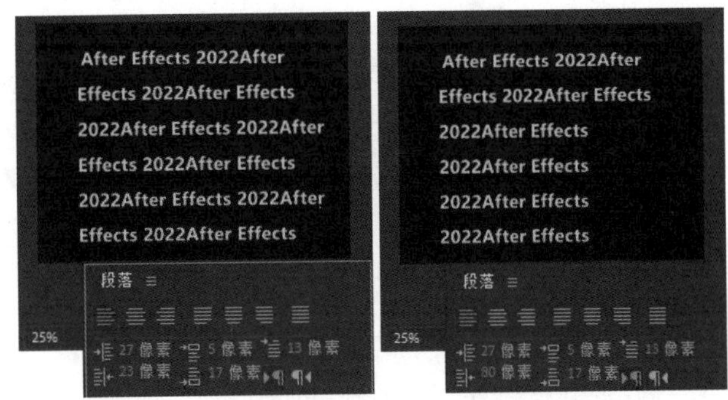

图 5-25 不同段落缩进参数和边距参数的对比效果

5.2 创建文字动画

After Effects 2022 软件中的文本图层具有丰富的属性，通过设置属性和添加效果，可以制作出丰富多彩的文字特效，使得视频画面更鲜活、更具生命力。

5.2.1 使用图层属性制作动画

使用“源文本”属性，可以对文字的内容、段落格式等制作动画。这种动画是突变性动画，适用于片长较短的视频字幕。

5.2.2 动画制作工具

创建文本图层以后，使用动画制作工具可以快速制作复杂的动画效果。一个动画制作工具组中，可以包含一个或多个动画属性及动画选择器，动画标如图 5-26 所示。

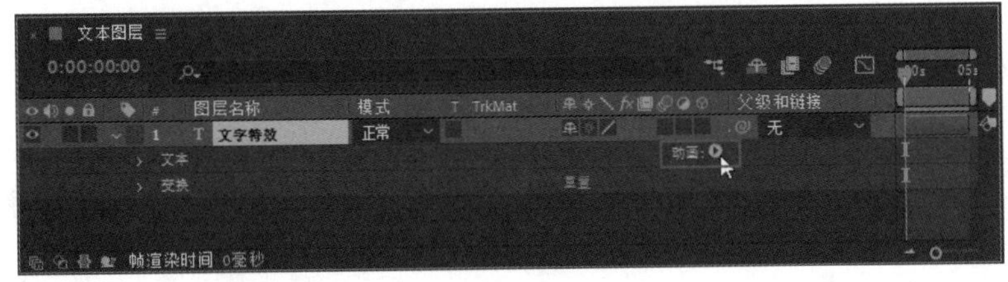

图 5-26 动画标

1. 动画属性

单击按钮，即可打开【动画属性】列表，如图 5-27 所示。动画属性主要用来设置文字动画的主要参数，所有动画属性都可以单独使文字产生动画效果。

下面详细介绍【动画属性】列表中的选项。

- 启用逐字 3D 化：控制三维文字功能开启与否。如果开启该功能，文本图层属性中将新增一个材质选项，用来设置文字的漫反射、高光，以及是否产生阴影等效果，同时，“变换”属性会由二维变换属性转换为三维变换属性。
- 锚点：用于制作文字中心定位点的变换动画。
- 位置：用于制作文字的位移动画。
- 缩放：用于制作文字的缩放动画。
- 倾斜：用于制作文字的倾斜动画。
- 旋转：用于制作文字的旋转动画。
- 不透明度：用于制作文字的不透明度变化动画。
- 全部变换属性：用于将所有属性一次性添加到动画制作工具中。

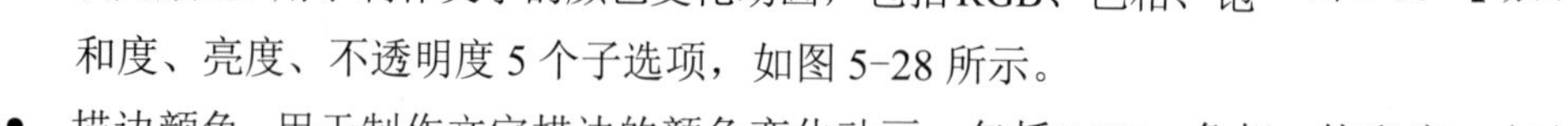

图 5-27 【动画属性】列表

- 填充颜色：用于制作文字的颜色变化动画，包括RGB、色相、饱和度、亮度、不透明度 5 个子选项，如图 5-28 所示。
- 描边颜色：用于制作文字描边的颜色变化动画，包括RGB、色相、饱和度、亮度、不透明度 5 个子选项，如图 5-29 所示。

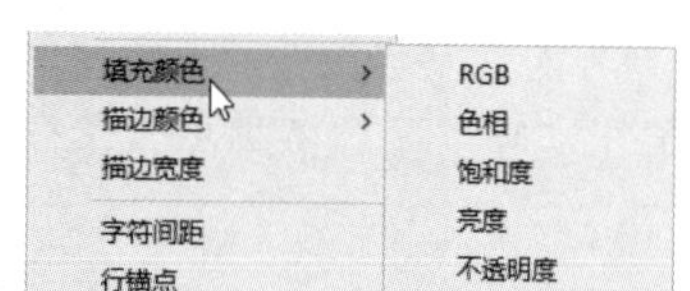

图 5-28 【填充颜色】子选项

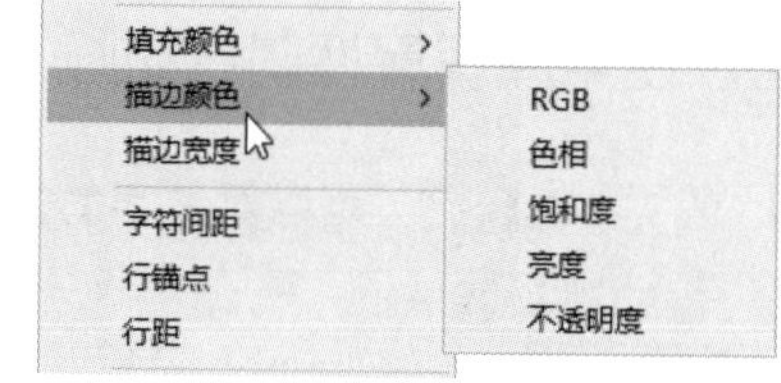

图 5-29 【描边颜色】子选项

- 描边宽度：用于制作文字描边粗细的变化动画。
- 字符间距：用于制作文字间距的变化动画。
- 行锚点：用于制作文字的对齐动画。值为 0%时，表示左对齐；值为 50%时，表示居中对齐；值为 100%时，表示右对齐。
- 行距：用于制作多行文字的行距变化动画。
- 字符位移：按照统一的字符编码标准（Unicode 标准），为选择的文字制作偏移动画。比如，设置英文 Bathell 的“字符位移”为 5，那么最终显示的英文就是 gfymjqq（按字母表顺序从字母 b 往后数，第 5 个字母是 g；从字母 a 往后数，第 5 个字母是 f，以此类推），如图 5-30 所示。

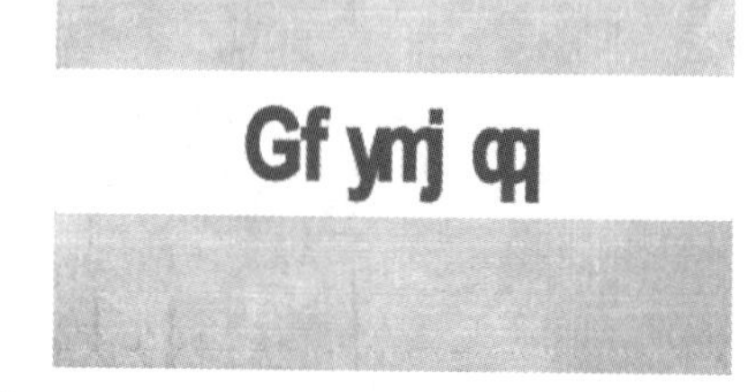

图 5-30 字符位移作用效果

- 字符值：按照Unicode文字编码形式，用设置的“字符值”所代表的字符将原来的文字进行统一替换。比如，设置“字符值”为100，那么使用文字工具输入的文字都将被字母d替换，如图5-31所示。

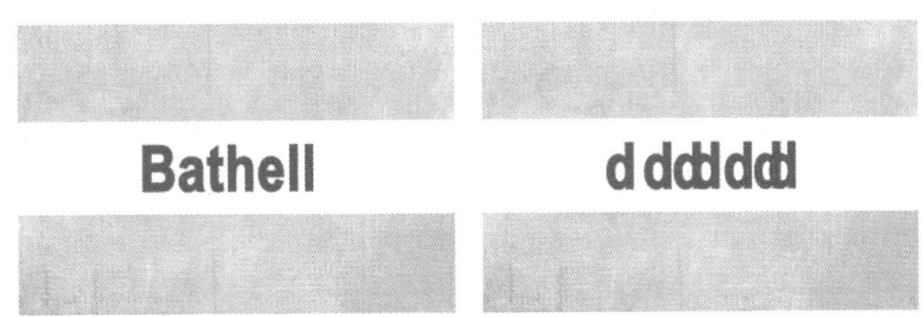

图5-31　字符值作用效果

- 模糊：用于制作文字的模糊动画，可以单独设置文字在水平方向和垂直方向上的模糊数值。

2. 动画选择器

每个动画制作工具组中都包含一个“范围选择器”，用户可以在一个动画制作工具组中继续添加选择器，也可以在一个选择器中添加多个动画属性。如果在一个动画制作工具组中添加了多个选择器，那么可以在这个动画制作工具组中对各个选择器进行调节，控制各个选择器之间相互作用的方式。

添加选择器的方法是首先在【时间轴】面板中选择一个动画制作工具组，然后在其右边的“添加”处单击按钮，最后在弹出的列表中选择需要添加的选择器，包括范围选择器、摆动选择器和表达式选择器3种，如图5-32所示。

图5-32　动画制作工具组

（1）范围选择器：使用范围选择器，可以让文字按照特定的顺序进行移动和缩放，如图5-33所示。

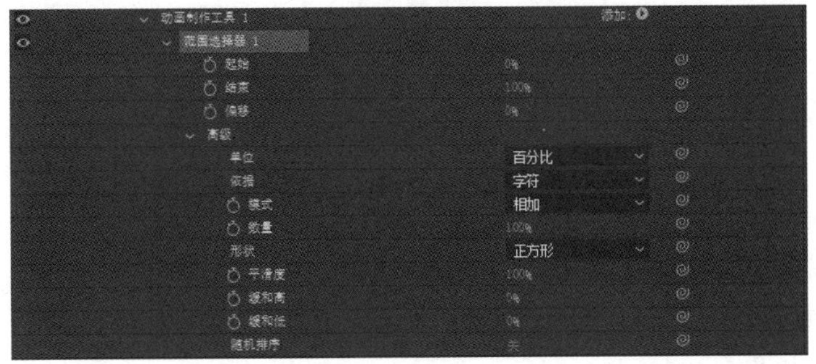

图5-33　范围选择器参数选项

下面详细介绍范围选择器中的主要参数选项。

- 起始：用于设置范围选择器的起始位置，与字符、词、行的数量及【单位】选项、【依据】选项的设置有关。
- 结束：用于设置范围选择器的结束位置。
- 偏移：用于设置范围选择器的整体偏移量。
- 单位：用于设置选择范围的单位，有百分比和索引两种，如图 5-34 所示。

图 5-34 【单位】选项

- 依据：用于设置范围选择器动画的基于模式，有字符、不包含空格的字符、词、行 4 种，如图 5-35 所示。
- 模式：用于设置多个选择器的混合模式，有相加、相减、相交、最小值、最大值、差值 6 种模式，如图 5-36 所示。

图 5-35 【依据】选项

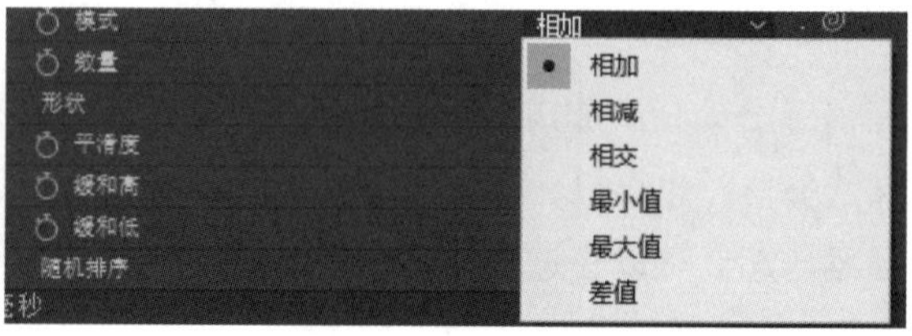

图 5-36 【模式】选项

- 数量：用于设置“属性”动画参数对范围选择器文字的影响程度。0% 表示动画参数对范围选择器文字没有任何影响，50% 表示动画参数能对范围选择器文字产生 50% 的影响。
- 形状：用于设置范围选择器边缘的过渡方式，包括正方形、上斜坡、下斜坡、三角形、圆形、平滑 6 种方式。
- 平滑度：设置【形状】选项为正方形时，该选项才起作用，它决定了从一个字符到另一个字符过渡的动画时间。
- 缓和高：特效缓入设置。当设置【缓和高】为“100%”时，文字从完全选择状态进入部分选择状态的过程很平缓；当设置【缓和高】为“–100%”时，文字从完全选择状态进入部分选择状态的过程很快。
- 缓和低：原始状态缓出设置。当设置【缓和低】为“100%”时，文字从部分选择状态进入完全不选择状态的过程很平缓；当设置【缓和低】为“–100%”时，文字从部分选择状态进入完全不选择状态的过程很快。
- 随机排序：用于决定是否启用随机设置。

（2）摆动选择器：使用摆动选择器，可以让选择器在指定的时间段内产生摇摆动画，如图 5-37 所示。摆动选择器的参数选项如图 5-38 所示。

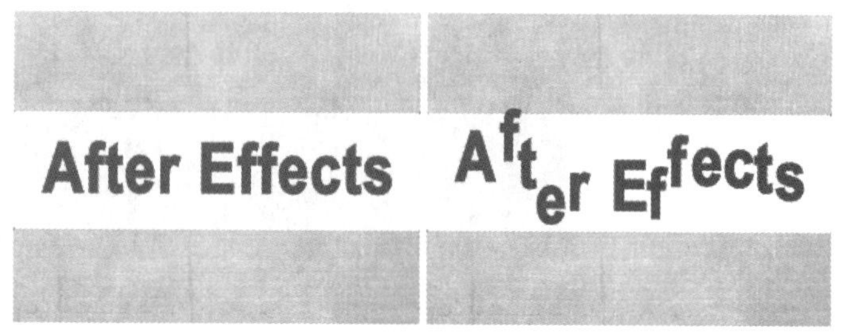

图 5-37 摆动选择器效果

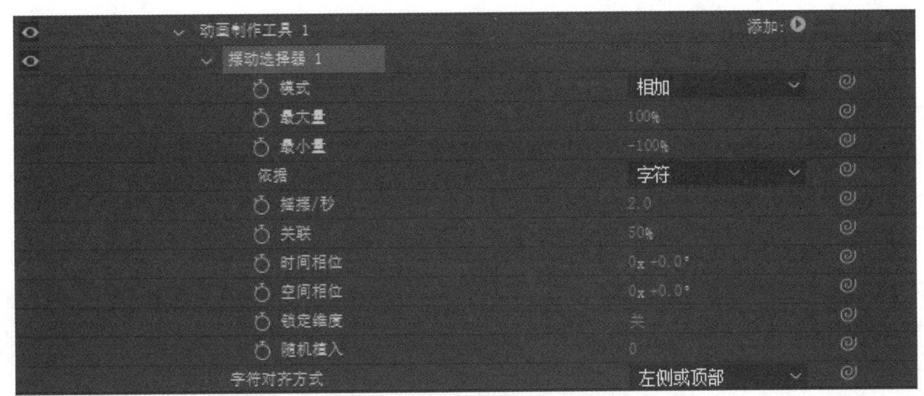

图 5-38 摆动选择器参数选项

下面详细介绍摆动选择器中的主要参数选项。

- 模式：用于设置摆动选择器与其上层选择器之间的混合模式，类似多重遮罩的混合设置。
- 最大量和最小量：用于设置摆动选择器的最大/最小变化幅度。
- 依据：用于设置文字摇摆动画的基于模式，有字符、不包含空格的字符、词、行 4 种模式。
- 摆动/秒：用于设置文字摇摆的变化频率。
- 关联：用于设置字符变化的关联性。其值为 100% 时，所有字符在相同时间内的摆动幅度是一致的；其值为 0% 时，所有字符在相同时间内的摆动幅度互不影响。
- 时间相位和空间相位：用于设置字符基于时间/基于空间的相位大小。
- 锁定维度：用于设置是否让不同维度的摆动幅度拥有相同的数值。
- 随机植入：用于设置随机的变数。

（3）表达式选择器：使用表达式选择器，可以很方便地用动态方法设置动画属性对文本的影响范围。用户可以在一个动画制作工具组中使用多个表达式选择器，每个表达式选择器可以包含多个动画属性，如图 5-39 所示。

图 5-39 表达式选择器参数选项

下面详细介绍表达式选择器中的主要参数选项。

- 依据：用于设置表达式选择器的基于方式，有字符、不包含空格的字符、词、行 4 种模式。
- 数量：用于设置动画属性对表达式选择器文字的影响范围。0% 表示动画属性对表达式选择器文字没有任何影响，50% 表示动画属性对表达式选择器文字有 50% 的影响。

5.2.3 创建文字路径动画

在文本图层中创建蒙版后，可以将蒙版作为文字路径来制作动画。作为文字路径的蒙版可以是闭合的，也可以是开放的，但是必须要注意一点，如果使用闭合的蒙版作为文字路径，必须设置蒙版的模式为【无】。

在文本图层下，可以展开文字属性的【路径选项】参数，如图 5-40 所示。

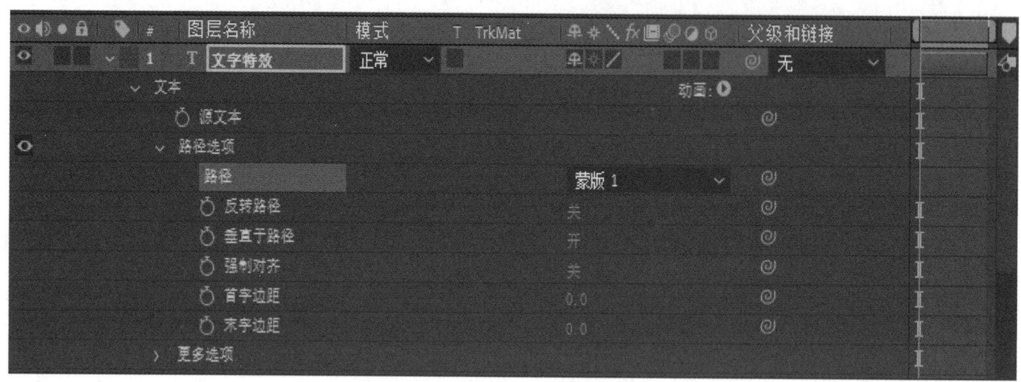

图 5-40 【路径选项】参数

下面详细介绍【路径选项】中的参数。

- 路径：在【路径】后的下拉列表框中，可以选择作为路径的蒙版。
- 反转路径：用于控制是否反转路径。
- 垂直于路径：用于控制是否让文字垂直于路径。
- 强制对齐：用于设置文字与路径的对齐方式。将第一个文字和路径的起点强制对齐，或与设置的“首字边距”对齐，同时让最后一个文字和路径的结尾点对齐，或与设置的“末字边距”对齐。
- 首字边距：用于设置第一个文字相对于路径起点的位置，单位为像素。
- 末字边距：用于设置最后一个文字相对于路径结尾点的位置，单位为像素。

课堂范例——制作文字渐隐效果

配合使用动画制作工具组和文字工具是创建文字动画最主要的方式。通过设置动画制作工具组中的【不透明度】属性及范围选择器中的【结束】属性，可以制作文字渐隐动画效果。下面详细介绍制作文字渐隐动画效果的操作方法。

步骤 01 打开“素材文件\第 5 章\制作文字渐隐素材.aep”，使用【横排文字工具】T，输入“文字渐隐”字样，如图 5-41 所示。

步骤 02 单击“动画”后面的▶按钮，在弹出的列表中选择【不透明度】选项，如图 5-42 所示。

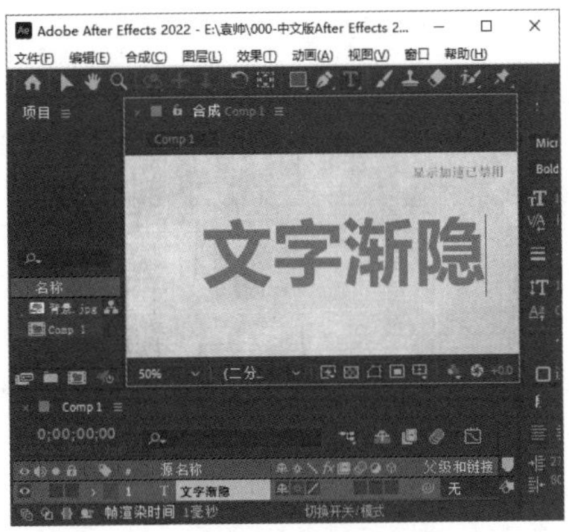
图 5-41　输入文字

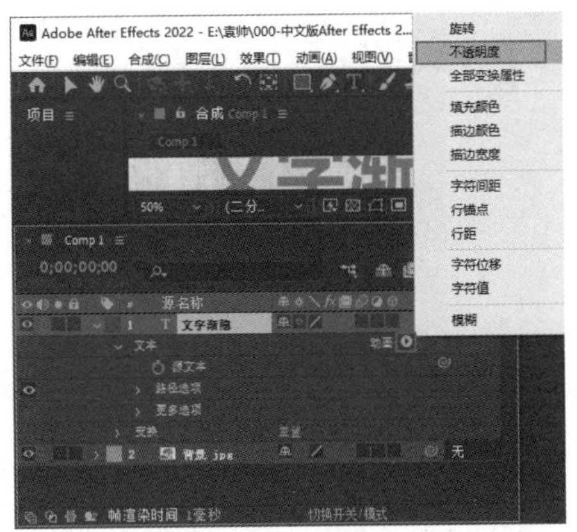
图 5-42　选择【不透明度】选项

步骤 03　将动画制作工具组中的【不透明度】属性设置为 0%，使文字层完全透明，如图 5-43 所示。

步骤 04　在准备添加渐隐效果的开始位置，将范围选择器的【结束】属性设置为 0%，并将其记录为关键帧，如图 5-44 所示。

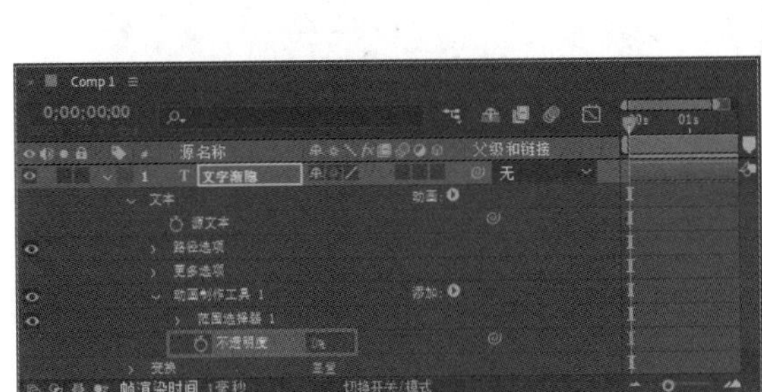
图 5-43　设置【不透明度】属性

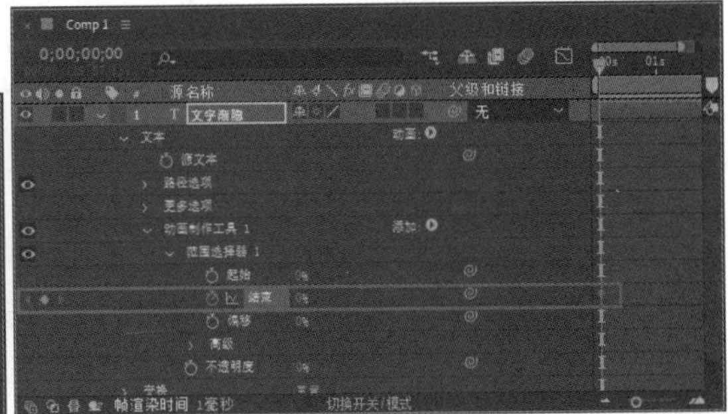
图 5-44　设置范围选择器的【结束】属性

步骤 05　向右拖曳时间线滑块，在渐隐效果的结束位置将【结束】属性设置为 100%，系统自动生成关键帧，如图 5-45 所示。

步骤 06　此时，拖曳时间线滑块，即可观察制作完成的文字渐隐效果，如图 5-46 所示。完成以上操作，即完成了对文字渐隐效果的制作。

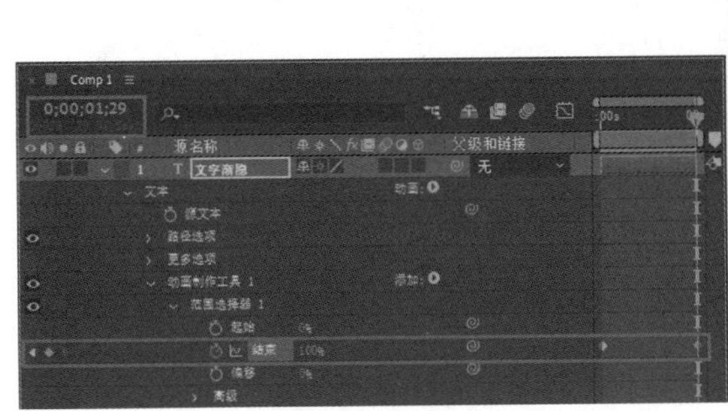
图 5-45　将【结束】属性设置为 100%

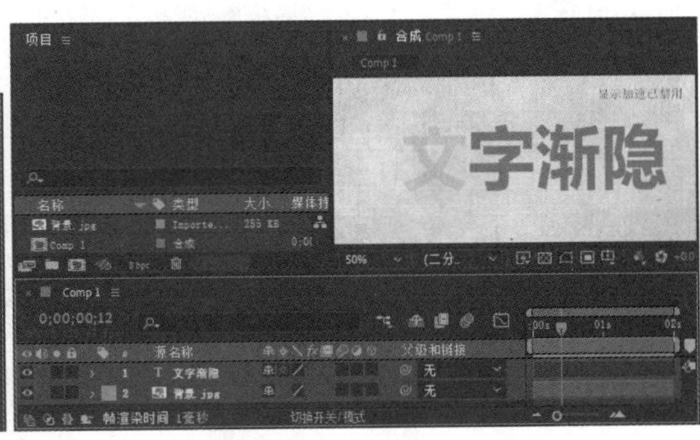
图 5-46　文字渐隐效果

5.3 文字的应用

After Effects过往版本中的【创建外轮廓】命令，在2022版本中被分为【从文字创建蒙版】和【从文字创建形状】两个命令。本节将详细介绍使用这两个命令进行文字应用的方法。

5.3.1 使用文字创建蒙版

After Effects 2022 中的【从文字创建蒙版】命令的功能和使用方法与After Effects过往版本中的【创建外轮廓】命令完全一样，下面详细介绍使用文字创建蒙版的操作方法。

步骤 01 打开“素材文件\第 5 章\AE.aep”，在【时间轴】面板中选择文本图层后，在菜单栏中选择【图层】→【创建】→【从文字创建蒙版】命令，如图 5-47 所示。

步骤 02 系统会自动生成一个白色的固态图层，并将蒙版创建在这个图层上，与此同时，原始的文本图层将自动关闭显示，即完成了使用文字创建蒙版的操作，如图 5-48 所示。

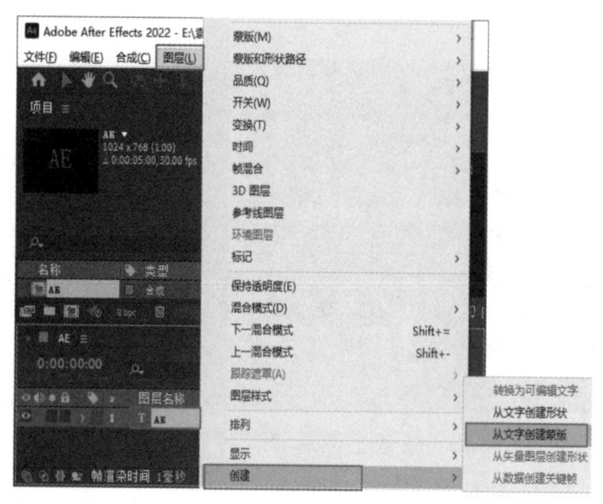

图 5-47 选择【从文字创建蒙版】命令

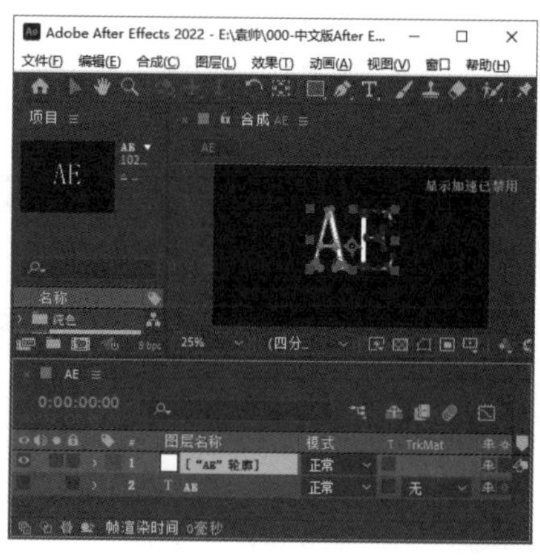

图 5-48 使用文字创建蒙版

技能拓展

在After Effects 2022 中，【从文字创建蒙版】命令非常实用，不仅可以在转化后的蒙版图层上添加各种特效，还可以将转化后的蒙版赋予其他图层使用。

5.3.2 创建文字形状动画

使用After Effects 2022 中的【从文字创建形状】命令，可以创建一个以文字轮廓为形状的形状图层。下面详细介绍创建文字形状动画的操作方法。

步骤 01 打开“素材文件\第 5 章\AE.aep”，在【时间轴】面板中选择文本图层，在菜单栏中选择【图层】→【创建】→【从文字创建形状】命令，如图 5-49 所示。

步骤 02 系统会自动生成一个新的文字形状轮廓图层，与此同时，原始的文本图层将自动关闭显示，即完成了创建文字形状动画的操作，如图 5-50 所示。

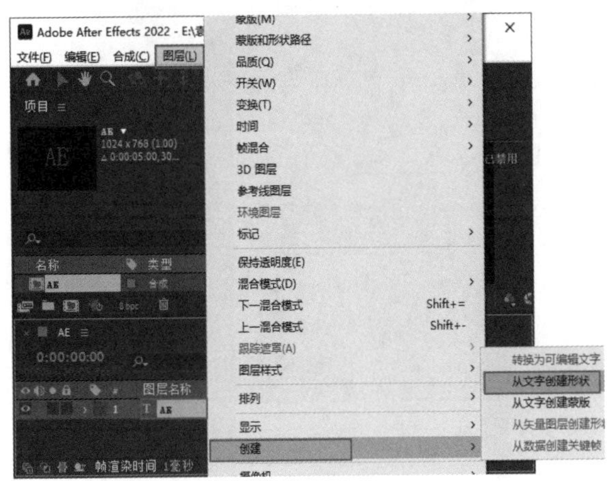

图 5-49 选择【从文字创建形状】命令

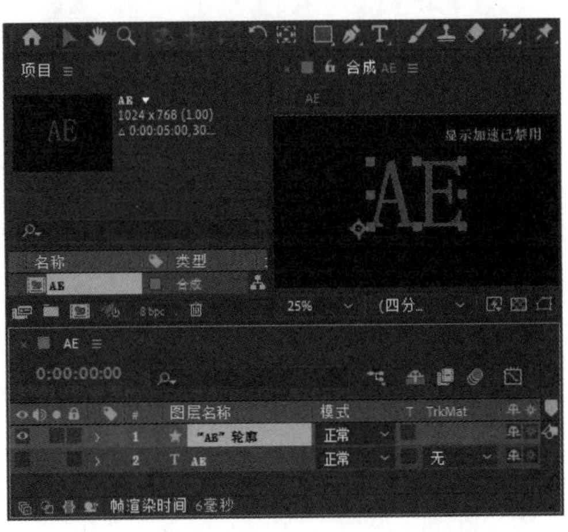

图 5-50 创建文字形状动画效果

课堂范例——制作文字蒙版动画

通过对本案例的学习，读者可以掌握用【从文字创建蒙版】命令制作文字蒙版动画的方法。下面详细介绍制作文字蒙版动画的操作方法。

步骤 01 打开“素材文件\第 5 章\文字蒙版.aep”，选择【古建筑历史】文本图层后，在菜单栏中选择【图层】→【创建】→【从文字创建蒙版】命令，如图 5-51 所示。

步骤 02 创建蒙版后，在菜单栏中选择【效果】→【生成】→【描边】命令，如图 5-52 所示。

图 5-51 选择【从文字创建蒙版】命令

图 5-52 选择【描边】命令

步骤 03 打开【效果控件】面板，设置【描边】效果的相关参数，如图 5-53 所示。

步骤 04 为【描边】效果的【结束】属性设置关键帧动画，在 0 帧的位置，设置【结束】为 0%；

在 4 秒的位置，设置【结束】为 100%，如图 5-54 所示。

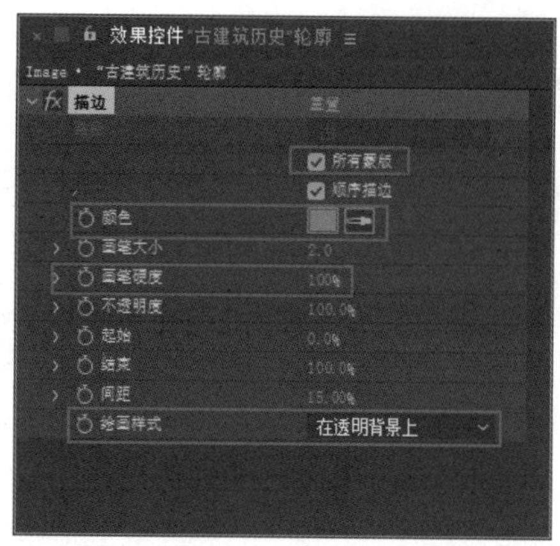

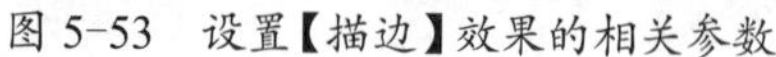

图 5-53 设置【描边】效果的相关参数

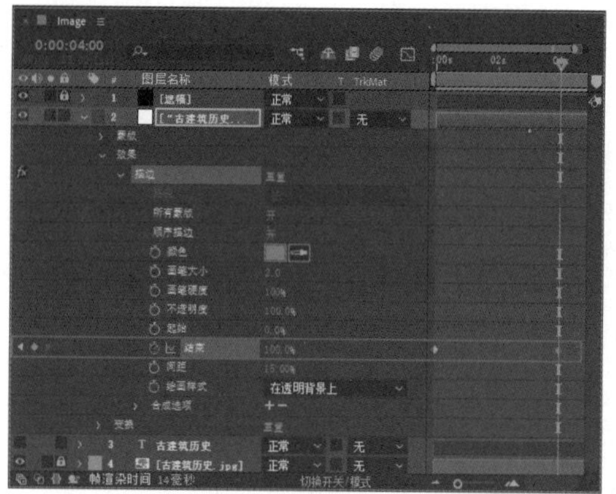

图 5-54 设置关键帧动画

步骤 05 此时，拖曳时间线滑块，即可观察制作完成的文字蒙版动画，如图 5-55 所示。完成以上操作，即完成了对文字蒙版动画效果的制作。

图 5-55 文字蒙版动画效果

课堂问答

通过对本章内容的学习，相信读者对创建与编辑文字、设置文字参数、创建文字动画有了一定的了解，下面列出一些常见问题，供读者学习参考。

问题 1：如何更加直观、方便地查看预设的文字动画效果？

答：想要更加直观、方便地查看预设的文字动画效果，执行【动画】→【浏览预设】命令，打开 Adobe Bridge 软件即可。找到合适的文字动画效果后，在其上双击鼠标左键，即可将动画效果添加到所选择的文本图层上。

问题 2：如何使用路径文字滤镜创建文字？

答：使用路径文字滤镜，不仅可以让文字在自定义的遮罩路径上产生一系列运动效果，还可以制作"逐一打字"的效果，具体操作步骤如下。

步骤 01 在菜单栏中选择【效果】→【过时】→【路径文本】命令，如图 5-56 所示。

步骤 02 在【路径文字】对话框中输入相应的文字，如图 5-57 所示。单击【确定】按钮，即可完成使用路径文字滤镜创建文字的操作。

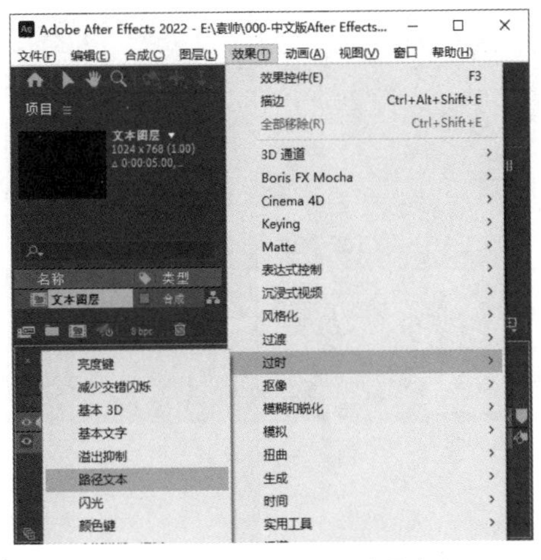

图 5-56　选择【路径文本】命令

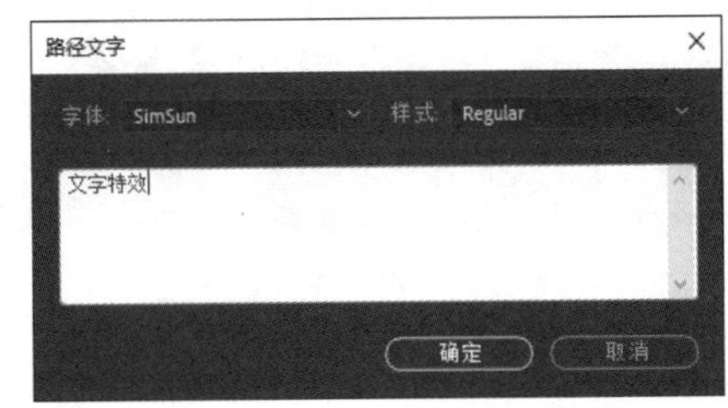

图 5-57　输入相应的文字

问题 3：如何使用编号滤镜创建文字？

答：编号滤镜主要用来制作各种数字效果，在制作数字的变化效果方面尤为便捷，此外，也可以用来创建文字，具体操作步骤如下。

步骤 01　在菜单栏中选择【效果】→【文本】→【编号】命令，如图 5-58 所示。

步骤 02　在弹出的【编号】对话框中完成对各选项的设置后，单击【确定】按钮，即可完成使用编号滤镜创建文字的操作，如图 5-59 所示。

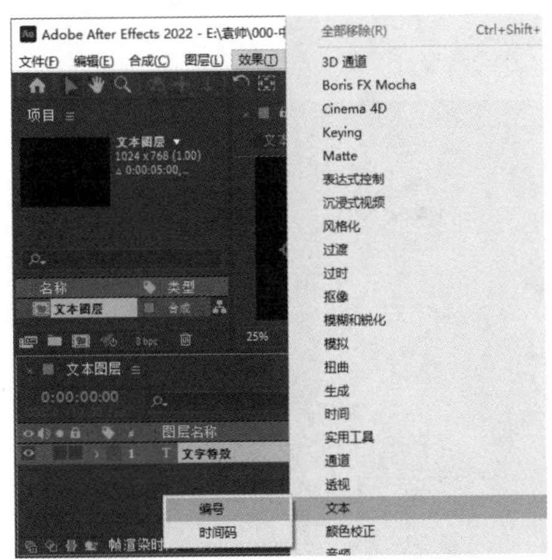

图 5-58　选择【编号】命令

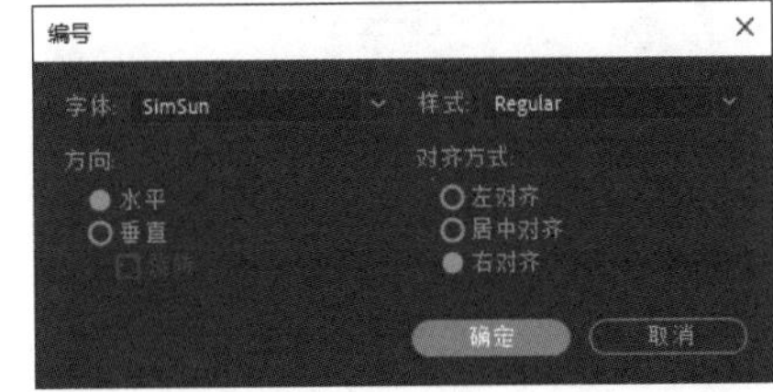

图 5-59　设置各选项

上机实战——制作网格文字动画效果

为了帮助读者巩固本章所学的知识，下面对一个上机实战案例进行分析与讲解。

案例素材如图 5-60 所示，效果如图 5-61 所示。

图 5-60　素材

图 5-61　效果

思路分析

本案例将首先新建一个文本图层，然后输入并设置文本，接着新建一个纯色图层，制作网格图层，最后为网格图层设置效果动画关键帧，完成制作网格文字动画效果的操作。下面详细介绍其操作方法。

制作步骤

步骤 01 打开“素材文件\第 5 章\制作网格文字素材.aep”，加载合成后，在【时间轴】面板中右击鼠标，在弹出的快捷菜单中选择【新建】→【文本】命令，如图 5-62 所示。

步骤 02 在【合成】面板中输入文本“A”，在【字符】面板中选择字体，设置字体样式、字体大小，并设置【字体颜色】为粉色，设置【描边颜色】为白色，设置【描边类型】为“在描边上填充”，设置【描边大小】为 55 像素，如图 5-63 所示。

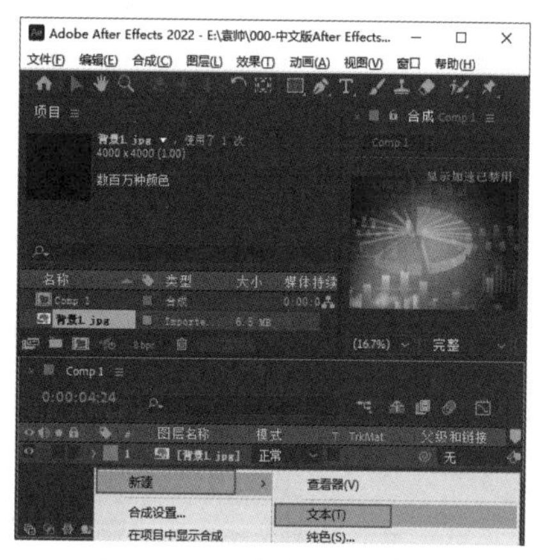

图 5-62　选择【文本】命令

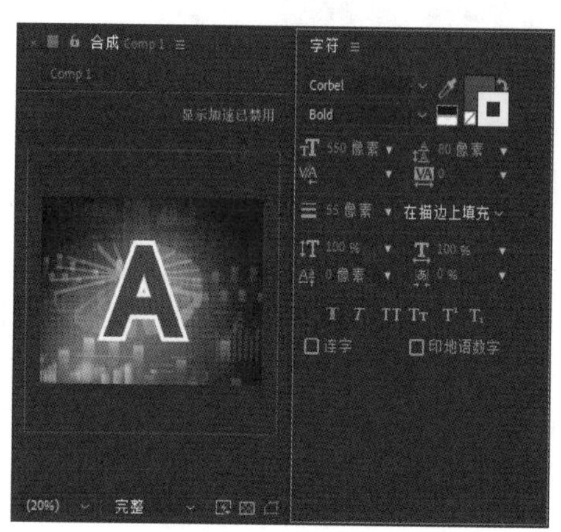

图 5-63　设置字符参数

步骤 03 在菜单栏中选择【图层】→【新建】→【纯色】命令，打开【纯色设置】对话框。在该对话框中，设置【名称】为“网格”，设置【宽度】为 1024 像素、【高度】为 768 像素，设置【颜色】为黑色，单击【确定】按钮，如图 5-64 所示。

步骤 04 选择【网格】图层后，在菜单栏中选择【效果】→【生成】→【网格】命令，添加网格效果。在【效果控件】面板中，设置【大小依据】为宽度滑块，设置【宽度】为 15.0，如图 5-65 所示。

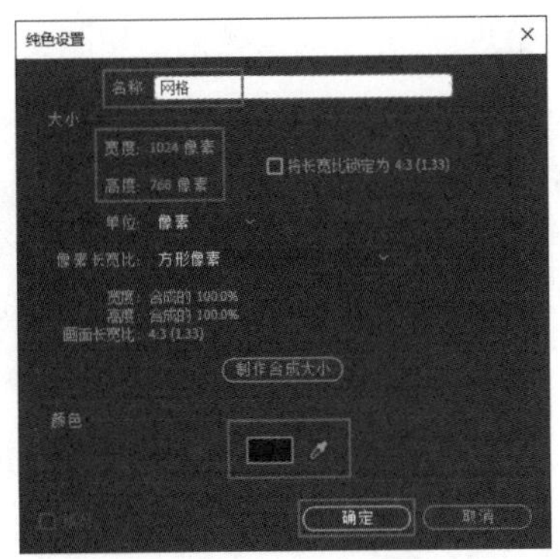

图 5-64　设置纯色图层

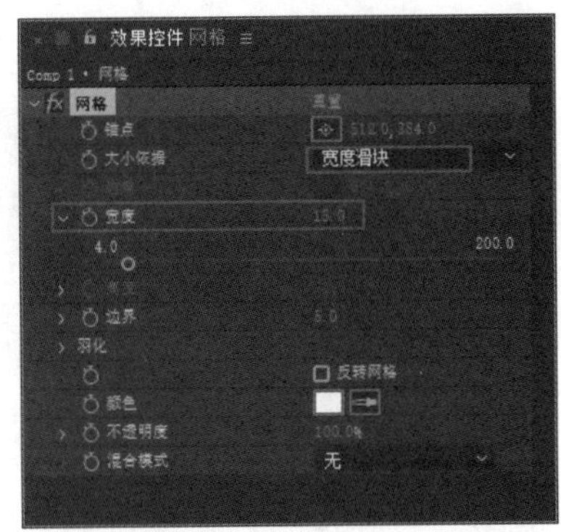

图 5-65　设置网格效果参数

步骤 05　将【网格】图层拖曳到文本图层下方，设置【轨道遮罩】为Alpha遮罩“A”，如图5-66所示。

步骤 06　选择【时间轴】面板中的【A】图层，复制出【A 2】图层，并将其拖曳到【网格】图层下方，如图 5-67 所示。

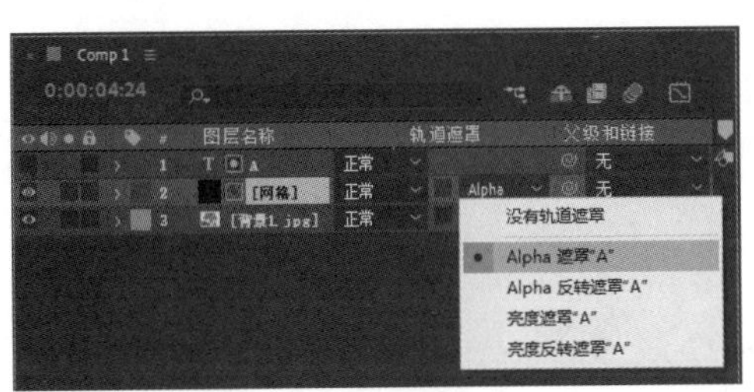

图 5-66　设置【轨道遮罩】

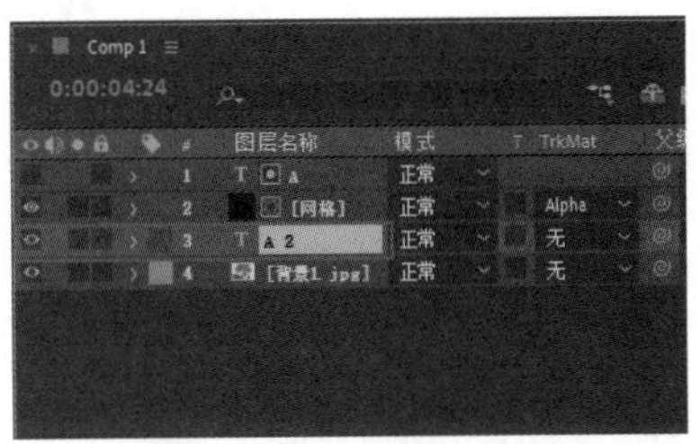

图 5-67　复制并移动图层

步骤 07　打开【网格】图层下方的网格效果设置项，开启【宽度】动画关键帧，将时间线滑块拖曳到起始帧位置，设置【宽度】为 15.0，随后，将时间线滑块拖曳到结束帧位置，设置【宽度】为 60.0，如图 5-68 所示。

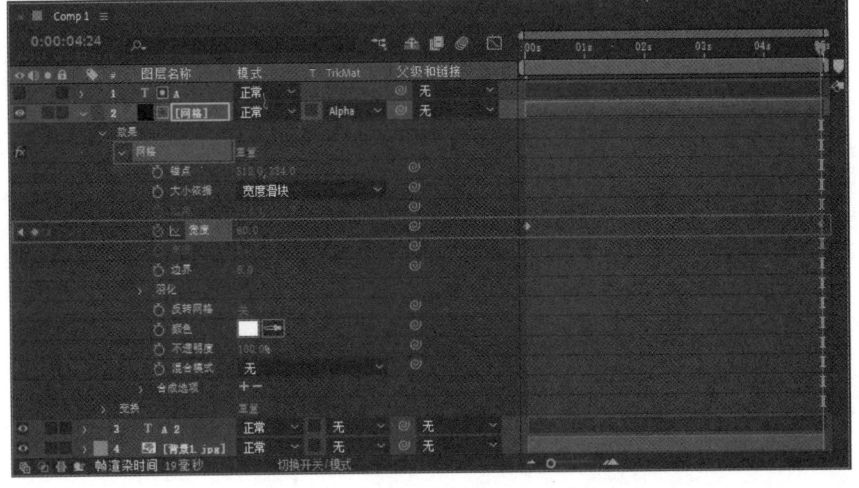

图 5-68　设置【宽度】动画关键帧

步骤 08 此时，拖曳时间线滑块，即可查看制作完成的网格文字动画效果，如图 5-69 所示。

图 5-69 网格文字动画效果

同步训练——制作路径文字动画效果

完成对上机实战案例的学习后，为了提高读者的动手能力，下面安排一个同步训练案例，以期达到举一反三、触类旁通的学习效果。

图解流程

同步训练案例的流程图解如图 5-70 所示。

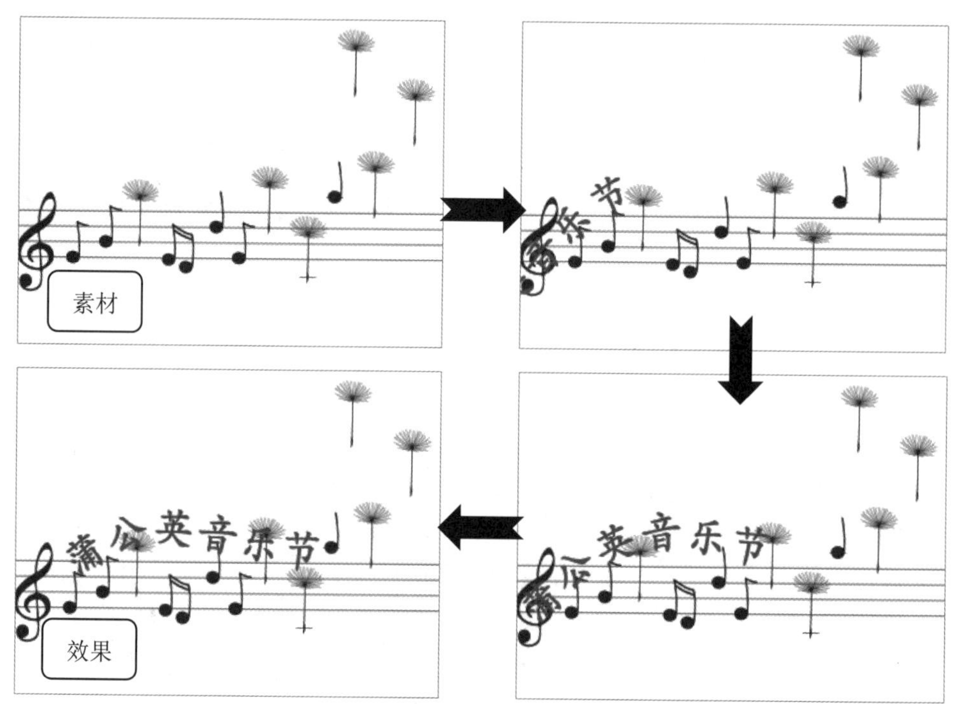

图 5-70 图解流程

思路分析

本案例首先新建一个文本图层，然后输入文本，接着使用钢笔工具绘制一个曲线遮罩，最后设置【首字边距】动画关键帧，完成对路径文字动画效果的制作。下面详细介绍其操作方法。

关键步骤

步骤 01 打开“素材文件\第 5 章\制作路径文字素材.aep”，加载合成后，在【时间轴】面板中右击鼠标，在弹出的快捷菜单中选择【新建】→【文本】命令，如图 5-71 所示。

步骤 02 在【合成】面板中输入文字“蒲公英音乐节”，在【字符】面板中选择字体，设置字体大小，并设置【字体颜色】为褐色，随后，单击【仿粗体】按钮，如图 5-72 所示。

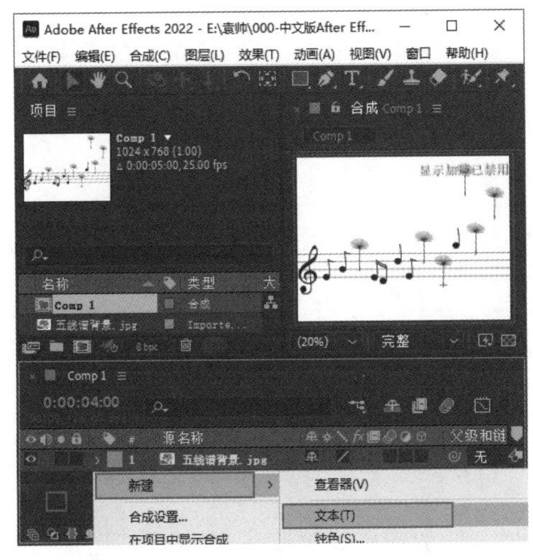

图 5-71　选择【文本】命令

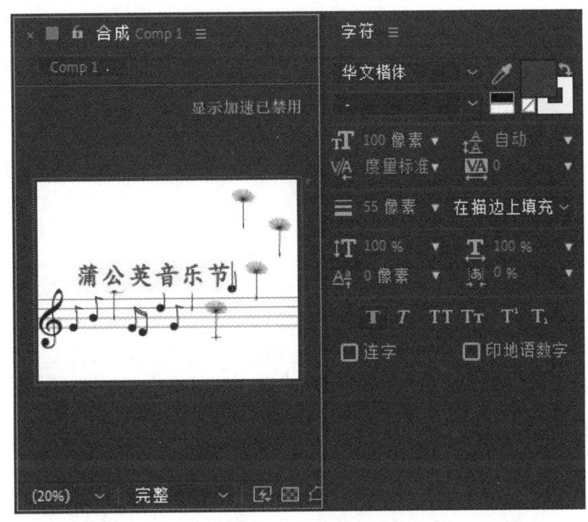

图 5-72　设置字符参数

步骤 03 选择【钢笔工具】，在本字图层上绘制一个曲线遮罩，如图 5-73 所示。

步骤 04 打开文本图层下的【路径】选项，设置【路径】为“Mask 1”，随后，先将时间线滑块拖曳到起始帧位置，开启【首字边距】的自动关键帧，设置【首字边距】为-1158.0，再将时间线滑块拖曳到 4 秒的位置，设置【首字边距】为 0.0，如图 5-74 所示。

图 5-73　绘制一个曲线遮罩

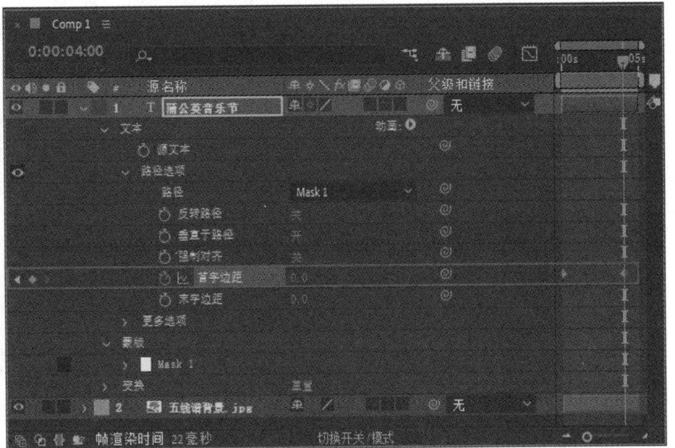

图 5-74　设置【首字边距】关键帧

步骤 05 此时，拖曳时间线滑块，即可查看制作完成的路径文字动画效果，如图 5-75 所示。

图 5-75　路径文字动画效果

知识能力测试

本章详细讲解了文字特效动画的创建及应用方法，为对知识进行巩固和考核，请读者完成以下练习题。

一、填空题

1. 在工具栏中选择＿＿＿＿＿，即可创建文字。

2. 在 After Effects 2022 中创建文字后，即可进入＿＿＿＿面板和【段落】面板，修改文字效果。

3. 创建文字后，用户可以在＿＿＿＿面板中对文字的字体系列、字体样式、填充颜色、描边颜色、字体大小、行距、两个字符间的字偶间距、描边宽度、描边类型、垂直缩放、水平缩放、基线偏移、所选字符比例间距、字体类型等参数进行设置。

4. 在影视后期合成中，＿＿＿＿不仅担负着补充画面信息和辅助媒介交流的责任，也是设计师们常用来进行视觉设计的元素，能够使传达的内容更加明确、深刻。

5. ＿＿＿＿面板中有 7 种文本对齐方式，分别为居左对齐文本、居中对齐文本、居右对齐文本、最后一行左对齐、最后一行居中对齐、最后一行右对齐和两端对齐。

6. 每个动画制作工具组中都包含一个“范围选择器”，用户可以在一个动画制作工具组中继续添加选择器，也可以在一个选择器中添加多个＿＿＿＿。

7. 如果在一个＿＿＿＿＿中添加了多个选择器，那么可以在这个动画制作工具组中对各个选择器进行调节，控制各个选择器之间相互作用的方式。

8. 作为文字路径的蒙版可以是闭合的，也可以是开放的，但是必须要注意一点，如果使用闭合的蒙版作为文字路径，必须设置蒙版的模式为＿＿＿＿。

9. 使用 After Effects 2022 中的＿＿＿＿＿＿＿＿命令，可以创建一个以文字轮廓为形状的形状图层。

二、选择题

1. 在（　　）面板中，可以设置文本的对齐方式和缩进大小。

A.【段落】　　B.【字符】　　C.【字体系列】　　D.【字体样式】

2. 使用（　　），可以让文字按照特定的顺序进行移动和缩放。

A. 动画选择器　　B. 表达式选择器　　C. 范围选择器　　D. 摆动选择器

3. 使用(　　)，可以让选择器在指定的时间段内产生摇摆动画。

A. 动画选择器　　B. 表达式选择器　　C. 范围选择器　　D. 摆动选择器

三、简答题

1. 如何创建文本图层?

2. 如何使用文字创建蒙版?

After Effects 2022

第6章 创建与制作动画

动画是一门综合艺术，融合了绘画、漫画、电影、数字媒体、摄影、音乐、文学等艺术学科，能够给观众带来丰富的视觉体验。在After Effects 2022中，用户不仅可以为图层添加关键帧动画，使其拥有基本的缩放、旋转等动画效果，还可以为素材已经拥有的动画添加更多关键帧动画，使其产生效果变化。本章详细介绍创建与制作动画的相关知识。

学习目标

- 熟练掌握操作时间轴的方法
- 熟练掌握创建关键帧动画的方法
- 熟练掌握设置时间的方法
- 熟练掌握使用图表编辑器的方法

6.1 操作时间轴

操作时间轴，不仅可以对以正常速度播放的画面进行加速、减速、反向播放，还可以制作一些非常有趣或富有戏剧性的动态图像效果，本节将详细介绍操作时间轴的相关方法。

6.1.1 使用时间轴控制播放速度

在【时间轴】面板中单击按钮，可以展开时间伸缩属性设置框，使用时间轴控制播放速度，如图 6-1 所示。设置时间伸缩属性，可以加快或放慢动态素材层的播放速度，默认情况下伸缩值为 100%，代表以正常速度播放片段；伸缩值小于 100%时，播放速度会加快；伸缩值大于 100%时，播放速度将减慢。不过，时间伸缩不可以形成关键帧，因此不能制作时间变速动画特效。

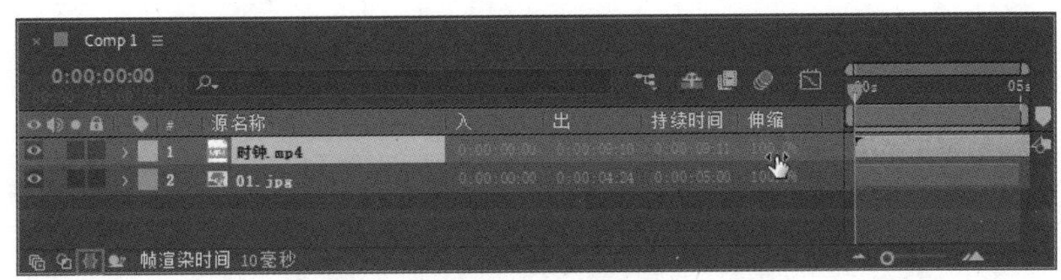

图 6-1　使用时间轴控制播放速度

6.1.2 设置声音的时间轴属性

除了可以对视频应用伸缩功能，在 After Effects 2022 中，还可以对音频应用伸缩功能，如图 6-2 所示。调整音频层的伸缩值，可以听到声音的变化。

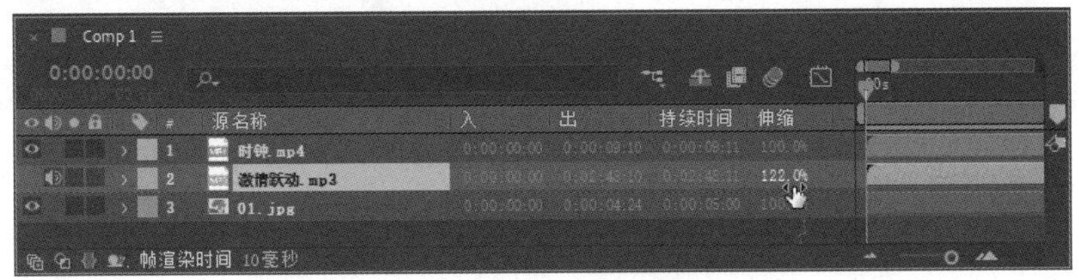

图 6-2　设置声音的时间伸缩属性

如果某个素材层同时包含音频信息和视频信息，调整伸缩速度时希望只影响视频信息，而音频信息保持正常速度播放，就需要将该素材层复制一份，两个层中，一个层关闭视频信息，保留音频信息，不改变伸缩速度；另一个层关闭音频信息，保留视频信息，调整伸缩速度。

6.1.3 使用入点和出点控制面板

使用入点和出点控制面板，不但可以方便地控制层的入点和出点信息，还可以通过使用一些快捷功能，改变素材片段的播放速度和伸缩值。

在【时间轴】面板中调整当前时间线滑块到某个时间位置，按住【Ctrl】键的同时单击入点或出点参数，即可改变素材片段播放的速度，如图 6-3 所示。

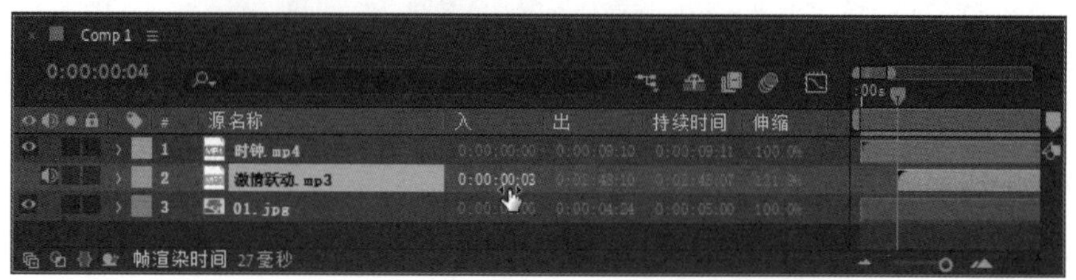

图 6-3　改变素材片段播放的速度

6.1.4 设置时间轴上的关键帧

如果已经在素材层上制作了关键帧动画，那么改变其伸缩值时，不仅会影响播放速度，关键帧之间的时间距离也会随之改变。例如，将伸缩值设置为 50% 时，关键帧之间的距离会缩短一半，关键帧动画的播放速度会加快一倍，如图 6-4 所示。

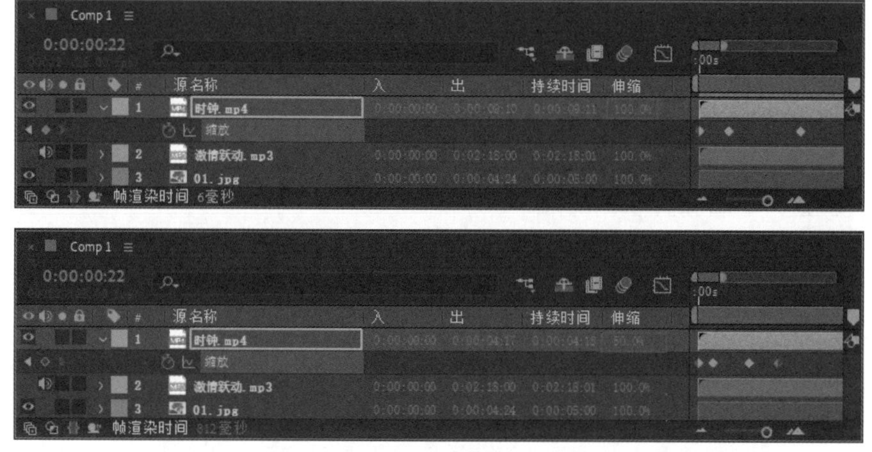

图 6-4　改变伸缩值的对比效果

如果不希望在改变伸缩值时影响关键帧的时间距离，则需要首先全选当前层的所有关键帧，选择【编辑】→【剪切】命令或按【Ctrl+X】快捷键，暂时将关键帧信息剪切到系统剪贴板中，然后调整伸缩值，在改变素材层的播放速度后，选择使用关键帧的属性，最后选择【编辑】→【粘贴】命令或按【Ctrl+V】快捷键，将关键帧粘贴回当前层。

6.2 创建关键帧动画

除了用于创建合成，创建动画也是 After Effects 2022 的强项。这个“动画”的全名叫作关键帧动画，因此，在 After Effects 2022 中创建动画时，一般需要用到关键帧。本节将详细介绍创建关键帧动画的相关知识及操作方法。

6.2.1 什么是关键帧

关键帧的概念来源于传统动画制作。人们看到视频画面，其实是一幅幅图像快速播放产生的视觉欺骗，在早期的动画制作中，动画中的每一张图片都需要动画师绘制出来，如图 6-5 所示。

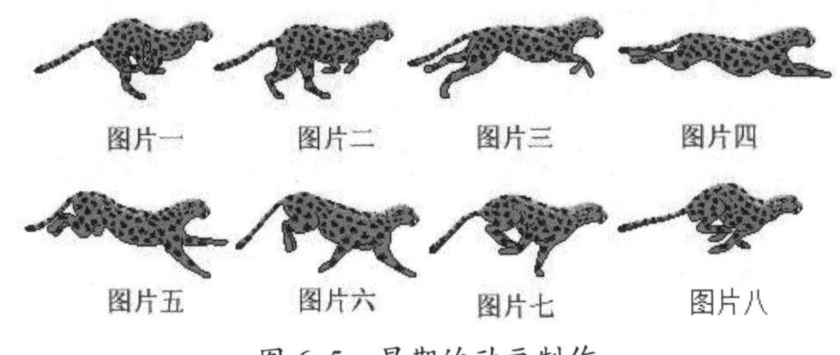

图 6-5　早期的动画制作

所谓关键帧动画，就是给需要动画效果的属性准备一组与时间相关的值，这些值都是从动画序列中比较关键的帧中提取出来的，而其他时间帧中的值，可以用这些关键值，使用特定的插值方法计算得到，从而制作出比较流畅的动画效果。

制作动画，基于时间的变化，如果层的某个动画属性在不同时间产生了不同的参数变化，并且被正确地记录了下来，那么可以称这个动画为“关键帧动画”。

在使用 After Effects 2022 制作关键帧动画的过程中，至少需要两个关键帧才能产生作用，第 1 个关键帧表示动画的初始状态，第 2 个关键帧表示动画的结束状态，中间的动态则由计算机通过插值计算得出。比如，可以在 0 秒的位置设置不透明度属性为 0%，在 1 秒的位置设置不透明度属性为 100%，如果这个变化被正确地记录了下来，那么图层就产生了不透明度在 0~1 秒从 0% 到 100% 的变化。

6.2.2 创建关键帧动画

创建关键帧动画的操作方法如下。

步骤 01 在【时间轴】面板中，将时间线滑块拖曳至合适的位置后，单击目标属性前的【时间变化秒表】按钮，【时间轴】面板中的相应位置会自动出现一个关键帧，如图 6-6 所示。

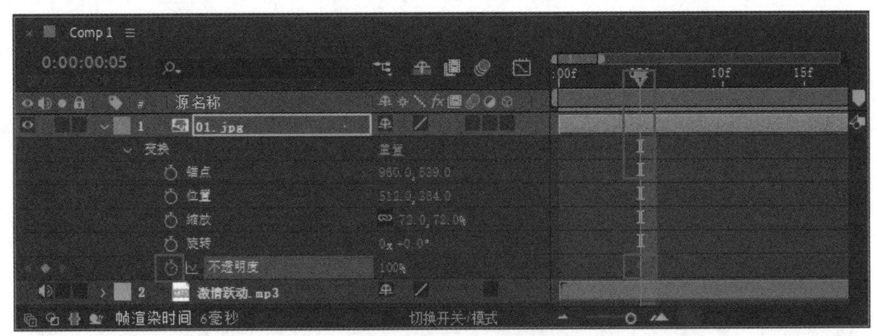

图 6-6　单击目标属性前的【时间变化秒表】按钮

步骤 02 将时间线滑块拖曳至另一个合适的位置后，设置属性参数，【时间轴】面板中的相应位置会再次自动出现一个关键帧，使画面形成动画效果，如图 6-7 所示。

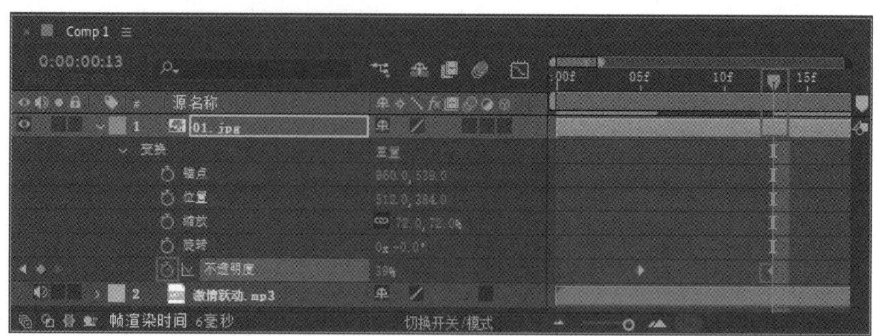

图 6-7 创建关键帧动画

课堂范例——制作树叶飘落动画

本案例将详细介绍制作树叶飘落动画的方法，通过对本案例的学习，读者可以掌握应用图层属性制作关键帧动画的方法。

步骤 01 打开“素材文件\第 6 章\制作树叶飘落动画素材.aep”，将时间线滑块拖曳到起始帧的位置，开启【树叶.png】图层下方的位置关键帧和旋转关键帧；随后，将时间线滑块拖曳到 1 秒的位置，开启缩放的自动关键帧，设置【位置】为（388.0，188.0）、【旋转】为 0x -123.0°，如图 6-8 所示。

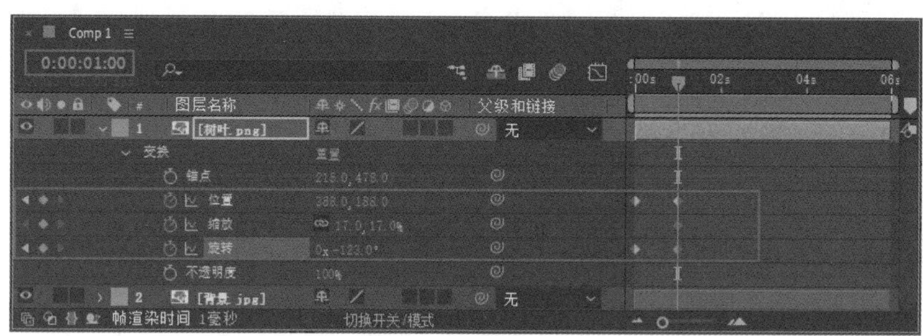

图 6-8 设置关键帧

步骤 02 将时间线滑块拖曳到 2 秒的位置，设置【位置】为（469.0，323.0）、【缩放】为（22.0，22.0%）、【旋转】为 0x -218.0°；随后，将时间线滑块拖曳到 3 秒的位置，设置【位置】为（336.0，436.0）、【旋转】为 0x -241.0°，如图 6-9 所示。

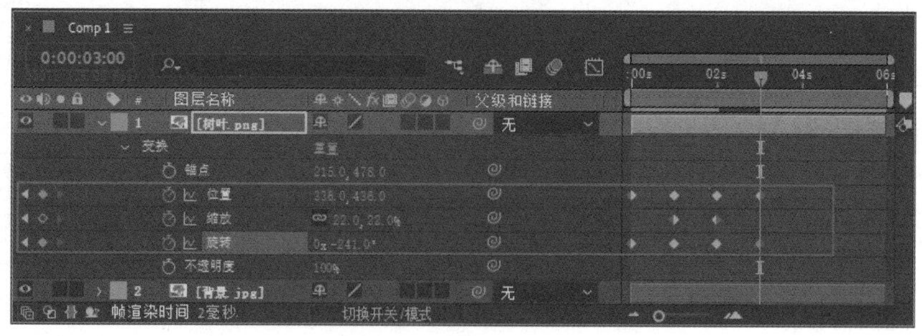

图 6-9 设置关键帧

步骤 03 此时，拖曳时间线滑块，即可查看制作完成的树叶飘落动画效果，如图 6-10 所示。

图 6-10 树叶飘落动画效果

6.3 设置时间

在【时间轴】面板中，还可以进行一些关于时间的设置，如颠倒时间、确定时间调整基准点、应用重置时间命令等，本节将详细介绍设置时间的相关知识及操作方法。

6.3.1 颠倒时间

在视频节目中，经常会看到倒放的动态影像，制作视频时，把伸缩值调整为负值即可实现对这一效果的制作。例如，欲保持片段原来的播放速度进行倒放，将【伸缩】参数设置为-100.0%即可，如图 6-11 所示。

图 6-11 设置原速倒放

当伸缩值为负值时，图层上会出现红色的斜线，表示已经颠倒了时间。与此同时，图层会移动到其他地方，因为在颠倒时间的过程中，变化基准是图层的入点，所以反向时会导致位置上的变动。完成颠倒时间的操作后，再将其拖曳到合适位置即可。

6.3.2 确定时间调整基准点

拉伸时间的过程中，在默认情况下，变化以入点为基准点，在颠倒时间的练习中能更明显地感受到这一点。其实，在 After Effects 2022 中，时间调整的基准点是可以改变的。单击伸缩参数，会弹出【时间伸缩】对话框，如图 6-12 所示，在【原位定格】设置区域，可以设置改变时间伸缩值时层变化的基准点。

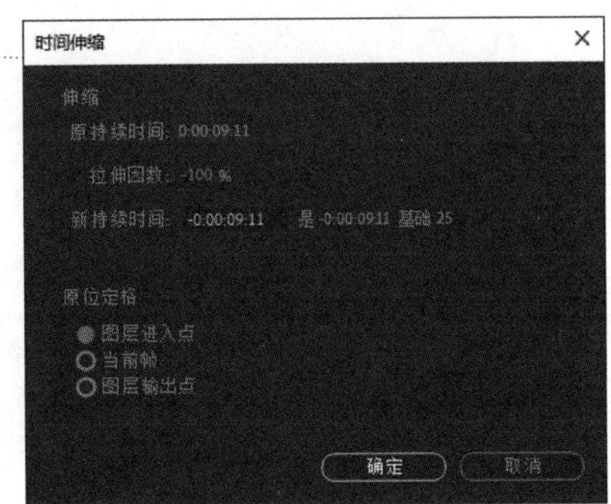

图 6-12 【时间伸缩】对话框

下面详细介绍【原位定格】设置区域中的各选项。

- 图层进入点：以层入点为基准，即在调整过程中固定入点位置。
- 当前帧：以当前时间指针为基准，即在调整过程中同时影响入点位置和出点位置。
- 图层输出点：以层出点为基准，即在调整过程中固定出点位置。

6.3.3 应用重置时间命令

应用重置时间命令，可以随时重新设置素材片段的播放速度。与设置伸缩值不同的是，应用重置时间命令，可以通过设置关键帧创作各种时间变速动画。重置时间命令可以应用在动态素材上，如视频素材层、音频素材层、嵌套合成等。

在【时间轴】面板中选择视频素材层后，在菜单栏中选择【图层】→【时间】→【启用时间重映射】命令，或者按【Ctrl+ Alt+T】快捷键，即可激活【时间重映射】属性，如图 6-13 所示。

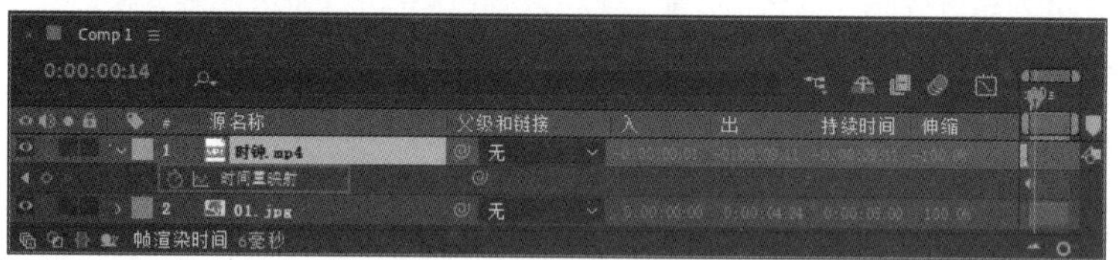

图 6-13 【时间重映射】属性

激活【时间重映射】属性后，视频层的入点位置和出点位置会自动添加两个关键帧，入点位置关键帧记录了片段的起始帧时间，出点位置关键帧记录了片段的最后时间。

课堂范例——制作粒子汇集文字动画效果

本案例将通过输入文字，以及在文字上添加滤镜效果和动画倒放效果，完成对粒子汇集文字动画效果的制作。下面详细介绍其操作方法。

步骤 01 按【Ctrl+N】快捷键，打开【合成设置】对话框，在【合成名称】文本框中输入“粒子发散”，并设置如图 6-14 所示的参数，创建新的合成“粒子发散”。

步骤 02 选择【横排文字工具】T，在【合成】面板中输入文字“AFTER EFFECTS”，如图 6-15 所示。

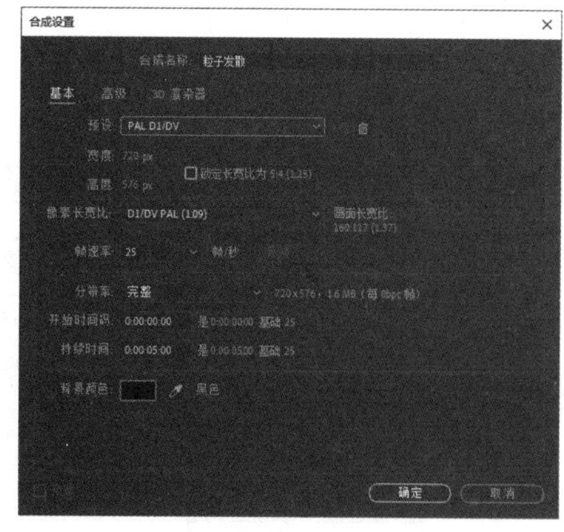

图 6-14 新建合成

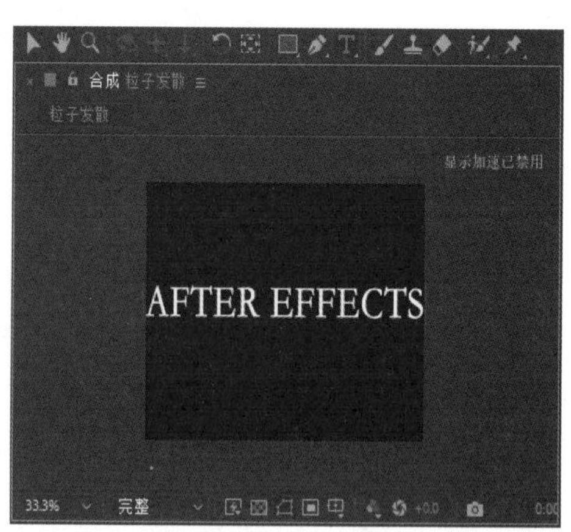

图 6-15 输入文字

步骤 03 选中文字，在【字符】面板中设置文字参数，如图 6-16 所示。

步骤 04 完成以上操作后，可以在【合成】面板中看到设置效果，如图 6-17 所示。

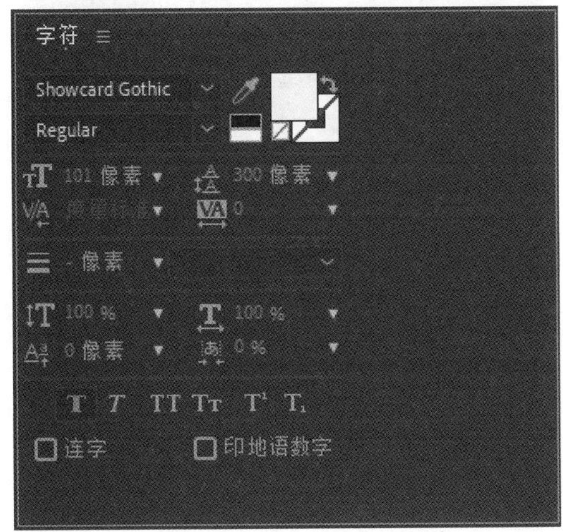

图 6-16 设置文字参数

图 6-17 设置效果

步骤 05 选择文本图层，在菜单栏中选择【效果】→【模拟】→【CC Pixel Polly】命令后，在【效果控件】面板中进行详细的参数设置，如图 6-18 所示。

步骤 06 完成以上操作后，可以在【合成】面板中看到调整后的效果，如图 6-19 所示。

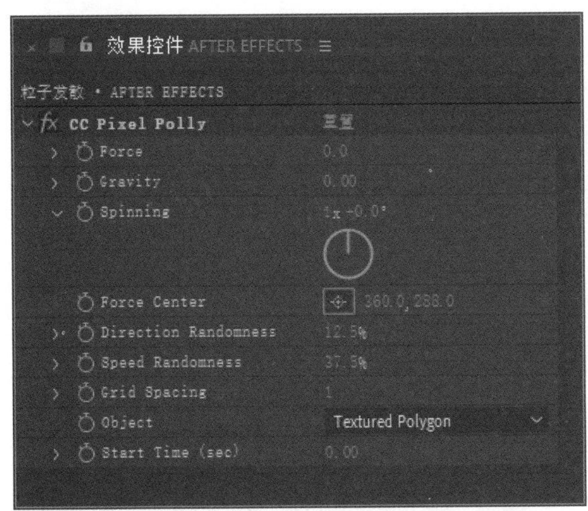

图 6-18 设置效果参数

图 6-19 调整后的效果

步骤 07 选择文本图层，在【时间轴】面板中将时间线滑块拖曳到 0 秒的位置后，在【效果控件】面板中单击“Force”前面的【关键帧自动记录器】按钮，记录第 1 个关键帧，如图 6-20 所示。

步骤 08 将时间线滑块拖曳到 4 秒 24 帧的位置后，在【效果控件】面板中设置【Force】为 -0.6，记录第 2 个关键帧，如图 6-21 所示。

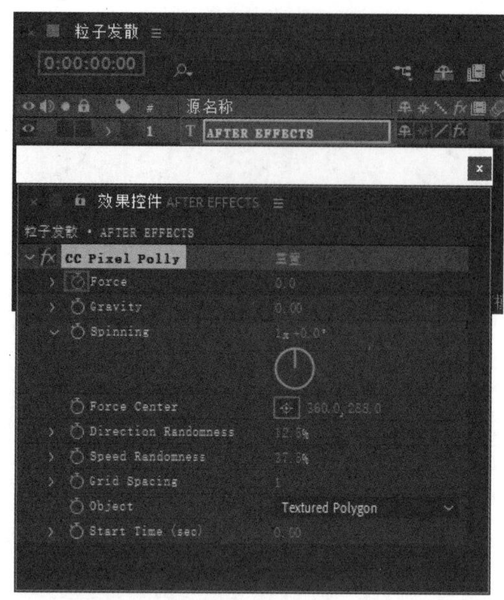

图 6-20　记录“Force”的第 1 个关键帧

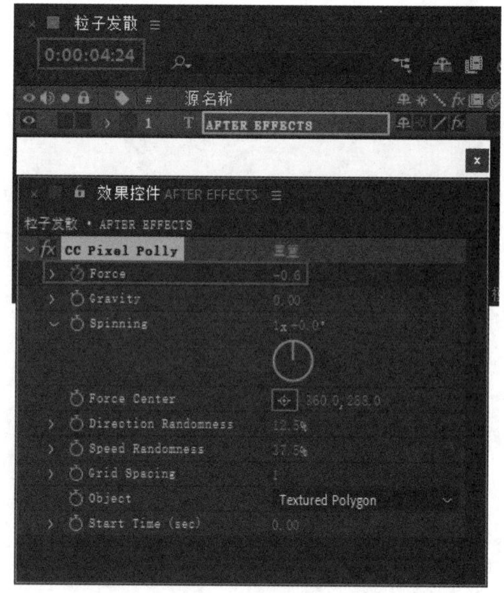

图 6-21　记录“Force”的第 2 个关键帧

步骤 09　选择文本图层，将时间线滑块拖曳到 3 秒的位置后，在【效果控件】面板中单击“Gravity”前面的【关键帧自动记录器】按钮，记录第 1 个关键帧，如图 6-22 所示。

步骤 10　将时间线滑块拖曳到 4 秒的位置后，在【效果控件】面板中设置【Gravity】为 3.00，记录第 2 个关键帧，如图 6-23 所示。

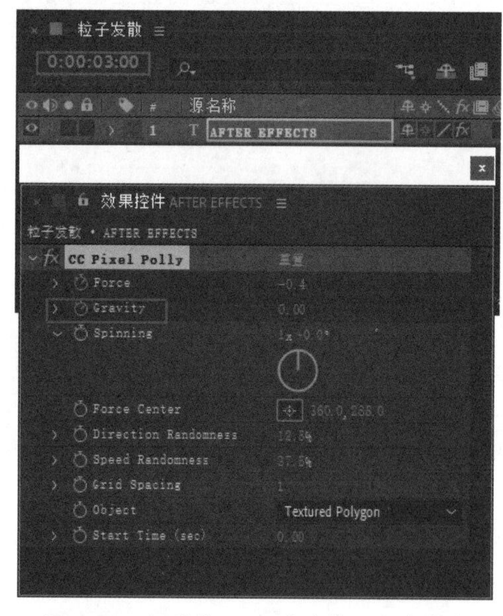

图 6-22　记录“Gravity”的第 1 个关键帧

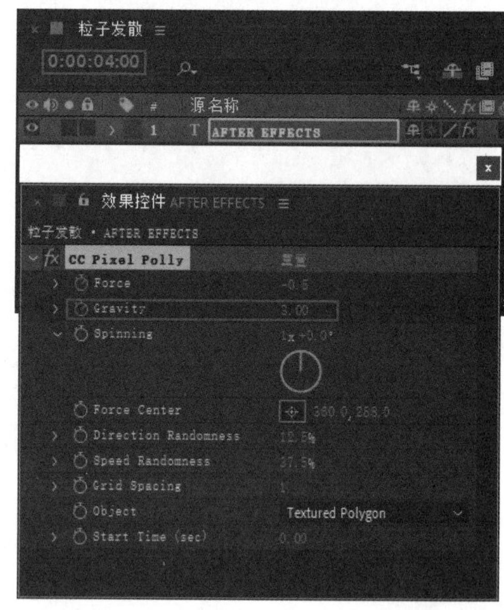

图 6-23　记录“Gravity”的第 2 个关键帧

步骤 11　选择文本图层，在菜单栏中选择【效果】→【风格化】→【发光】命令后，在【效果控件】面板中设置“颜色 A”为红色（R、G、B 的值分别为 255、0、0），设置“颜色 B”为黄色（R、G、B 的值分别为 255、254、130），其他参数设置如图 6-24 所示。

步骤 12　完成以上操作后，可以在【合成】面板中看到设置效果，如图 6–25 所示。

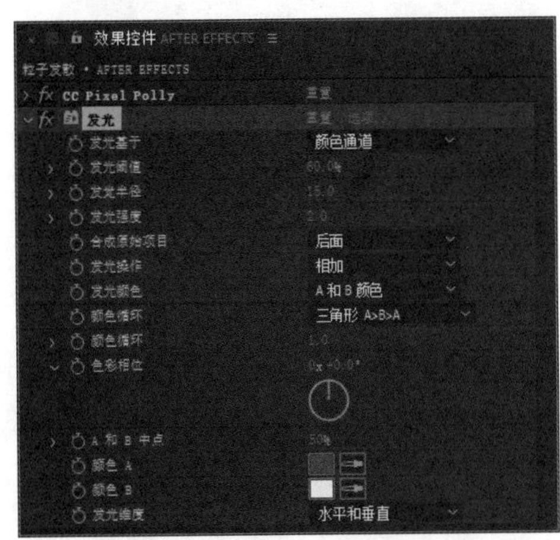

图 6–24　添加发光效果并设置参数

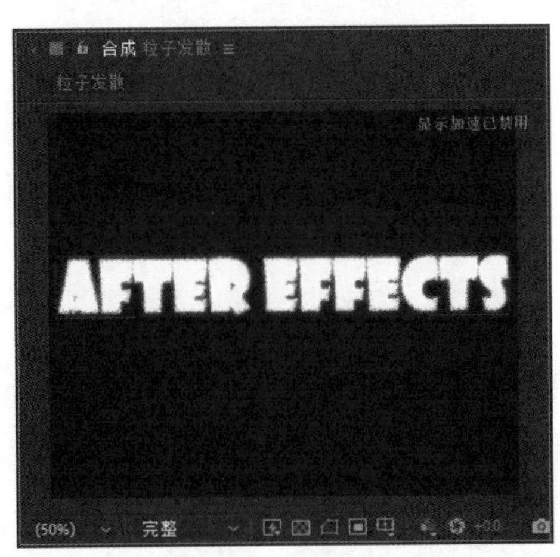

图 6–25　设置效果

步骤 13　按【Ctrl+N】快捷键，打开【合成设置】对话框，在【合成名称】文本框中输入“粒子汇集”，并设置如图 6–26 所示的参数，创建新的合成“粒子汇集”。

步骤 14　导入本案例的素材文件“星空.jpg”，并将“粒子发散”合成和“星空.jpg”文件拖曳到【时间轴】面板中，如图 6–27 所示。

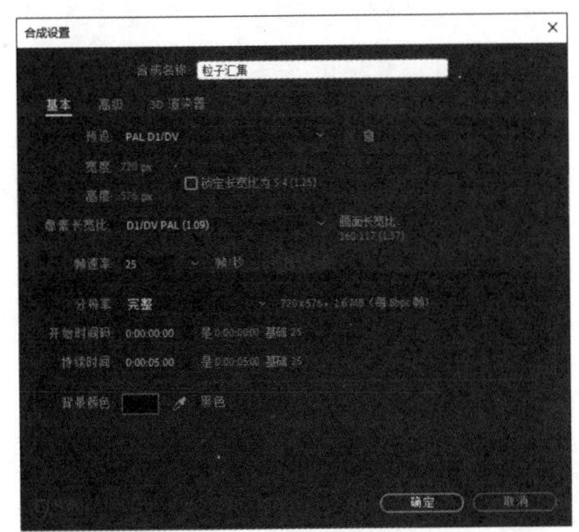

图 6–26　创建合成

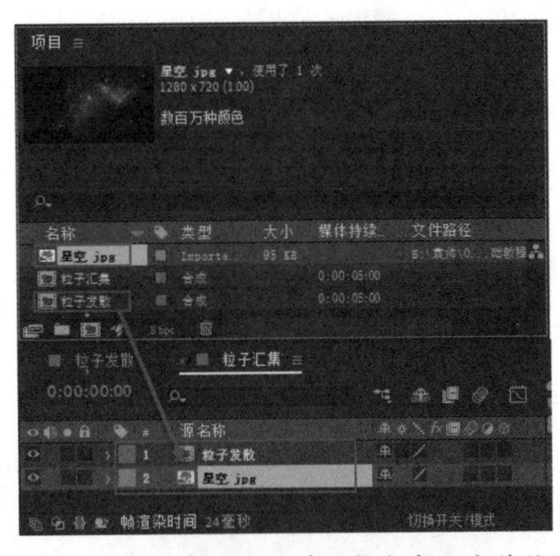

图 6–27　导入素材文件并调整合成及文件位置

步骤 15　选择【粒子发散】层，在菜单栏中选择【图层】→【时间】→【时间伸缩】命令后，弹出【时间伸缩】对话框。在该对话框中设置【拉伸因数】为–100%，单击【确定】按钮，如图 6–28 所示。

步骤 16　时间线滑块自动移动到 0 帧位置后，按【[】键将素材对齐，实现对倒放效果的制作，如图 6–29 所示。

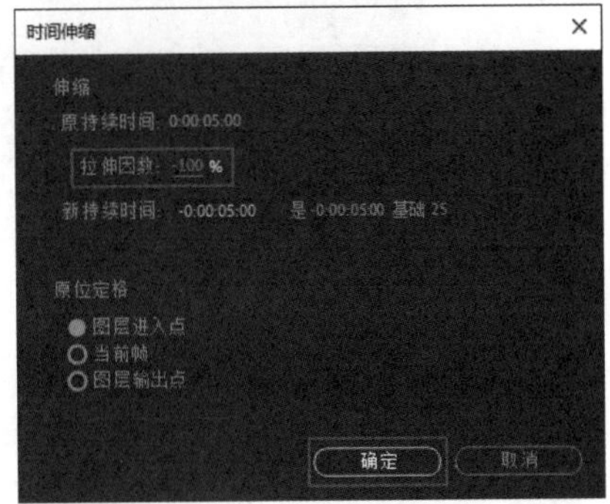

图 6–28　设置时间伸缩

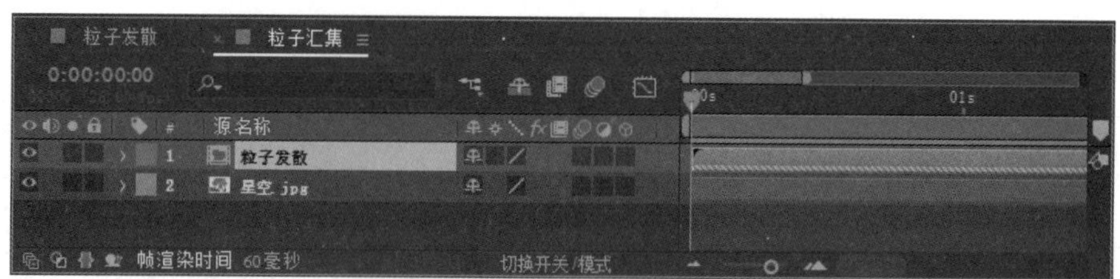

图 6-29　实现对倒放效果的制作

步骤 17　完成以上操作，即完成了对粒子汇集文字动画效果的制作，如图 6-30 所示。

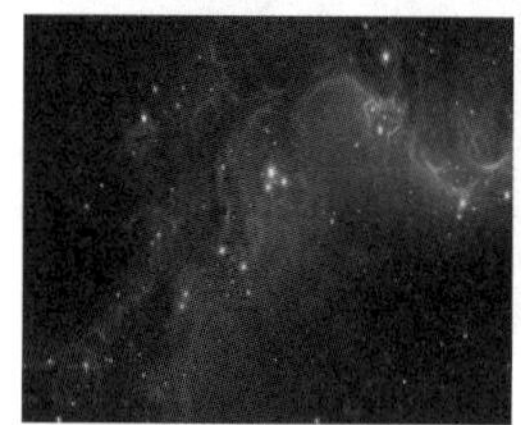

图 6-30　粒子汇集文字动画效果

6.4 图表编辑器

图表编辑器是After Effects 2022 在整合以往版本的速率图表的基础上提供的更丰富、更人性化的全新功能模块，用于控制动画，本节将详细介绍图表编辑器的相关知识。

6.4.1 调整图表编辑器视图

用户单击【图表编辑器】按钮，可以在关键帧编辑器和动画曲线编辑器之间切换，如图 6-31 所示。

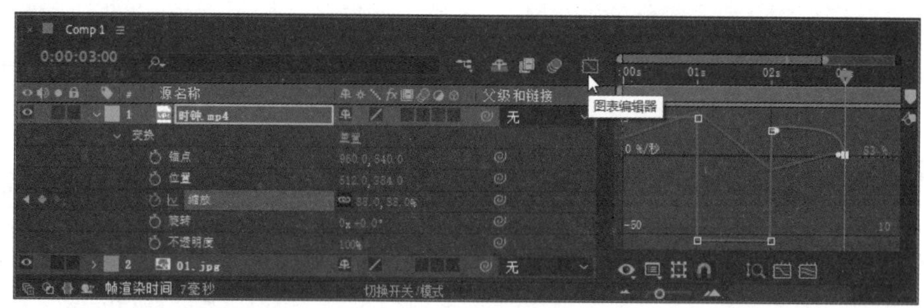

图 6-31　【图表编辑器】按钮

图表编辑器有非常强大的视图控制功能，常用的有以下 3 个按钮，对应 3 个操作。

- 【自动缩放图表高度】按钮：以曲线高度为基准，自动缩放视图。
- 【使选择适于查看】按钮：将选择的曲线或关键帧显示自动匹配到视图范围。

- 【使所有图表适于查看】按钮：将所有曲线显示自动匹配到视图范围。

6.4.2 数值变化曲线和速度变化曲线

数值变化曲线向上伸展代表属性值增大，向下伸展代表属性值减小，如果是水平延伸，则代表属性值无变化；平缓的斜线代表属性值慢速变化，陡峭的斜线代表属性值快速变化，弧线代表属性值加速或减速变化。

速度变化曲线主要反映属性变化的速率，无论怎么调整，都不会影响实际属性值。速度变化曲线水平延伸代表匀速运动，弧线则代表变速运动。

6.4.3 在图表编辑器中移动关键帧

单击【选择多个关键帧时，显示“变换”框】按钮，可以激活关键帧编辑框，如图6-32所示。选择多个关键帧时，多个关键帧会形成一个编辑框，用户不仅可以整体调整，还可以对多个关键帧的位置和值进行成比例缩放。因为编辑框中关键帧的位置是相对位置，彻底打破了过去编辑多个关键帧时固定间距的局限，所以使用该功能，可以整体缩短一段复杂的关键帧动画或整体改变动画幅度。

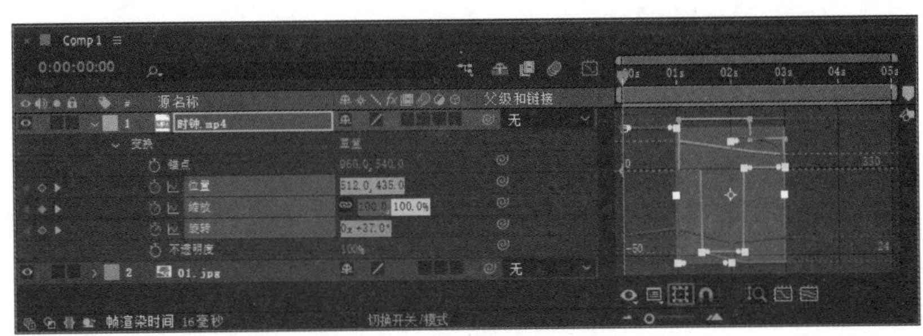

图6-32 激活关键帧编辑框

图表编辑器中的自动吸附功能非常强大，可以操作关键帧与入点、出点、标记、当前时间指针、其他关键帧等进行自动吸附对齐。单击【对齐】按钮，即可激活此功能，如图6-33所示。

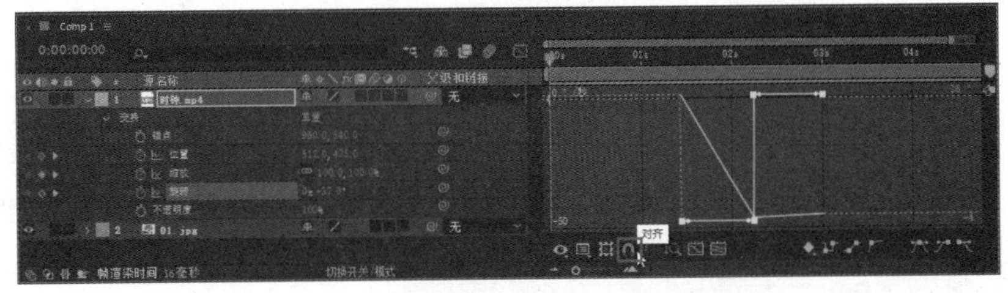

图6-33 激活自动吸附功能

在图表编辑器中，有一些可以快速设置关键帧的时间插值运算方式的按钮。选择一个或多个关键帧后，单击这些按钮，即可设置诸如线性、自动曲线、静态的插值方式。

- ：用于唤出关键帧菜单，相当于在关键帧上右击鼠标。
- ：用于将选定的关键帧的插值方式转换为静态方式。

- ：用于将选定的关键帧的插值方式转换为线性方式。
- ：用于将选定的关键帧的插值方式转换为自动曲线方式。

如果这些预置算法无法满足需求，用户可以手动调整速度曲线，以制作个性化效果，或者使用另外 3 个关键帧的助手按钮，快速制作一些通用时间速率特效。

- 【缓动】按钮：同时平滑关键帧入和出的速率，一般为减速度入关键帧，加速度出关键帧。
- 【缓入】按钮：仅平滑关键帧入时的速率，一般为减速度入关键帧。
- 【缓出】按钮：仅平滑关键帧出时的速率，一般为减速度出关键帧。

若需要更数据化地调整关键帧的时间插值，可以单击按钮，在弹出的下拉列表中选择【关键帧速度】选项，打开【关键帧速度】对话框。在该对话框中，可以用精确的数值进行属性调整，如图 6-34 所示。

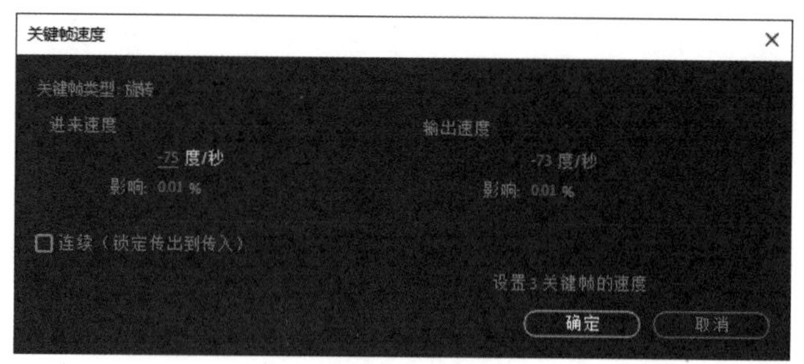

图 6-34 【关键帧速度】对话框

【关键帧速度】对话框包括【进来速度】和【输出速度】两个区块，在数值框中设置速度值，单位为变化单位/秒。这里的变化单位根据属性不同而有所不同。

- 影响：用于设置速度的影响范围。
- 连续：用于设置是否将入点速度与出点速度设为相同。

课堂问答

通过对本章内容的学习，相信读者对操作时间轴、创建关键帧动画、设置时间和图表编辑器有了一定的了解，下面列出一些常见问题，供读者学习参考。

问题 1：如何对一组关键帧进行整体时间的缩放？

答：同时选择 3 个或 3 个以上关键帧，在按住【Alt】键的同时按住鼠标左键拖曳第 1 个或最后 1 个关键帧，可以对整组关键帧进行整体时间的缩放。

问题 2：如何优化显示质量？

答：如果进行嵌套时不继承原始合成项目的分辨率，那么对被嵌套合成制作缩放等动画时就有可能产生马赛克效果，这时需要用户使用【折叠变换/连续栅格化】功能，该功能可以提高图层分辨率，使图层画面更清晰。

在【时间轴】面板中的图层开关栏中单击【折叠变换/连续栅格化】按钮，即可使用【折叠变换/连续栅格化】功能，如图 6-35 所示。

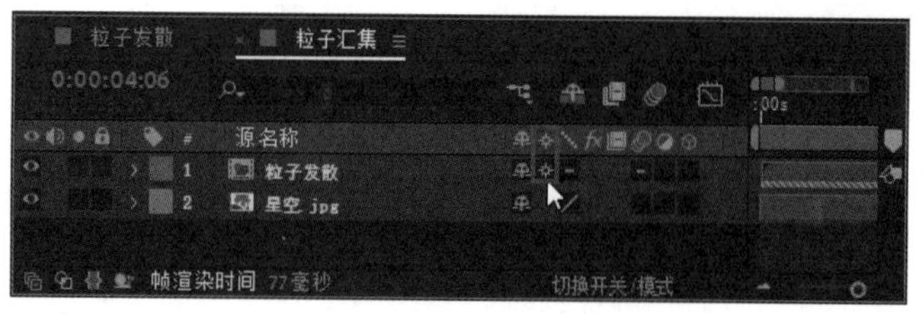

图 6-35 【折叠变换/连续栅格化】按钮

问题 3：如何调整关键帧速度？

答：设置关键帧后，在【时间轴】面板中选择需要编辑的关键帧，将光标定位在该关键帧上后右击鼠标，在弹出的快捷菜单中选择【关键帧速度】命令，如图 6-36 所示。在弹出的【关键帧速度】对话框中设置相关参数，如图 6-37 所示，即可调整关键帧速度。

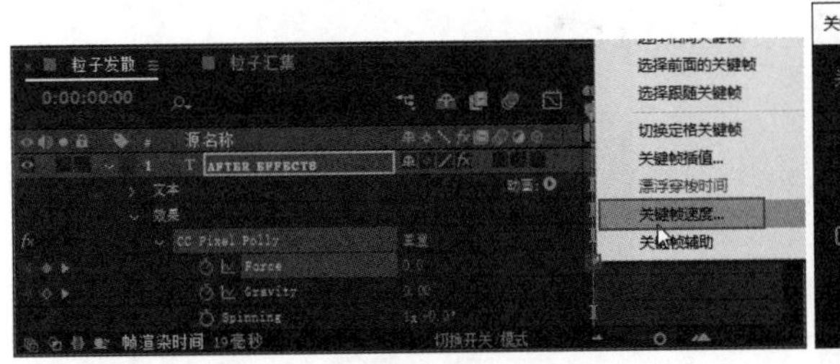

图 6-36 选择【关键帧速度】命令

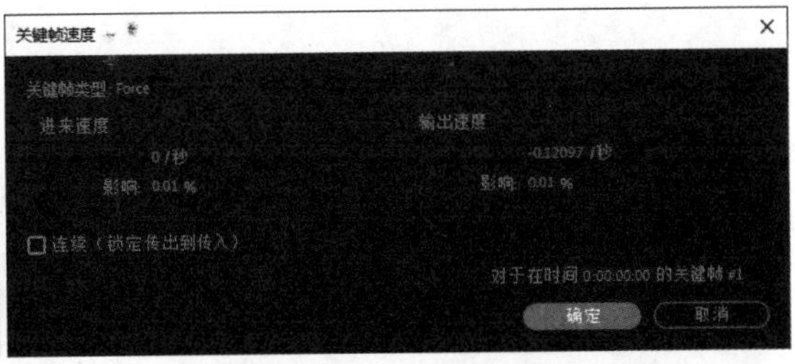

图 6-37 设置【关键帧速度】参数

上机实战——制作风车旋转动画

为了帮助读者巩固本章所学的知识，下面对一个上机实战案例进行分析与讲解。

效果展示

案例素材如图 6-38 所示，效果如图 6-39 所示。

图 6-38 素材

图 6-39 效果

思路分析

用户可以通过修改【旋转】属性参数制作风车旋转动画，本案例详细介绍制作风车旋转动画的操作方法。

制作步骤

步骤 01 打开“素材文件\第 6 章\风车旋转动画素材.aep”，设置【风车.png】图层的【锚点】为(387.0，407.0)、【位置】为(514.0，409.0)、【缩放】为(50.0，50.0%)，如图 6-40 所示。

步骤 02 将时间线滑块拖曳到起始帧的位置，开启【风车.png】图层下【旋转】的自动关键帧，并设置【旋转】为 0x+0.0°，如图 6-41 所示。

图 6-40　设置【风车.png】图层的属性参数

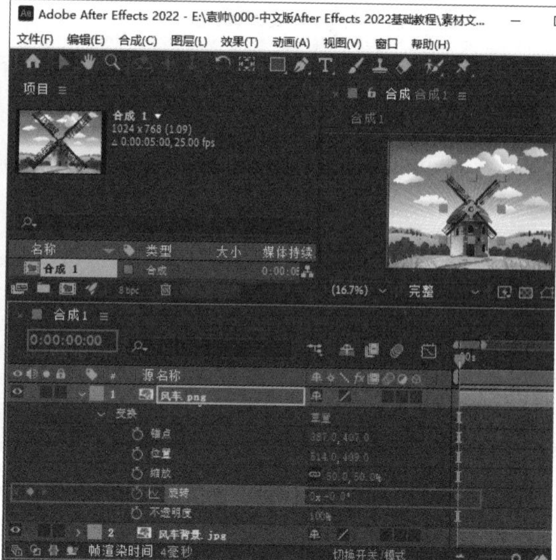

图 6-41　设置【旋转】关键帧

步骤 03　将时间线滑块拖曳到结束帧的位置，并设置【旋转】为 3x+75.0°，如图 6-42 所示。

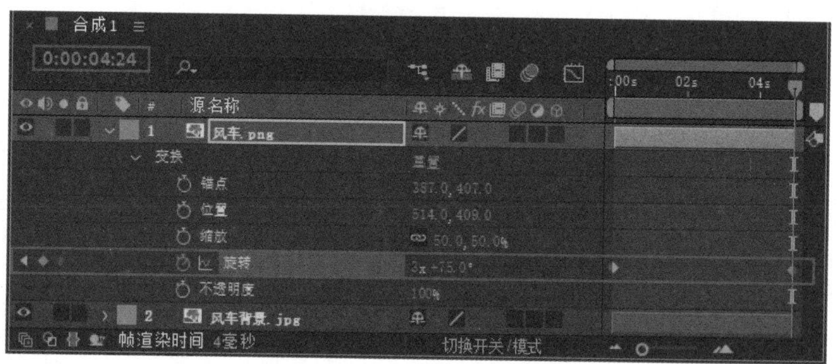

图 6-42　设置【旋转】关键帧

步骤 04　此时，拖曳时间线滑块，即可查看制作完成的风车旋转动画效果，如图 6-43 所示。

图 6-43　风车旋转动画效果

同步训练——制作海岛剪贴画风格动画

完成对上机实战案例的学习后，为了提高读者的动手能力，下面安排一个同步训练案例，以期达到举一反三、触类旁通的学习效果。

图解流程

同步训练案例的流程图解如图 6-44 所示。

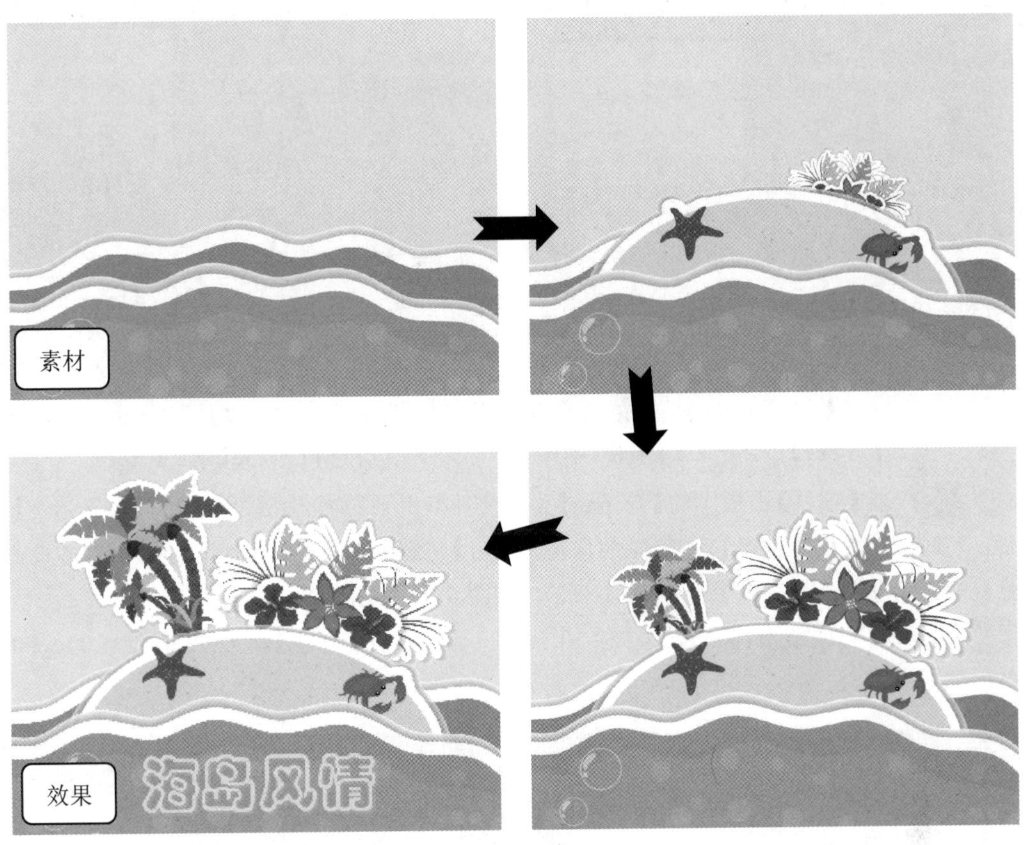

图 6-44　图解流程

思路分析

本案例通过设置图层属性关键帧来制作动画效果，通过使用横排文字工具输入文字、对文本图层添加投影效果并设置关键帧，完成对海岛剪贴画风格动画的制作。下面详细介绍制作本案例动画效果的操作方法。

关键步骤

步骤 01　打开“素材文件\第 6 章\海岛剪贴画动画素材.aep”，将【项目】面板中的【海岛.png】素材文件拖曳到【时间轴】面板中的【海浪.png】图层下方，并设置【缩放】为（80.0，80.0%），如图 6-45 所示。

步骤 02　将时间线滑块拖曳到起始帧的位置，开启【海岛.png】图层下【位置】的自动关键帧，设置【位置】为（512.0，750.0）。随后，将时间线滑块拖曳到 1 秒的位置，设置【位置】为（512.0，573.0），如图 6-46 所示。

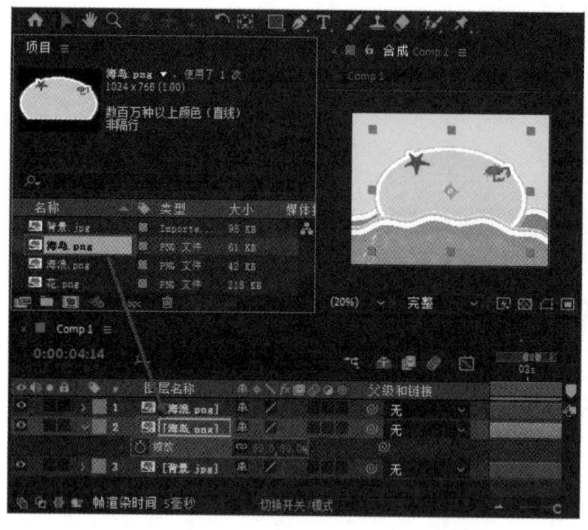

图 6-45　拖曳【海岛.png】素材并设置【缩放】参数

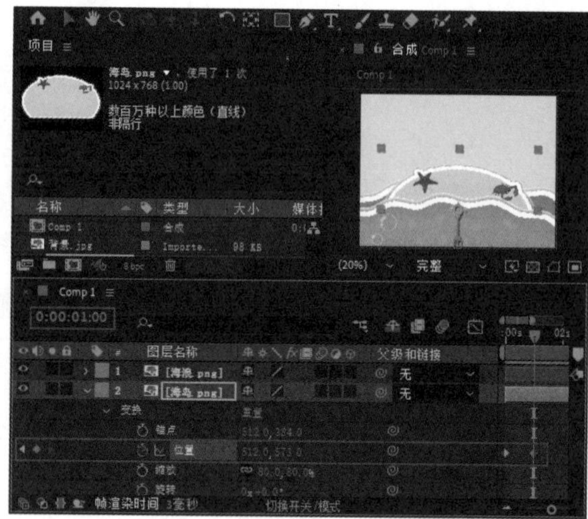

图 6-46　设置【位置】关键帧

步骤 03　将【项目】面板中的【花.png】素材文件拖曳到【时间轴】面板中的【海岛.png】图层下方后，将时间线滑块拖曳到 1 秒 10 帧的位置，开启【位置】和【缩放】的自动关键帧，并设置【位置】为（672.0，433.0）、【缩放】为（0.0，0.0%），如图 6-47 所示。

步骤 04　将时间线滑块拖曳到 2 秒 10 帧的位置，设置【位置】为（672.0，274.0）、【缩放】为（50.0，50.0%），如图 6-48 所示。

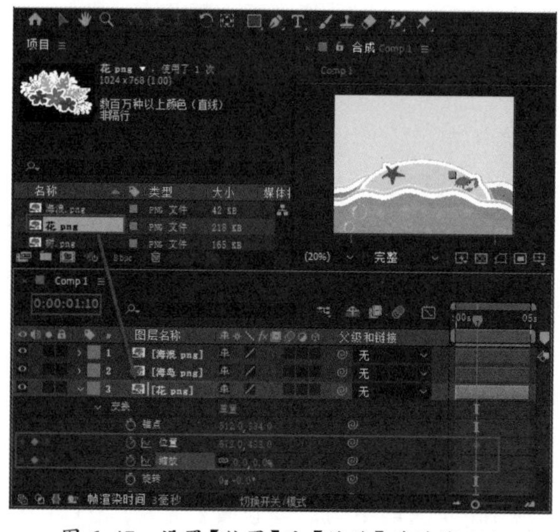

图 6-47　设置【位置】和【缩放】关键帧（1）

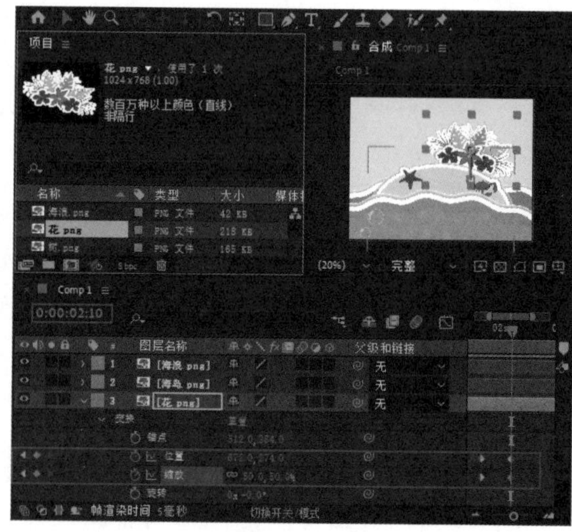

图 6-48　设置【位置】和【缩放】关键帧（2）

步骤 05　此时拖曳时间线滑块可以查看的效果如图 6-49 所示。

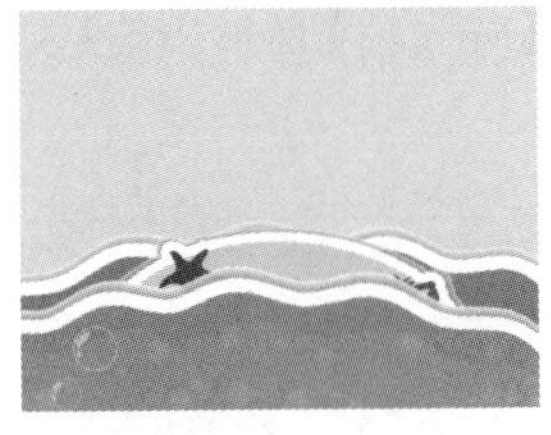

图 6-49 查看效果（1）

步骤 06 将【项目】面板中的【树.png】素材文件拖曳到【时间轴】面板中的【花.png】图层下方后，将时间线滑块拖曳到2秒10帧的位置，开启【位置】和【缩放】的自动关键帧，并设置【位置】为（295.0，447.0）、【缩放】为（0.0，0.0%），如图 6-50 所示。

步骤 07 将时间线滑块拖曳到 3 秒 10 帧的位置，设置【位置】为（295.0，220.0）、【缩放】为（50.0，50.0%），如图 6-51 所示。

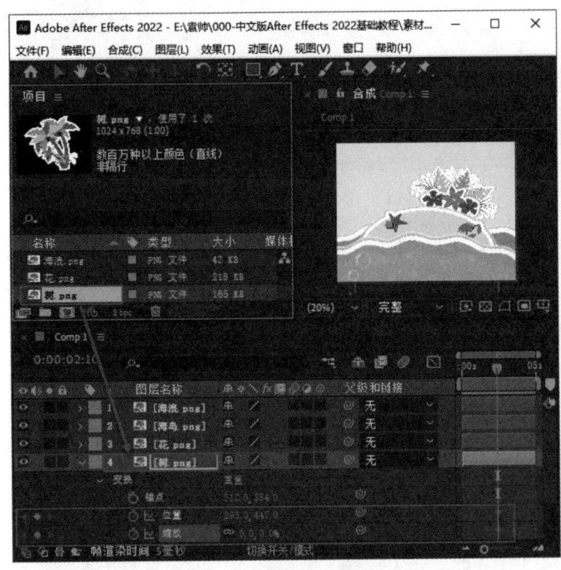

图 6-50 设置【位置】和【缩放】关键帧（3）

图 6-51 设置【位置】和【缩放】关键帧（4）

步骤 08 此时拖曳时间线滑块可以查看的效果如图 6-52 所示。

图 6-52 查看效果（2）

步骤 09 使用【横排文字工具】在【合成】面板中输入文字“海岛风情”，选择字体并设置字体大小、字体颜色后，单击【粗体】按钮，如图 6-53 所示。

步骤 10 在【效果和预设】面板中搜索【投影】效果，并将其拖曳到【时间轴】面板中的【文字】图层中，如图 6-54 所示。

图 6-53 输入并设置文字

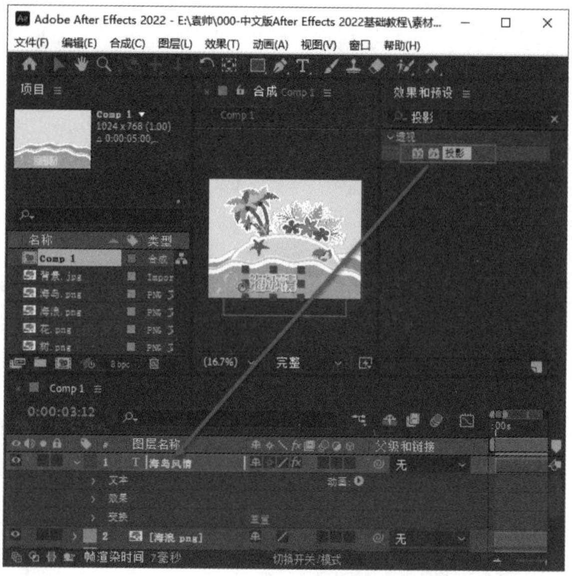

图 6-54 为【文字】图层添加效果

步骤 11 在【效果控件】面板中设置【阴影颜色】为绿色，设置【距离】为 8.0，如图 6-55 所示。

步骤 12 将时间线滑块拖曳到 3 秒 10 帧的位置，开启【不透明度】的自动关键帧，设置【不透明度】为 0%。随后，将时间线滑块拖曳到 4 秒 10 帧的位置，设置【不透明度】为 100%，如图 6-56 所示。

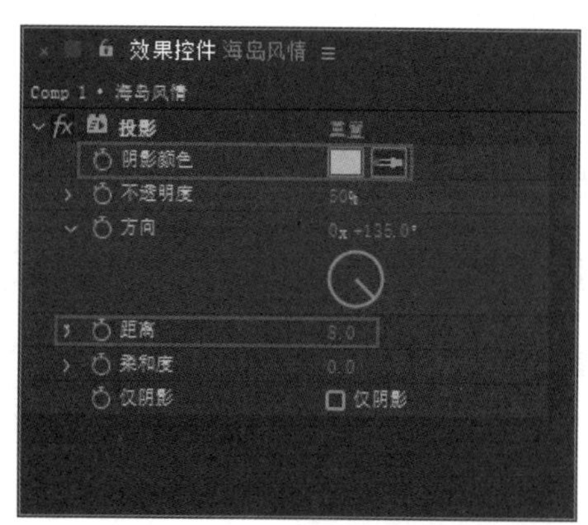

图 6-55 设置【投影】效果参数

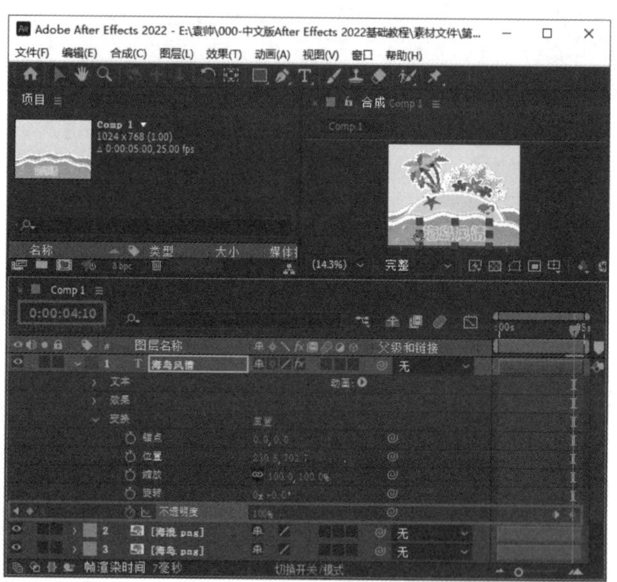

图 6-56 设置【不透明度】关键帧

步骤 13 此时，拖曳时间线滑块，即可查看制作完成的海岛剪贴画风格动画效果，如图 6-57 所示。

图 6-57 海岛剪贴画风格动画效果

知识能力测试

本章讲解了创建与制作动画的相关知识，为对知识进行巩固和考核，请读者完成以下练习题。

一、填空题

1. 设置________可以加快或放慢动态素材层的播放速度，默认情况下伸缩值为 100%，代表以正常速度播放片段。

2. 使用入点和出点控制面板，不但可以方便地控制层的入点和出点信息，还可以通过使用一些快捷功能，改变素材片段的______和____________。

3. 如果已经在素材层上制作了____________，那么改变其伸缩值时，不仅会影响播放速度，关键帧之间的时间距离也会随之改变。

4. 在 After Effects 2022 中，用户不仅可以为图层添加关键帧动画，使其拥有基本的缩放、旋转等动画效果，还可以为素材已经拥有的动画添加更多___________，使其产生效果变化。

二、选择题

1. 制作动画，基于(　　)的变化，如果层的某个动画属性在不同时间产生了不同的参数变化，并且被正确地记录了下来，那么可以称这个动画为“关键帧动画”。

A. 空间　　B. 位置　　C. 时间　　D. 大小

2. 在视频节目中，经常会看到倒放的动态影像，制作视频时，把伸缩值调整为(　　)即可实现对这一效果的制作。

A. 负值　　B. 正值　　C. 正向　　D. 负向

3. 数值变化曲线向上伸展代表属性值增大，向下伸展代表属性值减小，如果是水平延伸，则代表属性值(　　)。

A. 持续减小　　B. 不被影响　　C. 持续增大　　D. 无变化

4. 如果某个素材层同时包含音频信息和视频信息，调整伸缩速度时希望只影响视频信息，而音频信息保持正常速度播放，就需要将该素材层(　　)一份，两个层中，一个层关闭视频信息，保留音频信息，不改变伸缩速度；另一个层关闭音频信息，保留视频信息，调整伸缩速度。

A. 剪切　　B. 复制　　C. 压缩　　D. 提取

三、简答题

1. 如何创建关键帧动画？

2. 什么是重置时间？如何应用重置时间命令？

After Effects 2022

第7章 常用视频效果设计与制作

设计与制作视频效果是After Effects 2022的核心功能之一。由于After Effects 2022中预置的视频效果种类众多，可模拟各种质感、风格、调色、特效等，该软件深受设计工作者的喜爱。建议读者在学习时，尝试使用每一种视频特效，了解其所呈现效果的特点及修改各种参数时产生的变化，以加深对各种效果的印象和理解。本章将详细介绍常用视频效果设计与制作的相关知识。

学习目标

- 了解设计与制作视频效果的基础知识及操作
- 熟练掌握常用的模糊和锐化效果
- 熟练掌握常用的透视效果
- 熟练掌握常用的过渡类效果
- 熟练掌握其他常用的视频效果

7.1 视频效果基础

设计与制作视频效果是After Effects 2022 的核心功能之一，After Effects 2022 中预置的视频效果种类众多，且每个效果都包含众多参数。在生活中，我们经常会看到梦幻、酷炫的影视作品和广告片段，这些大多可以通过使用After Effects 2022 中的预置视频效果实现。

7.1.1 什么是视频效果

制作影视作品，一般离不开对视频效果的使用。所谓视频效果，就是对视频文件做的特殊处理，使其更加丰富多彩，以便更好地表现作品主题，达到制作视频的目的。

After Effects 2022 中的视频效果是可以应用于视频素材或其他素材图层的效果，通过添加效果并设置参数，可以制作出很多绚丽特效。After Effects 2022 中有很多效果组，每个效果组中有很多效果选项，例如，【杂色和颗粒】效果组中有 12 个用于制作杂色和颗粒效果的选项，如图 7-1 所示。

图 7-1 【杂色和颗粒】效果组

7.1.2 为素材添加效果

要想制作优秀的视频作品，必须了解为素材添加效果的基本操作。在After Effects 2022 软件中，为素材添加效果的方法有 4 种，下面分别予以详细介绍。

1. 使用【效果】菜单添加效果

在【时间轴】面板中选择要添加效果的图层后，先在菜单栏中选择【效果】命令，再在其子菜单中选择要使用的目标效果命令即可，如图 7-2 所示。

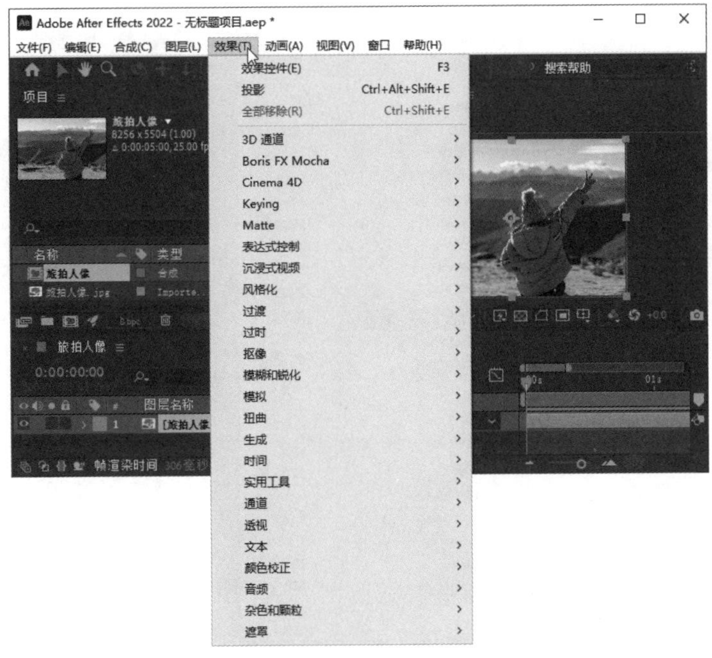

图 7-2　使用【效果】菜单添加效果

2. 使用【效果和预设】面板添加效果

在【时间轴】面板中选择要添加效果的图层后，打开【效果和预设】面板，在该面板中双击目标效果即可，如图 7-3 所示。

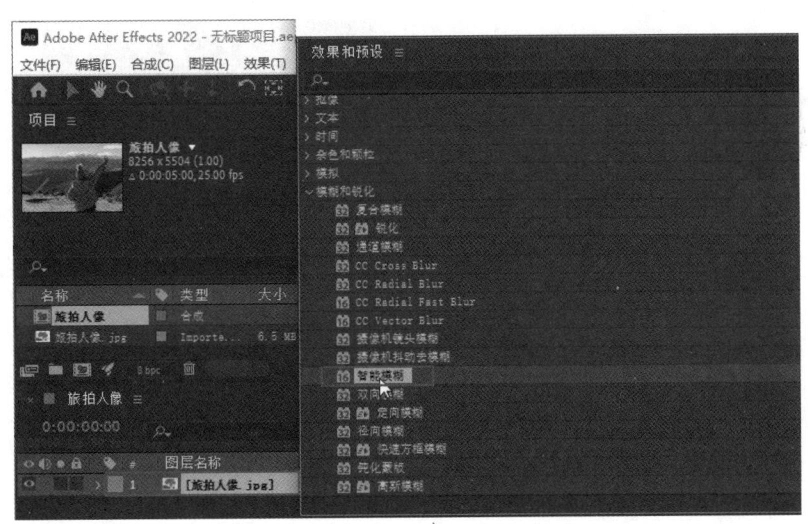

图 7-3　使用【效果和预设】面板添加效果

3. 使用右键菜单添加效果

在【时间轴】面板中，在要添加效果的图层上右击鼠标后，在弹出的快捷菜单中选择【效果】子菜单中的特效命令即可，如图 7-4 所示。

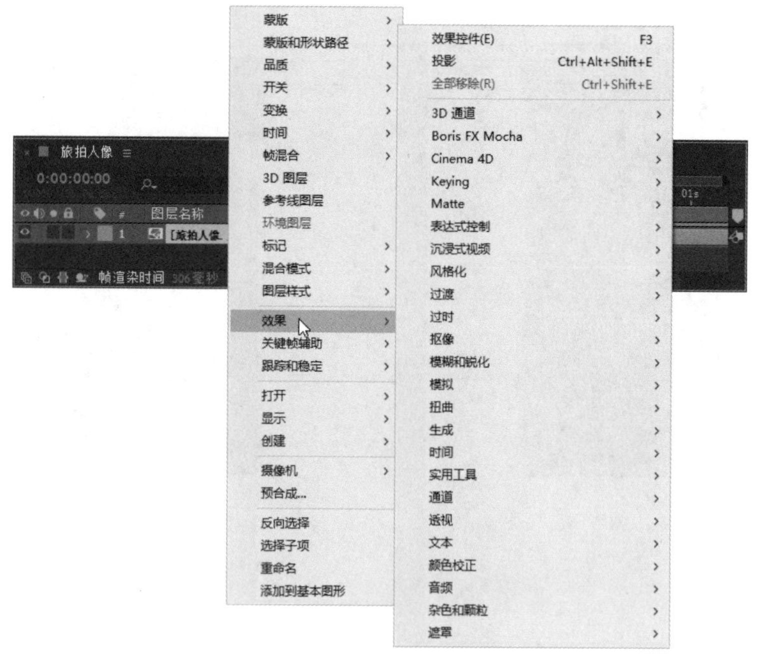

图 7-4 使用右键菜单添加效果

4. 使用鼠标拖曳添加效果

在【效果和预设】面板中选择目标效果后，将其拖曳到【时间轴】面板中要添加效果的图层上即可，如图 7-5 所示。

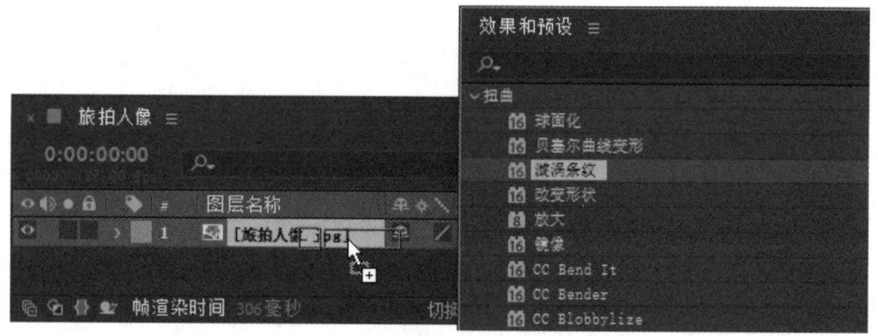

图 7-5 使用鼠标拖曳添加效果

技能拓展

为某图层添加多个特效时，特效会按照添加的先后顺序从上到下排列，即新添加的特效位于已有特效的下方。如果想更改特效顺序，可以在【效果和预设】面板中使用直接拖曳的方法，将某个特效上移或下移。需要注意的是，特效顺序不同，产生的效果会随之不同。

课堂范例——隐藏或删除智能模糊效果

为素材图层添加效果后，用户可以根据需要对目标效果进行隐藏或删除，从而制作更完美的视频。本案例详细介绍隐藏或删除智能模糊效果的操作方法。

步骤 01 打开“素材文件\第 7 章\智能模糊.aep”，单击效果名称左边的fx按钮，即可隐藏该效果，再次单击该按钮，则可以取消对该效果的隐藏，如图 7-6 所示。

步骤 02 单击【时间轴】面板中图层名称右边的fx按钮，即可隐藏该层的所有效果，再次单击该按钮，则可以取消对该层所有效果的隐藏，如图 7-7 所示。

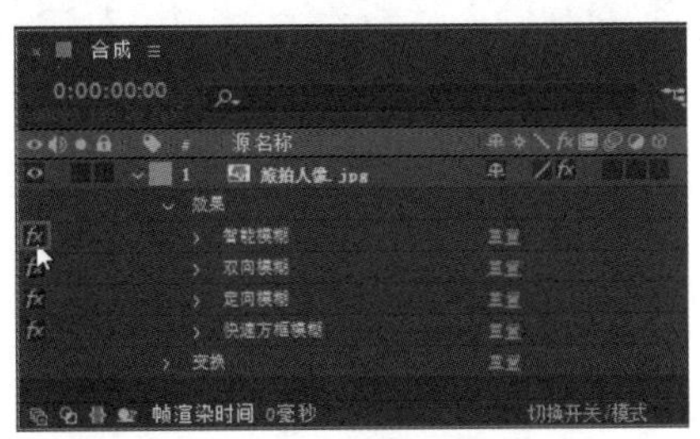

图 7-6　隐藏/取消隐藏效果

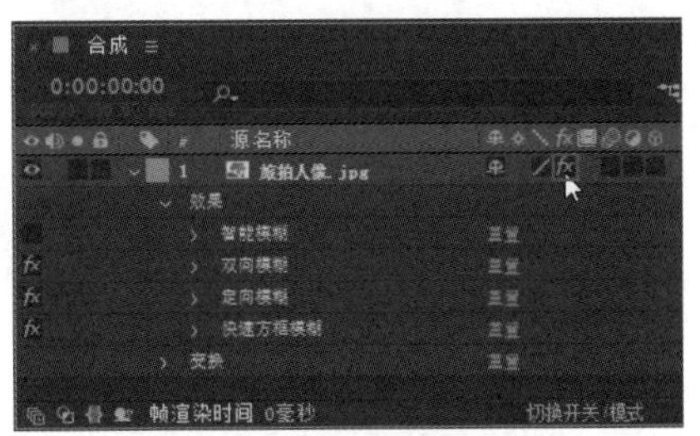

图 7-7　隐藏/取消隐藏所有效果

步骤 03 选择需要删除的效果，按【Delete】键，即可将其删除。如果需要删除所有已添加的效果，选择准备删除的效果图层，在菜单栏中选择【效果】→【全部移除】命令即可，如图 7-8 所示。

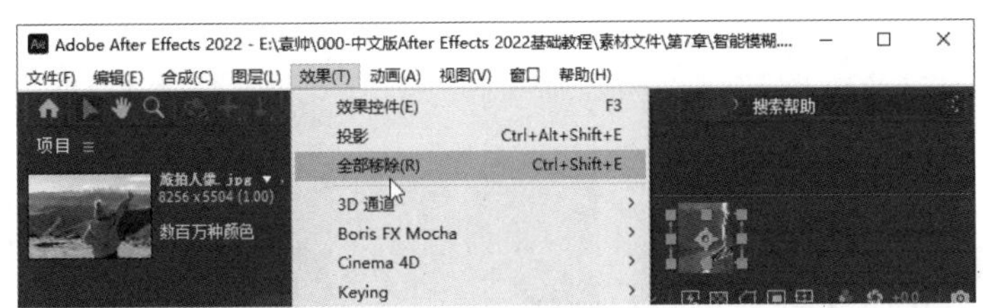

图 7-8　删除全部效果

7.2 常用的模糊和锐化效果

模糊和锐化效果主要用于模糊图像和锐化图像。通过合理地使用滤镜，可以使图层拥有特殊效果，这样即使是平面素材，经过后期合成处理，也能给人以对比感和空间感，让人拥有更好的视觉感受。本节将详细介绍常见的模糊和锐化效果的相关知识。

7.2.1 制作定向模糊效果

制作定向模糊效果，可以按照一定的方向模糊图像。

打开“素材文件\第 7 章\定向模糊.aep”，选择素材后，在菜单栏中选择【效果】→【模糊和锐化】→【定向模糊】命令，并在【效果控件】面板中展开【定向模糊】滤镜的参数，加以设置。参数设置如图 7-9 所示。

完成参数设置前后的对比效果如图 7-10 所示。

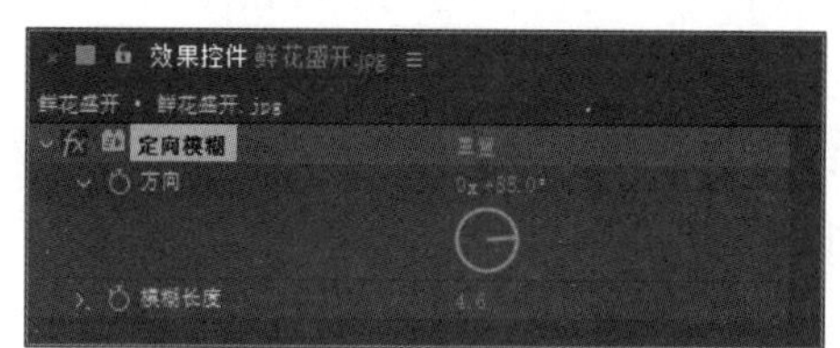

图 7-9 【定向模糊】的参数设置

图 7-10 完成参数设置前后的对比效果

定向模糊效果的参数说明如下。

- 方向：用于设置模糊方向。
- 模糊长度：用于设置模糊长度。

7.2.2 制作高斯模糊效果

制作高斯模糊效果，可以均匀模糊图像。

打开“素材文件\第 7 章\高斯模糊.aep”，选择素材后，在菜单栏中选择【效果】→【模糊和锐化】→【高斯模糊】命令，并在【效果控件】面板中展开【高斯模糊】滤镜的参数，加以设置。参数设置如图 7-11 所示。

完成参数设置前后的对比效果如图 7-12 所示。

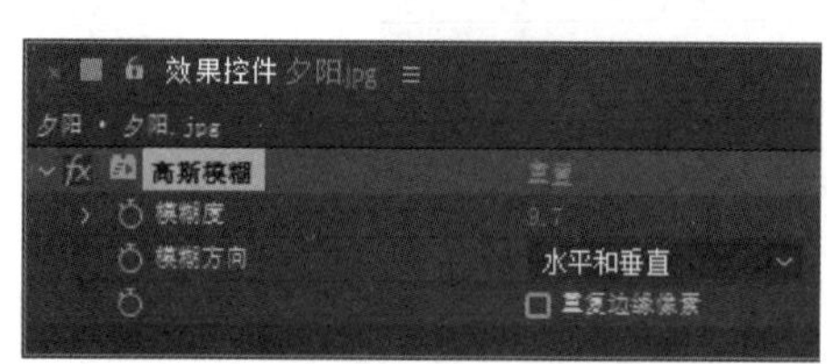

图 7-11 【高斯模糊】的参数设置

图 7-12 完成参数设置前后的对比效果

高斯模糊效果的参数说明如下。

- 模糊度：用于设置模糊程度。
- 模糊方向：在右侧的下拉列表框中，用户可以选择模糊的方向，包括水平和垂直、水平、垂直 3 个选项。

7.2.3 制作径向模糊效果

【径向模糊】滤镜用于围绕一个自定义的点制作模糊效果，常用来模拟镜头的推拉效果和旋转效果。在图层高质量开关打开的情况下，用户可以指定抗锯齿程度，在草图质量下则没有抗锯齿作用。

打开“素材文件\第 7 章\径向模糊.aep”，选择素材后，在菜单栏中选择【效果】→【模糊和锐化】→【径向模糊】命令，并在【效果控件】面板中展开【径向模糊】滤镜的参数，加以设置。参数设置如图 7-13 所示。

完成参数设置前后的对比效果如图 7-14 所示。

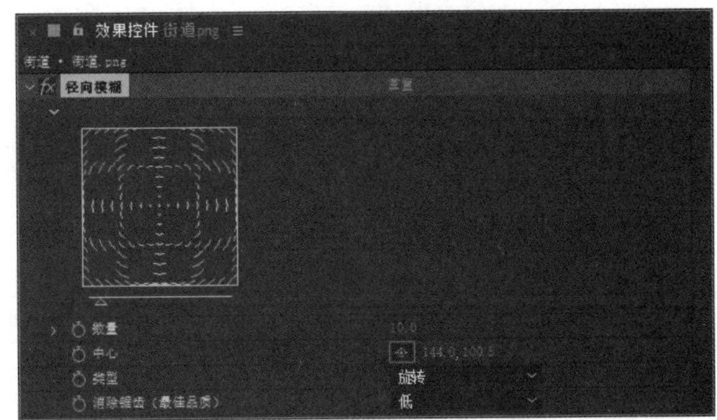

图 7-13 【径向模糊】效果参数

图 7-14 完成参数设置前后的对比效果

径向模糊效果的参数说明如下。

- 数量：用于设置径向模糊的强度。
- 中心：用于设置径向模糊的中心位置。
- 类型：用于设置径向模糊的样式，共有两种样式可选择。
    - ○ 旋转：围绕自定义的位置点，模拟镜头旋转的效果。
    - ○ 缩放：围绕自定义的位置点，模拟镜头推拉的效果。
- 消除锯齿（最佳品质）：用于设置图像的质量，共有两种质量可选择。
    - ○ 低：设置图像的质量为草图级别（低级别）。
    - ○ 高：设置图像的质量为高级别。

7.2.4 制作摄像机镜头模糊效果

【摄像机镜头模糊】滤镜用于模拟不在摄像机聚焦平面内的物体的模糊效果（模拟画面的景深效果），其模糊的效果取决于“光圈属性”和“模糊图”的参数设置。

打开“素材文件\第 7 章\摄像机镜头模糊.aep”，选择素材后，在菜单栏中选择【效果】→【模糊和锐化】→【摄像机镜头模糊】命令，并在【效果控件】面板中展开【摄像机镜头模糊】滤镜的参数，加以设置。参数设置如图 7-15 所示。

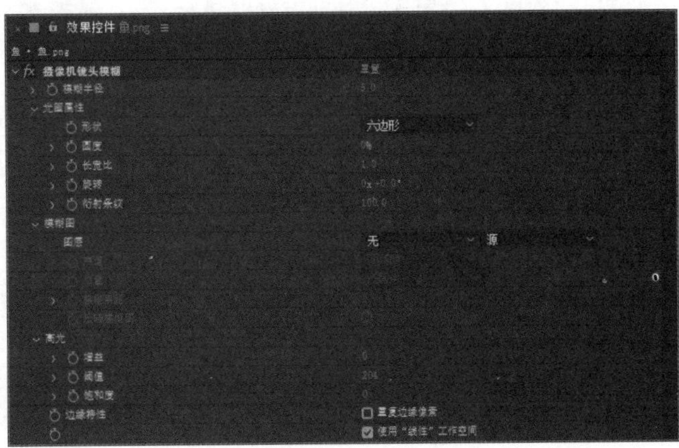

图 7-15 【摄像机镜头模糊】效果参数

摄像机镜头模糊效果的参数说明如下。

- 模糊半径：用于设置镜头模糊的半径。
- 光圈属性：用于设置摄像机镜头的属性。

- ○ 形状：用于控制摄像机镜头的形状，有三角形、正方形、五边形、六边形、七边形、八边形、九边形和十边形 8 个选项。
- ○ 圆度：用于设置镜头的圆滑度。
- ○ 长宽比：用于设置镜头的画面比例。
- ○ 旋转：用于设置控制模糊的旋转程度。
- ○ 衍射条纹：用于设置控制产生模糊的衍射条纹程度。
- 模糊图：用于读取模糊图像的相关信息。
  - ○ 图层：用于指定设置镜头模糊的参考图层。
  - ○ 声道：用于指定模糊图像的图层通道。
  - ○ 位置：用于指定模糊图像的位置。
  - ○ 模糊焦距：用于指定模糊图像焦点的距离。
  - ○ 反转模糊图：用于反转图像的焦点。
- 高光：用于设置镜头的高光属性。
  - ○ 增益：用于设置图像的增益值。
  - ○ 阈值：用于设置图像的阈值。
  - ○ 饱和度：用于设置图像的饱和度。
- 边缘特性：用于设置图像的边缘特性。

7.2.5 制作快速方框模糊效果

制作快速方框模糊效果，可以将重复的方框模糊应用于图像。

打开“素材文件\第 7 章\快速方框模糊.aep”，选择素材后，在菜单栏中选择【效果】→【模糊和锐化】→【快速方框模糊】命令，并在【效果控件】面板中展开【快速方框模糊】滤镜的参数，加以设置。参数设置如图 7-16 所示。

图 7-16 【快速方框模糊】的参数设置

完成参数设置前后的对比效果如图 7-17 所示。

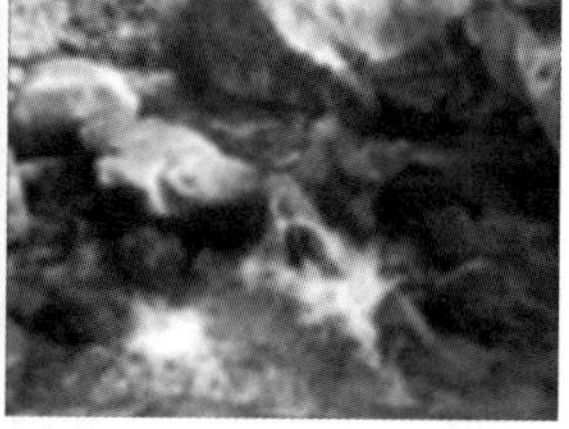

图 7-17 完成参数设置前后的对比效果

快速方框模糊效果的参数说明如下。

- 模糊半径：用于设置模糊的半径。
- 迭代：用于设置反复模糊的次数。
- 模糊方向：用于设置模糊的方向。
- 重复边缘像素：勾选此选项，可以重复边缘像素。

课堂范例——制作广告移动模糊效果

本案例详细介绍制作广告移动模糊效果的方法。

步骤 01 打开“素材文件\第 7 章\制作广告移动模糊素材.aep”，将时间线滑块拖曳到起始帧位置，开启【01.png】图层的【位置】关键帧，并设置【位置】为（-265.0，684.0）。随后，将时间线滑块拖曳到 3 秒的位置，设置【01.png】图层的【位置】为（512.0，384.0），如图 7-18 所示。

步骤 02 为【01.png】图层添加定向模糊效果，设置【方向】为 0x+60.0°，如图 7-19 所示。

图 7-18 设置【位置】关键帧

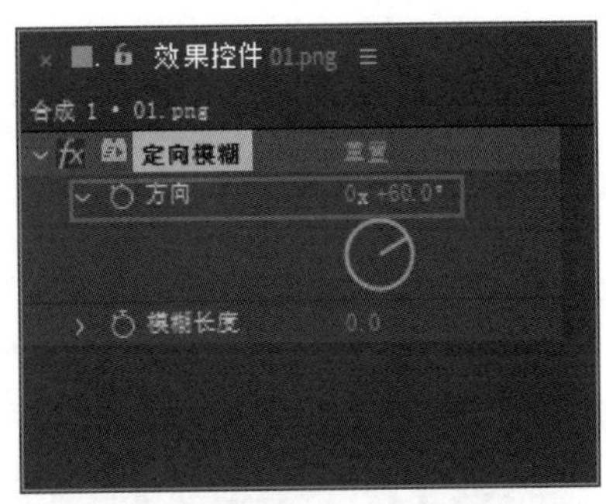

图 7-19 设置定向模糊效果

步骤 03 将时间线滑块拖曳到起始帧位置，开启【模糊长度】自动关键帧，设置【模糊长度】为 30.0。随后，将时间线滑块拖曳到 3 秒的位置，设置【模糊长度】为 0.0，如图 7-20 所示。

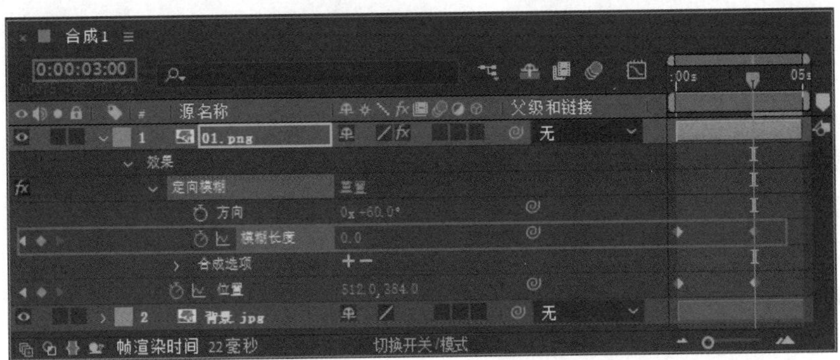

图 7-20 设置【模糊长度】关键帧

步骤 04 此时，拖曳时间线滑块，即可查看制作完成的广告移动模糊效果，如图 7-21 所示。

图 7-21 广告移动模糊效果

7.3 常用的透视效果

制作透视效果，不仅可以为平面图像添加透视效果，还可以为二维素材添加三维效果。本节主要学习透视滤镜组中的边缘斜面效果、斜面Alpha效果和投影效果的使用方法，通过制作这些效果，可以为图层添加光影等立体效果。

7.3.1 制作边缘斜面效果

【边缘斜面】滤镜用于为图层边缘增加斜面外观。

打开“素材文件\第 7 章\边缘斜面.aep”，选择素材后，在菜单栏中选择【效果】→【透视】→【边缘斜面】命令，并在【效果控件】面板中展开【边缘斜面】滤镜的参数，加以设置。参数设置如图 7-22 所示。

完成参数设置前后的对比效果如图 7-23 所示。

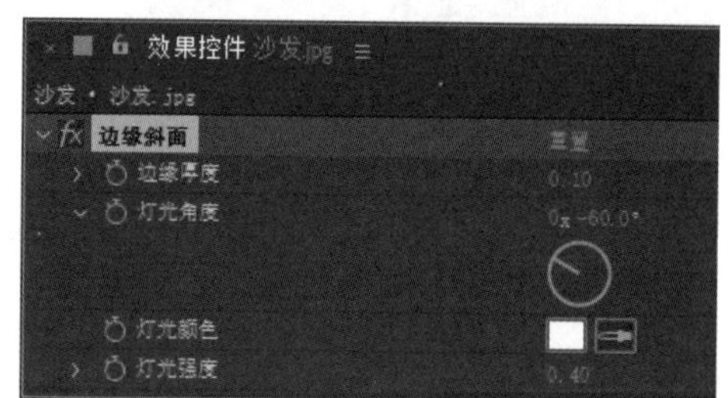

图 7-22 【边缘斜面】的参数设置

图 7-23 完成参数设置前后的对比效果

边缘斜面效果的参数说明如下。

- 边缘厚度：用于设置边缘宽度。
- 灯光角度：用于设置灯光角度，决定斜面的明暗面。
- 灯光颜色：用于设置灯光颜色，决定斜面的反射颜色。
- 灯光强度：用于设置灯光的强弱程度。

7.3.2 制作斜面Alpha效果

使用【斜面 Alpha】滤镜，可以通过二维的 Alpha（通道）使图像出现分界，从而制作出假三维的倒角效果。

打开“素材文件\第 7 章\斜面 Alpha.aep”，选择素材后，在菜单栏中选择【效果】→【透视】→【斜面 Alpha】命令，并在【效果控件】面板中展开【斜面 Alpha】滤镜的参数，加以设置。参数设置如图 7-24 所示。

完成参数设置前后的对比效果如图 7-25 所示。

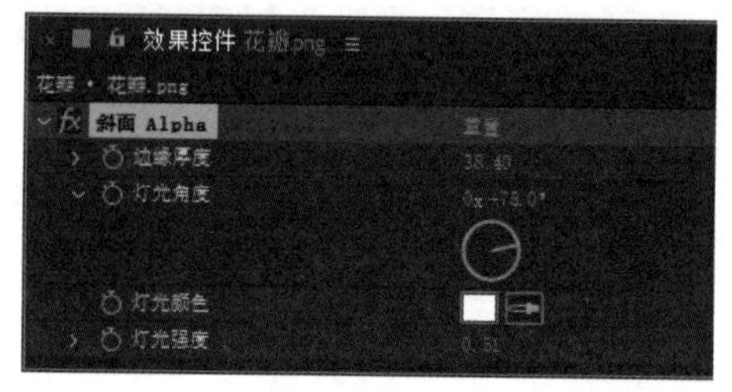

图 7-24 【斜面 Alpha】的参数设置

斜面Alpha效果的参数说明如下。

- 边缘厚度：用于设置边缘斜角的厚度。
- 灯光角度：用于设置模拟灯光的角度。
- 灯光颜色：用于设置模拟灯光的颜色。
- 灯光强度：用于设置灯光照射的强度。

图 7-25 完成参数设置前后的对比效果

7.3.3 制作投影效果

【投影】滤镜用于根据图像的Alpha通道为图像添加阴影效果，该效果一般应用在多图层文件中。

打开“素材文件\第 7 章\投影.aep”，选择素材后，在菜单栏中选择【效果】→【透视】→【投影】命令，并在【效果控件】面板中展开【投影】滤镜的参数，加以设置。参数设置如图 7-26 所示。

完成参数设置前后的对比效果如图 7-27 所示。

图 7-26 【投影】的参数设置

图 7-27 完成参数设置前后的对比效果

投影效果的参数说明如下。

- 阴影颜色：用于设置图像中阴影的颜色。
- 不透明度：用于设置阴影的不透明度。
- 方向：用于设置阴影的方向。
- 距离：用于设置阴影离原图像的距离。
- 柔和度：用于设置阴影的柔和程度。
- 仅阴影：勾选【仅阴影】复选框，将只显示阴影，隐藏投射阴影的图像。

课堂范例——制作斜面字动画效果

本案例首先创建一个文本图层，然后输入文本，并为文本添加“斜面Alpha”效果，最后为文本图层设置动画关键帧，完成对斜面字动画效果的制作。下面详细介绍操作方法。

步骤 01 打开“素材文件\第 7 章\制作斜面字素材.aep”，在【时间轴】面板中右击鼠标，在弹出的快捷菜单中选择【新建】→【文本】命令，如图 7-28 所示。

步骤 02 在【合成】面板中输入文字，选择字体，设置字体样式、字体大小，并设置字体颜色为粉色，如图 7-29 所示。

图 7-28　选择【文本】命令

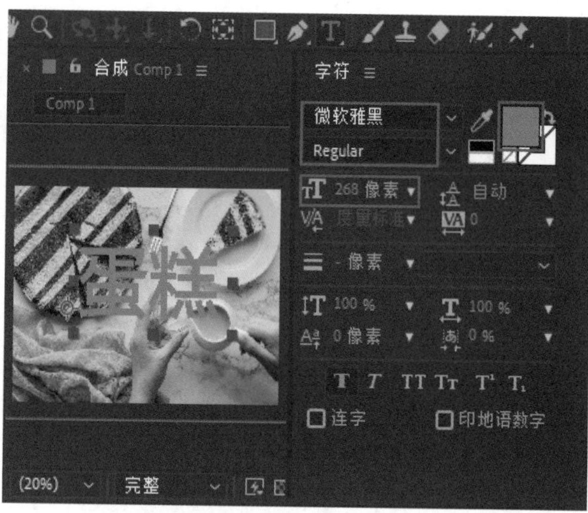

图 7-29　设置字符参数

步骤 03　首先选中文本图层，并在菜单栏中选择【效果】→【透视】→【斜面 Alpha】命令。然后将时间线滑块拖曳到起始帧的位置，展开文本图层下的【效果】属性组，开启【边缘厚度】和【灯光强度】动画关键帧，并设置【边缘厚度】为 0、【灯光强度】为 0。最后将时间线滑块拖曳到结束帧的位置，设置【边缘厚度】为 10.00、【灯光强度】为 0.30，如图 7-30 所示。

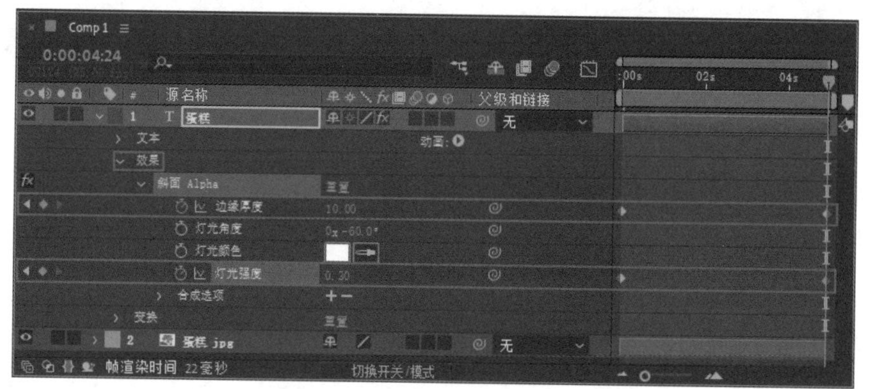

图 7-30　设置【边缘厚度】和【灯光强度】关键帧

步骤 04　此时，拖曳时间线滑块，即可查看制作完成的斜面字动画效果，如图 7-31 所示。

图 7-31　斜面字动画效果

7.4 常用的过渡类效果

过渡类效果主要用于制作切换画面的效果。选择【时间轴】面板中的素材，右击鼠标，在弹出的快捷菜单中选择【效果】→【过渡】命令，即可看到After Effects 2022中预置的过渡类效果。本节将详细介绍部分常用的过渡类效果。

7.4.1 制作渐变擦除效果

使用【渐变擦除】滤镜，可以利用图片的明亮度制作渐变擦除效果，使画面由一个素材逐渐过渡到另一个素材。

打开“素材文件\第7章\渐变擦除.aep”，选择素材后，在菜单栏中选择【效果】→【过渡】→【渐变擦除】命令，并在【效果控件】面板中展开【渐变擦除】滤镜的参数，加以设置。参数设置如图7-32所示。

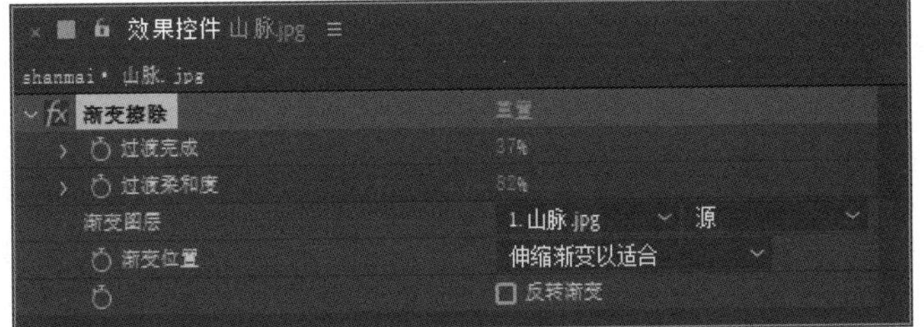

图7-32 【渐变擦除】的参数设置

完成参数设置前后的对比效果如图7-33所示。

图7-33 完成参数设置前后的对比效果

渐变擦除效果的参数说明如下。

- 过渡完成：用于设置过渡完成百分比。
- 过渡柔和度：用于设置边缘柔和程度。
- 渐变图层：用于设置渐变的图层。
- 渐变位置：用于设置渐变放置方式。
- 反转渐变：勾选【反转渐变】复选框，可以反转当前渐变擦除效果。

7.4.2 制作径向擦除效果

使用【径向擦除】滤镜，可以通过修改Alpha通道，进行径向擦除。

打开“素材文件\第7章\径向擦除.aep”，选择素材后，在菜单栏中选择【效果】→【过渡】→【径向擦除】命令，并在【效果控件】面板中展开【径向擦除】滤镜的参数，加以设置。参数设置如图7-34所示。

图7-34 【渐变擦除】的参数设置

完成参数设置前后的对比效果如图 7-35 所示。

图 7-35　完成参数设置前后的对比效果

径向擦除效果的参数说明如下。

- 过渡完成：用于设置过渡完成百分比。
- 起始角度：用于设置径向擦除开始的角度。
- 擦除中心：用于设置径向擦除中心点。
- 擦除：用于设置擦除方式，擦除方式为顺时针、逆时针或两者兼有。
- 羽化：用于设置边缘羽化程度。

7.4.3 制作线性擦除效果

使用【线性擦除】滤镜，可以通过修改 Alpha 通道，进行线性擦除。

打开“素材文件\第 7 章\线性擦除.aep”，选择素材后，在菜单栏中选择【效果】→【过渡】→【线性擦除】命令，并在【效果控件】面板中展开【线性擦除】滤镜的参数，加以设置。参数设置如图 7-36 所示。

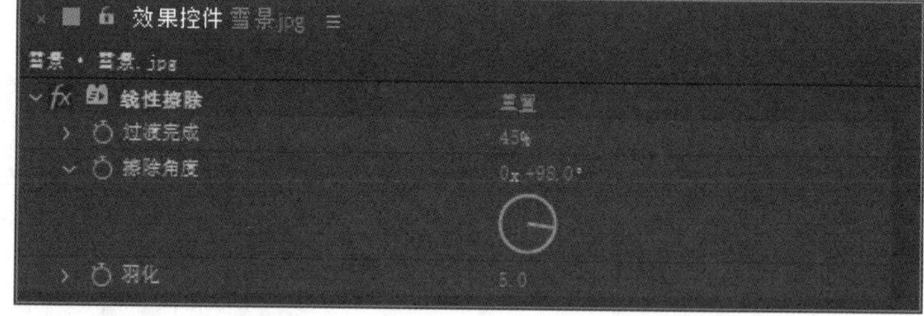

图 7-36 【线性擦除】的参数设置

完成参数设置前后的对比效果如图 7-37 所示。

图 7-37　完成参数设置前后的对比效果

线性擦除效果的参数说明如下。

- 过渡完成：用于设置过渡完成百分比。
- 擦除角度：用于设置线性擦除角度。
- 羽化：用于设置边缘羽化程度。

7.4.4 制作百叶窗效果

使用【百叶窗】滤镜，可以通过修改 Alpha 通道，进行定向条纹擦除。

打开“素材文件\第 7 章\百叶窗.aep”，选择素材后，在菜单栏中选择【效果】→【过渡】→【百叶窗】命令，并在【效果控件】面板中展开【百叶窗】滤镜的参数，加以设置。参数设置如图 7-38 所示。

完成参数设置前后的对比效果如图 7-39 所示。

百叶窗效果的参数说明如下。

- 过渡完成：用于设置过渡完成百分比。
- 方向：用于设置百叶窗擦除效果的方向。
- 宽度：用于设置百叶窗宽度。
- 羽化：用于设置边缘羽化程度。

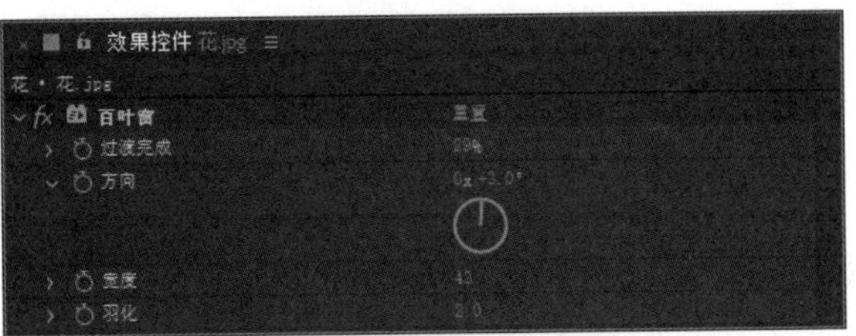

图 7-38 【百叶窗】的参数设置

7.4.5 制作块溶解效果

使用【块溶解】滤镜，可以利用随机产生的板块（或条纹）溶解图像，在两个图层的重叠部分进行切换转场。

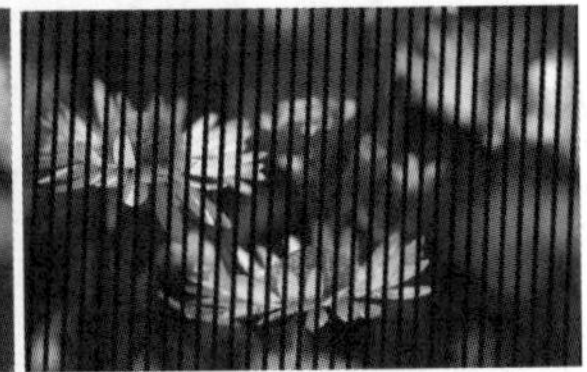

图 7-39　完成参数设置前后的对比效果

打开“素材文件\第 7 章\块溶解.aep”，选择素材后，在菜单栏中选择【效果】→【过渡】→【块溶解】命令，并在【效果控件】面板中展开【块溶解】滤镜的参数，加以设置。参数设置如图 7-40 所示。

图 7-40 【块溶解】的参数设置

完成参数设置前后的对比效果如图 7-41 所示。

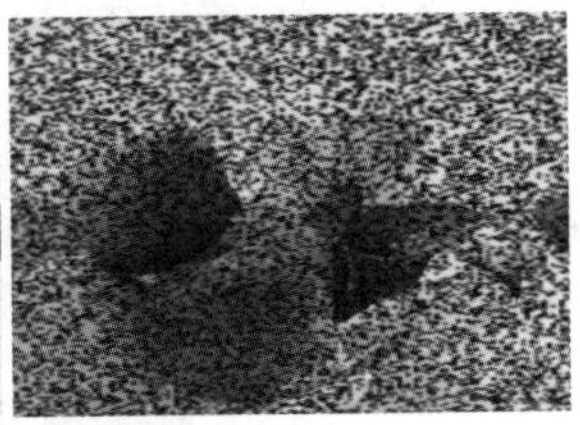

图 7-41　完成参数设置前后的对比效果

块溶解效果的参数说明如下。

- 过渡完成：用于设置过渡完成百分比。
- 块宽度：用于设置块的宽度。
- 块高度：用于设置块的高度。
- 羽化：用于设置块的羽化程度。
- 柔化边缘：勾选【柔化边缘（最佳品质）】复选框，将高质量地柔化边缘。

7.4.6 制作CC WarpoMatic 效果

【CC WarpoMatic】滤镜（CC变形过渡滤镜）用于制作使图像产生弯曲变形，并逐渐变为透明的过渡效果。

打开“素材文件\第 7 章\CC变形过渡.aep”，选择素材后，在菜单栏中选择【效果】→【过渡】→【CC WarpoMatic】命令，并在【效果控件】面板中展开【CC WarpoMatic】滤镜的参数，加以设置。参数设置如图 7-42 所示。

图 7-42 【CC WarpoMatic】的参数设置

完成参数设置前后的对比效果如图 7-43 所示。

图 7-43　完成参数设置前后的对比效果

CC WarpoMatic 效果的参数说明如下。

- Completion（过渡完成）：用于设置过渡完成百分比。
- Layer to Reveal（揭示层）：用于设置揭示显示的图像。
- Reactor（反应器）：用于设置过渡模式。
- Smoothness（平滑）：用于设置边缘的平滑程度。
- Warp Amount（变形量）：用于设置变形程度。
- Warp Direction（变形方向）：用于设置变形的方向。
- Blend Span（混合跨度）：用于设置混合的跨度。

课堂范例——制作奇幻冰冻效果

本案例主要应用【CC WarpoMatic】滤镜（CC 变形过渡滤镜）为图像添加冰冻质感，并为关键帧设置冰冻过程动画，完成对奇幻冰冻效果的制作。

步骤 01　打开"素材文件\第 7 章\奇幻冰冻素材.aep"，在【效果和预设】面板中搜索到【CC WarpoMatic】滤镜后，将其拖曳到【时间轴】面板中的【奶昔.jpg】图层上，如图 7-44 所示。

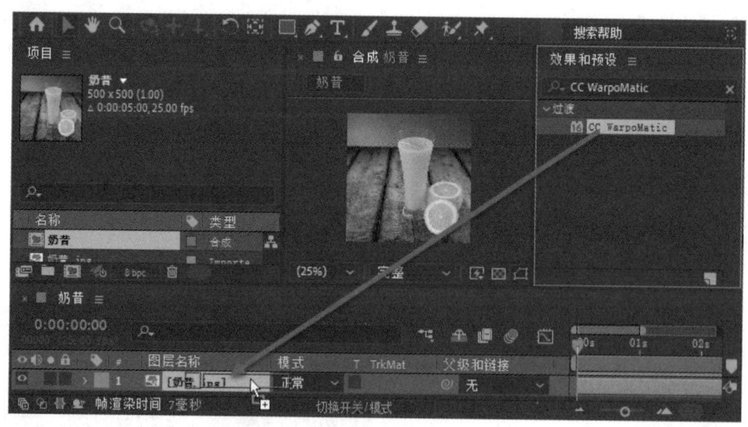

图 7-44　为图层添加效果

步骤 02　首先展开【时间轴】面板中【奶昔.jpg】图层下的【效果】属性组，然后将时间线滑块拖曳到起始帧位置，设置【CC WarpoMatic】的【Completion】为 50.0、【Smoothness】为 5.00、

【Warp Amount】为 0.0，最后单击【Smoothness】和【Warp Amount】前的【时间变化秒表】按钮，如图 7-45 所示。

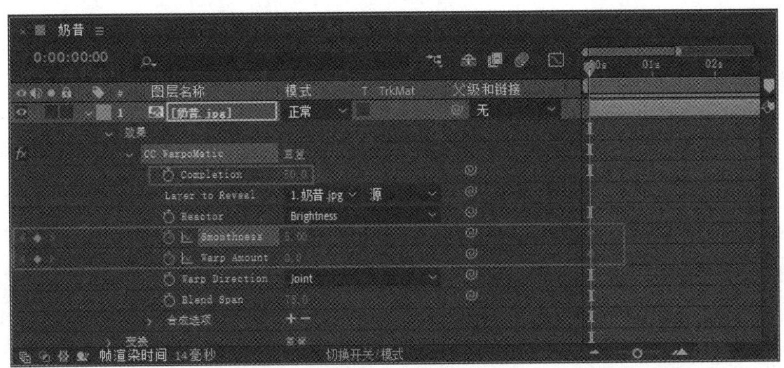

图 7-45　为图层添加关键帧（1）

步骤 03　将时间线滑块拖曳到 5 秒的位置，设置【Smoothness】为 20.00、【Warp Amount】为 400.0，设置【Warp Direction】为Twisting，如图 7-46 所示。

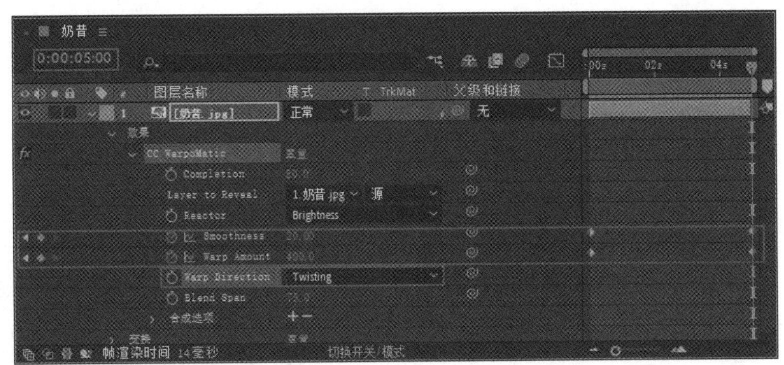

图 7-46　为图层添加关键帧（2）

步骤 04　此时，拖曳时间线滑块，即可查看制作完成的奇幻冰冻效果，如图 7-47 所示。

图 7-47　奇幻冰冻效果

7.5 其他常用的视频效果

在After Effects 2022 软件中，还有很多常用的视频效果，本节将详细介绍马赛克、闪电、四色渐变、残影、分形杂色等常用的视频效果的相关知识及应用方法。

7.5.1 制作马赛克效果

使用【马赛克】滤镜，可以为图像添加彼此独立且逐个拼接的单色矩形马赛克，制作马赛克效果。

打开“素材文件\第 7 章\马赛克.aep”，选择素材后，在菜单栏中选择【效果】→【风格化】→【马赛克】命令，并在【效果控件】面板中展开【马赛克】滤镜的参数，加以设置。参数设置如图 7-48 所示。

完成参数设置前后的对比效果如图 7-49 所示。

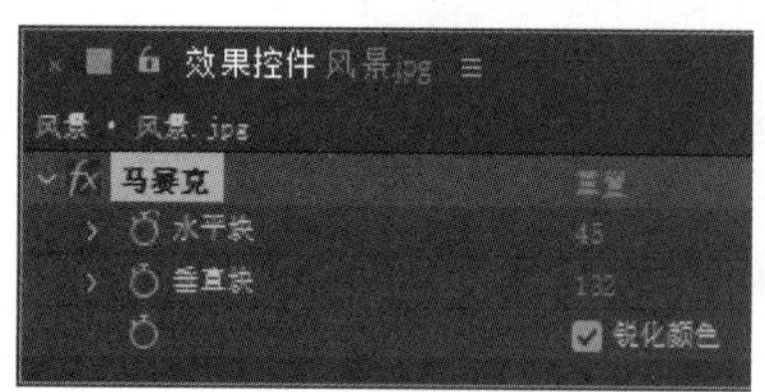

图 7-48 【马赛克】的参数设置

图 7-49 完成参数设置前后的对比效果

马赛克效果的参数说明如下。

- 水平块：用于设置水平块数值。
- 垂直块：用于设置垂直块数值。
- 锐化颜色：勾选【锐化颜色】复选框，可以对颜色进行锐化处理。

7.5.2 制作闪电效果

使用【闪光】滤镜，可以制作闪电效果。

打开“素材文件\第 7 章\闪光.aep”，选择素材后，在菜单栏中选择【效果】→【过时】→【闪光】命令，并在【效果控件】面板中展开【闪光】滤镜的参数，加以设置。参数设置如图 7-50 所示。

完成参数设置前后的对比效果如图 7-51 所示。

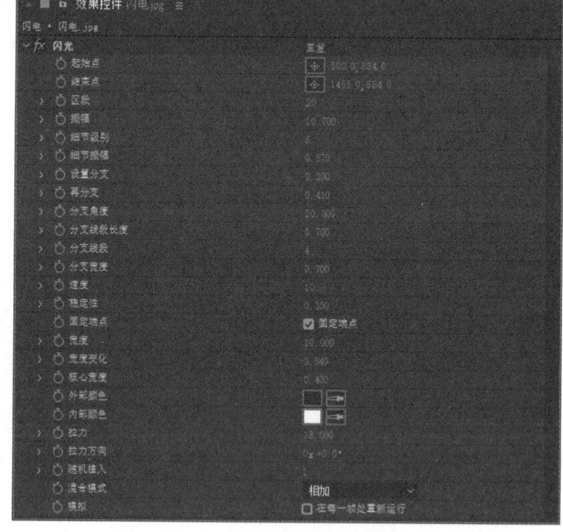

图 7-50 【闪光】的参数设置

闪电效果的参数说明如下。

- 起始点：用于设置闪电效果的开始位置。
- 结束点：用于设置闪电效果的结束位置。
- 区段：用于设置闪电效果中闪电的段数。
- 振幅：用于设置闪电效果中闪电的振幅。
- 细节级别：用于设置闪电效果中闪电分支的精细程度。
- 细节振幅：用于设置闪电效果中闪电分支的振幅。
- 设置分支：用于设置闪电效果中闪电分支的数量。
- 再分支：用于设置闪电效果中闪电二次分支的数量。

- 分支角度：用于设置分支与主干的角度。
- 分支线段长度：用于设置闪电效果中分支线段的长短。
- 分支线段：用于设置闪电效果中闪电分支的段数。
- 分支宽度：用于设置闪电效果中闪电分支的宽度。
- 速度：用于设置闪电效果中闪电变化的速度。
- 稳定性：用于设置闪电效果中闪电的稳定程度。
- 固定端点：勾选【固定端点】复选框，可以固定闪电端点。
- 宽度：用于设置闪电效果中闪电的宽度。
- 宽度变化：用于设置闪电效果中闪电的宽度变化值。
- 核心宽度：用于设置闪电效果中闪电的核心宽度值。
- 外部颜色：用于设置闪电效果中闪电的外部颜色。
- 内部颜色：用于设置闪电效果中闪电的内部颜色。
- 拉力：用于设置闪电效果中闪电弯曲方向的拉力。
- 拉力方向：用于设置拉力方向。
- 随机植入：用于设置闪电随机性。
- 混合模式：用于设置闪电效果的混合模式。
- 模拟：勾选【在每一帧处重新运行】复选框，可以设置在每一帧处重新运行。

图 7-51　完成参数设置前后的对比效果

7.5.3 制作四色渐变效果

使用【四色渐变】滤镜，可以为图像添加四色渐变，模拟霓虹灯、流光溢彩等效果。

打开“素材文件\第 7 章\四色渐变.aep”，选择素材后，在菜单栏中选择【效果】→【生成】→【四色渐变】命令，并在【效果控件】面板中展开【四色渐变】滤镜的参数，加以设置。参数设置如图 7-52 所示。

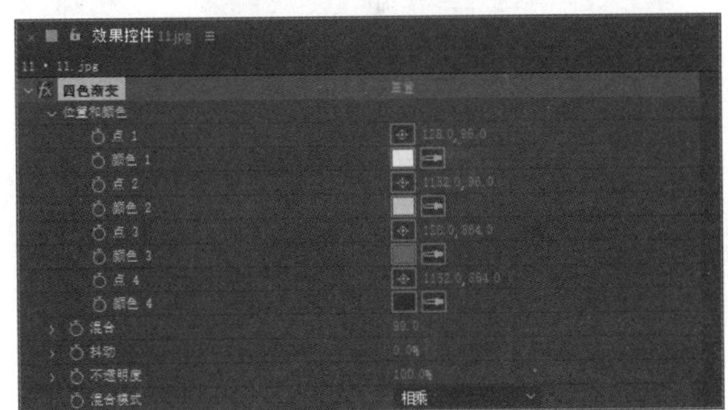

图 7-52 【四色渐变】的参数设置

完成参数设置前后的对比效果如图 7-53 所示。

图 7-53　完成参数设置前后的对比效果

四色渐变效果的参数说明如下。

- 位置和颜色：用于设置效果位置和颜色属性。
  - 点 1：用于设置颜色 1 的位置。
  - 颜色 1：用于设置颜色 1 的颜色。
  - 点 2：用于设置颜色 2 的位置。

- ○ 颜色 2：用于设置颜色 2 的颜色。
- ○ 点 3：用于设置颜色 3 的位置。
- ○ 颜色 3：用于设置颜色 3 的颜色。
- ○ 点 4：用于设置颜色 4 的位置。
- ○ 颜色 4：用于设置颜色 4 的颜色。

- 混合：用于设置四种颜色的混合程度。
- 抖动：用于设置效果的抖动程度。
- 不透明度：用于设置效果的透明程度。
- 混合模式：用于设置效果的混合模式。

7.5.4 制作残影效果

【残影】滤镜用于混合不同的时间帧。

打开“素材文件\第 7 章\残影.aep”，选择素材后，在菜单栏中选择【效果】→【时间】→【残影】命令，并在【效果控件】面板中展开【残影】滤镜的参数，加以设置。参数设置如图 7-54 所示。

完成参数设置前后的对比效果如图 7-55 所示。

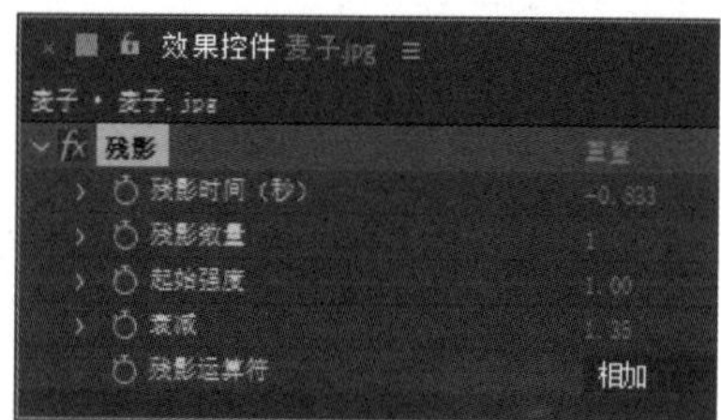

图 7-54 【残影】的参数设置

图 7-55 完成参数设置前后的对比效果

残影效果的参数说明如下。

- 残影时间（秒）：用于设置延时图像的产生时间，以秒为单位，正值为之后出现，负值为之前出现。
- 残影数量：用于设置延续画面的数量。
- 起始强度：用于设置延续画面开始的强度。
- 衰减：用于设置延续画面的衰减程度。
- 残影运算符：用于设置重影后续效果的叠加模式。

7.5.5 制作分形杂色效果

【分形杂色】滤镜用于制作自然景观背景、置换图和纹理的灰度杂色，或模拟制作云、火、熔岩、蒸汽、流水等效果。

打开“素材文件\第 7 章\分形杂色.aep”，选择素材后，在菜单栏中选择【效果】→【杂色和颗粒】→【分形杂色】命令，并在【效果控件】面板中展开【分形杂色】滤镜的参数，加以设置。参数设置如图 7-56 所示。

完成参数设置前后的对比效果如图 7-57 所示。

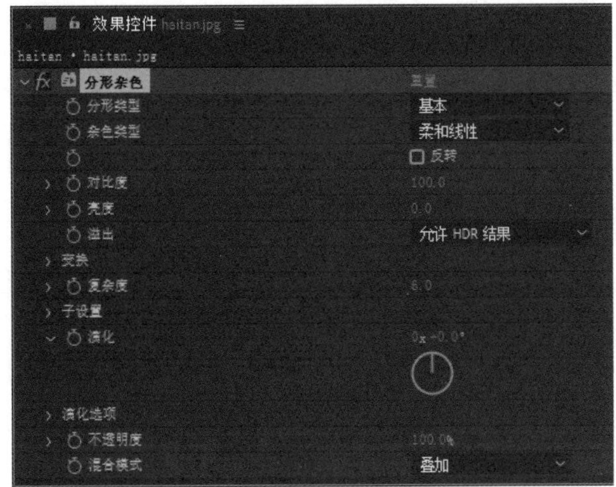

图 7-56 【分形杂色】的参数设置

图 7-57　完成参数设置前后的对比效果

分形杂色效果的主要参数说明如下。

- 分形类型：分形杂色效果是通过为每个杂色图层生成随机编号的网格来制作的，分形类型用于设置所生成网格的类型。
- 杂色类型：用于设置在杂色网格中的随机值之间使用的插值类型。
- 对比度：默认值为 100.0，较高的值可生成较大的、定义更严格的杂色黑白区域，通常显示不太精细的细节；较低的值可生成更多灰色区域，以使杂色更柔和。
- 溢出：用于重映射 0.0~1.0 之外的颜色值，包括以下 4 个参数。
  - 剪切：重映射值，用于使高于 1.0 的所有值显示为纯白色，使低于 0.0 的所有值显示为纯黑色。
  - 柔和固定：用于在无穷曲线上重映射值，使所有值均在范围内。
  - 反绕：三角形式的重映射，用于使高于 1.0 的值或低于 0.0 的值退回到范围内。
  - 允许 HDR 结果：不执行重映射，保留 0.0~1.0 之外的值。
- 变换：用于设置旋转、缩放和定位杂色图层。如果选择“透视位移”，则图层看起来深度不同。
- 复杂度：用于设置为创建分形杂色合并的杂色图层（根据“子设置”）的数量，增加此数量，将增加杂色的外观深度和细节数量。
- 子设置：用于控制分形杂色合并的方式，以及杂色图层属性彼此偏移的方式，包括以下 3 个参数。
  - 子影响：每个连续图层对合并杂色的影响。值为 100%，所有迭代的影响均相同；值为 50%，每个迭代的影响均为前一个迭代的一半；值为 0%，则效果看起来与“复杂度”为 1 时的效果一样。
  - 子缩放/旋转/位移：用于设置相对于前一个杂色图层的缩放百分比、角度和位置。

  ○ 中心辅助比例：用与前一个图层相同的点计算每个杂色图层。此设置可用于生成彼此堆叠的重复杂色图层的外观。

- 演化：使用渐进式旋转，以持续使用每次添加的旋转更改图像。
- 演化选项：用于设置演化属性，包括以下 3 个参数。
  ○ 循环演化：用于创建在指定时间内循环的演化循环。
  ○ 循环（旋转次数）：用于指定重复前杂色循环使用的旋转次数。
  ○ 随机植入：用于设置生成杂色使用的随机值。

课堂范例——制作画面卷页动画效果

本案例主要应用【CC Page Turn】效果（CC翻页效果）制作画面卷页效果，并设置【CC Page Turn】效果的动画关键帧参数，完成对画面卷页动画效果的制作。下面详细介绍其操作方法。

步骤 01 打开“素材文件\第 7 章\制作画面卷页素材.aep”，在【效果和预设】面板中搜索到【CC Page Turn】效果后，将其拖曳到【时间轴】面板中的【01.jpg】图层上，如图 7-58 所示。

步骤 02 在【时间轴】面板中，设置【Back Opacity】（背景透明度）为 100.0，随后，设置【Fold Position】（折叠位置）的自动关键帧，先将时间线滑块拖曳到起始帧位置，设置参数为（-1234.0，564.0），再将时间线滑块拖曳到 3 秒的位置，设置参数为（768.0，384.0），如图 7-59 所示。

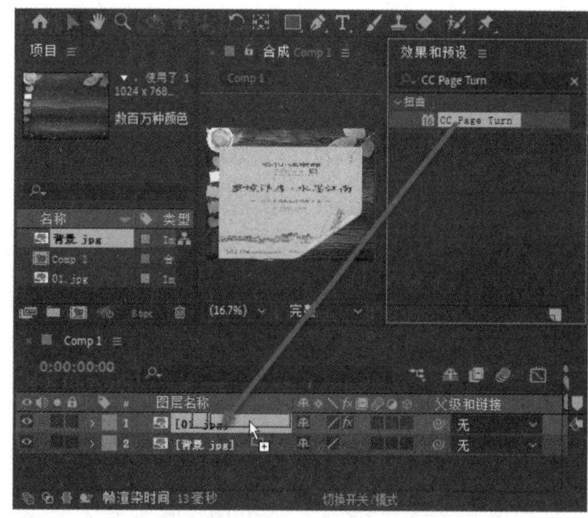

图 7-58 添加【CC Page Turn】效果

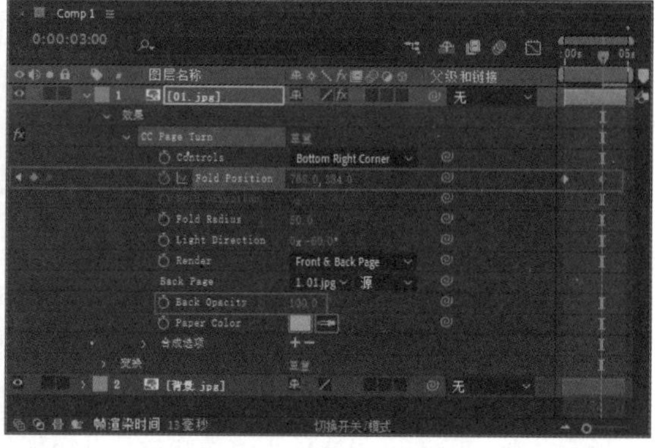

图 7-59 设置关键帧

步骤 03 此时，拖曳时间线滑块，即可查看制作完成的画面卷页动画效果，如图 7-60 所示。

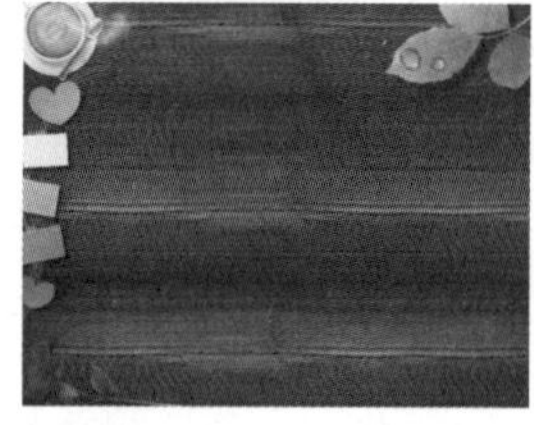

图 7-60 画面卷页动画效果

课堂问答

通过对本章内容的学习，相信读者对常用的视频效果设计与制作有了一定的了解，下面列出一些常见问题，供读者学习参考。

问题 1：如何在【时间轴】面板中快速展开所有已添加的滤镜效果?

答：在【时间轴】面板中，选择添加过效果的图层，按【E】键，即可快速展开所有已添加的滤镜效果。

问题 2：如何复制特效?

答：如果需要在本图层中复制特效，在【效果控件】面板或【时间轴】面板中选择特效，按【Ctrl+D】快捷键即可。

如果需要将特效复制到其他图层使用，可以首先在【效果控件】面板或【时间轴】面板中选择源图层中的一个或多个特效，然后按【Ctrl+C】快捷键，完成对特效的复制，最后选择目标图层，按【Ctrl+V】快捷键，完成对特效的粘贴。

问题 3：有没有什么方法可以快速查看修改的参数?

答：为素材添加了效果、设置了关键帧动画、进行了变化属性的设置后，都可以使用快捷键快速查看修改的参数。

步骤 01 在【时间轴】面板中选择图层，按【U】键，即可显示目标图层中所添加的所有关键帧属性，如图 7-61 所示。

步骤 02 在【时间轴】面板中选择图层，快速按两次【U】键，即可显示在该图层中修改过、添加过的所有参数和关键帧属性，如图 7-62 所示。

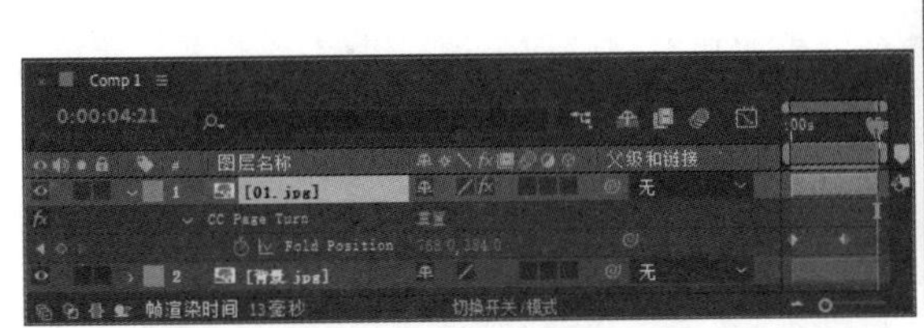

图 7-61 按【U】键显示的信息

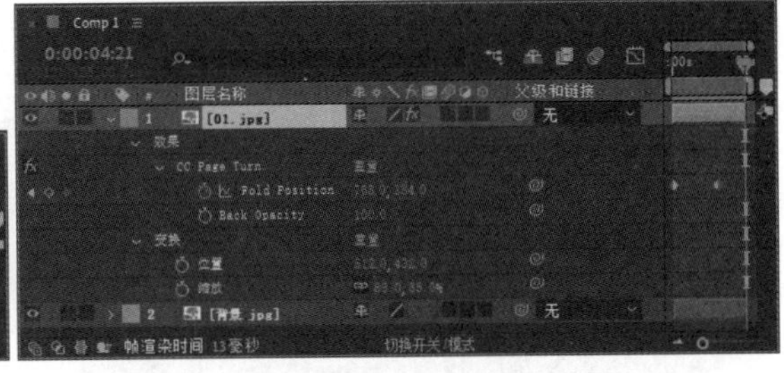

图 7-62 快速按两次【U】键显示的信息

问题 4：如何制作旋涡消失效果?

答：使用【扭曲】效果组，可以对图像进行扭曲、旋转等变形操作，以制作特殊的视觉效果。使用【旋转扭曲】效果，可以围绕指定点旋转涂抹图像，轻松制作出旋涡消失效果。

步骤 01 选择【01.png】图层后，选择菜单栏中的【效果】→【扭曲】→【旋转扭曲】命令，如图 7-63 所示。

步骤 02 为【01.png】图层添加旋转扭曲效果后，首先，在【时间轴】面板中，将时间线滑块拖曳到起始帧的位置，开启【角度】和【不透明度】的自动关键帧，然后，将时间线滑块拖曳到

1 秒的位置，设置【不透明度】为 100%，最后，将时间线滑块拖曳到 3 秒的位置，设置【角度】为 1x +270.0°、【不透明度】为 0%，如图 7-64 所示。

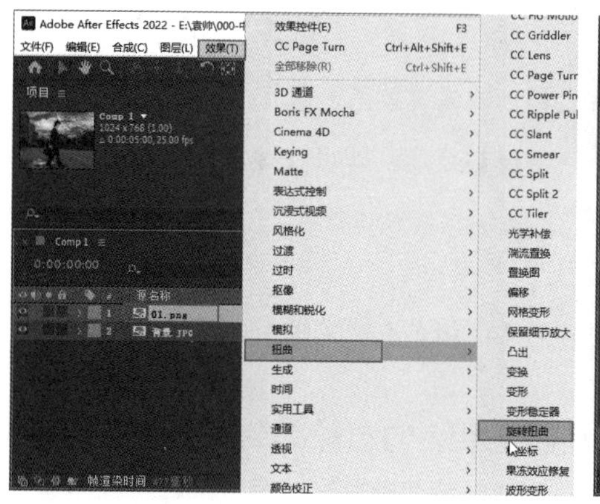

图 7-63　选择【旋转扭曲】命令

图 7-64　设置关键帧

步骤 03　此时，拖曳时间线滑块，即可查看制作完成的旋涡消失效果，如图 7-65 所示。

图 7-65　旋涡消失效果

上机实战——使用过渡效果制作镜头切换动画效果

为了帮助读者巩固本章所学的知识，下面对一个上机实战案例进行分析与讲解。

效果展示

案例素材如图 7-66 所示，效果如图 7-67 所示。

图 7-66　素材

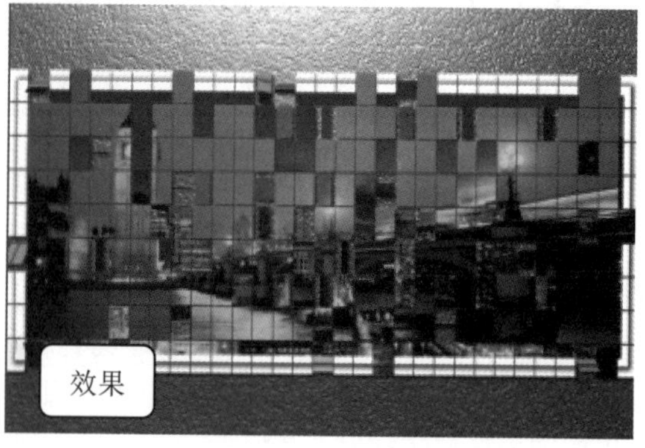

图 7-67　效果

思路分析

本案例主要介绍【卡片擦除】过渡效果的高级应用，通过对本案例的学习，读者可以达到巩固学习效果、提高使用After Effects 2022制作过渡动画效果的能力的目的。

制作步骤

步骤 01 打开“素材文件\第7章\制作镜头切换素材.aep”，隐藏【图片2.jpg】图层，设置【图片1.jpg】图层的【缩放】为（79.0，90.0%）、【图片2.jpg】图层的【缩放】为（177.0，79.0%），如图7-68所示。

步骤 02 在【效果和预设】面板中搜索【卡片擦除】效果后，将其拖曳到【时间轴】面板中的【图片1.jpg】图层上，如图7-69所示。

图 7-68 设置图层缩放

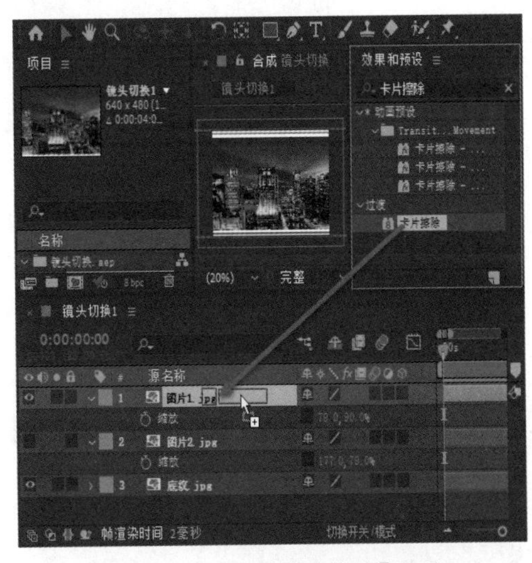

图 7-69 添加【卡片擦除】效果

步骤 03 展开【图片1.jpg】图层下的【卡片擦除】效果组，设置【过渡完成】为84%、【过渡宽度】为17%、【背面图层】为“2.图片2.jpg”、【行数】为31、【翻转轴】为随机、【翻转方向】为正向、【翻转顺序】为渐变、【渐变图层】为“1.图片1.jpg”、【随机时间】为1.00，随后，展开【摄像机位置】效果组，设置【Z位置】为1.26、【焦距】为27.00，如图7-70所示。

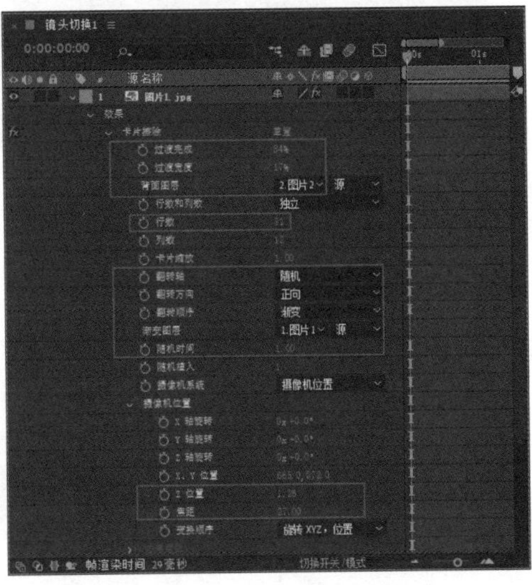

图 7-70 设置【卡片擦除】效果参数

步骤 04 展开【图片1.jpg】图层下的【卡片擦除】效果组，在0秒处设置关键帧【过渡完成】为100、【卡片缩放】为1.00；在20帧处设置【卡片缩放】为0.94；在3秒24帧处设置【过渡完成】为0%、【卡片缩放】为1.00，如图7-71所示。

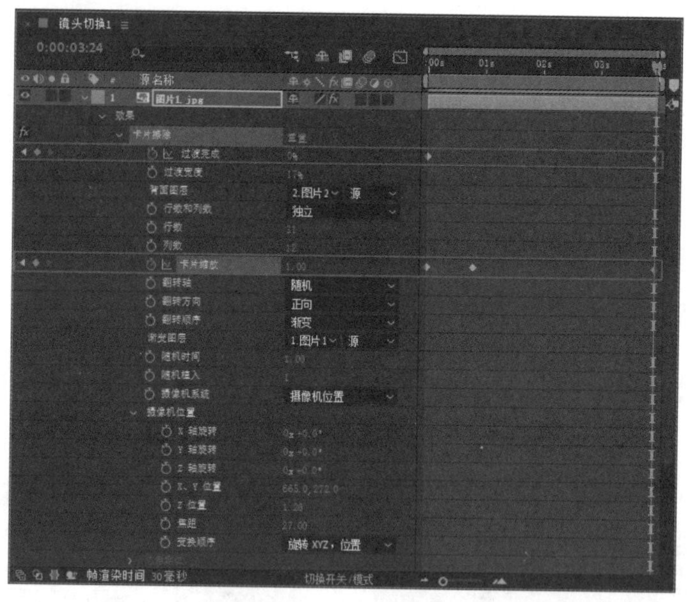

图 7-71　设置关键帧

步骤 05　拖曳时间线滑块，即可查看此时的画面效果，如图 7-72 所示。

步骤 06　选择【图片 1.jpg】图层，在菜单栏中选择【效果】→【透视】→【投影】命令后，在【效果控件】面板中展开【投影】效果组，设置【柔和度】为 5.0，如图 7-73 所示。

图 7-72　查看画面效果

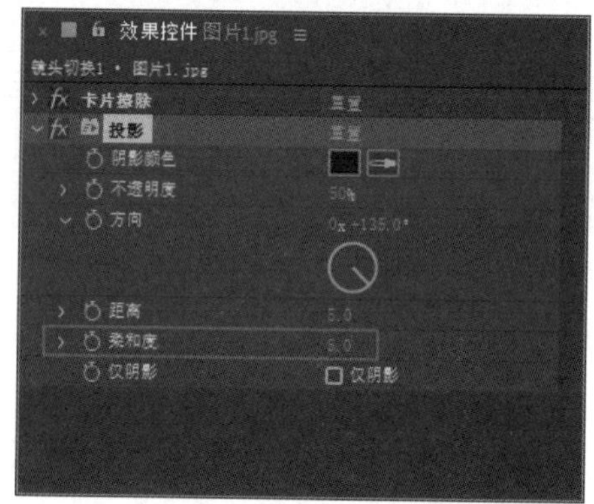

图 7-73　添加并设置【投影】效果

步骤 07　完成以上操作，即完成了使用过渡效果制作镜头切换动画效果的操作，本案例的最终效果如图 7-74 所示。

图 7-74　镜头切换动画效果

同步训练——制作水滴滑落动画效果

完成对上机实战案例的学习后，为了提高读者的动手能力，下面安排一个同步训练案例，以期达到举一反三、触类旁通的学习效果。

图解流程

同步训练案例的流程图解如图 7-75 所示。

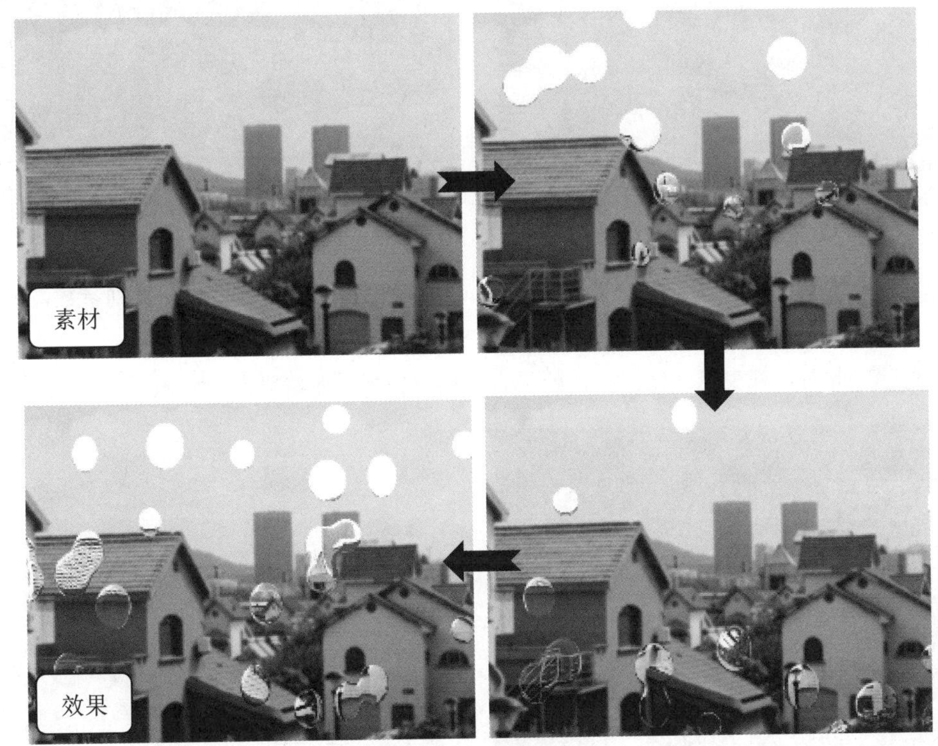

图 7-75 图解流程

思路分析

本案例主要应用【快速方框模糊】效果和【CC Mr. Mercury】效果（CC水银效果）制作水滴滑落效果，并设置【CC Mr. Mercury】效果的动画关键帧参数，完成对水滴滑落动画效果的制作。下面详细介绍其操作方法。

关键步骤

步骤 01 打开“素材文件\第 7 章\制作水滴滑落素材.aep”，选择【01.jpg】图层，为其添加【快速方框模糊】效果，并设置【模糊半径】为 10.0，如图 7-76 所示。

步骤 02 复制【01.jpg】图层，重命名为“水滴”后，删除【水滴】图层上的【快速方框模糊】效果，如图 7-77 所示。

图 7-76　添加并设置【快速方框模糊】效果

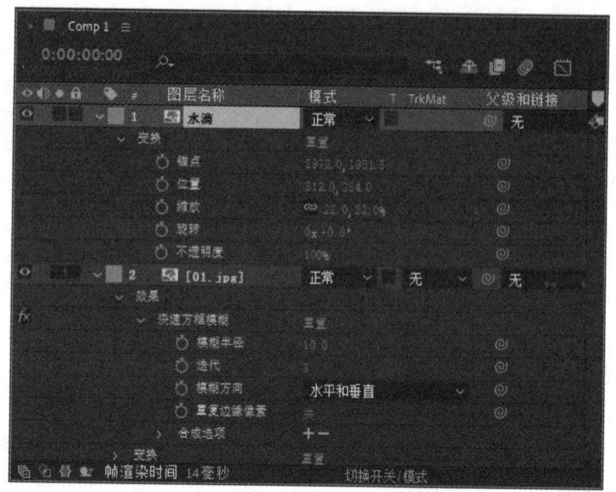

图 7-77　制作【水滴】图层

步骤 03　为【水滴】图层添加【CC Mr. Mercury】效果，并设置该效果的详细参数，如图 7-78 所示。

步骤 04　此时，拖曳时间线滑块，即可查看制作完成的水滴滑落动画效果，如图 7-79 所示。

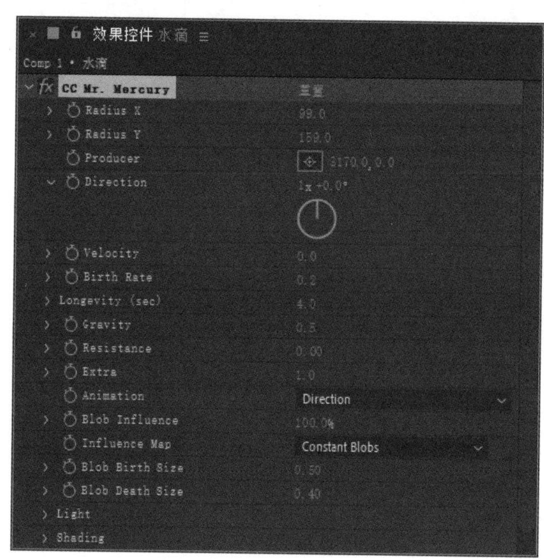

图 7-78　添加并设置【CC Mr. Mercury】效果

图 7-79　水滴滑落动画效果

知识能力测试

本章讲解了常用视频效果设计与制作的相关知识，为对知识进行巩固和考核，请读者完成以下练习题。

一、填空题

1. ___________滤镜用于围绕一个自定义的点制作模糊效果，常用来模拟镜头的推拉效果和旋转效果。在图层高质量开关打开的情况下，用户可以指定抗锯齿程度，在草图质量下则没有抗锯齿作用。

2. 使用________滤镜，可以利用随机产生的板块（或条纹）溶解图像，在两个图层的重叠部分进行切换转场。

3. _______效果主要用于模糊图像和锐化图像。通过合理地使用滤镜，可以使图层拥有特殊效果，这样即使是平面素材，经过后期合成处理，也能给人以对比感和空间感，让人拥有更好的视觉感受。

4. _________滤镜用于模拟不在摄像机聚焦平面内的物体的模糊效果（模拟画面的景深效果），其模糊的效果取决于“光圈属性”和“模糊图”的参数设置。

5. __________滤镜用于制作自然景观背景、置换图和纹理的灰度杂色，或模拟制作云、火、熔岩、蒸汽、流水等效果。

二、选择题

1.（　　）滤镜用于制作自然景观背景、置换图和纹理的灰度杂色，或模拟制作云、火、熔岩、蒸汽、流水等效果。

A.【纹理】　　B.【分形杂色】　　C.【模拟】　　D.【置换】

2. 使用（　　）滤镜，可以为图像添加四色渐变，模拟霓虹灯、流光溢彩等效果。

A.【模拟】　　B.【渐变】　　C.【流光】　　D.【四色渐变】

3. 使用（　　）效果，可以均匀模糊图像。

A. 高斯模糊　　B. 定向模糊　　C. 径向模糊　　D. 摄像机镜头模糊

4. 使用（　　）滤镜，可以利用图片的明亮度制作渐变擦除效果，使画面由一个素材逐渐过渡到另一个素材。

A.【径向擦除】　　B.【线性擦除】　　C.【渐变擦除】　　D.【百叶窗】

三、简答题

1. 为素材添加效果的方法有几种？简单介绍如何为素材添加效果。

2. 如何隐藏或删除效果？

After Effects 2022

第8章 图像色彩调整与抠像

本章主要介绍调色滤镜、抠像滤镜和遮罩滤镜的相关知识与使用技巧，此外，在本章的最后，针对实际工作需求，讲解了使用Keylight滤镜的方法。通过对本章内容的学习，读者可以掌握图像色彩调整与抠像基础操作方面的知识，为深度使用After Effects 2022 奠定基础。

学习目标

- 熟练掌握调色滤镜的使用方法
- 熟练掌握抠像滤镜的使用方法
- 熟练掌握遮罩滤镜的使用方法
- 熟练掌握 Keylight 滤镜的使用方法

8.1 调色滤镜

After Effects 2022 软件的颜色校正滤镜包中预置了很多色彩校正效果，本节将对一些常用的调色效果进行介绍，了解这些调色效果是十分重要且必要的。

8.1.1 曲线效果

利用曲线效果，可以对图像各个通道的色调范围进行控制。调整曲线的弯曲度或复杂度，可以调整图像亮区和暗区的分布情况。

打开“素材文件\第8章\曲线效果.aep”，选择素材后，在菜单栏中选择【效果】→【颜色校正】→【曲线】命令，并在【效果控件】面板中展开【曲线】滤镜的参数，加以设置。参数设置如图8-1所示。

曲线左下角的端点代表暗调，右上角的端点代表高光，中间的过渡代表中间调。将曲线向上移动是加亮，向下移动是减暗，加亮的极限是255，减暗的极限是0。在After Effects 2022中设置曲线效果，与在Photoshop中使用【曲线】命令类似。

完成参数设置前后的对比效果如图8-2所示。

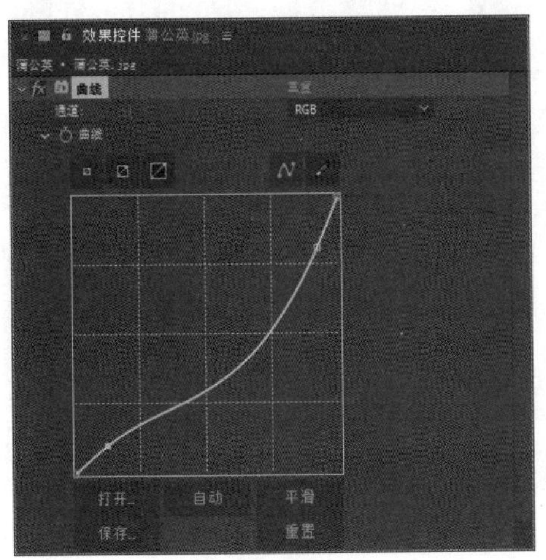

图8-1 【曲线】的参数设置

图8-2 完成参数设置前后的对比效果

曲线效果的参数说明如下。

- 通道：在右侧的下拉列表框中，可以选择需要修改的颜色通道。
- 切换：用于切换操作区域的大小。
- 曲线工具：在控制曲线条上单击，可以添加控制点；手动拖曳控制点，可以改变图像亮区和暗区的分布；将控制点拖出区域范围，可以删除控制点。
- 铅笔工具：在左侧的控制区内按住鼠标左键并拖曳鼠标，可以绘制一条曲线，控制图像的亮区和暗区分布效果。
- 打开：单击该按钮，可以打开存储的曲线文件，用打开的原曲线文件控制图像。

- 自动：用于设置自动修改曲线，增加应用图层的对比度。
- 平滑：单击该按钮，可以对设置的曲线进行平滑操作；多次单击该按钮，可以多次对曲线进行平滑操作。
- 保存：用于保存完成调整的曲线，以便以后打开使用。
- 重置：用于将曲线恢复到默认的直线状态。

8.1.2 色相/饱和度效果

色相/饱和度效果基于HSB颜色模式，使用色相/饱和度效果，可以调整图像的色调、亮度和饱和度。具体来说，色相/饱和度效果可以用于调整图像中单个颜色成分的色相、饱和度和亮度，是一个功能非常强大的图像颜色调整工具。

打开“素材文件\第 8 章\色相饱和度效果.aep”，选择素材后，在菜单栏中选择【效果】→【颜色校正】→【色相/饱和度】命令，并在【效果控件】面板中展开【色相/饱和度】滤镜的参数，加以设置。参数设置如图 8-3 所示。

完成参数设置前后的对比效果如图 8-4 所示。

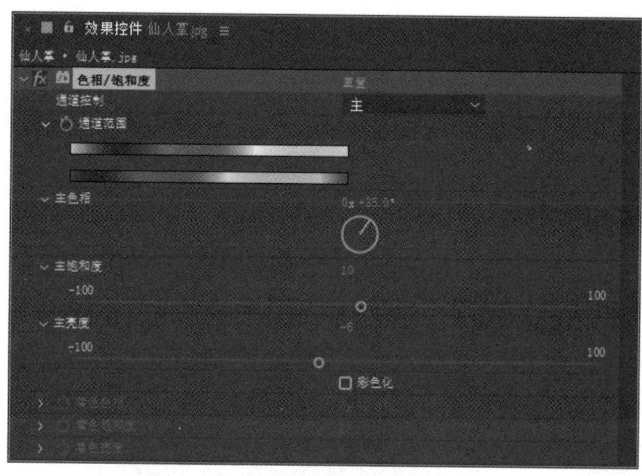

图 8-3 【色相/饱和度】的参数设置

图 8-4 完成参数设置前后的对比效果

色相/饱和度效果的参数说明如下。

- 通道控制：在右侧的下拉列表框中，可以选择需要修改的颜色通道。
- 通道范围：在颜色预览区中，可以看到颜色的调整范围。上方的颜色预览区显示的是调整前的颜色；下方的颜色预览区显示的是调整后的颜色。
- 主色相：用于调整图像的主色调，与在【通道控制】中选择的通道有关。
- 主饱和度：用于调整图像颜色的浓度。
- 主亮度：用于调整图像颜色的亮度。
- 彩色化：勾选【彩色化】复选框，可以为灰度图像增加色彩，也可以将多彩的图像转换成单一的图像。勾选【彩色化】复选框，会激活以下选项。

○ 着色色相：用于调整着色后图像的色调。

○ 着色饱和度：用于调整着色后图像的颜色浓度。

○ 着色亮度：用于调整着色后图像的颜色亮度。

8.1.3 色阶效果

调整色阶效果参数时，可以在直方图中看到整张图片的明暗信息，亮度、对比度、灰度系数等参数结合在一起，便于用户对图像进行明度、阴暗层次和中间色彩的调整。

打开“素材文件\第8章\色阶效果.aep”，选择素材后，在菜单栏中选择【效果】→【颜色校正】→【色阶】命令，并在【效果控件】面板中展开【色阶】滤镜的参数，加以设置。参数设置如图8-5所示。

完成参数设置前后的对比效果如图8-6所示。

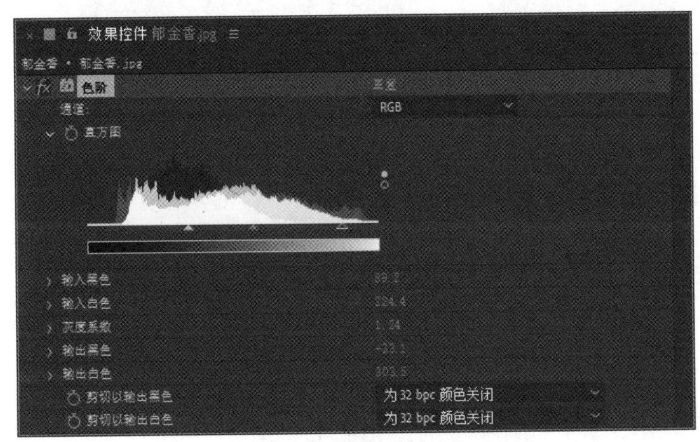

图8-5 【色阶】的参数设置

图8-6 完成参数设置前后的对比效果

色阶效果的参数说明如下。

- 通道：用于选择需要修改的颜色通道。
- 直方图：用于显示图像中像素的分布情况。拖曳上方显示区域的滑块可以进行调色，X轴从左到右表示亮度值从最暗（0）到最亮（255），Y轴表示某个数值下的像素数量，其中，黑色滑块是暗调色彩；白色滑块是亮调色彩；灰色滑块可以调整中间色调。拖动下方区域的滑块可以调整图像的亮度，向右拖动黑色滑块，可以消除图像中最暗的值，向左拖动白色滑块，则可以消除图像中最亮的值。
- 输入黑色：用于指定输入图像暗区值的阈值，输入的数值将应用在图像的暗区。
- 输入白色：用于指定输入图像亮区值的阈值，输入的数值将应用在图像的亮区。
- 灰度系数：用于设置输出中间色调，相当于【直方图】中的灰色滑块。
- 输出黑色：用于设置输出的暗区极值。
- 输出白色：用于设置输出的亮区极值。
- 剪切以输出黑色：用于修剪暗区输出。
- 剪切以输出白色：用于修剪亮区输出。

8.1.4 颜色平衡效果

调整颜色平衡效果，主要依靠控制红、绿、蓝在中间色、阴影和高光之间的比重来控制图像的色彩，非常适合用在精细地调整图像的高光、阴影和中间色调等方面。

打开“素材文件\第 8 章\颜色平衡效果.aep”，选择素材后，在菜单栏中选择【效果】→【颜色校正】→【颜色平衡】命令，并在【效果控件】面板中展开【颜色平衡】滤镜的参数，加以设置。参数设置如图 8-7 所示。

完成参数设置前后的对比效果如图 8-8 所示。

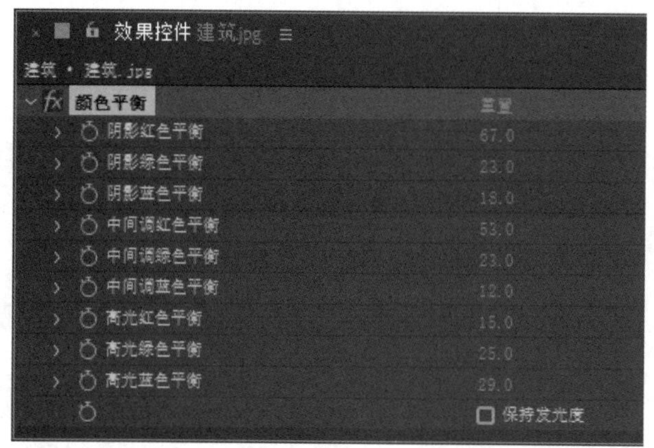

图 8-7 【颜色平衡】的参数设置

图 8-8 完成参数设置前后的对比效果

颜色平衡效果的参数说明如下。

- 阴影红/绿/蓝色平衡：这几个选项用于调整图像暗部的RGB色彩平衡。
- 中间调红/绿/蓝色平衡：这几个选项用于调整图像中间色调的RGB色彩平衡。
- 高光红/绿/蓝色平衡：这几个选项用于调整图像高光区的RGB色彩平衡。
- 保持发光度：勾选【保持发光度】复选框，可以在修改颜色值时保持图像的整体亮度不变。

8.1.5 通道混合器效果

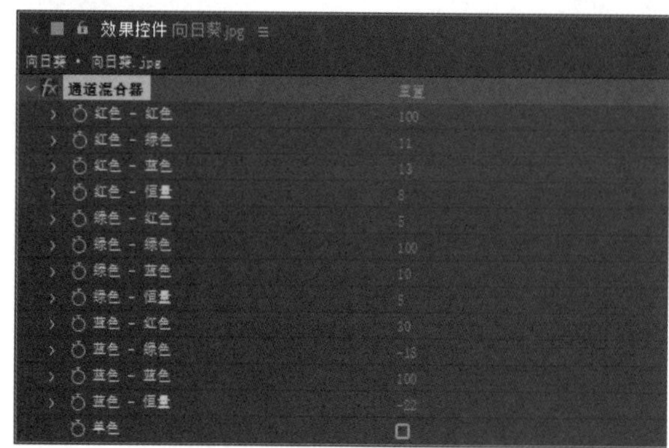

图 8-9 【通道混合器】的参数设置

调整通道混合器效果，可以通过混合当前通道来改变画面的颜色通道。使用该效果，可以制作出使用普通色彩修正滤镜不容易制作出的效果。

打开“素材文件\第 8 章\通道混合器效果.aep”，选择素材后，在菜单栏中选择【效果】→【颜色校正】→【通道混合器】命令，并在【效果控件】面板中展开【通道混合器】滤镜的参数，加以设置。参数设置如图 8-9 所示。

完成参数设置前后的对比效果如图 8-10 所示。

通道混合器效果的参数说明如下。

图 8-10　完成参数设置前后的对比效果

- 红色-红色/红色-绿色/红色-蓝色：用于设置红色通道颜色的混合比例。
- 绿色-红色/绿色-绿色/绿色-蓝色：用于设置绿色通道颜色的混合比例。
- 蓝色-红色/蓝色-绿色/蓝色-蓝色：用于设置蓝色通道颜色的混合比例。
- 红色-恒量/绿色-恒量/蓝色-恒量：用于调整红色通道、绿色通道和蓝色通道的对比度。
- 单色：勾选【单色】复选框后，彩色图像将转换为灰度图。

8.1.6 更改颜色效果

更改颜色效果可以改变某个色彩范围内的色调，达到置换颜色的目的。

打开“素材文件\第 8 章\更改颜色效果.aep”，选择素材后，在菜单栏中选择【效果】→【颜色校正】→【更改颜色】命令，并在【效果控件】面板中展开【更改颜色】滤镜的参数，加以设置。参数设置如图 8-11 所示。

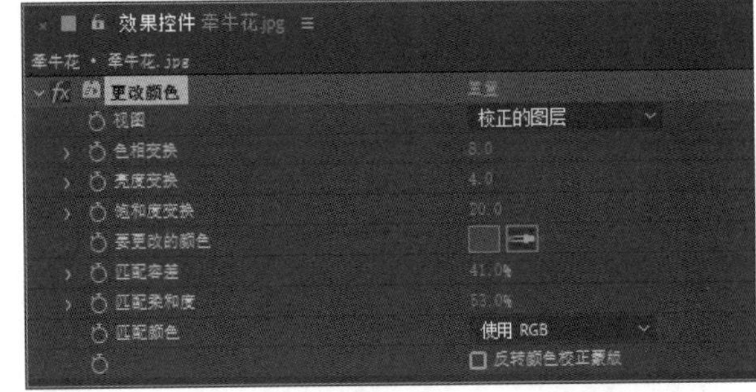

图 8-11　【更改颜色】的参数设置

完成参数设置前后的对比效果如图 8-12 所示。

图 8-12　完成参数设置前后的对比效果

更改颜色效果的参数说明如下。

- 视图：用于设置在【合成】面板中查看图像的方式。在右侧的下拉列表框中选择【校正的图层】，显示的是颜色校正后的画面效果，也就是最终效果；选择【颜色校正蒙版】，显示的是颜色校正后遮罩部分的效果，也就是图像中被改变的部分的效果。
- 色相变换：用于调整所选颜色的色相。
- 亮度变换：用于调整所选颜色的亮度。
- 饱和度变换：用于调整所选颜色的色彩饱和度。
- 要更改的颜色：用于指定将要被修正的区域的颜色。
- 匹配容差：用于指定颜色匹配的相似程度，即颜色的容差度。值越大，被修正的颜色区域越大。

- 匹配柔和度：用于设置颜色的柔和度。
- 匹配颜色：用于指定匹配的颜色空间，有使用RGB、使用色相、使用色度3个选项。
- 反转颜色校正蒙版：用于反转颜色校正的遮罩。勾选【反转颜色校正蒙版】复选框，可以使用吸管工具吸取图像中相同的颜色进行反转操作。

课堂范例——制作咖啡杯变色动画效果

本案例主要使用【更改为颜色】效果制作咖啡杯变色效果，并通过设置该效果下的关键帧动画，制作出色调变换的过程动画，完成对咖啡杯变色动画效果的制作。下面详细介绍其操作方法。

步骤 01 打开“素材文件\第8章\制作咖啡杯变色素材.aep”，在【效果和预设】面板中搜索到【更改为颜色】效果后，将其拖曳到【时间轴】面板中的【01.jpg】图层上，如图8-13所示。

步骤 02 在【效果控件】面板中，先选择【自】后面的吸管工具，吸取咖啡杯红色，再设置【至】后面的颜色为黄色，如图8-14所示。

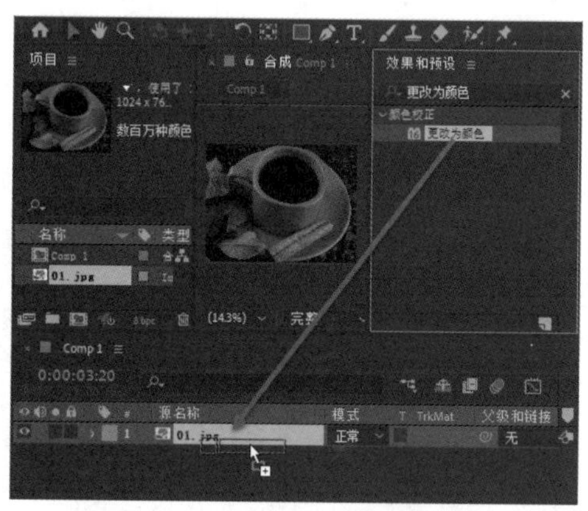

图8-13 添加【更改为颜色】效果

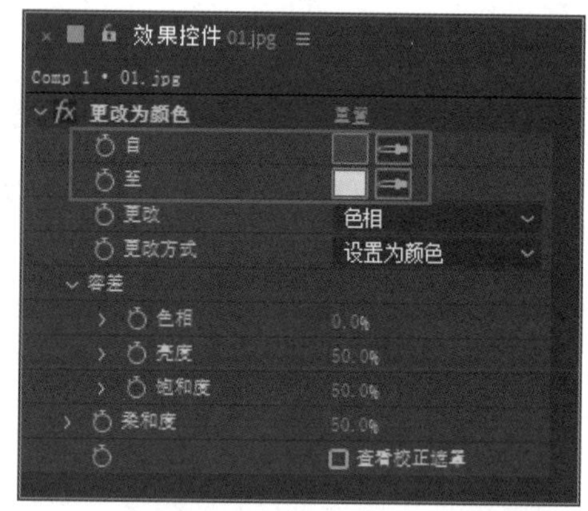

图8-14 吸取并设置颜色

步骤 03 在【时间轴】面板中，展开【01.jpg】图层下的【效果】属性组，将时间线滑块拖曳到起始帧位置，开启【容差】选项组中【色相】的自动关键帧，设置其参数为0.0%；随后，将时间线滑块拖曳到3秒20帧的位置，设置【色相】的参数为8.0%，如图8-15所示。

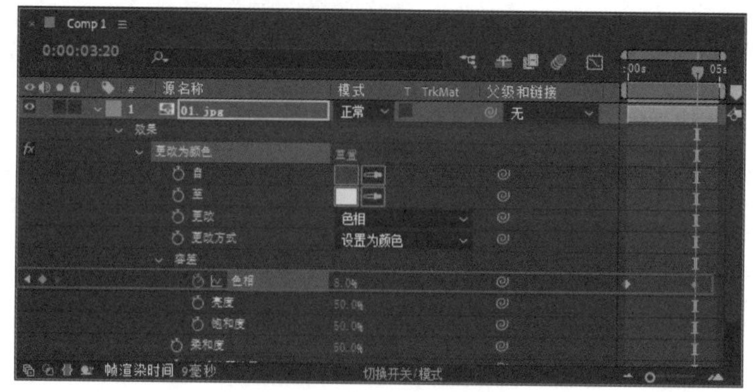

图8-15 设置关键帧参数

步骤 04 此时，拖曳时间线滑块，即可查看制作完成的咖啡杯变色动画效果，如图 8-16 所示。

图 8-16 咖啡杯变色动画效果

8.2 抠像滤镜

抠像技术是影视制作中常用的技术。在很多影视作品中，气势恢宏的场景和令人瞠目结舌的特效，都经历过大量抠像处理。本节将详细介绍有关抠像操作的知识及实用技巧。

8.2.1 颜色键效果

使用【颜色键】滤镜，可以将素材的某种颜色及与之相似的颜色设置为透明，也可以对素材进行边缘预留设置，制作类似描边的效果。

打开“素材文件\第 8 章\颜色键效果.aep”，选择素材后，在菜单栏中选择【效果】→【过时】→【颜色键】命令，并在【效果控件】面板中展开【颜色键】滤镜的参数，加以设置。参数设置如图 8-17 所示。

完成参数设置前后的对比效果如图 8-18 所示。

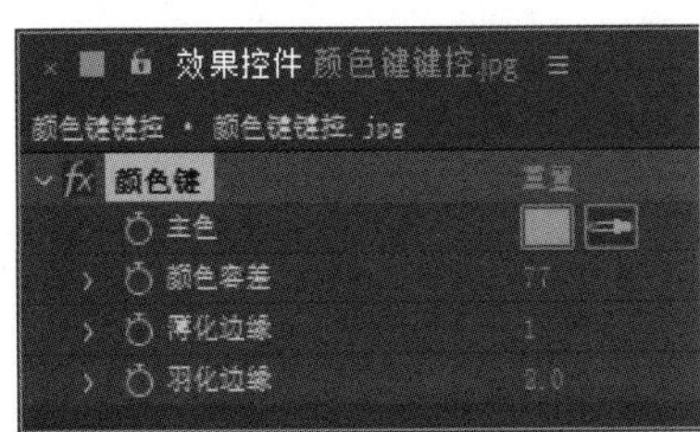

图 8-17 【颜色键】的参数设置

图 8-18 完成参数设置前后的对比效果

颜色键效果的参数说明如下。

- 主色：用于确定要设置为透明的颜色的颜色值。确定颜色时，可以直接单击左侧的色块，在弹出的色板中选择目标颜色，也可以单击右侧的吸管工具，在素材上吸取所需要的颜色。
- 颜色容差：用于设置颜色的容差范围。值越大，包含的颜色越广。
- 薄化边缘：用于调整抠出区域的边缘。正值为扩大遮罩范围，负值为缩小遮罩范围。
- 羽化边缘：用于设置边缘的羽化值。

> **技能拓展**
>
> 使用【颜色键】滤镜进行抠像，只能制作出透明和不透明两种效果，因此，使用该滤镜，只适合抠取背景颜色变化不大、前景完全不透明，以及边缘比较明晰的素材。

8.2.2 颜色范围效果

图 8-19 【颜色范围】参数设置

使用【颜色范围】滤镜，可以在Lab、YUV 和RGB任意一个色彩空间中根据指定的颜色范围设置抠出颜色。抠除具有多种颜色构成或灯光不均匀的蓝屏或绿屏背景时，使用该滤镜非常高效。

打开“素材文件\第 8 章\颜色范围效果.aep”，选择素材后，在菜单栏中选择【效果】→【抠像】→【颜色范围】命令，并在【效果控件】面板中展开【颜色范围】滤镜的参数，加以设置。参数设置如图 8-19 所示。

完成参数设置前后的对比效果如图 8-20 所示，其中，前两幅图是设置参数之前的图，最后一幅图是效果图。

图 8-20 完成参数设置前后的对比效果

颜色范围效果的参数说明如下。

- 预览：用于显示抠像所显示的颜色范围。
- 吸管：用于从图像中吸取需要镂空的颜色。
- 加选吸管：在图像中单击，可以增加键控的颜色范围。
- 减选吸管：在图像中单击，可以减少键控的颜色范围。
- 模糊：用于控制边缘的柔和程度。值越大，边缘越柔和。
- 色彩空间：用于设置抠出图像所使用的色彩空间，包括Lab、YUV和RGB 3 个选项。
- 最小/最大值：用于精确调整色彩空间中颜色开始范围的最小值和颜色结束范围的最大值。

8.2.3 差值遮罩效果

使用【差值遮罩】滤镜，可以通过指定差异层与特效层进行颜色对比，将相同颜色区域抠出，制作透明效果。

打开“素材文件\第8章\差值遮罩效果.aep”，选择素材后，在菜单栏中选择【效果】→【抠像】→【差值遮罩】命令，并在【效果控件】面板中展开【差值遮罩】滤镜的参数，加以设置。参数设置如图 8-21 所示。

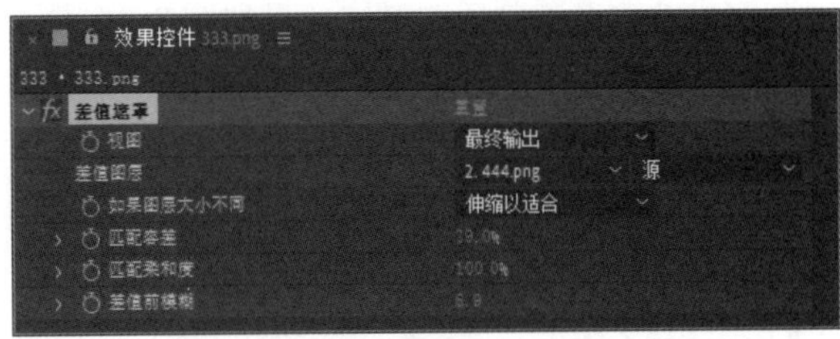

图 8-21 【差值遮罩】的参数设置

完成参数设置前后的对比效果如图 8-22 所示，其中，前两幅图是设置参数之前的图，最后一幅图是效果图。

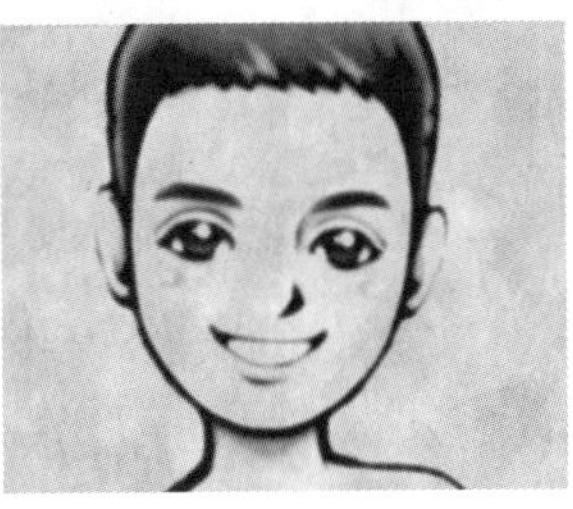

图 8-22 完成参数设置前后的对比效果

差值遮罩效果的参数说明如下。

- 视图：用于设置不同的图像视图。
- 差值图层：用于指定与特效层进行对比的差异层。
- 如果图层大小不同：如果差异层与特效层大小不同，可以选择居中对齐或拉伸差异层（需要拉伸差异层，则选择【伸缩以适合】）。
- 匹配容差：用于设置颜色对比的百分比。值越大，包含的颜色信息量越多。
- 匹配柔和度：用于设置颜色的柔化程度。
- 差值前模糊：用于在对比前对两个图像进行模糊处理。

8.2.4 内部/外部键效果

【内部/外部键】滤镜特别适合用于抠取毛发。使用该滤镜时，需要绘制两个遮罩，一个遮罩用于定义抠出范围之内的边缘，另外一个遮罩用于定义抠出范围之外的边缘，After Effects 2022 会根据这两个遮罩的像素差异，定义抠出边缘并进行抠像。

打开“素材文件\第8章\内部/外部键效果.aep”，选择素材后，在菜单栏中选择【效果】→【抠像】→【内部/外部键】命令，并在【效果控件】面板中展开【内部/外部键】滤镜的参数，加以设置。参数设置如图 8-23 所示。

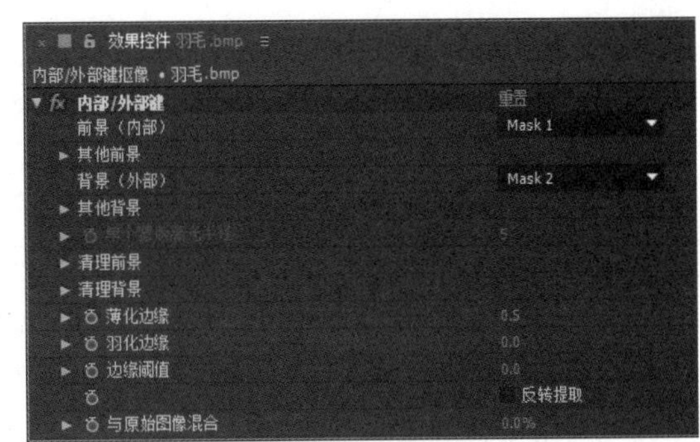

图 8-23 【内部/外部键】的参数设置

完成参数设置前后的对比效果如图 8-24 所示，其中，前两幅图是设置参数之前的图，最后一幅图是效果图。

图 8-24　完成参数设置前后的对比效果

内部/外部键效果的参数说明如下。

- 前景（内部）：用于指定绘制的前景蒙版。
- 其他前景：用于指定更多的前景蒙版。
- 背景（外部）：用于指定绘制的背景蒙版。
- 其他背景：用于指定更多的背景蒙版。
- 单个蒙版高光半径：当只有一个遮罩时，该选项被激活，并沿这个遮罩清除前景色，显示背景色。
- 清理前景：用于清除图像的前景色。
- 清理背景：用于清除图像的背景色。
- 薄化边缘：用于设置图像边缘的扩展或收缩。
- 羽化边缘：用于设置图像边缘的羽化值。
- 边缘阈值：用于设置图像边缘的容差值。
- 反转提取：勾选【反转提取】复选框，可以反转抠像的效果。
- 与原始图像混合：用于设置与原始图像的混合程度。

技能拓展

内部/外部键效果还可以用于修改边缘的颜色，将背景的残留颜色提取出来，并自动净化边缘的残留颜色，因此，把经过抠像的目标图像叠加在其他背景上时，会显示出边缘的模糊效果。

课堂范例——制作蝴蝶飞舞合成效果

本案例主要应用【颜色键】效果制作蝴蝶飞舞合成效果，下面详细介绍其操作方法。

步骤 01　打开“素材文件\第 8 章\蝴蝶飞舞合成素材.aep”，在【效果和预设】面板中搜索到【颜色键】效果，并将其拖曳到【时间轴】面板中的【蝴蝶.mov】图层上，如图 8-25 所示。

步骤 02 在【效果控件】面板中，单击【主色】后面的吸管工具，吸取【蝴蝶.mov】图层的背景颜色，设置【颜色容差】为40，设置【薄化边缘】为2，设置【羽化边缘】为5.0，如图8-26所示。

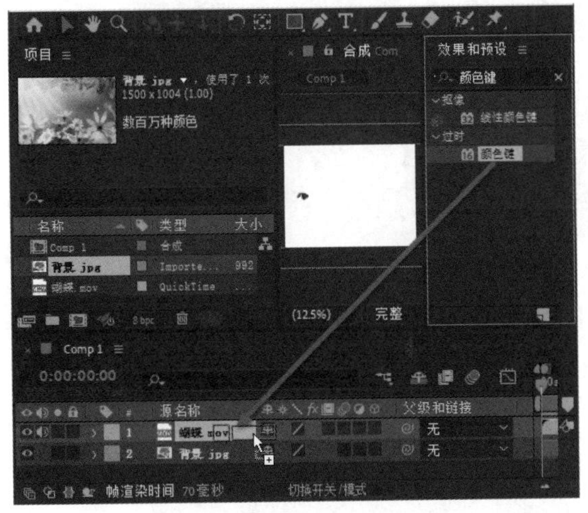

图 8-25 添加【颜色键】效果

图 8-26 设置【颜色键】参数

步骤 03 完成以上操作后，即可完成对蝴蝶飞舞合成效果的制作，本案例的最终效果如图 8-27 所示。

图 8-27 蝴蝶飞舞合成最终效果

8.3 遮罩滤镜

抠像是一门综合技术，除了抠像本身需要技术水平，用户还需要掌握抠像后图像边缘的处理技术、与背景合成时的色彩匹配技术等。本节将详细介绍遮罩滤镜的相关知识。

8.3.1 遮罩阻塞工具

遮罩阻塞工具是功能非常强大的图像边缘处理工具。

打开“素材文件\第8章\遮罩阻塞工具.aep”，选择素材后，在菜单栏中选择【效果】→【遮罩】→【遮罩阻塞工具】命令，并在【效果控件】面板中展开【遮罩阻塞工具】滤镜的参数，加以设置。参数设置如图 8-28 所示。

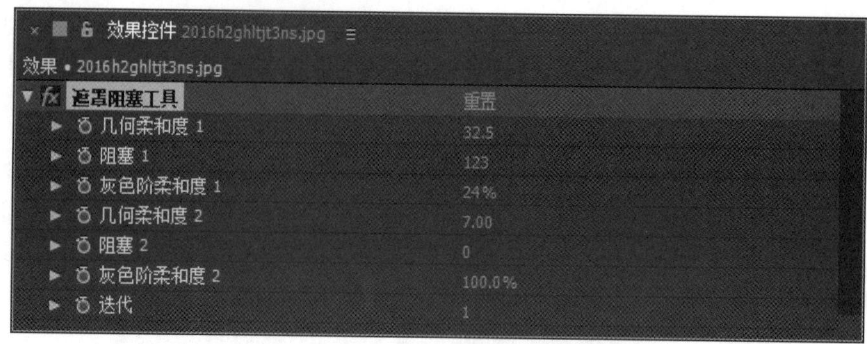

图 8-28 【遮罩阻塞工具】的参数设置

完成参数设置前后的对比效果如图 8-29 所示。

图 8-29 完成参数设置前后的对比效果

遮罩阻塞工具的参数说明如下。

- 几何柔和度 1：用于调整图像边缘的一级光滑度。
- 阻塞 1：用于设置图像边缘的一级扩充或收缩。
- 灰色阶柔和度 1：用于调整图像边缘的一级光滑度百分比。
- 几何柔和度 2：用于调整图像边缘的二级光滑度。
- 阻塞 2：用于设置图像边缘的二级扩充或收缩。
- 灰色阶柔和度 2：用于调整图像边缘的二级光滑度百分比。
- 迭代：用于控制图像边缘收缩的强度。

8.3.2 调整实边遮罩

【调整实边遮罩】滤镜不仅可以用于处理图像的边缘，还可以用于控制抠出图像的Alpha噪波干净纯度。

打开“素材文件\第 8 章\调整实边遮罩.aep”，选择素材后，在菜单栏中选择【效果】→【遮罩】→【调整实边遮罩】命令，并在【效果控件】面板中展开【调整实边遮罩】滤镜的参数，加以设置。参数设置如图 8-30 所示。

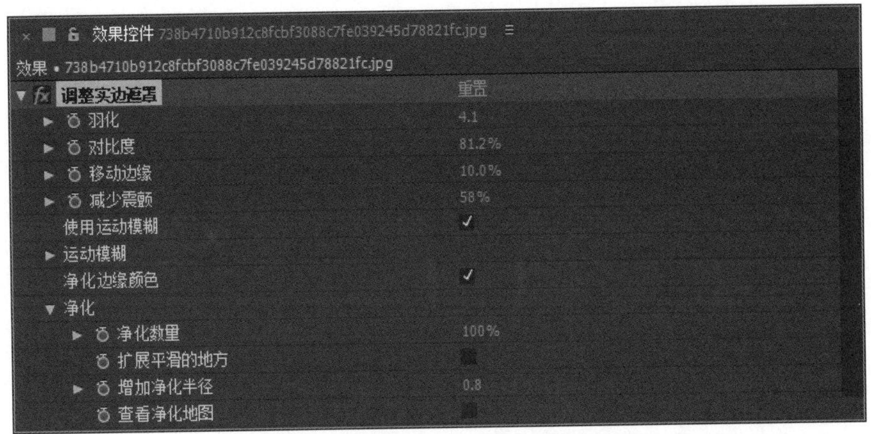

图 8-30 【调整实边遮罩】的参数设置

完成参数设置前后的对比效果如图 8-31 所示。

图 8-31 完成参数设置前后的对比效果

调整实边遮罩效果的主要参数说明如下。

- 羽化：用于设置图像边缘的光滑程度。
- 对比度：用于调整图像边缘的羽化过渡效果。
- 减少震颤：用于设置运动图像上的噪波。
- 使用运动模糊：对于带有运动模糊的图像来说，该选项很有用处，通过勾选或取消勾选该选项对应的复选框，可以决定是否使用运动模糊。
- 净化边缘颜色：通过勾选或取消勾选该选项对应的复选框，可以决定是否对图像边缘的颜色进行净化处理。

8.3.3 简单阻塞工具

【简单阻塞工具】滤镜是边缘控制组中最为简单的一款滤镜，不太适合处理较为复杂的或精度要求比较高的图像边缘。

打开任意一个素材，选择素材后，在菜单栏中选择【效果】→【遮罩】→【简单阻塞工具】命令，并在【效果控件】面板中展开【简单阻塞工具】滤镜的参数，加以设置。参数设置如图 8-32 所示。

图 8-32 【简单阻塞工具】的参数设置

简单阻塞工具效果的参数说明如下。

- 视图：用于设置图像的查看方式。
- 阻塞遮罩：用于设置图像边缘的扩充或收缩。

8.4 Keylight滤镜

Keylight是一个经过实践验证的高效蓝绿屏幕抠像插件，是屡获殊荣的抠像工具之一。多年以来，Keylight不断进行改进和升级，致力于使抠像更快捷、简单。本节将详细介绍Keylight滤镜的相关知识。

8.4.1 常规抠像

常规抠像的工作流程一般是先设置Screen Colour参数（屏幕色参数），再设置要抠出的颜色。如果蒙版边缘有抠出颜色的溢出，需要调整Despill Bias参数（反溢出偏差参数），为前景选择一个合适的表面颜色；如果前景色被抠出或背景色没有被完全抠出，需要适当调整Screen Matte选项组（屏幕遮罩选项组）中的Clip Black参数（剪切黑色参数）和Clip White参数（剪切白色参数）。

打开任意一个素材，选择素材后，在菜单栏中选择【效果】→【Keying】→【Keylight（1.2）】命令，并在【效果控件】面板中展开【Keylight（1.2）】滤镜的参数，加以设置。参数设置如图8-33所示。

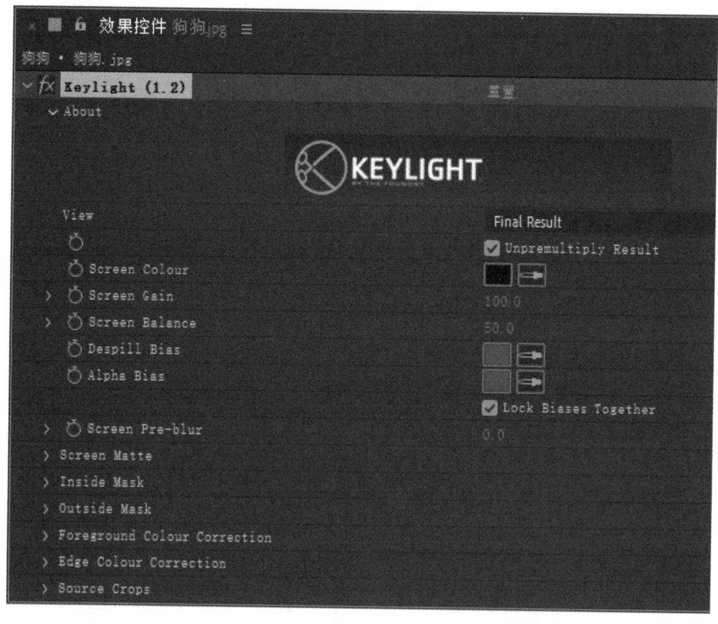

图 8-33 【Keylight（1.2）】的参数设置

Keylight（1.2）效果的主要参数说明如下。

1. View

View选项（视图选项）用于设置查看最终效果的方式，其下拉列表框中有11种查看方式，如图8-34所示。

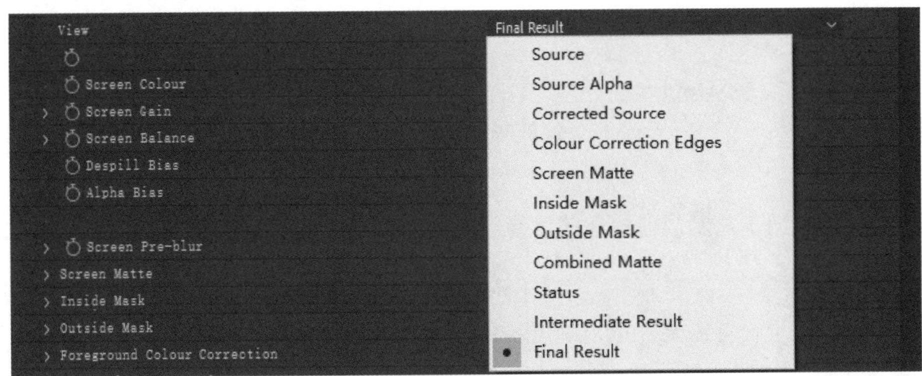

图8-34　11种查看方式

技能拓展

设置Screen Colour时，不能将View选项设置为Final Result（最终结果），因为在进行第1次取色时，被选择抠出的颜色大部分都被消除了。

下面详细介绍3个View下拉列表框中的常用可选项。

（1）Screen Matte

设置Clip Black和Clip White时，用户可以将View选项设置为Screen Matte，这样可以将屏幕中本来应该完全透明的地方调整为黑色、将完全不透明的地方调整为白色、将半透明的地方调整为合适的灰色，如图8-35所示。

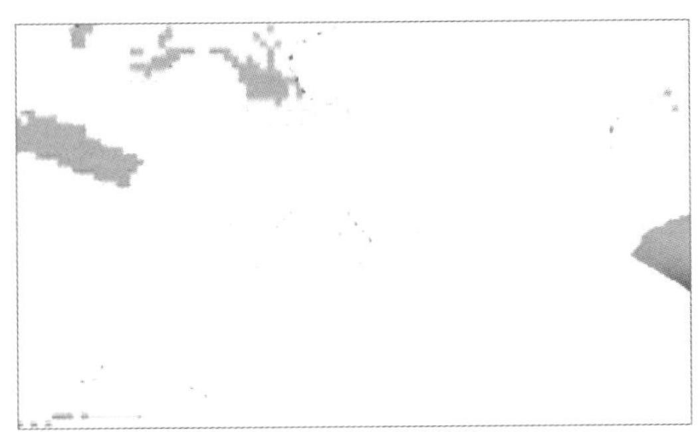

图8-35　Screen Matte方式

（2）Status

Status方式（状态方式）能够对遮罩效果进行夸张、放大渲染，这样，即便是很小的问题，也将被在屏幕上放大显示出来，如图8-36所示。

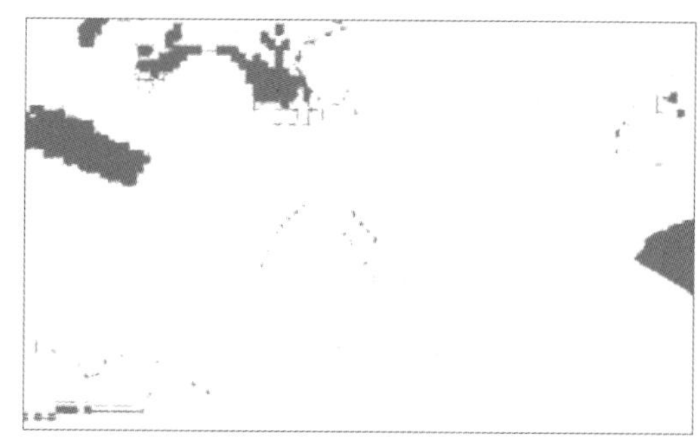

图 8-36 Status方式

(3) Final Result

Final Result方式用于显示当前抠像的最终结果。

2. Screen Colour

Screen Colour用于设置需要被抠出的屏幕色，用户可以使用该选项后面的【吸管工具】，在【合成】面板中吸取目标屏幕色，完成吸取后，系统会自动创建一个Screen Matte，用于抑制遮罩边缘溢出的抠出颜色。

3. Despill Bias

设置Screen Colour时，虽然Keylight滤镜会自动抑制前景的边缘溢出色，但在前景的边缘处，往往依然会残留一些抠出色，该选项用于控制残留的抠出色。

8.4.2 扩展抠像

常规抠像虽然操作简单、快捷，但是在处理一些复杂图像、影像时，效果不尽如人意。这时，合理调整Keylight(1.2)效果的各个参数，可制作令人满意的效果。Keylight(1.2)效果的参数设置如8.4.1小节的图8-33所示。

1. Screen Colour

无论是常规抠像还是扩展抠像，Screen Colour都是必须设置的一个选项。使用Keylight滤镜进行抠像的第1步是使用Screen Colour选项后面的【吸管工具】在屏幕上对要抠出的颜色进行取样，取样的范围包括主要色调(如蓝色和绿色)与颜色饱和度。

一旦指定了Screen Colour，Keylight滤镜就会在整个画面中分析所有像素，并且比较这些像素的颜色和取样的颜色在色调和饱和度上的差异，根据比较的结果设定画面的透明区域，并相应地对前景的边缘颜色进行修改。

2. Screen Gain

Screen Gain参数(屏幕增益参数)主要用于设置Screen Colour被抠出的程度，其值越大，被抠出的颜色越多。

3. Screen Balance

在RGB颜色值中对主要颜色的饱和度与其他两个颜色通道的饱和度的平均加权值进行比较，所得出的结果就是Screen Balance（屏幕平衡）的属性值。例如，Screen Balance为100% 时，Screen Colour的饱和度占绝对优势，其他两个颜色通道的饱和度的平均加权值几乎为0。

4. Despill Bias

Despill Bias参数（反溢出偏差参数）可以用于设置Screen Colour的反溢出效果。如果蒙版的边缘有抠出颜色的溢出，就需要调整Despill Bias参数，为前景选择合适的表面颜色，这样抠取出来的图像效果会得到很大的改善。

5. Alpha Bias

Alpha Bias参数（Alpha偏差参数）可以用于设置Screen Colour的反溢出效果。一般情况下，不需要单独调整Alpha Bias参数，但是在绿屏中的红色信息多于绿色信息，并且前景的红色通道信息也比较多的情况下，需要单独调整Alpha Bias参数，否则很难抠出图像。

6. Screen Pre-blur

调整Screen Pre-blur参数（屏幕预模糊参数），可以在对素材进行蒙版操作前，先对画面进行轻微的模糊处理，这种预模糊处理可以降低画面的噪点效果。

7. Screen Matte

Screen Matte参数组主要用于微调遮罩效果，更加精确地控制前景和背景的界线。Screen Matte参数组中的参数如图8-37所示。

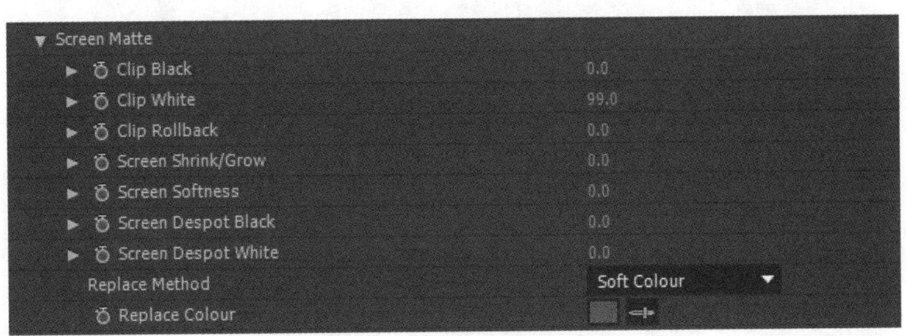

图8-37 Screen Matte参数组中的参数

下面详细介绍Screen Matte参数组中的参数的含义。

（1）Clip Black：用于设置遮罩中黑色像素的起点值。如果在背景像素的地方出现了前景像素，那么可以适当增大Clip Black数值，以抠出所有的背景像素。

（2）Clip White：用于设置遮罩中白色像素的起点值。如果在前景像素的地方出现了背景像素，那么可以适当降低Clip White数值，以达到满意的效果。

（3）Clip Rollback（剪切削减）：调整Clip Black参数和Clip White参数时，有时会对前景边缘像素产生破坏，这时可以适当调整Clip Rollback数值，对前景边缘像素进行一定程度的补偿。

（4）Screen Shrink/Grow（屏幕收缩/扩张）：用于收缩或扩张蒙版的范围。

（5）Screen Softness（屏幕柔化）：用于对整个蒙版进行模糊处理。注意，该选项只影响蒙版的模糊程度，不会影响前景和背景。

（6）Screen Despot Black（屏幕独占黑色）：用于让黑点与周围像素进行加权运算。增大其值可以消除白色区域内的黑点。

（7）Screen Despot White（屏幕独占白色）：用于让白点与周围像素进行加权运算。增大其值可以消除黑色区域内的白点。

（8）Replace Method（替换方式）：用于设置替换Alpha 通道溢出区域颜色的方式，包括以下4 种。

- None（无）：不进行任何处理。
- Source（源）：使用原始素材像素进行补救。
- Hard Colour（硬度色）：直接使用Replace Colour对增加的Alpha通道区域进行补救。
- Soft Colour（柔和色）：使用Replace Colour对增加的Alpha通道区域进行补救时，根据原始素材像素的亮度进行柔化处理。

（9）Replace Colour（替换颜色）：用于根据设置的颜色对Alpha 通道的溢出区域进行补救。

8. Inside Mask/Outside Mask

使用Inside Mask（内侧蒙版），可以将前景内容隔离出来，使其不参与抠像处理；使用Outside Mask（外侧蒙版），可以指定背景像素，不管遮罩内是何内容，一律视为背景像素进行抠出，在处理背景颜色不均匀的素材时非常高效。Inside Mask/Outside Mask参数组（内侧/外侧蒙版参数组）中的参数如图 8-38 所示。

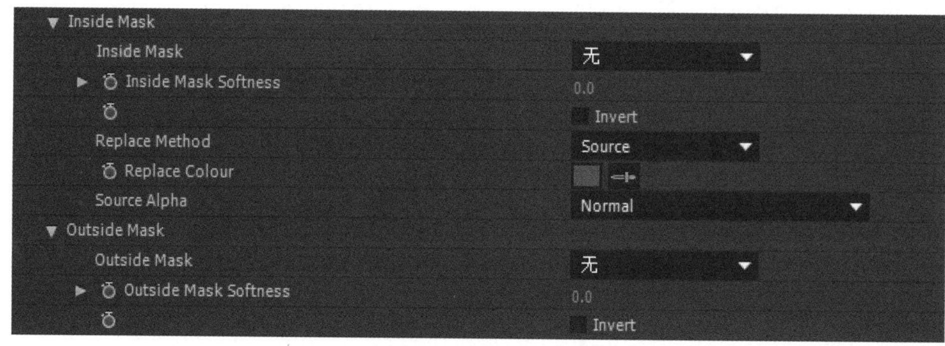

图 8-38　Inside Mask/Outside Mask 参数组中的参数

下面详细介绍Inside Mask/Outside Mask参数组中的参数的含义。

（1）Inside Mask/Outside Mask：用于选择内侧/外侧的蒙版。

（2）Inside Mask Softness/Outside Mask Softness（内侧/外侧蒙版柔化）：用于设置内侧/外侧蒙版的柔化程度。

（3）Replace Method：与Screen Matte参数组中的Replace Method属性相同。

（4）Replace Colour：与Screen Matte参数组中的Replace Colour属性相同。

（5）Source Alpha（源Alpha）：用于决定Keylight滤镜如何处理源图像中本来就具有的Alpha通道信息。

9. Foreground Colour Correction

Foreground Colour Correction参数（前景色校正参数）用于校正前景色，可以调整的参数包括Saturation（饱和度）、Contrast（对比度）、Brightness（亮度）、Colour Suppression（颜色抑制）和Colour Balancing（颜色平衡）。

10. Edge Colour Correction

Edge Colour Correction参数（边缘颜色校正参数）与Foreground Colour Correction参数相似，主要用于校正蒙版边缘的颜色，用户可以在View下拉列表框中选择Colour Correction Edges，查看边缘像素的范围。

11. Source Crops

使用Source Crops参数组（源裁剪参数组）中的参数，可以使用水平或垂直的方式来裁剪源素材画面，将图像边缘的非前景区域直接设置为透明效果。

> **技能拓展**
>
> 选择素材时，要尽可能选择质量比较好的素材，并且尽量不要对素材进行压缩，因为有些压缩算法会导致素材背景的细节损失，影响最终的抠像效果。

课堂范例——使用Keylight（1.2）滤镜进行视频抠像

本案例主要介绍Keylight（1.2）效果的应用，通过对本案例的学习，用户可以掌握用Keylight（1.2）滤镜进行视频抠像的常规方法。

步骤 01 打开“素材文件\第 8 章\ Keylight视频抠像素材.aep”，加载【总合成】合成，并将素材【Suzy.avi】拖曳至【时间轴】面板中的顶层，如图 8-39 所示。

步骤 02 选择【矩形工具】，圈选界面右侧的拍摄设备，如图 8-40 所示。

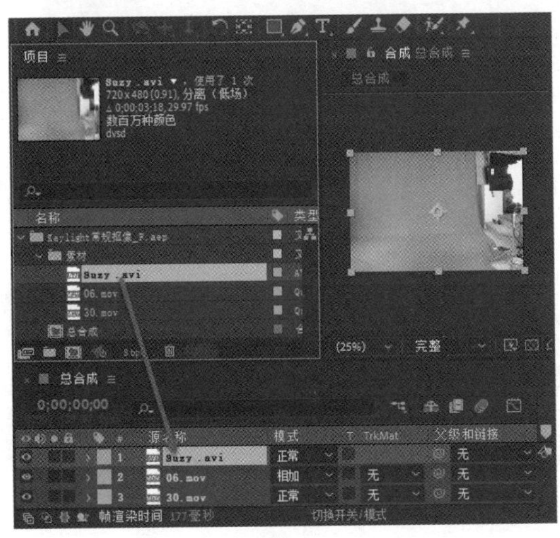

图 8-39 拖曳素材到【时间轴】面板顶层

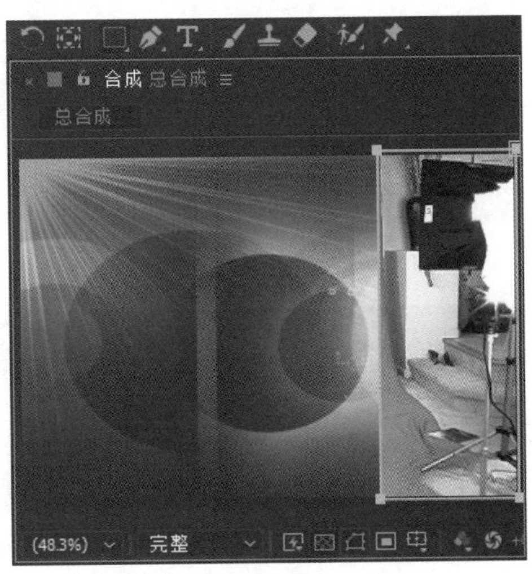

图 8-40 圈出需要抠出的部分

步骤 03　展开【Suzy.avi】图层的蒙版属性，勾选【反转】复选框，如图 8-41 所示。

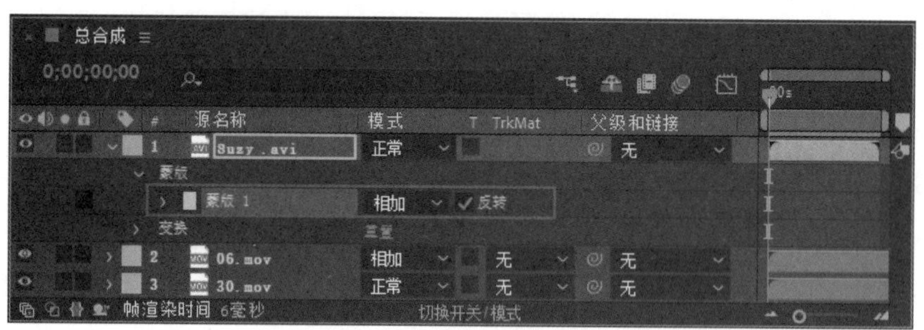

图 8-41　勾选【反转】复选框

步骤 04　选择【Suzy.avi】图层，并在菜单栏中选择【效果】→【Keying】→【Keylight（1.2）】命令后，在【效果控件】面板中，使用【Screen Colour】后面的【吸管工具】，在【合成】面板中吸取绿色背景的颜色，如图 8-42 所示。

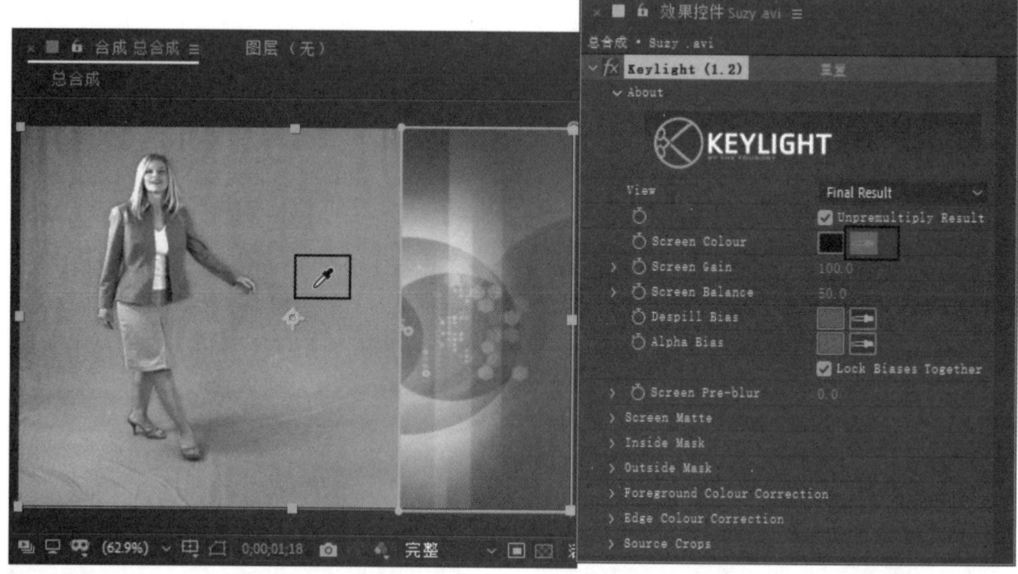

图 8-42　吸取背景颜色

步骤 05　完成以上操作，即完成了使用 Keylight（1.2）滤镜进行视频抠像的操作，最终效果如图 8-43 所示。

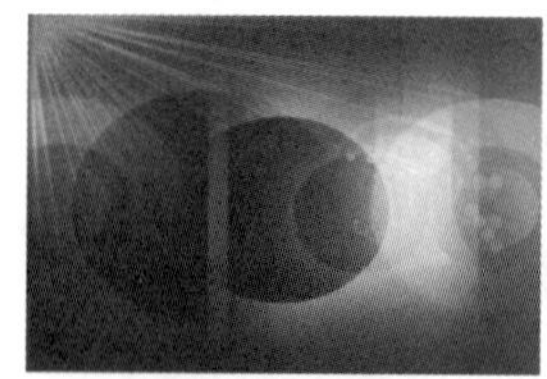
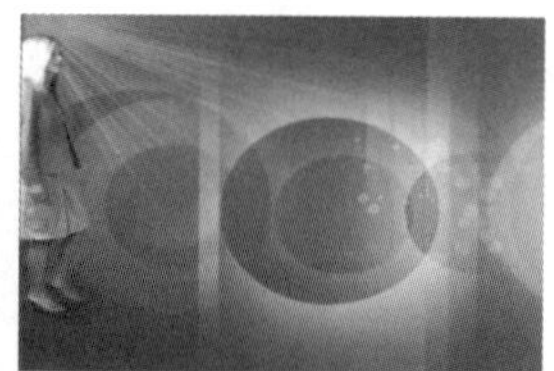

图 8-43　视频抠像的最终效果

课堂问答

通过对本章内容的学习，相信读者对调色滤镜、抠像滤镜、遮罩滤镜、Keylight滤镜都有了一定的了解，下面列出一些常见问题，供读者学习参考。

问题 1：拍摄时的注意事项有哪些?

答：使用After Effects 2022进行人像抠除背景前，应注意在拍摄抠像素材时，尽量做到规范，这样会给后期工作节省很多时间，并且会拥有更好的画面质量。拍摄时需要注意以下4点。

（1）拍摄素材之前，尽量选择颜色均匀的绿色或蓝色背景作为拍摄背景。

（2）拍摄时的灯光照射方向应与最终合成中的背景光线一致。

（3）需注意拍摄的角度，以便合成更真实。

（4）尽量避免人物穿着与背景同色的绿色或蓝色衣饰，以免这些颜色在后期抠像时被一并抠除。

问题 2：镜头曝光不足的问题该如何解决?

答：镜头曝光不足时，用户可以使用【曝光度】滤镜修正颜色。【曝光度】滤镜主要用于修复画面的曝光度。

问题 3：使用【差值遮罩】滤镜抠像后的蒙版包含其他像素的问题该如何解决?

答：如果使用【差值遮罩】滤镜抠像后的蒙版包含其他像素，可以尝试调整【差值前模糊】参数，模糊图像以制作需要的效果。

问题 4：使用【内部/外部键】滤镜，为什么会出现边界模糊效果?

答：使用【内部/外部键】滤镜，能够修改边界的颜色，将背景的残留颜色提取出来，并自动净化边界的残留颜色。因此，把处理后的图像叠加在其他背景上时，会出现边界模糊效果。

问题 5：使用【溢出抑制】滤镜消除残留的颜色痕迹时得不到满意的效果怎么办?

答：通常情况下，抠像之后的图像上会有残留的抠出颜色的痕迹，使用【溢出抑制】滤镜即可消除这些痕迹。如果使用【溢出抑制】滤镜无法得到满意的效果，用户可以使用【色相/饱和度】滤镜，降低图像的颜色饱和度，弱化抠出的颜色。

上机实战——制作春季变秋季效果

为了帮助读者巩固本章所学的知识，下面对一个上机实战案例进行分析与讲解。

案例素材如图8-44所示，效果如图8-45所示。

图 8-44　素材

图 8-45　效果

思路分析

本案例主要使用【曲线】效果、【可选颜色】效果、【自然饱和度】效果等效果调整素材，将春季具有生机的绿色调变为秋季色彩浓郁的橙色调，下面详细介绍其操作方法。

制作步骤

步骤 01 打开“素材文件\第 8 章\春季.aep”，加载【春季】合成，如图 8-46 所示。

步骤 02 在【效果和预设】面板中搜索到【曲线】效果后，将其拖曳到【时间轴】面板中的【春季.jpg】图层上，如图 8-47 所示。

图 8-46　加载合成

图 8-47　添加【曲线】效果

步骤 03 在【效果控件】面板中调整曲线的形状，如图 8-48 所示。

步骤 04 完成以上操作后，画面效果如图 8-49 所示。

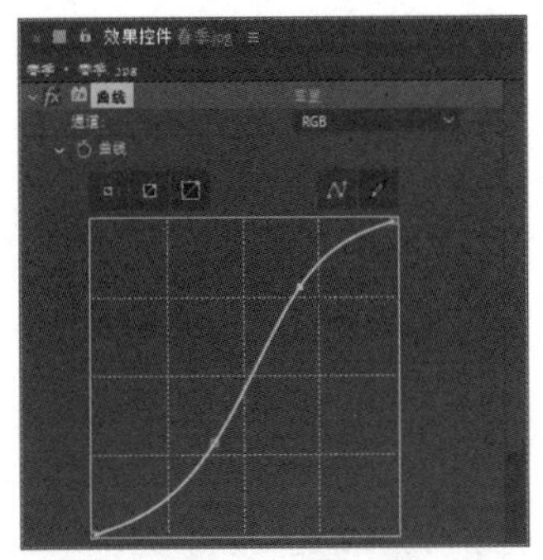
图 8-48　调整曲线

图 8-49　调整后的画面效果

步骤 05　在【效果和预设】面板中搜索到【可选颜色】效果后，将其拖曳到【时间轴】面板中的【春季.jpg】图层上，如图 8-50 所示。

步骤 06　在【效果控件】面板中，设置【颜色】为黄色，其中，【青色】为-100.0%、【洋红色】为 30.0%、【黄色】为-20.0%、【黑色】为 10.0%，如图 8-51 所示。

图 8-50　添加【可选颜色】效果

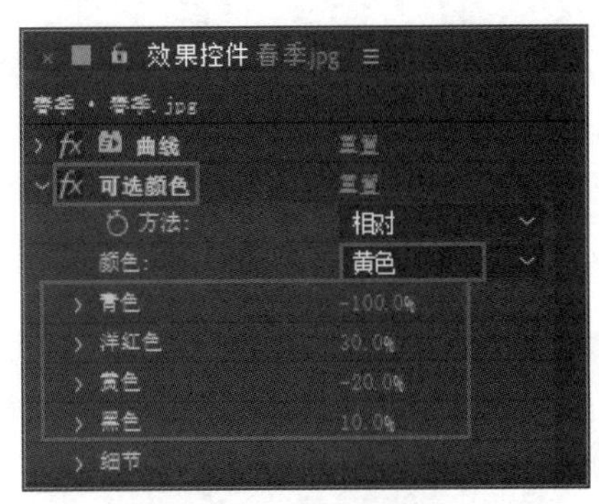

图 8-51　设置参数（1）

步骤 07　在【效果控件】面板中，继续设置【颜色】为绿色，其中，【青色】为-70.0%、【洋红色】为 50.0%、【黄色】为-65.0%、【黑色】为 20.0%，如图 8-52 所示。

步骤 08　完成以上操作后，画面效果如图 8-53 所示。

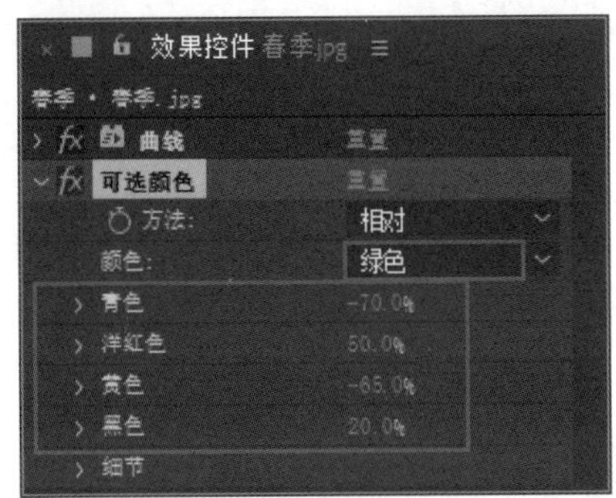

图 8-52　设置参数（2）

图 8-53　设置后的画面效果

步骤 09　在【效果和预设】面板中搜索到【自然饱和度】效果后，将其拖曳到【时间轴】面板中的【春季.jpg】图层上，如图 8-54 所示。

步骤 10　在【效果控件】面板中，设置【自然饱和度】为 100.0，如图 8-55 所示。

图 8-54　添加【自然饱和度】效果

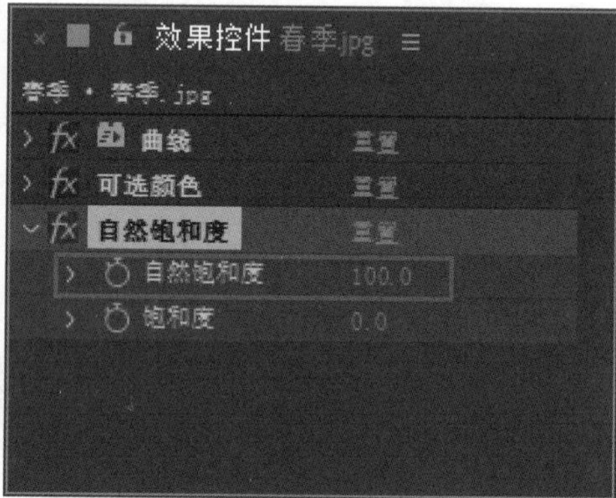

图 8-55　设置参数

步骤 11　完成以上操作，即完成了对春季变秋季效果的制作，本案例制作前后的对比效果如图 8-56 及图 8-57 所示。

图 8-56　制作前的效果

图 8-57　制作后的效果

同步训练——制作人物漂浮抠像合成动画效果

完成对上机实战案例的学习后，为了提高读者的动手能力，下面安排一个同步训练案例，以期达到举一反三、触类旁通的学习效果。

同步训练案例的流程图解如图 8-58 所示。

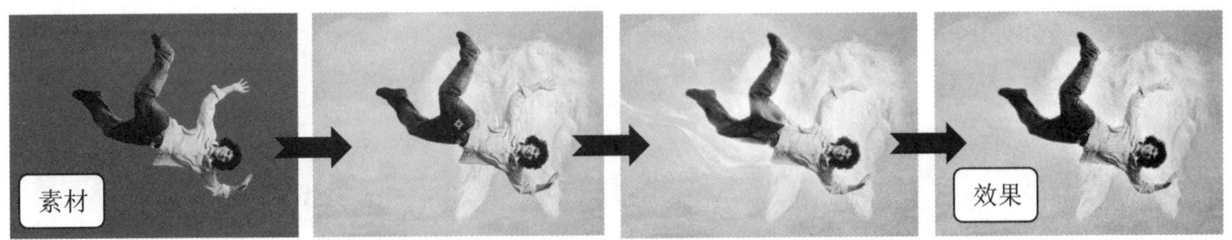

图 8-58 图解流程

思路分析

本案例使用【线性颜色键】效果扣除人像背景，添加【内发光】效果和【外发光】效果，并设置相关参数，完成对人物漂浮抠像合成动画效果的制作。下面详细介绍其操作方法。

关键步骤

步骤 01 打开“素材文件\第 8 章\制作人物漂浮抠像合成素材.aep”，在【效果和预设】面板中搜索到【线性颜色键】效果后，将其拖曳到【时间轴】面板中的【人像.jpg】图层上，如图 8-59 所示。

步骤 02 在【效果控件】面板中，单击【主色】后面的【吸管工具】，吸取【人像.jpg】图层的背景颜色，如图 8-60 所示。

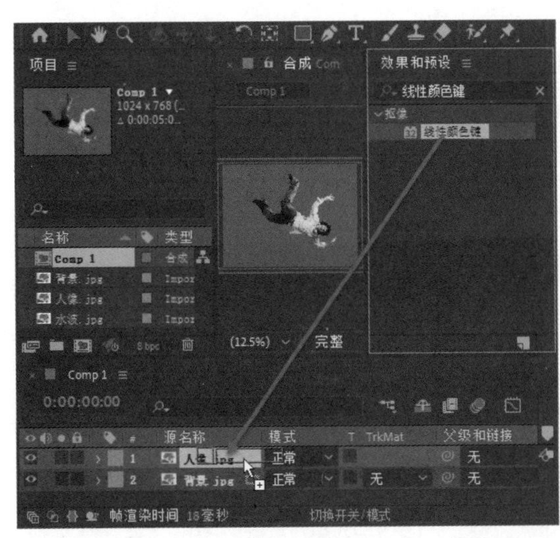

图 8-59 添加【线性颜色键】效果

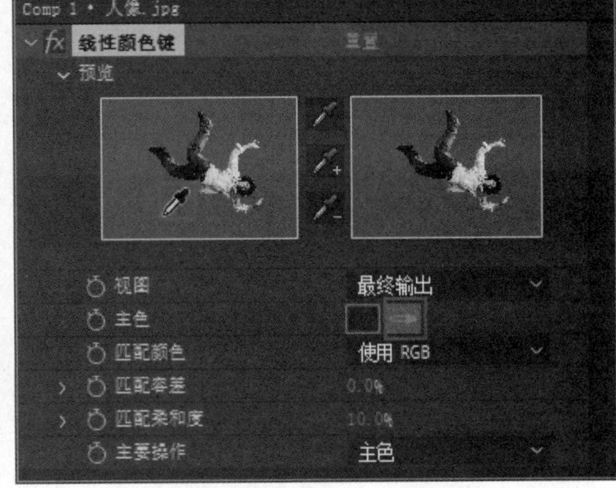

图 8-60 吸取背景颜色

步骤 03 此时，拖曳时间线滑块，可以查看抠除人像背景的效果，如图 8-61 所示。

步骤 04 选择【人像.jpg】图层后，在菜单栏中选择【图层】→【图层样式】→【内发光】命令，展开【内发光】效果组，设置【颜色】为浅蓝色、【大小】为 13.0，如图 8-62 所示。

图 8-61　抠除人像背景的效果

图 8-62　添加并设置【内发光】效果

步骤 05　选择【人像.jpg】图层后，在菜单栏中选择【图层】→【图层样式】→【外发光】命令，展开【外发光】效果组，设置【颜色】为浅蓝色、【大小】为 100.0、【范围】为 60.0%，如图 8-63 所示。

步骤 06　此时，拖曳时间线滑块，可以查看的效果如图 8-64 所示。

图 8-63　添加并设置【外发光】效果

图 8-64　设置后的效果

步骤 07　将【项目】面板中的【水波.jpg】素材文件拖曳到【时间轴】面板中成为图层，并设置【缩放】为(90.0，90.0%)、【模式】为屏幕，如图 8-65 所示。

步骤 08　此时，拖曳时间线滑块，即可查看制作完成的人物漂浮抠像合成动画效果，如图 8-66 所示。

图 8-65 设置【水波.jpg】图层

图 8-66 人物漂浮抠像合成效果

知识能力测试

本章讲解了图像色彩调整与抠像的相关知识，为对知识进行巩固和考核，请读者完成以下练习题。

一、填空题

1. 色相/饱和度效果基于________模式，使用色相/饱和度效果，可以调整图像的色调、亮度和饱和度。具体来说，色相/饱和度效果可以用于调整图像中单个颜色成分的色相、饱和度和亮度，是一个功能非常强大的__________工具。

2. 调整__________效果，主要依靠控制红、绿、蓝在中间色、阴影和高光之间的比重来控制图像的色彩，非常适合用在精细地调整图像的高光、阴影和中间色调等方面。

3. 使用【________】滤镜，可以将素材的某种颜色及与之相似的颜色设置为透明，也可以对素材进行边缘预留设置，制作类似描边的效果。

二、选择题

1. 调整（　　）效果，可以通过混合当前通道来改变画面的颜色通道。使用该效果，可以制作出使用普通色彩修正滤镜不容易制作出的效果。

A. 颜色键　　B. 颜色范围　　C. 差值遮罩　　D. 通道混合器

2.（　　）效果可以改变某个色彩范围内的色调，达到置换颜色的目的。

A. 颜色键　　B. 更改颜色　　C. 调整实边遮罩　　D. 曲线效果

三、简答题

1. 请简单描述常规抠像的操作流程。

2. 如何使用Keylight（1.2）滤镜进行视频抠像？

第9章 三维空间效果

虽然After Effects 2022是一款后期特效软件，但是它也有强大的三维系统，在After Effects 2022的三维系统中，用户可以创建三维图层、摄像机、灯光等，进行三维特效合成。本章将详细介绍有关三维空间效果的知识及操作方法。

学习目标

- 了解三维空间与三维图层的基本知识
- 熟练掌握摄像机的应用方法
- 熟练掌握灯光的应用方法

9.1 三维空间与三维图层

After Effects 2022不仅支持在二维空间中创建合成，在三维立体空间中制作合成与动画的功能也非常强大。在三维空间中，合成对象为用户提供了更广阔的想象空间，同时支持制作更炫、更酷的效果。本节将详细介绍三维空间与三维图层的相关知识及操作方法。

9.1.1 认识三维空间

三维的概念是建立在二维的基础上的。平时大家所看到的图像画面都是在二维空间中形成的，二维图层只有一个定义长度的*X*轴和一个定义宽度的*Y*轴，*X*轴与*Y*轴形成一个面。虽然有时大家能看到图像呈现三维立体的效果，但那只是视觉上的错觉。

在三维空间中，除了表示长、宽的*X*轴、*Y*轴，还有一个体现三维空间特性的关键——*Z*轴。在三维空间中，*Z*轴用于定义深度，也就是通常所说的远近。在三维空间中，通过调整*X*轴、*Y*轴、*Z*轴3个不同方向的坐标，可以调整图像的位置、旋转等。三维空间的图层如图9-1所示。

图9-1　三维空间的图层

9.1.2 三维图层

在After Effects 2022中，除了音频图层，其他图层都能转换为三维图层。注意，文本图层在激活了“启用逐字3D化”属性之后，即可对单个文字制作三维动画。

在三维图层中，对图层应用的滤镜或遮罩都基于该图层的二维空间，比如对二维图层使用了扭曲效果，图层发生了扭曲现象，将该图层转换为三维图层之后，会发现该图层仍然是扭曲的，并不会自动在转换三维空间的过程中复原。

技能拓展

在After Effects 2022的三维坐标系中，最原始的坐标系统起点在左上角，*X*轴从左向右不断增加，*Y*轴从上到下不断增加，*Z*轴从近到远不断增加，这与其他三维软件中的坐标系统有着比较大的差别。

9.1.3 三维坐标系统

三维空间的工作需要依托坐标系，After Effects 2022 预置了 3 种坐标系工作模式，分别是本地轴模式、世界轴模式和视图轴模式。

（1）本地轴模式：是最常用的坐标系工作模式，可以在工具栏中直接选择。

（2）世界轴模式：这是一个绝对坐标系。当对合成图像中的层进行旋转时，可以发现坐标系没有任何改变，但监视一个摄像机并调整其视角时，可以看到世界坐标系的变化。

（3）视图轴模式：使用当前视图定位坐标系，与视角有关。

9.1.4 转换成三维图层

在【时间轴】面板中，单击图层的 3D 层开关，或在菜单栏中选择【图层】→【3D 图层】命令，可以将选择的二维图层转换为三维图层，如图 9-2 所示。再次单击目标图层的 3D 层开关，或在菜单栏中选择【图层】→【3D 图层】命令，可以取消层的 3D 属性。

二维图层转换为三维图层后，图层在原有的 X 轴和 Y 轴的二维基础上增加了一个 Z 轴，如图 9-3 所示。图层的属性也出现了相应的增加，如图 9-4 所示，可以在 3D 空间内对其进行位移或旋转操作。

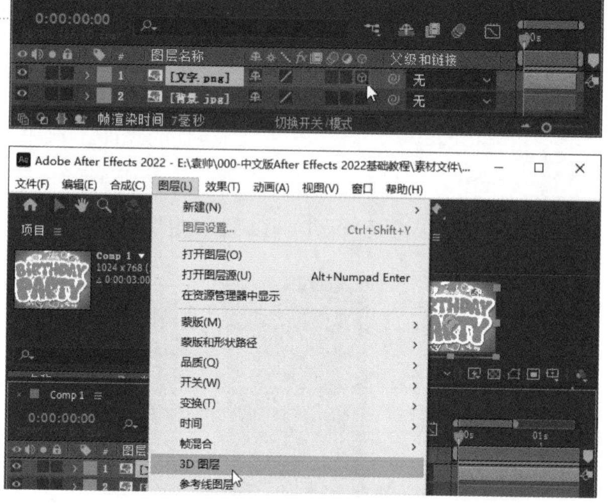

图 9-2　转换成三维图层

图 9-3　增加的 Z 轴

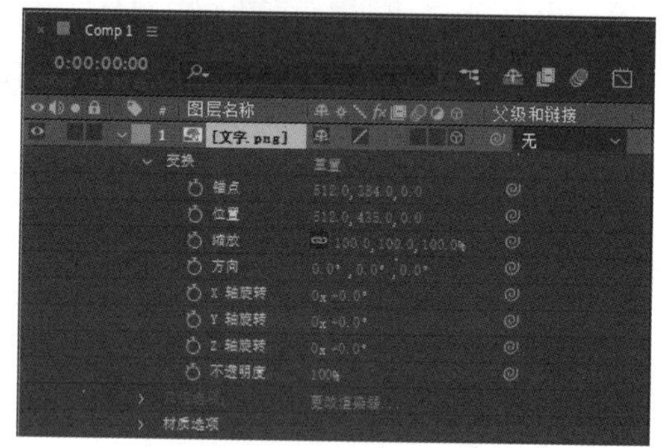

图 9-4　增加的图层属性

9.1.5 移动三维图层

与对普通图层添加位移动画类似，可以对三维图层添加位移动画，以制作三维空间的位移动画效果。下面详细介绍移动三维图层的相关操作，有两种方法可达到同样的目的。

第 1 种：选择准备进行操作的三维图层，在【合成】面板中，使用【选择工具】拖曳与目标移动方向相同的图层 3D 坐标控制箭头，即可按箭头的方向移动三维图层，如图 9-5 所示。按住【Shift】键进行操作，可以更快地移动三维图层。

第 2 种：在【时间轴】面板中修改【位置】属性的参数，也可以对三维图层进行移动，如图 9-6 所示。

图 9-5 拖曳箭头移动三维图层

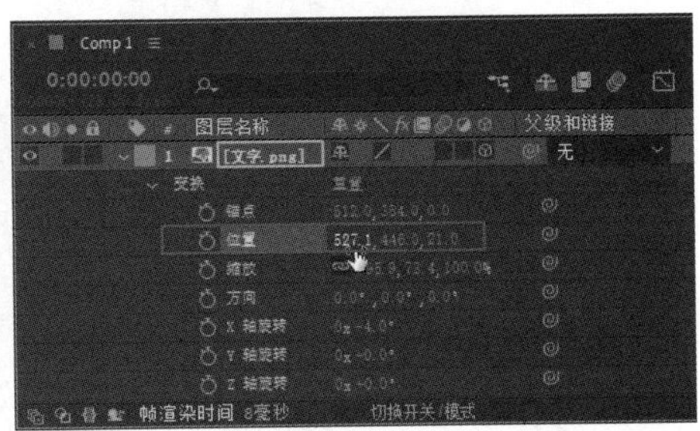

图 9-6 修改参数移动三维图层

9.1.6 旋转三维图层

按【R】键，可以展开三维图层的【旋转】属性组。三维图层可以操作的旋转参数有 4 个，分别是方向、*X* 轴旋转、*Y* 轴旋转和 *Z* 轴旋转，如图 9-7 所示，二维图层则只有一个【旋转】属性。

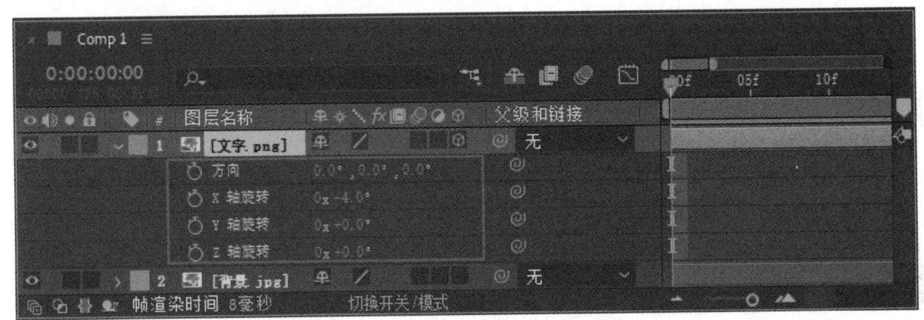

图 9-7 三维图层的【旋转】属性组

旋转三维图层的方法有以下两种。

第 1 种：在【时间轴】面板中，直接对三维图层可操作的参数进行设置，如图 9-8 所示。

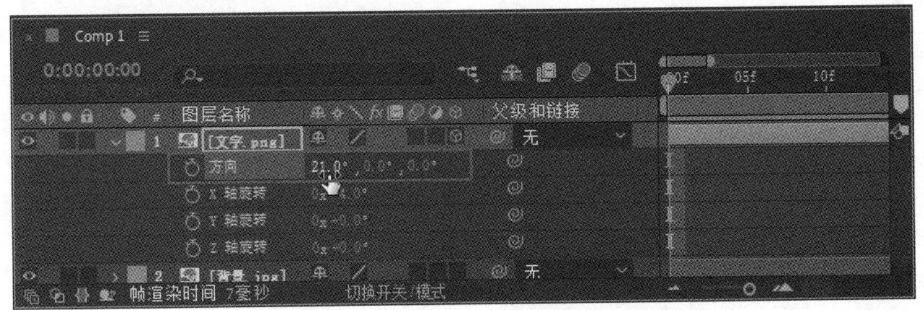

图 9-8 通过设置参数旋转三维图层

第 2 种：在【合成】面板中，使用【旋转工具】，以【方向】方式或【旋转】方式直接对三维图层进行旋转操作，如图 9-9 所示。

图 9-9　使用【旋转工具】旋转三维图层

技能拓展

使用【方向】方式或【旋转】方式旋转三维图层，都是以图层的“轴心点”作为基点的。在工具栏中选择【旋转工具】后，工具栏右侧会出现一个设置三维图层旋转方式的选项，包含方向和旋转两种方式。

课堂范例——制作信封掉落动画效果

本案例介绍使用三维图层和关键帧动画制作信封掉落动画效果的操作方法，帮助读者巩固和提高使用After Effects 2022 制作三维图层动画的能力。

步骤 01 打开“素材文件\第 9 章\制作信封掉落素材.aep”，加载合成后，开启【信封.jpg】图层的三维图层，设置其【缩放】为（35.0，35.0，35.0%），如图 9-10 所示。

步骤 02 将时间线滑块拖曳到起始帧的位置，开启【信封.jpg】图层的【位置】、【*X*轴旋转】和【*Z*轴旋转】的自动关键帧，设置【位置】为（593.0，240.0，-1600.0）、【*X*轴旋转】为 0x +0.0°、【*Z*轴旋转】为 0x +0.0°，如图 9-11 所示。

图 9-10　设置三维图层

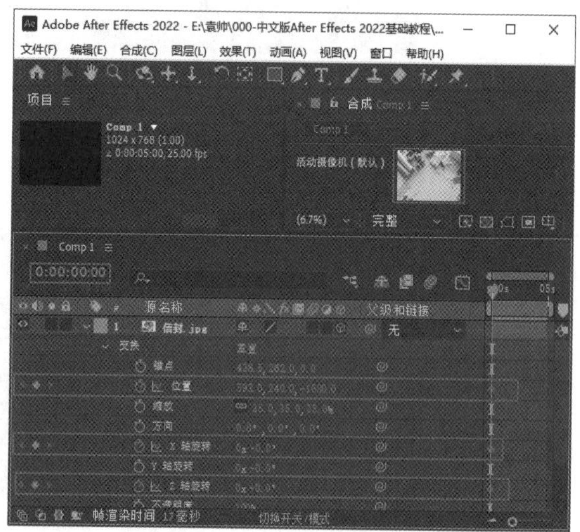

图 9-11　设置关键帧（1）

步骤 03 将时间线滑块拖曳到 1 秒 12 帧的位置，设置【位置】为（546.0，467.0，-756.0）、【*X*

轴旋转】为 0x +72.0°，如图 9-12 所示。

步骤 04 将时间线滑块拖曳到 2 秒 02 帧的位置，设置【位置】为（597.0，394.0，0.0）、【*X* 轴旋转】为 0x +0.0°、【*Z* 轴旋转】为 0x −17.0°，如图 9-13 所示。

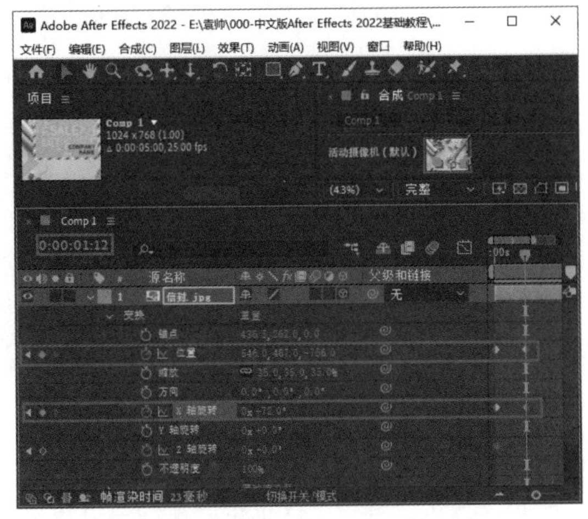

图 9-12 设置关键帧（2）

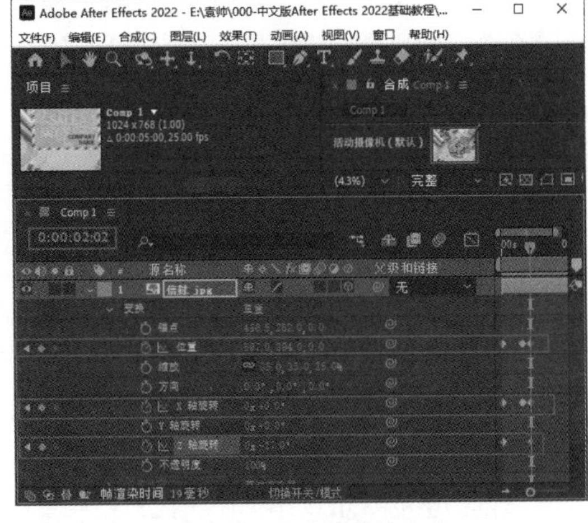

图 9-13 设置关键帧（3）

步骤 05 此时，拖曳时间线滑块，即可查看制作完成的信封掉落动画效果，如图 9-14 所示。

图 9-14 信封掉落动画效果

9.2 摄像机的应用

在 After Effects 2022 中创建摄像机后，可以在摄像机视图中以任意距离和任意角度观察三维图层，就像在现实生活中使用摄像机进行拍摄一样方便。本节将详细介绍摄像机的应用方法。

9.2.1 创建摄像机

在 After Effects 2022 中，合成影像中的摄像机在【时间轴】面板中是以一个图层的形式存在的，在默认状态下，新建的摄像机层总是排列在图层列表的最上方。After Effects 2022 虽然以“有效摄像机”的视图方式显示合成影像，但是合成影像中并不包含摄像机，这不过是 After Effects 2022 的一种默认视图方式而已。

用户可以在合成影像中创建多个摄像机，每创建一个摄像机，【合成】面板右下角的 3D 视图方式列表中就会添加一个摄像机名称，用户可以随意选择需要的摄像机视图方式观察合成影像。在合成影像中创建摄像机的方法有以下 3 种。

第 1 种：在菜单栏中选择【图层】→【新建】→【摄像机】命令，即可创建摄像机，如图 9-15 所示。

第 2 种：在【合成】面板或【时间轴】面板中右击鼠标，在弹出的快捷菜单中选择【新建】→【摄像机】命令，即可创建摄像机，如图 9-16 所示。

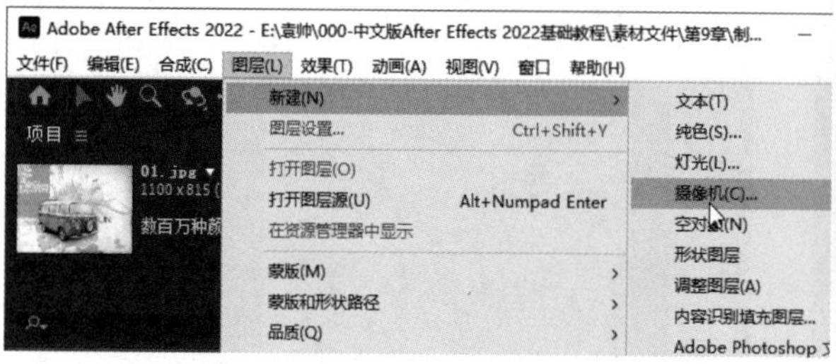

图 9-15　使用菜单栏中的命令创建摄像机

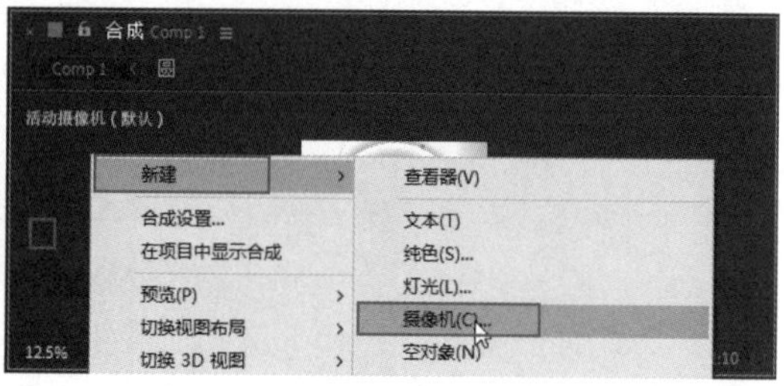

图 9-16　使用快捷菜单创建摄像机

第 3 种：按【Ctrl+Alt+Shift+C】快捷键，也可创建摄像机。

在 After Effects 2022 中，既可以在创建摄像机之前对摄像机进行设置，也可以在创建摄像机之后对其做进一步调整并设置动画。

9.2.2 摄像机的属性设置

使用 9.2.1 小节中介绍的任意一种创建摄像机的方法，都可以打开【摄像机设置】对话框，如图 9-17 所示。用户可以在【摄像机设置】对话框中对摄像机的各项属性进行设置，也可以使用预设置。

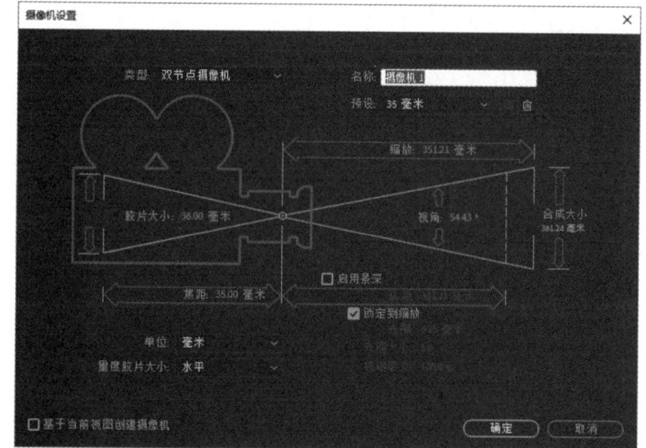

图 9-17　【摄像机设置】对话框

下面详细介绍摄像机的主要属性。

- 名称：用于设置摄像机的名称。默认状态下，在合成中创建的第一个摄像机的名称是【摄像机 1】，后续创建的摄像机的名称将按此顺延。对于有多个摄像机的项目，应该为每个摄像机起各有特色的名称，以方便区分。
- 预设：用于设置准备使用的摄像机的镜头类型。包含 9 种常用的摄像机镜头，如 15 毫米的广角镜头、35 毫米的标准镜头、200 毫米的长焦镜头等。除了常用的摄像机镜头，用户还可以创建自定义参数的摄像机镜头并保存在预设中。
- 单位：用于设置摄像机参数的单位，包括像素、英寸和毫米 3 个选项。
- 量度胶片大小：用于设置衡量胶片尺寸的方式，包括水平、垂直和对角 3 个选项。

- 缩放：用于设置摄像机镜头到焦平面（被拍摄对象）之间的距离。缩放值越大，摄像机的视野越小。
- 视角：用于设置摄像机的视角，可以理解为摄像机的实际拍摄范围。焦距、胶片大小及缩放 3 个参数共同决定了视角的数值。
- 胶片大小：用于设置影片的曝光尺寸，该参数值与【合成大小】的参数值相关。
- 启用景深：是否勾选【启用景深】复选框，决定是否启用景深效果。
- 焦距：用于设置从摄像机开始位置到图像最清晰位置的距离。在默认情况下，【焦距】参数值和【缩放】参数值是锁定的，它们的初始值是一样的。
- 光圈：用于设置光圈的大小。光圈值会影响景深效果，其值越大，景深之外的区域的模糊程度越重。
- 光圈大小：焦距与光圈的比值。【光圈大小】的比值与焦距成正比，与光圈成反比。【光圈大小】的比值越小，镜头的透光性能越好；反之，透光性能越差。
- 模糊层次：用于设置景深的模糊程度。值越大，景深效果越模糊；值为 0%时，不进行模糊处理。

9.2.3 使用工具移动摄像机

在 After Effects 2022 的工具栏中，有 3 类，共 8 种摄像机控制工具，分别用来进行摄像机的位移、旋转、推拉等操作，如图 9-18 所示。

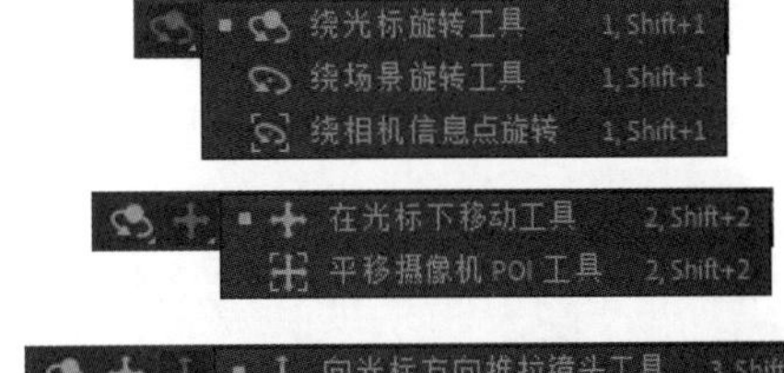

图 9-18 移动摄像机的工具

下面详细介绍摄像机工具组的组成。

- 绕光标旋转工具组：控制摄像机以单击鼠标的位置为中心进行旋转。子菜单中，除了同名工具，还包含【绕场景旋转工具】和【绕相机信息点旋转工具】。该工具组的快捷键为【1】。
- 在光标下移动工具组：控制摄像机以单击鼠标的位置为原点进行平移。子菜单中，除了同名工具，还包含【平移摄像机 POI 工具】。该工具组的快捷键为【2】。
- 向光标方向推拉镜头工具组：控制摄像机以单击鼠标的位置为目标进行推拉。子菜单中，除了同名工具，还包含【推拉至光标工具】和【推拉至摄像机 POI 工具】。该工具组的快捷键为【3】。

课堂范例——制作光盘转动动画效果

本案例将介绍使用三维图层、摄像机制作光盘转动动画效果的操作方法，帮助读者巩固和提高使用 After Effects 2022 制作三维动画的能力。

步骤 01 打开“素材文件\第 9 章\制作光盘转动素材.aep”，加载【Comp 1】合成，并开启

【圆】图层的三维图层。将时间线滑块拖曳到起始帧位置，开启【圆】图层的【方向】自动关键帧，设置为（0.0°，0.0°，0.0°），随后，将时间线滑块拖曳到 3 秒 07 帧的位置，设置【方向】为（0.0°，0.0°，35.0°），如图 9-19 所示。

步骤 02 在菜单栏中选择【图层】→【新建】→【摄像机】命令，新建一个摄像机图层。在弹出的【摄像机设置】对话框中，设置【名称】为“摄像机 1”、【预设】为 50 毫米，单击【确定】按钮，如图 9-20 所示。

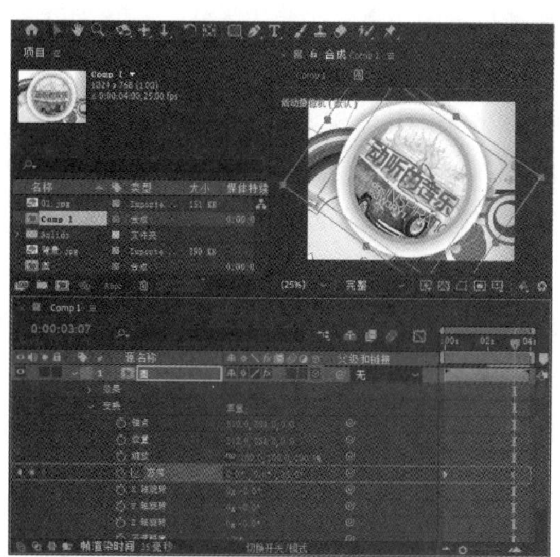

图 9-19 开启三维图层并设置关键帧

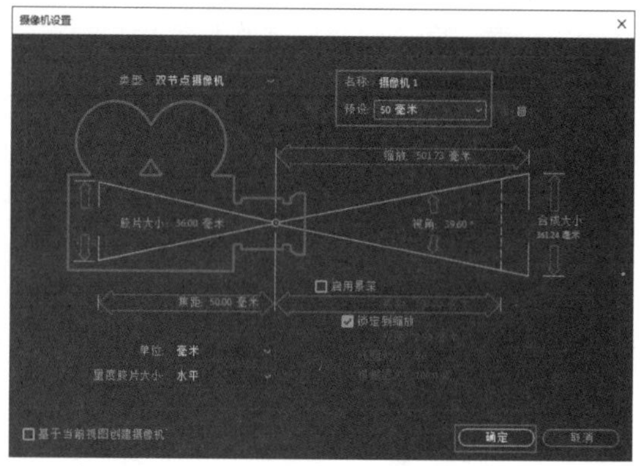

图 9-20 新建并设置摄像机图层

步骤 03 在菜单栏中选择【图层】→【新建】→【空对象】命令，新建一个空对象图层，并开启三维图层，随后，设置【摄像机 1】图层的【父级和链接】为“1. 空 1”、【目标点】为（0.0，0.0，0.0）、【位置】为（0.0，0.0，-1244.0），部分参数界面如图 9-21 所示。

步骤 04 将时间线滑块拖曳到起始帧位置，开启【空 1】图层的【位置】和【方向】自动关键帧，设置【位置】为（-215.0，-548.0，0.0），设置【方向】为（0.0°，0.0°，89.0°），如图 9-22 所示。

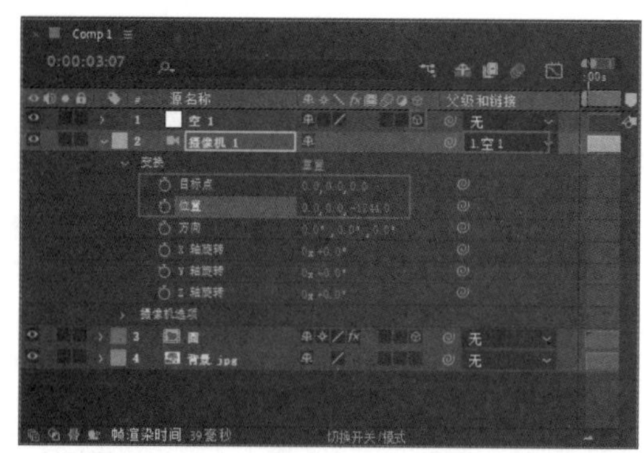

图 9-21 新建空对象图层并设置摄像机图层参数

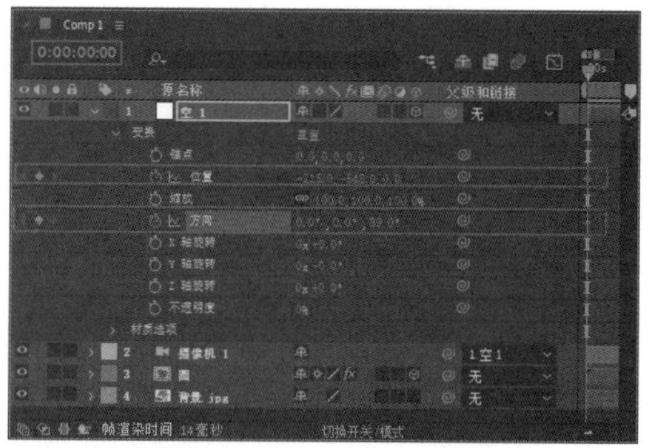

图 9-22 设置空对象图层关键帧

步骤 05 将时间线滑块拖曳到 3 秒 07 帧的位置，设置【位置】为（682.0，465.0，0.0），设置【方向】为（0.0°，0.0°，0.0°）。随后，将时间线滑块拖曳到结束帧位置，设置【位置】为（1566.0，

979.0，0.0），设置【方向】为（0.0°，0.0°，0.0°），如图 9-23 所示。

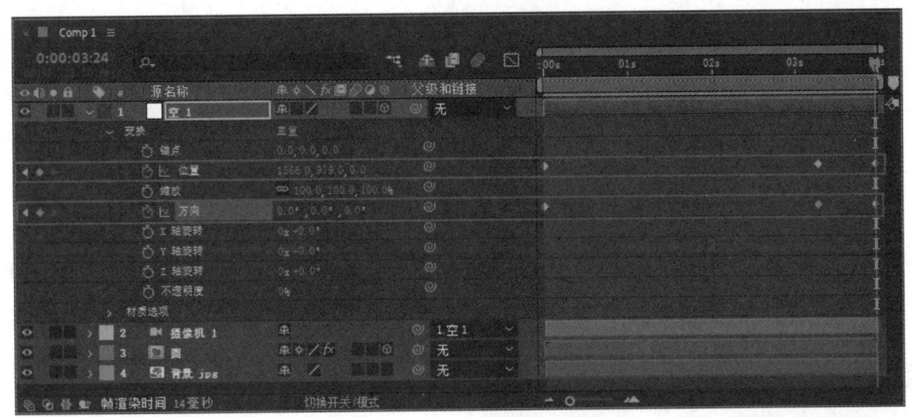

图 9-23 设置关键帧

步骤 06 此时，拖曳时间线滑块，即可查看制作完成的光盘转动动画效果，如图 9-24 所示。

图 9-24 光盘转动动画效果

9.3 灯光的应用

在 After Effects 2022 中，可以用虚拟的灯光模拟三维空间中真实的光照效果，来渲染影片气氛，制作更加真实的合成效果，本节将详细介绍灯光应用的相关知识及操作方法。

9.3.1 创建并设置灯光

在 After Effects 2022 中，灯光是一个图层，可以用来照亮其他图层。默认状态下，合成影像中是没有灯光层的，所有图层，即使是 3D 图层，也不会自动拥有阴影、反射等效果，它们必须借助灯光层，才可以产生真实的三维效果。

如果用户准备在合成影像中创建一个照明用的灯光层来模拟现实世界中的光照效果，可以执行以下 3 种操作。

第 1 种：在菜单栏中选择【图层】→【新建】→【灯光】命令，如图 9-25 所示。

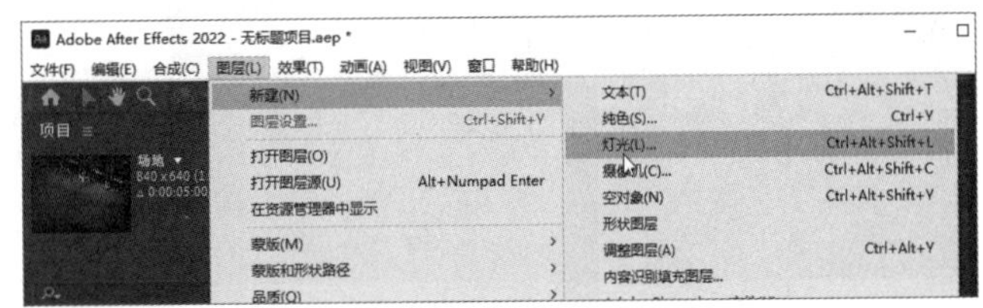

图 9-25 在菜单栏中选择【灯光】命令

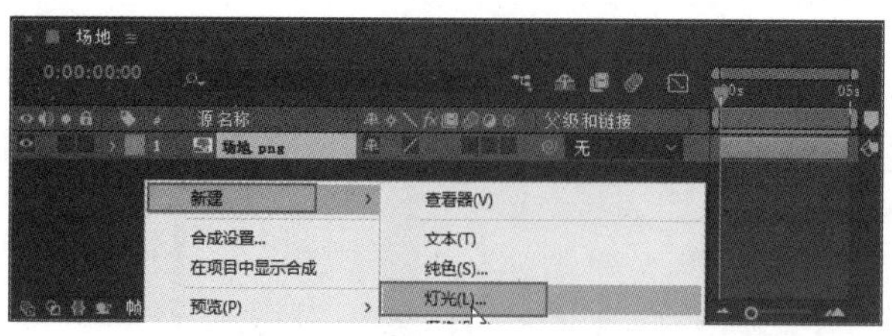

图 9-26　在快捷菜单中选择【灯光】命令

第 2 种：在【合成】面板或【时间轴】面板中右击鼠标，在弹出的快捷菜单中选择【新建】→【灯光】命令，如图 9-26 所示。

第 3 种：按【Ctrl+Alt+Shift+L】快捷键，即可创建灯光层。

用户可以在一个场景中创建多个灯光层，并且有 4 种不同的灯光类型可供选择，分别为平行光、聚光灯、点光源和环境光。下面分别予以详细介绍。

图 9-27　平行光

1. 平行光

平行光是从一个点发射一束光线到目标点的光。平行光提供无限远的光照范围，可以照亮场景中处于目标点上的所有对象。平行光的光线不会因为距离变长而衰减，如图 9-27 所示。

图 9-28　聚光灯

2. 聚光灯

聚光灯是从一个点向前方以圆锥形发射光线。聚光灯会根据圆锥角度确定照射面积，用户可以对圆锥角进行角度调节，如图 9-28 所示。

图 9-29　点光源

3. 点光源

点光源是从一个点向四周发射光线。对象离光源距离不同，受光程度有所不同，距离越近，光照越强，反之亦然，如图 9-29 所示。

图 9-30　环境光

4. 环境光

环境光没有光线发射点，可以照亮场景中的所有对象，但无法产生投影，如图 9-30 所示。

9.3.2 灯光属性及其设置

在After Effects 2022中应用灯光，用户可以在创建灯光层时对灯光进行设置，也可以在创建灯光层之后，通过灯光层的属性设置选项对灯光效果进行调整并设置动画。

打开“素材文件\第9章\灯光属性及其设置素材.aep”，选择素材后，在菜单栏中选择【图层】→【新建】→【灯光】命令或按【Ctrl+Alt+Shift+L】快捷键，即可打开【灯光设置】对话框。【灯光设置】对话框如图9-31所示，用户可以在其中对灯光的各项属性进行设置。

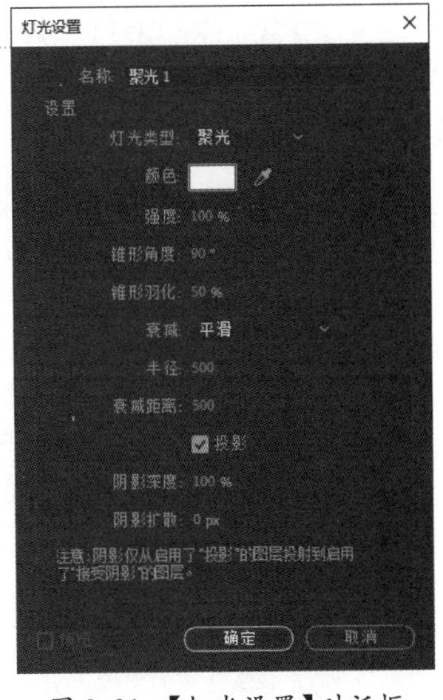

图9-31 【灯光设置】对话框

下面分别介绍【灯光设置】对话框中主要参数的作用。

- 名称：用于设置灯光的名字。
- 灯光类型：用于在平行光、聚光灯、点光源和环境光4种灯光类型中进行选择，如图9-32所示。
- 颜色：用于设置灯光的颜色。
- 强度：用于设置灯光的光照强度。数值越大，光照越强，不同强度效果的对比如图9-33所示。

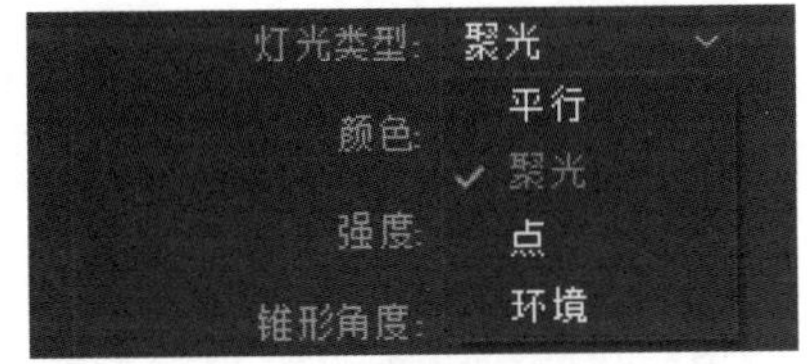

图9-32 灯光类型

图9-33 不同强度效果的对比

- 锥形角度：聚光灯特有的属性，用于设置灯罩的范围（聚光灯遮挡的范围），不同锥形角度效果的对比如图9-34所示。
- 锥形羽化：聚光灯特有的属性，通常与【锥形角度】参数值配合调整，用于调整光照区与无光区边缘的过渡效果，不同锥形羽化效果的对比如图9-35所示。
- 半径：用于设置灯光照射的范围，不同半径效果的对比如图9-36所示。

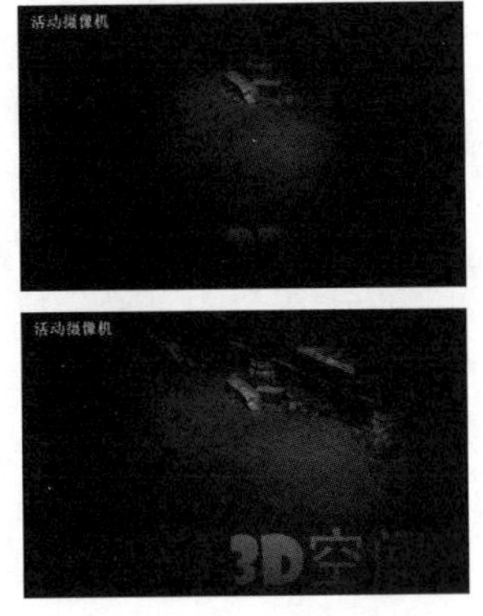

图9-34 不同锥形角度效果的对比

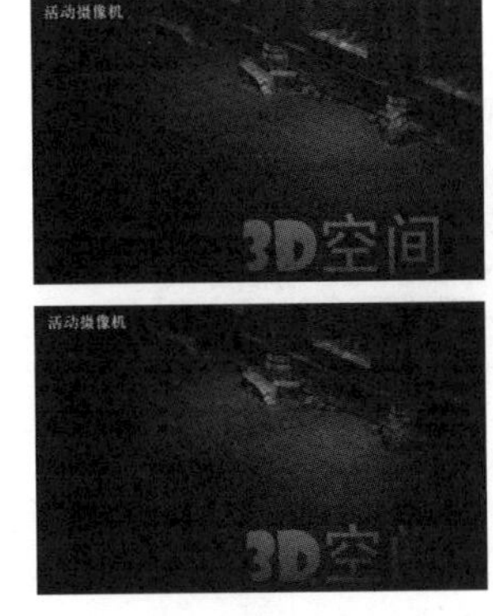

图9-35 不同锥形羽化效果的对比

图9-36 不同半径效果的对比

- 衰减距离：用于控制灯光衰减的范围，不同衰减距离效果的对比如图 9-37 所示。

图 9-37　不同衰减距离效果的对比

- 投影：是否勾选【投影】复选框，决定灯光是否投射阴影。该属性必须在三维图层的材质属性中开启了【投影】选项时才起作用。
- 阴影深度：用于设置阴影的投射深度，即阴影的黑暗程度。
- 阴影扩散：用于在“聚光”和“点”灯光类型中设置阴影的扩散程度，其值越高，阴影的边缘越柔和。

技能拓展

对于已经创建的灯光层，用户可以通过选择【图层】→【灯光设置】命令，或使用【Ctrl+Shift+Y】快捷键，抑或双击【时间轴】面板中的灯光层，打开【灯光设置】对话框，更改灯光层设置。

课堂范例——布置灯光效果

本案例主要讲解创建灯光层和调整灯光属性的方法，以便完成对灯光效果的布置。通过对本案例的学习，读者可以掌握三维效果中灯光的使用方法。

步骤 01　打开“素材文件\第9章\布置灯光素材.aep”，加载【打开的盒子】合成，如图9-38所示。

步骤 02　创建第 1 个灯光层，并在【灯光设置】对话框中设置如图 9-39 所示的参数。

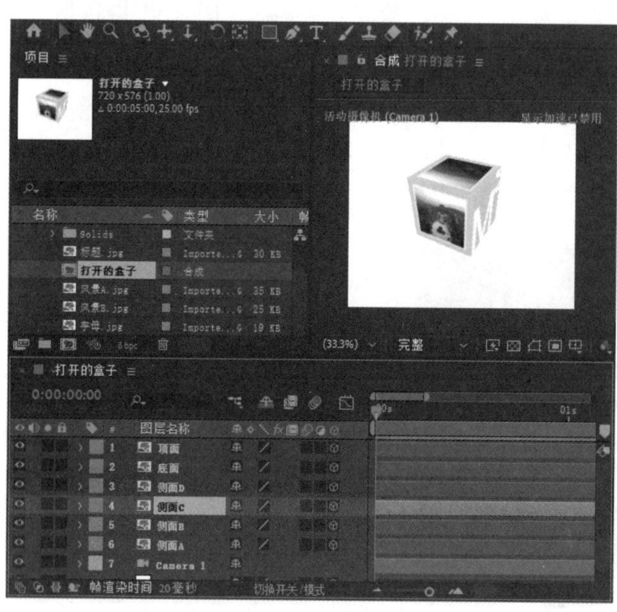

图 9-38　加载【打开的盒子】合成

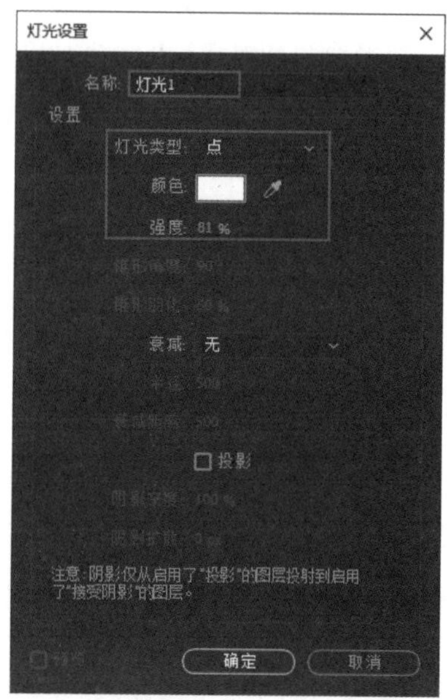

图 9-39　创建并设置第 1 个灯光层

步骤 03　选择【灯光 1】图层，在其属性里设置【位置】为（1059.7，-995.0，334.0），如图 9-40 所示。

步骤 04　此时，可以看到【合成】面板中的画面效果如图 9-41 所示。

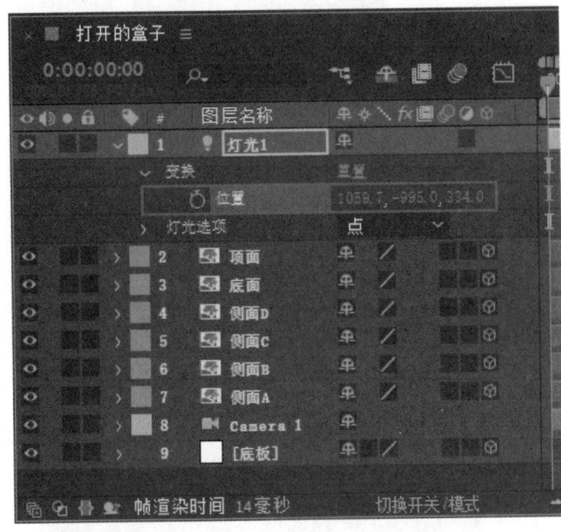

图 9-40　设置灯光参数（1）

图 9-41　设置后的画面效果（1）

步骤 05　创建第 2 个灯光层，并在【灯光设置】对话框中设置如图 9-42 所示的参数。

步骤 06　选择【灯光 2】图层，在其属性里设置【位置】为（387.7，-212.0，-244.0），设置【目标点】为（408.0，174.0，-49.0），如图 9-43 所示。

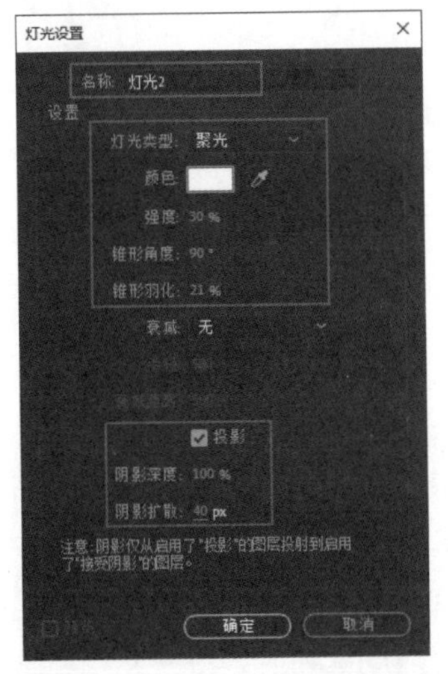

图 9-42　创建并设置第 2 个灯光层

图 9-43　设置灯光参数（2）

步骤 07　此时，可以看到【合成】面板中的画面效果如图 9-44 所示。

步骤 08　创建第 3 个灯光层，并在【灯光设置】对话框中设置如图 9-45 所示的参数。

图 9-44　设置后的画面效果（2）

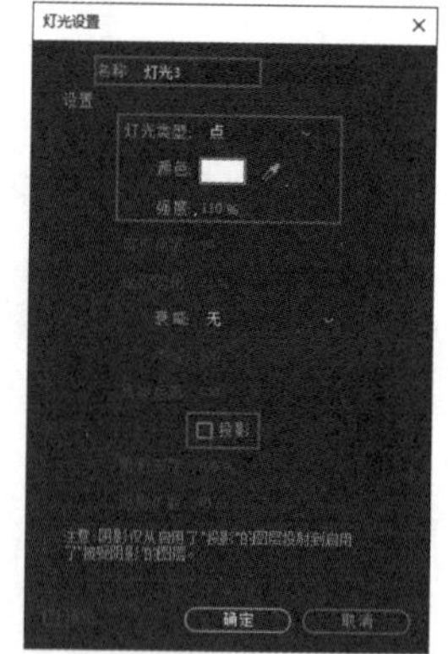

图 9-45　创建并设置第 3 个灯光层

步骤 09 选择【灯光 3】图层，在其属性里设置【位置】为（394.1，268.0，-1260.0），如图 9-46 所示。

步骤 10 此时，可以看到【合成】面板中的画面效果如图 9-47 所示。

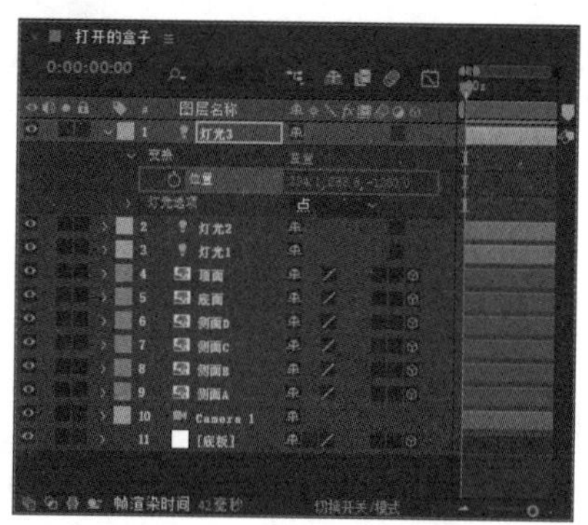

图 9-46　设置灯光参数（3）

图 9-47　设置后的画面效果（3）

步骤 11 创建第 4 个灯光层，并在【灯光设置】对话框中设置如图 9-48 所示的参数。

步骤 12 选择【灯光 4】图层，在其属性里设置【位置】为（-918.9，268.0，-26.7），如图 9-49 所示。

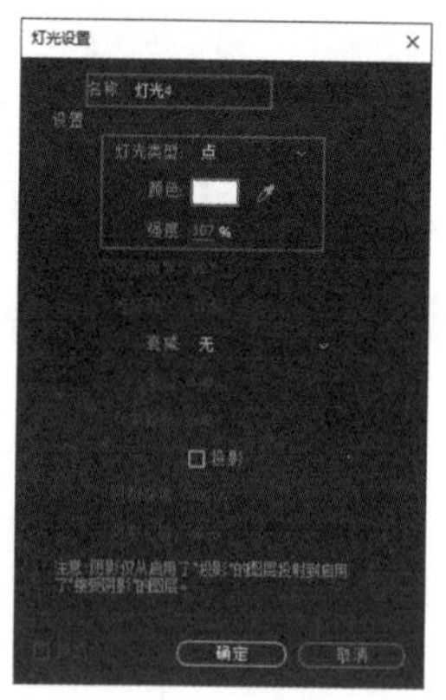

图 9-48　创建并设置第 4 个灯光层

图 9-49　设置灯光参数（4）

步骤 13　此时，可以看到【合成】面板中的最终画面效果如图 9-50 所示。

图 9-50　最终画面效果

课堂问答

通过对本章内容的学习，相信读者对三维空间效果有了一定的了解，下面列出一些常见问题，供读者学习参考。

问题 1：将三维图层转换为二维图层后，设置的属性参数是否会保留？

答：不会。关闭图层的三维图层开关后，所设置的属性会随之消失，所有涉及的三维参数、关键帧和表达式都将被自动删除，即使重新将二维图层转换为三维图层，这些参数设置也不会自动恢复。

问题 2：如何制作使用多台摄像机进行多视角展示的效果？

答：如果要制作使用多台摄像机进行多视角展示的效果，可以通过在目标合成中添加多个摄像机图层来完成。在【合成】面板中将当前视图设置为【活动摄像机】视图后，该视图中显示的是当前图层中最上面的摄像机层。对合成进行最终渲染或对图层进行嵌套操作时，使用的就是【活动摄像机】视图，如图 9-51 所示。

图 9-51　【活动摄像机】视图

问题 3：已经创建了灯光层，想修改该灯光层的参数，该如何操作？

答：如果已经创建了灯光层，想修改该灯光层的参数，可以在【时间轴】面板中双击该灯光层，在弹出的【灯光设置】对话框中对该灯光层的相关参数进行调整。

问题 4：如何降低场景的光照强度？

答：如果将灯光属性参数中的【强度】参数设置为负值，灯光将成为负光源。也就是说，这种灯光不会产生光照效果，而是用于吸收场景中的灯光。在实际操作中，通常使用这种方法来降低场景的光照强度。

上机实战——制作人物灯光照射动画效果

为了帮助读者巩固本章所学的知识，下面对一个上机实战案例进行分析与讲解。

效果展示

案例素材如图 9-52 所示，效果如图 9-53 所示。

图 9-52　素材

图 9-53　效果

思路分析

本章学习了制作三维空间效果的相关知识，本案例将使用三维图层和灯光层制作人物灯光照射效果，帮助读者巩固和运用本章学习的内容。

制作步骤

步骤 01　打开“素材文件\第 9 章\制作人物灯光照射素材.aep”，在【时间轴】面板中右击鼠标，在弹出的快捷菜单中选择【新建】→【纯色】命令，如图 9-54 所示。

步骤 02　弹出【纯色设置】对话框，设置【名称】为“背景”、【宽度】为 1024 像素、【高度】为 768 像素、【颜色】为浅紫色，单击【确定】按钮，如图 9-55 所示。

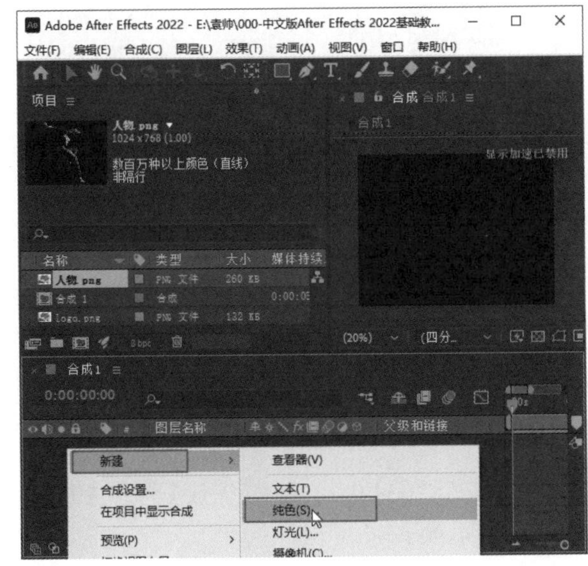

图 9-54 选择【纯色】命令

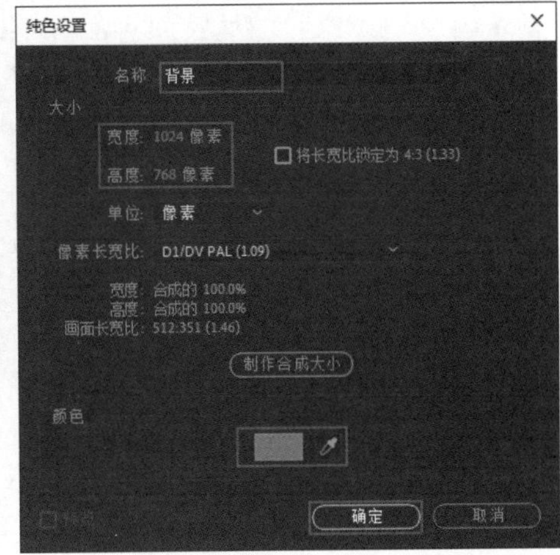

图 9-55 【纯色设置】对话框

步骤 03 开启【背景】图层的三维图层，设置【位置】为（512.0，384.0，50.0）、缩放为（105.0，105.0，105.0%），如图 9-56 所示。

步骤 04 新建一个灯光图层，设置【名称】为“灯光 1”、【灯光类型】为聚光、【颜色】为白色、【强度】为 150%、【锥形角度】为 180°、【锥形羽化】为 50%，单击【确定】按钮，如图 9-57 所示。

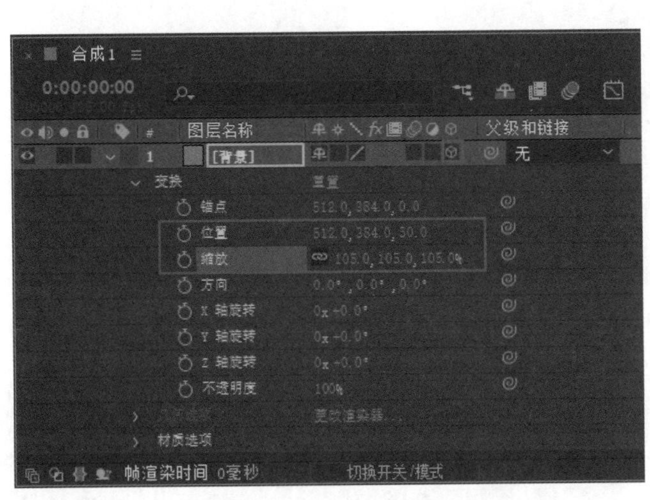

图 9-56 设置【背景】图层

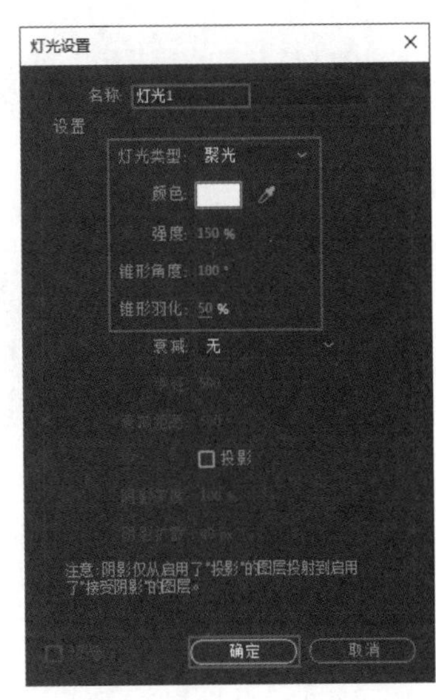

图 9-57 【灯光设置】对话框

步骤 05 复制【背景】图层，重命名为“地面”，并将【地面】图层拖曳到【背景】图层下方，设置【位置】为（512.0，618.0，143.0）、【方向】为（300.0°，0.0°，0.0°），如图 9-58 所示。

步骤 06 将【项目】面板中的【人物.png】素材文件和【logo.png】素材文件以图层形式拖曳到【时间轴】面板中的【灯光 1】图层下方，并分别开启三维图层，如图 9-59 所示。

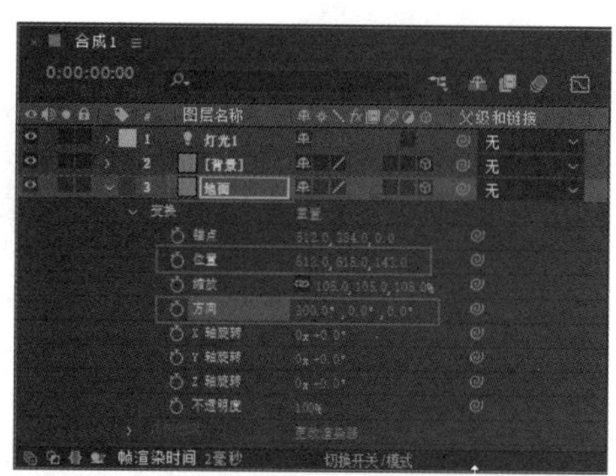
图 9-58　设置【地面】图层

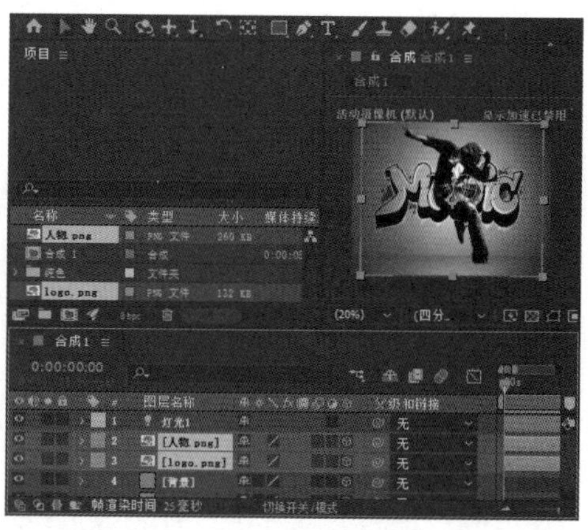
图 9-59　拖曳添加图层并开启三维图层

步骤 07　设置【人物.png】图层的【位置】为（447.0，354.0，0.0）、【缩放】为（77.0，77.0，77.0%），并设置【材质选项】效果的【投影】为开，如图 9-60 所示。

步骤 08　双击【灯光 1】图层，在弹出的【灯光设置】对话框中，勾选【投影】复选框，设置【阴影深度】为 60%、【阴影扩散】为 40px，单击【确定】按钮，如图 9-61 所示。

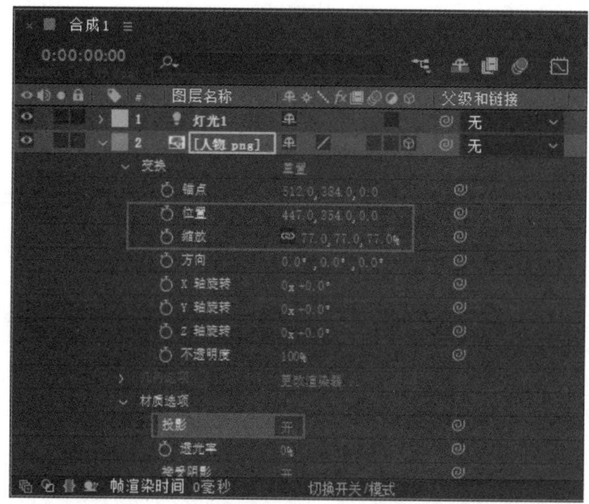
图 9-60　设置【人物.png】图层

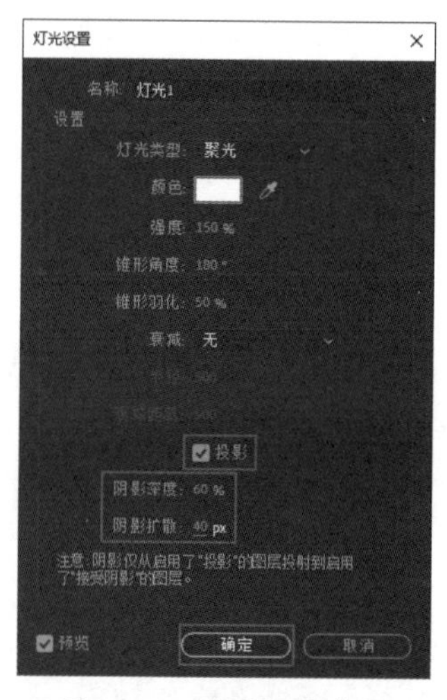
图 9-61　设置灯光参数

步骤 09　将时间线滑块拖曳至起始帧位置，开启【位置】自动关键帧，设置【位置】为（330.0，180.0，-350.0），如图 9-62 所示。

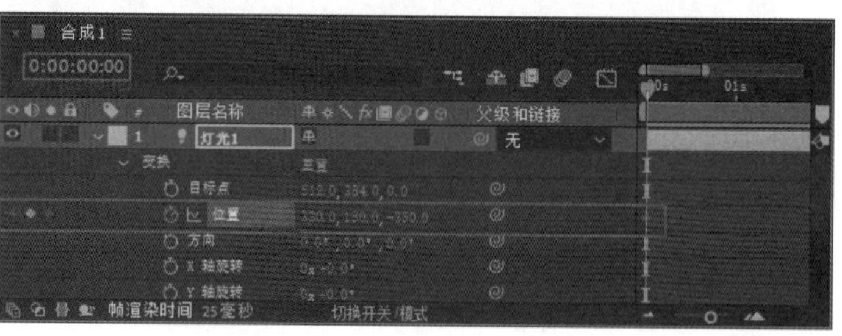
图 9-62　设置【位置】关键帧（1）

步骤 10　将时间线滑块拖曳至 4 秒 20 帧的位置，设置【位置】为（1305.0，485.0，-380.0），如图 9-63 所示。

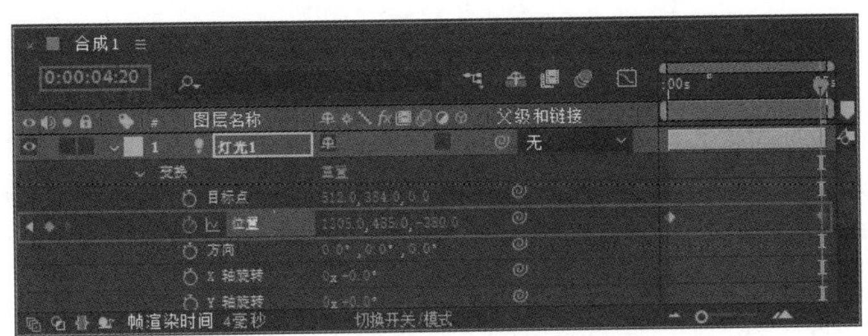

图 9-63 设置【位置】关键帧（2）

步骤 11 此时，拖曳时间线滑块，即可预览制作完成的人物灯光照射动画效果，如图 9-64 所示。

图 9-64 最终效果

同步训练——制作镜头动画

完成对上机实战案例的学习后，为了提高读者的动手能力，下面安排一个同步训练案例，以期达到举一反三、触类旁通的学习效果。

图解流程

同步训练案例的流程图解如图 9-65 所示。

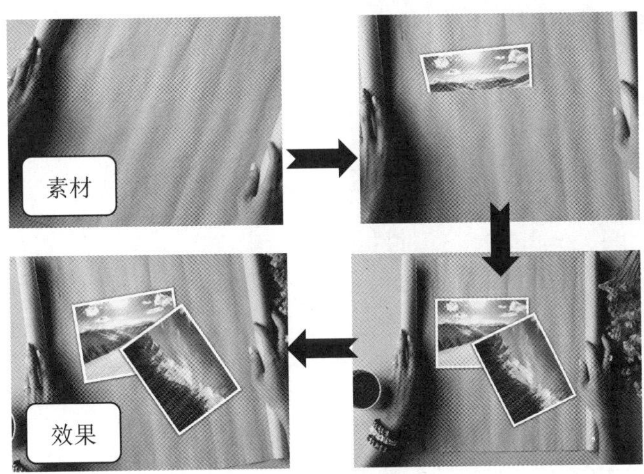

图 9-65 图解流程

思路分析

本案例将打开素材的【3D 图层】按钮，为素材添加关键帧动画，制作照片慢慢下落的动画效果，并创建摄像机图层，设置关键帧动画，制作镜头运动的效果。

关键步骤

步骤 01 打开“素材文件\第 9 章\制作镜头动画素材.aep”，将【项目】面板中的素材文件以图层形式拖曳到【时间轴】面板中，为全部图层开启三维图层状态，并设置【02.jpg】图层的起始时间为第 4 秒，如图 9-66 所示。

图 9-66 设置三维图层

步骤 02 分别为【01.jpg】图层和【02.jpg】图层添加投影效果，并同时设置两个图层的【不透明度】为 80%、【柔和度】为 60.0，如图 9-67 所示。

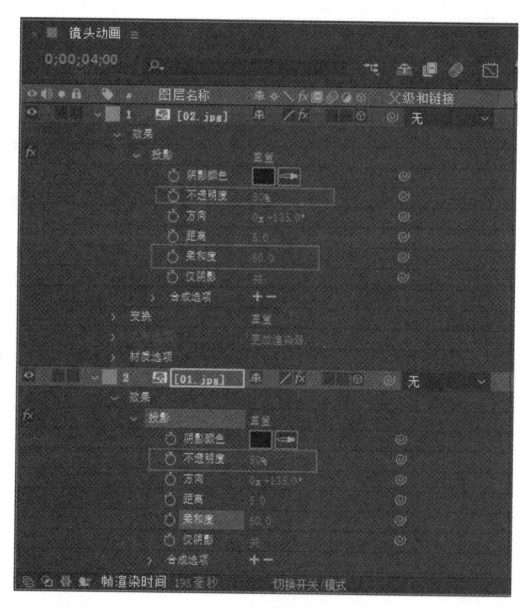

图 9-67 设置参数

温馨提示

将光标移动至【时间轴】面板中的素材起始位置，当光标变为↔时，按住鼠标左键将素材向右或向左拖曳，即可改变素材的起始时间。

步骤 03 将时间线滑块拖曳到 0 帧的位置，开启【01.jpg】图层的【位置】、【X轴旋转】、【Y轴旋转】的动画关键帧，设置【位置】为（1200.0，1003.0，-3526.0）、【X轴旋转】为 0x +90.0°、【Y

轴旋转】为 0x +35.0°，随后，开启【背景.jpg】图层的【缩放】动画关键帧，设置【缩放】为（280.0，280.0，280.0%），如图 9-68 所示。

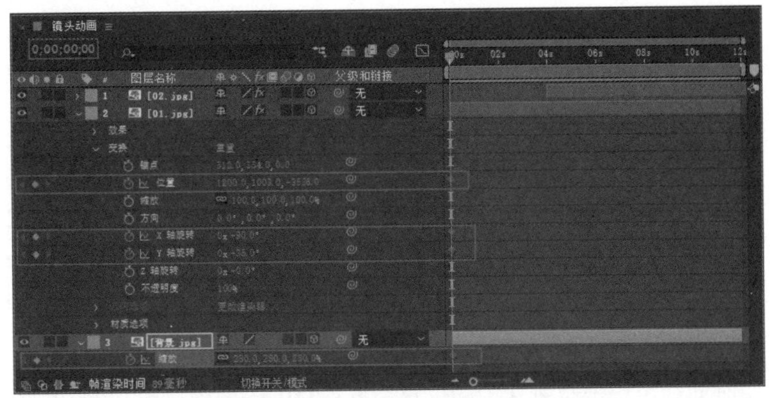

图 9-68 设置动画关键帧（1）

步骤 04 将时间线滑块拖曳到 28 帧的位置，设置【01.jpg】图层的【*X*轴旋转】为 0x +77.0°，如图 9-69 所示。

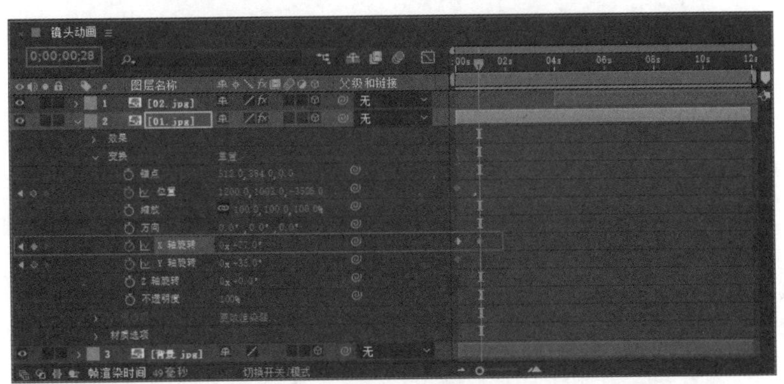

图 9-69 设置动画关键帧（2）

步骤 05 将时间线滑块拖曳到 1 秒 27 帧的位置，设置【01.jpg】图层的【位置】为（1116.0，850.0，-1640.0）、【*X*轴旋转】为 0x +85.0°、【*Y*轴旋转】为 0x +16.0°，如图 9-70 所示。

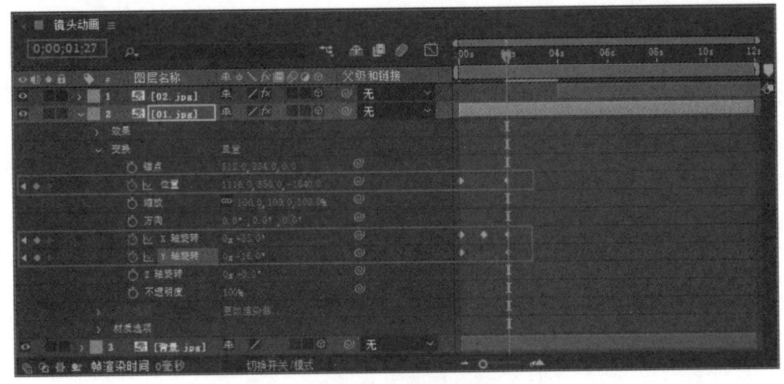

图 9-70 设置动画关键帧（3）

步骤06 将时间线滑块拖曳到3秒12帧的位置，设置【01.jpg】图层的【位置】为（1063.0，608.0，-513.0）、【X轴旋转】为0x +72.0°、【Y轴旋转】为0x+3.7°，如图9-71所示。

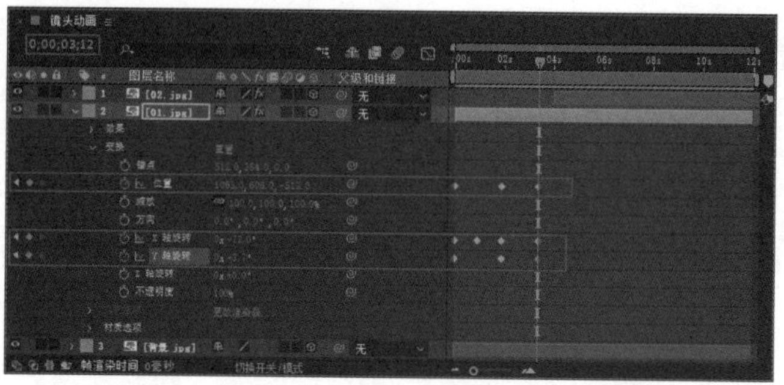

图9-71 设置动画关键帧（4）

步骤07 将时间线滑块拖曳到4秒的位置，设置【01.jpg】图层的【位置】为（1044.0，608.0，0.0）、【X轴旋转】为0x +0.0°、【Y轴旋转】为0x +0.0°。随后，开启【02.jpg】图层的动画关键帧，设置【位置】为（1386.0，1693.0，-642.0），设置【Z轴旋转】为0x +64.0°，如图9-72所示。

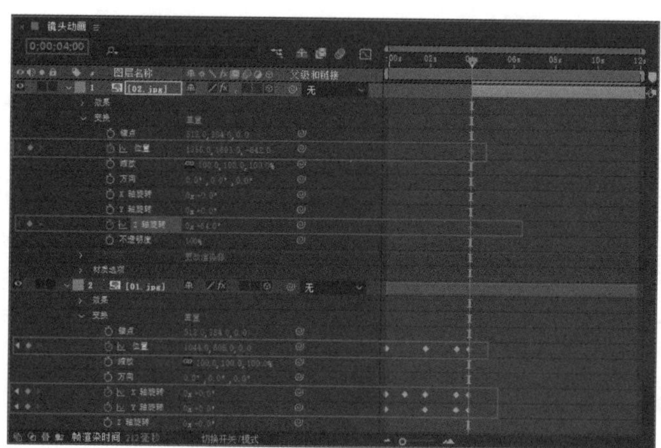

图9-72 设置动画关键帧（5）

步骤08 将时间线滑块拖曳到5秒25帧的位置，设置【02.jpg】图层的【位置】为（1496.0，1015.0，0.0），如图9-73所示。

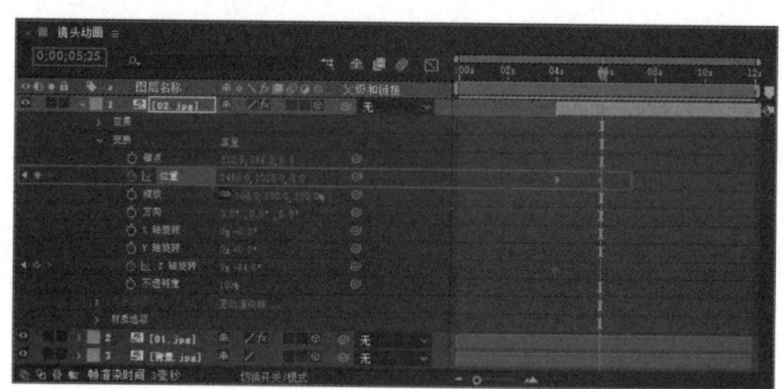

图9-73 设置动画关键帧（6）

步骤 09 将时间线滑块拖曳到 10 秒的位置，设置【背景.jpg】图层的【缩放】为（200.0，200.0，200.0%），如图 9-74 所示。

图 9-74 设置动画关键帧（7）

步骤 10 此时，拖曳时间线滑块，可以查看的动画效果如图 9-75 所示。

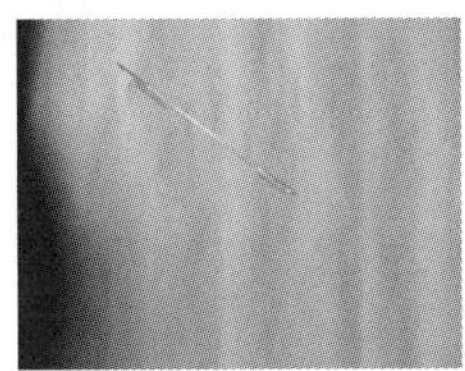
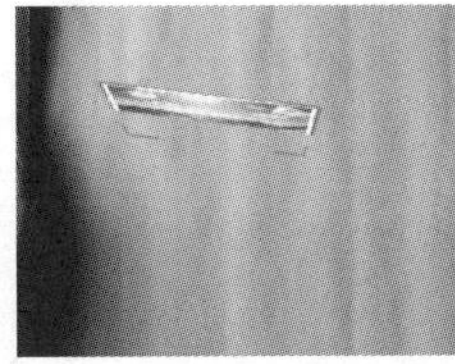
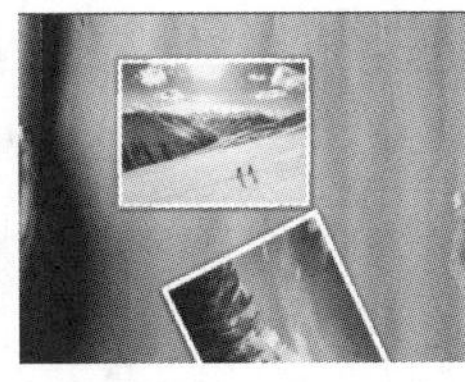
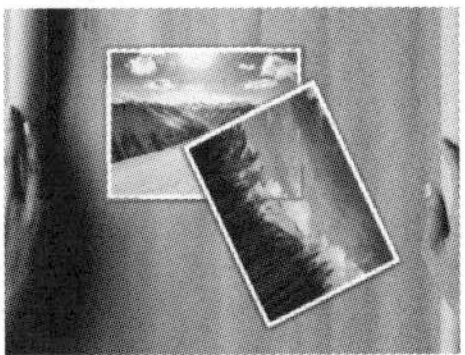

图 9-75 动画效果

步骤 11 新建一个摄像机图层【摄像机 1】，设置【缩放】为 1912.0 像素、【焦距】为 2795.0 像素、【光圈】为 35.4 像素后，将时间线滑块拖曳到 0 帧的位置，开启【摄像机 1】图层的【位置】动画关键帧和【方向】动画关键帧，设置【位置】为（1200.0，900.0，-2400.0）、【方向】为（0.0°，0.0°，340.0°），如图 9-76 所示。

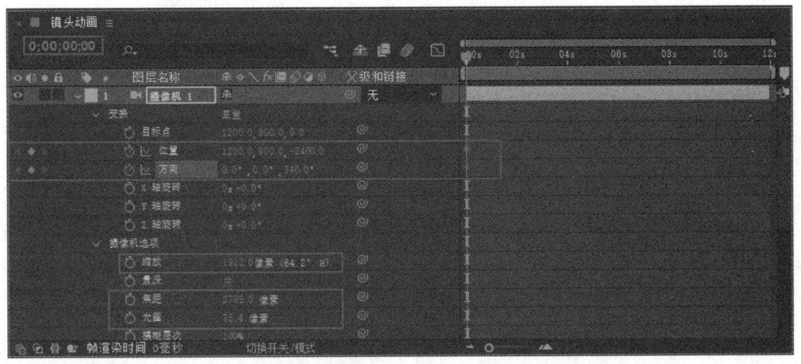

图 9-76 新建摄像机图层并设置动画关键帧

步骤 12 将时间线滑块拖曳到 2 秒的位置，设置【摄像机 1】图层的【位置】为（1200.0，900.0，-2300.0）、【方向】为（0.0°，0.0°，0.0°），如图 9-77 所示。

图 9-77 设置动画关键帧（8）

步骤 13 将时间线滑块拖曳到 6 秒的位置，设置【摄像机 1】图层的【位置】为（1200.0，900.0，−2100.0）、【方向】为（0.0°，0.0°，12.0°），如图 9-78 所示。

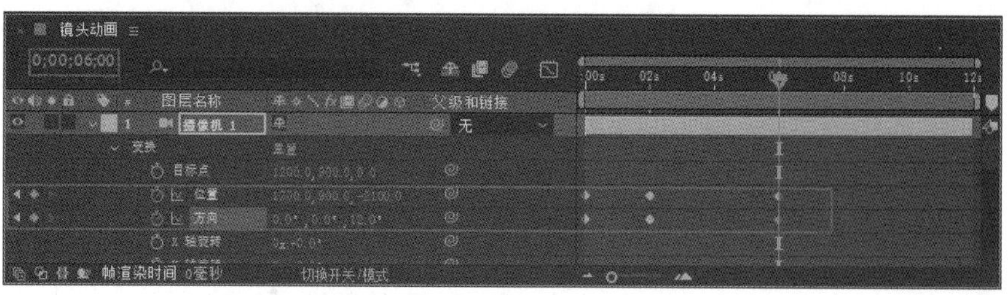

图 9-78 设置动画关键帧（9）

步骤 14 将时间线滑块拖曳到 10 秒的位置，设置【摄像机 1】图层的【位置】为（1200.0，900.0，−2534.0）、【方向】为（0.0°，0.0°，0.0°），如图 9-79 所示。

图 9-79 设置动画关键帧（10）

步骤 15 完成以上操作后，最终的动画效果如图 9-80 所示。

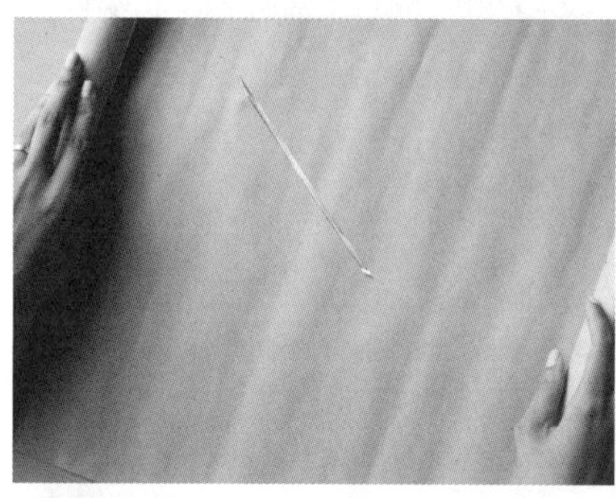

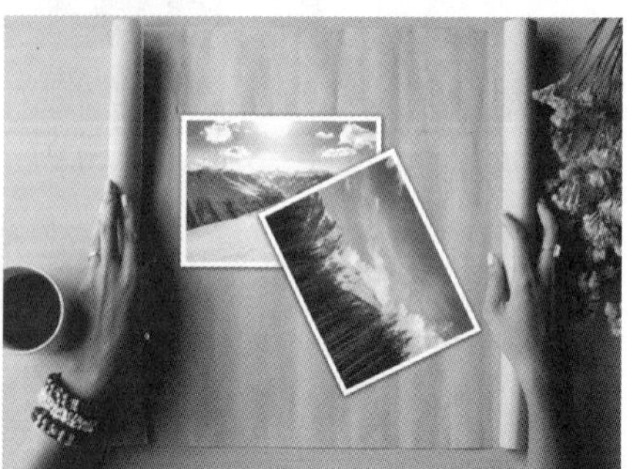

图 9-80 最终效果

知识能力测试

本章主要讲解了三维空间效果的相关知识，为对知识进行巩固和考核，请读者完成以下练习题。

一、填空题

1. 三维的概念是建立在_____的基础上的。平时大家所看到的图像画面都是在_______中形成的。

2. 在After Effects 2022 中，除了_____图层，其他图层都能转换为三维图层。注意，文本图层在激活了_____属性之后，即可对单个文字制作三维动画。

3. 三维空间的工作需要依托坐标系，After Effects 2022 预置了 3 种坐标系工作模式，分别是本地轴模式、________和_______。

4. 在三维图层中，对图层应用的滤镜或遮罩都基于该图层的_________，比如对二维图层使用了扭曲效果，图层发生了扭曲现象，将该图层转换为三维图层之后，会发现该图层仍然是扭曲的，并不会自动在_________的过程中复原。

5. 按【R】键，可以展开三维图层的【旋转】属性组。三维图层可以操作的旋转参数有 4 个，分别是方向、*X*轴旋转、*Y*轴旋转和*Z*轴旋转，二维图层则只有一个______属性。

二、选择题

1. 按(　　)键，可以展开三维图层的【旋转】属性组。三维图层可以操作的旋转参数有 4 个，分别是方向、*X*轴旋转、*Y*轴旋转和*Z*轴旋转，二维图层则只有一个【旋转】属性。

A.【R】　　B.【S】　　C.【P】　　D.【A】

2. 默认状态下，合成影像中是没有(　　)的，所有图层，即使是 3D 图层，也不会自动拥有阴影、反射等效果。

A. 灯光层　　B. 文字层　　C. 摄像机层　　D. 图层

3. 二维图层转换为三维图层后，图层在原有的*X*轴和*Y*轴的二维基础上增加了一个(　　)。图层的属性也出现了相应的增加，可以在 3D 空间内对其进行位移或旋转操作。

A. *X*轴　　B. *Z*轴　　C. *Y*轴　　D. 图层

三、简答题

1. 如何转换三维图层及取消图层的 3D 属性？

2. 如何使用多种方法创建摄像机？

第10章 视频的渲染与输出

项目制作完成之后，就可以进行视频的渲染与输出了。根据合成的帧数量、质量、复杂程度和输出的压缩方法的不同，输出视频可能会花费几分钟至数小时不等的时间。本章将详细介绍视频渲染与输出的相关知识及操作方法。

学习目标

- 了解渲染的相关知识
- 熟练掌握输出的操作方法
- 熟练掌握多合成渲染的操作方法
- 熟练掌握调整大小与裁剪的方法

10.1 渲染

制作完成视频前，需要对其进行渲染。用户可以根据视频用途及目标发布媒介，将视频输出为不同格式的文件。本节将详细介绍渲染的相关知识及操作方法。

10.1.1 渲染队列窗口

渲染在整个视频制作过程中是最后一步，也是相当关键的一步。即使前面制作得再精妙，渲染不成功也会直接导致作品呈现的失败，即渲染的方式会影响视频的最终呈现效果。

使用After Effects 2022，可以将合成项目渲染并输出成视频文件、音频文件、序列图片等。输出方法有两种：一种是选择【文件】→【导出】命令，直接输出单个合成项目；另一种是选择【合成】→【添加到渲染队列】命令，将一个或多个合成项目添加到【渲染队列】面板中，进行批量、逐一输出，如图10-1所示。

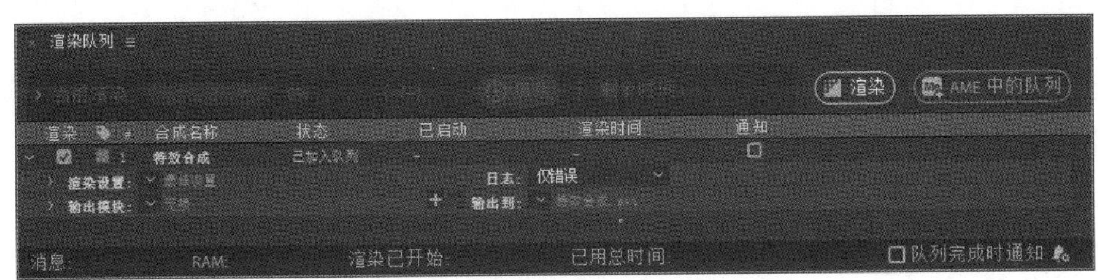

图10-1 【渲染队列】面板

其中，通过执行【文件】→【导出】命令进行输出时，可选的格式和解码较少；通过【渲染队列】面板进行输出时，则可以进行非常专业的控制，并可以选择多种格式和解码方式。

在【渲染队列】面板中，用户可以控制整个渲染进程，调整各个合成项目的渲染顺序，并设置每个合成项目的渲染质量、输出格式、路径等。添加项目到【渲染队列】面板中后，【渲染队列】会自动打开，如果不小心关闭了，可以选择【窗口】→【渲染队列】命令，将其再次打开。单击【当前渲染】列左侧的›按钮（单击后变为⌄按钮），显示的详细信息如图10-2所示。

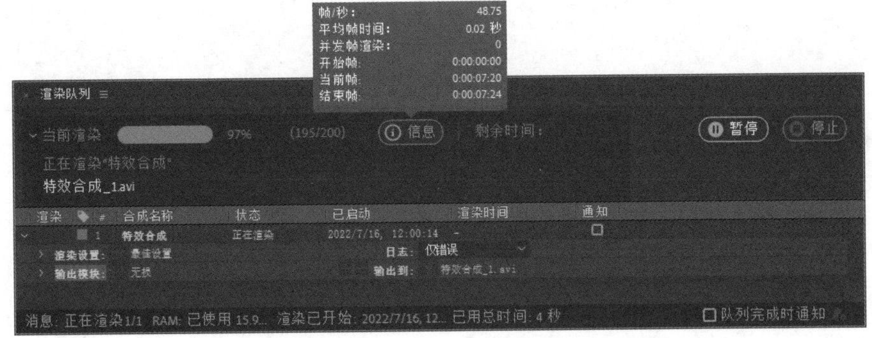

图10-2 【当前渲染】详细信息

【渲染队列】面板如图 10-3 所示。

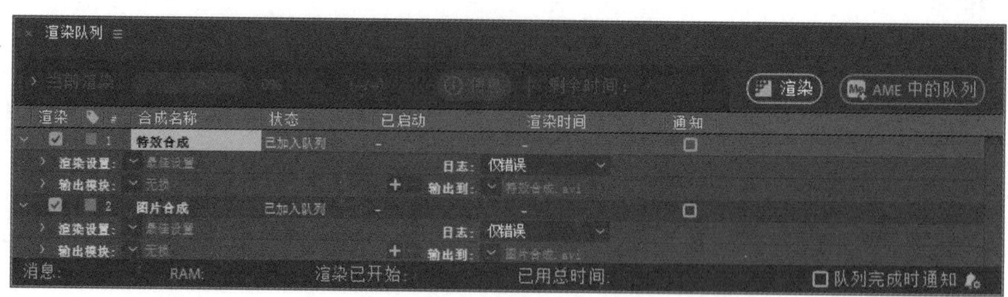

图 10-3 【渲染队列】面板

需要渲染的合成项目将逐一排列在渲染队列中，用户可以在此设置项目的【渲染设置】、【输出模块】(输出模式、格式、解码等)、【输出到(文件名和路径)】等。下面对【渲染队列】面板中的各部分内容进行介绍。

- 渲染：用于确定是否进行渲染操作，只有被勾选的合成项目才会被渲染。
- 标准按钮：用于选择标签颜色，区分不同类型的合成项目，方便用户识别。
- 队列序号按钮#：用于添加队列序号，确定渲染的顺序。用户可以在合成项目上按住鼠标左键上下拖曳队列序号到目标位置，改变渲染的先后顺序。
- 合成名称：用于设置合成项目的名称。
- 状态：用于查看当前状态。
- 已启动：用于查看渲染开始的时间。
- 渲染时间：用于查看渲染所花费的时间。

单击【渲染队列】面板左侧的按钮可以展开具体的设置信息，单击按钮可以选择已有的预置内容，单击当前设置的标题可以打开具体的设置区，如图 10-4 所示。

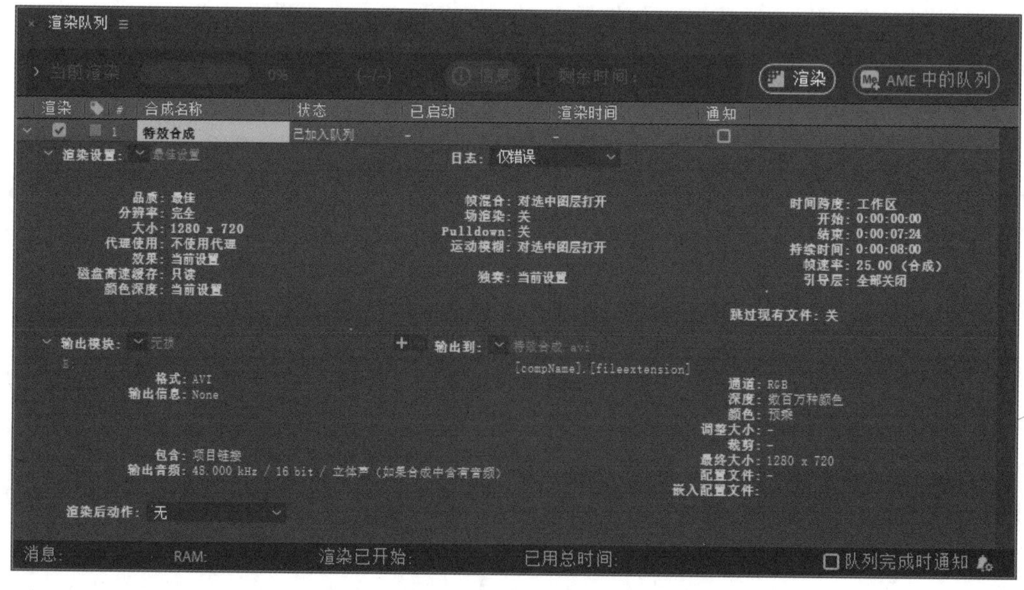

图 10-4 具体设置信息

10.1.2 渲染设置选项

设置渲染的方法：在【渲染队列】面板中单击【渲染设置】左侧的按钮，选择【最佳设置】预置后，单击右侧的【设置标题】按钮，即可弹出【渲染设置】对话框，如图10-5所示。

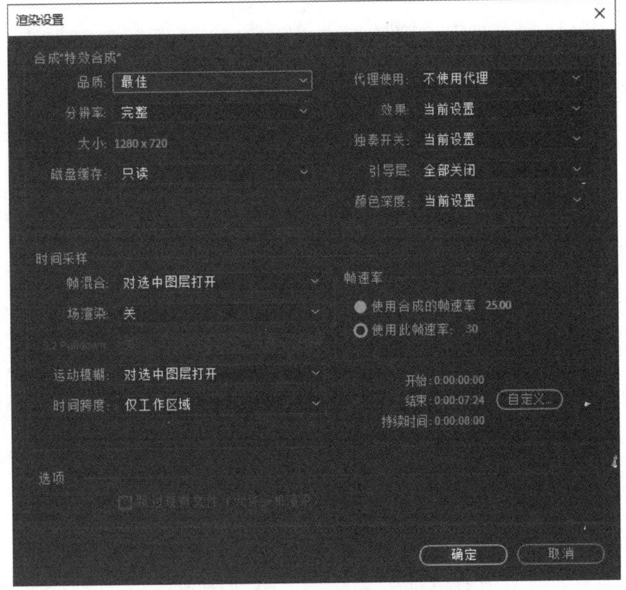

图 10-5 【渲染设置】对话框

下面对【渲染设置】对话框中的部分内容进行介绍。

（1）【合成】设置区

- 品质：用于设置图层质量，包括【当前设置】、【最佳】、【草图】和【线框】4个选项。选择【当前设置】表示各层均采用当前设置，即根据【时间轴】面板中各层属性开关处的图层画质设定进行设置；选择【最佳】表示各层均采用最好的质量（忽略各层的质量设置）；选择【草图】表示各层均采用粗略质量（忽略各层的质量设置）；选择【线框】表示各层均采用线框模式（忽略各层的质量设置）。
- 分辨率：用于设置像素采样质量，包括【当前设置】、【完整】、【二分之一】、【三分之一】、【四分之一】和【自定义】6个选项。选择【自定义】选项，可以在弹出的【自定义分辨率】对话框中进行分辨率设置。
- 磁盘缓存：用于指定是否采用内存缓存设置。
- 代理使用：用于指定是否使用代理素材。选择【当前设置】表示采用当前【项目】面板中各素材的设置；选择【使用全部代理】表示全部使用代理素材进行渲染；选择【仅使用合成的代理】表示只对合成项目使用代理素材；选择【不使用代理】表示全部不使用代理素材。
- 效果：用于指定是否使用特效滤镜。选择【当前设置】表示采用当前时间轴中各个特效的设置；选择【全开】表示启用所有特效滤镜，即使某些滤镜处于暂时关闭状态；选择【全关】表示关闭所有特效滤镜。
- 独奏开关：用于指定是否只渲染【时间轴】面板中【独奏】开关开启的层。如果设置为【全关】，表示不考虑独奏开关。
- 颜色深度：用于选择色深，如果是标准版的After Effects 2022，则有【16位/通道】和【32位/通道】两个选项。

（2）【时间采样】设置区

- 帧混合：用于指定是否采用帧混合模式。选择【当前设置】表示根据当前【时间轴】面板中的【帧混合开关】的状态和各个层【帧混合模式】的状态，来决定是否使用帧混合功能；选择【对选中图层打开】表示忽略【帧混合开关】的状态，对所有设置了【帧混合模式】的图层使用帧混合功能；选择【图层全关】表示不采用帧混合模式。

- 场渲染：用于指定是否采用场渲染方式。选择【关】表示渲染成不含场的视频；选择【上场优先】表示渲染成上场优先的含场的视频；选择【下场优先】表示渲染成下场优先的含场的视频。
- 运动模糊：用于指定是否设置运动模糊。选择【当前设置】表示根据当前【时间轴】面板中【动态模糊开关】的状态和各个层动态模糊的状态，来决定是否使用动态模糊功能；选择【对选中图层打开】表示忽略【动态模糊开关】的状态，对所有设置了动态模糊的图层添加运动模糊效果；选择【图层全关】表示不使用运动模糊功能。
- 时间跨度：用于定义当前合成项目渲染的时间范围。选择【合成长度】表示渲染整个合成项目，合成项目设置了多长的持续时间，输出的视频就有多长时间；选择【仅工作区域】表示根据【时间轴】面板中设置的工作环境范围设定渲染的时间范围（按【B】键，工作环境范围开始；按【N】键，工作环境范围结束）；选择【自定义】表示自定义渲染的时间范围。
- 使用合成的帧速率：表示使用合成项目中设置的帧速率。
- 使用此帧速率：表示使用此处设置的帧速率。

（3）【选项】设置区

- 跳过现有文件（允许多机渲染）：勾选【跳过现有文件（允许多机渲染）】复选框，将自动忽略已存在的序列图片，即自动忽略已经渲染过的序列图片。此功能主要用于网络渲染。

10.1.3 设置输出模块

渲染设置完成后，即可开始设置输出模块，主要是设置输出格式和解码方式。【输出模块设置】对话框如图 10-6 所示。

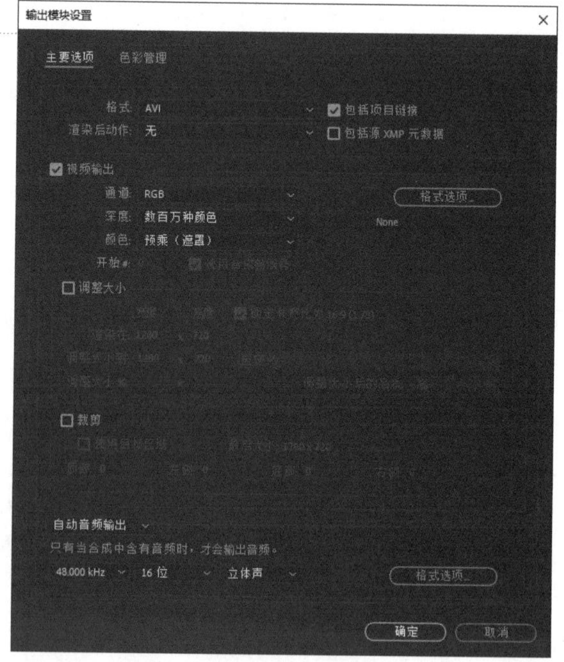

图 10-6 【输出模块设置】对话框

下面对【输出模块设置】对话框中的部分内容进行介绍。

（1）基础设置区

- 格式：用于设置输出的文件格式，如 AVI、Quick Time Movie（苹果公司 Quick Time 视频格式）、MPEG2-DVD（DVD 视频格式）、JPEG 序列（HPEG 格式序列图）、WAV（音频格式）等，格式类型非常丰富。
- 渲染后动作：用于指定 After Effects 2022 软件是否使用刚渲染的文件作为素材或

代理素材。选择【导入】表示渲染完成后，自动将刚渲染的文件作为素材置入当前项目；选择【导入并替换】表示渲染完成后，自动将刚渲染的文件置入项目，替代合成项目，包括这个合成项目被嵌入其他合成项目中的情况；选择【设置代理】表示渲染完成后，将刚渲染的文件作为代理素材置入项目。

(2) 视频设置区

- 视频输出：是否勾选【视频输出】复选框，决定是否输出视频信息。
- 通道：用于选择输出的通道，包括RGB（三色通道）、Alpha（仅输出Alpha通道）和RGB+Alpha（三色通道和Alpha通道）。
- 深度：用于指定色深。
- 颜色：用于指定输出的视频包含的Alpha通道为哪种模式，是【直通（无遮罩）】模式，还是【预乘（遮罩）】模式。
- 开始#：输出序列图时，可以在这里指定序列图的文件名、序列数，为了识别方便，用户可以勾选【使用合成帧编号】复选框，输出的序列图片数字即为其帧数字。
- 调整大小到：用于确定是否对画面进行缩放处理。
- 调整大小：用于确定缩放的具体宽高尺寸。
- 调整大小后的品质：用于确定缩放质量。
- 锁定长宽比：用于确定是否强制长宽比为特殊比例。
- 裁剪：用于确定是否裁切画面。
- 顶部、左侧、底部、右侧：这 4 个选项分别用于设置上、左、下、右被裁切的像素。

(3) 音频设置区

- 音频输出：用于确定是否输出音频信息。
- 格式选项：用于确定音频的编码方式，即用什么压缩方式压缩音频信息。

技能拓展

如果使用After Effects 2022 新建的合成为 1920 像素×1280 像素，那么在输出操作时，默认输出的分辨率同样为 1920 像素×1280 像素。如果需要使输出的分辨率与新建合成的分辨率不同，用户可以开启【输出模块设置】对话框中的【调整大小】选项，调整分辨率。

10.1.4 渲染和输出的预置

虽然After Effects 2022 提供了众多渲染设置和输出设置，但依然无法满足所有个性化需求。用户可以将常用的设置存储为自定义预置，以后进行输出操作时，便不再需要一遍遍地反复设置，只需要单击按钮，即可在弹出的列表框中选择。

在菜单栏中选择【编辑】→【模板】→【渲染设置】命令，即可在弹出的【渲染设置模板】对话框中进行相关设置，如图 10-7 所示。在菜单栏中选择【编辑】→【模板】→【输出模块】命令，即可在弹出的【输出模块模板】对话框中进行相关设置，如图 10-8 所示。

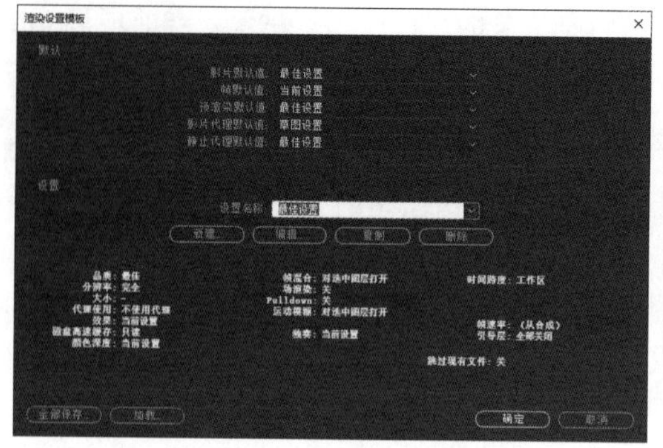

图 10-7 【渲染设置模板】对话框

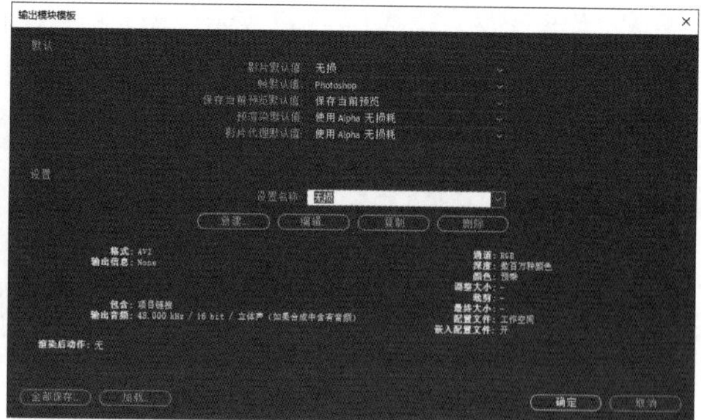

图 10-8 【输出模块模板】对话框

10.1.5 编码和解码问题

未压缩的视频和音频的数据量非常大，因此，输出视频和音频时需要使用特定的压缩技术对数据进行压缩处理，减小数据量，以便传输和存储。进行压缩处理，用户需要在输出时选择恰当的编码器，并在播放时使用同样的解码器进行解压还原画面。

目前，视频流传输中较为重要的编码标准有国际电联的H.261和H.263、运动静止图像专家组的M-JPEG、国际标准化组织运动图像专家组的MPEG系列标准。在互联网上被广泛应用的编码技术有Real-Networks的Real Video、微软公司的WMT、苹果公司的QuickTime等。就文件格式来讲，对于.avi微软视窗系统中的通用视频格式，现在流行的编码和解码方式有Xvid、MPEG-4、DivX、Microsoft DV等；对于.mov苹果公司的QuickTime视频格式，比较流行的编码和解码方式有MPEG-4、H.263、Sorenson Video等。

输出视频时，最好选择使用应用范围广的编码器和文件格式，或者目标客户平台使用的编码器和文件格式，否则，播放视频时，可能因为缺少解码器或相应的播放器而无法看到视频画面或无法听到视频声音。

10.2 输出

对于完成设计与制作的视频，可以用多种方式输出，如输出标准视频、输出合成项目中的某一帧、输出为Premiere Pro 项目等。本节详细介绍视频的输出方法和形式。

10.2.1 输出标准视频

制作完成合成项目后，用户可以在【项目】面板中选择准备输出的合成，进行视频输出。下面详细介绍输出标准视频的操作方法。

步骤 01 在【项目】面板中选择准备进行输出的合成文件后，在菜单栏中选择【合成】→【添加到渲染队列】命令，如图 10-9 所示。

步骤 02 在【渲染队列】面板中，设置渲染属性、输出格式和输出路径后，单击【渲染】按钮，即可输出标准视频，如图 10-10 所示。

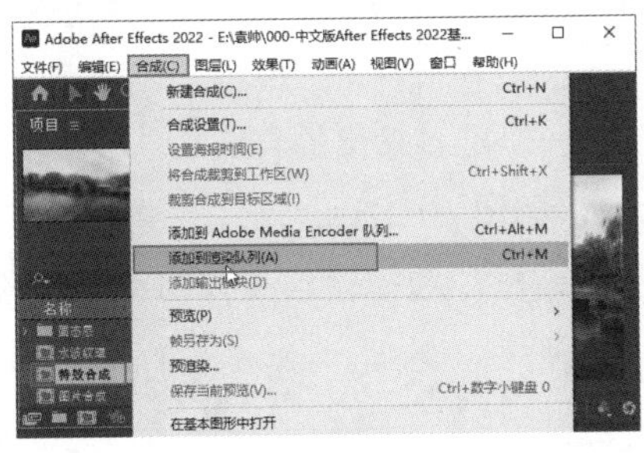

图 10-9 选择【添加到渲染队列】命令

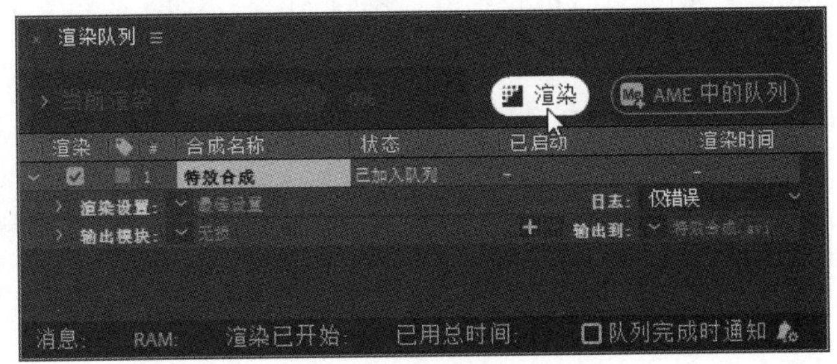

图 10-10 输出标准视频

技能拓展

如果需要将合成项目渲染成多种格式或多种编码的视频，可以在完成步骤 02 之后选择【合成】→【添加输出模块】命令，添加输出格式并指定另一个输出文件的路径及名称，这样可以做到一次创建，多格式输出。

10.2.2 输出合成项目中的某一帧

使用 After Effects 2022 软件，用户还可以输出合成项目中的某一帧画面，下面详细介绍其操作方法。

步骤 01 将时间线滑块拖曳到目标帧后，在菜单栏中选择【合成】→【帧另存为】→【文件】命令，如图 10-11 所示。

步骤 02 目标帧会自动添加到【渲染队列】面板中，此时单击【渲染】按钮，即可输出合成项目中的目标帧，如图 10-12 所示。

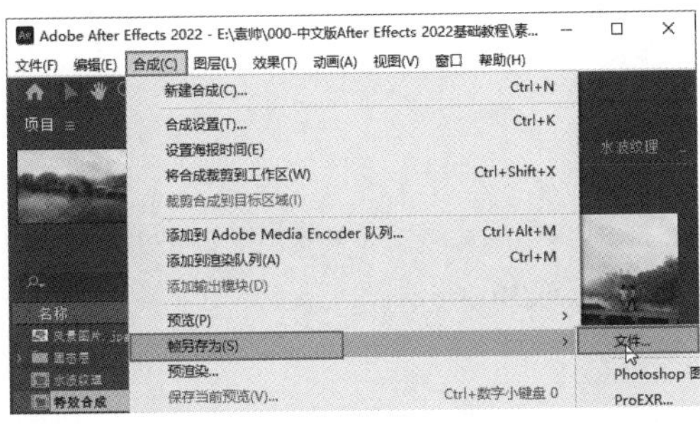

图 10-11 选择【文件】命令

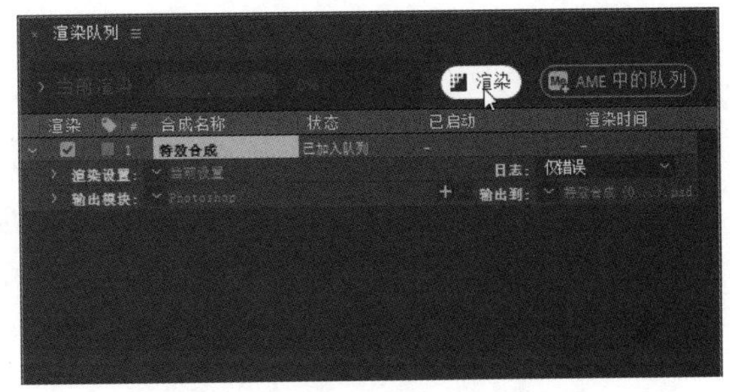

图 10-12 输出合成项目中的目标帧

技能拓展

如果选择【合成】→【帧另存为】→【Photoshop 图层】命令，将直接打开【另存为】对话框，设置路径和文件名后，即可完成对单帧画面的输出。

课堂范例——输出为 Premiere Pro 项目

用户不需要进行渲染，就可以将After Effects 2022 项目输出为Premiere Pro项目，本案例详细介绍其操作方法。

步骤 01 打开"素材文件\第 10 章\波动水流.aep"，选择一个准备输出的合成后，在菜单栏中选择【文件】→【导出】→【导出 Adobe Premiere Pro 项目】命令，如图 10-13 所示。

步骤 02 系统弹出【导出为 Adobe Premiere Pro 项目】对话框，选择输出文件的存储位置，单击【保存】按钮，即可完成输出，如图 10-14 所示。

图 10-13 选择【Adobe Premiere Pro 项目】命令

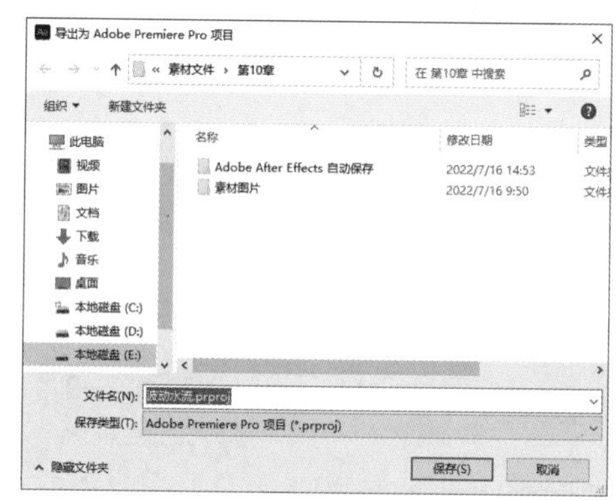

图 10-14 输出为 Premiere Pro 项目

技能拓展

输出After Effects 2022 项目为Premiere Pro项目时，Premiere Pro项目将使用After Effects 2022 项目中第一个合成的设置作为所有序列的设置。将一个After Effects 2022 图层粘贴到Premiere Pro序列中后，关键帧、效果和其他属性都会以同样的方式被转换。

10.3 多合成渲染

如果某After Effects项目拥有多个合成项目，那么切换至其他合成项目的【时间轴】面板，同样可以进行渲染输出操作。本节将详细介绍多合成渲染的操作方法。

10.3.1 开启视频渲染

视频渲染是对构成视频的每个帧进行逐帧渲染，下面详细介绍视频渲染的操作方法。

步骤 01 先选择准备输出的合成，如选择【特效合成】，再在菜单栏中选择【合成】→【添加到渲染队列】命令，如图 10-15 所示。

步骤 02 【特效合成】项目出现在【渲染队列】面板中，开启其【渲染】项，即可确认开启视频渲染，如图 10-16 所示。

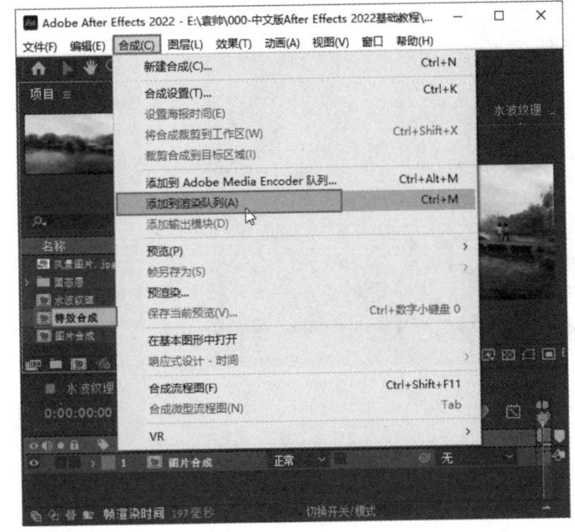

图 10-15 选择【添加到渲染队列】命令

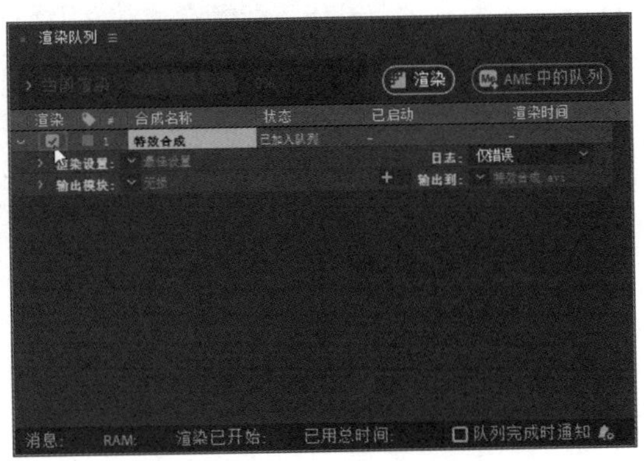

图 10-16 确认开启视频渲染

10.3.2 多合成渲染设置

用户可以将多个合成项目切换至合成项目的【时间轴】面板，同时进行渲染输出操作，下面详细介绍多合成渲染的操作方法。

步骤 01 在拥有多个合成的项目中，切换至其他合成项目的【时间轴】面板，如切换至【水波纹理】合成的【时间轴】面板，如图 10-17 所示。

步骤 02 在菜单栏中选择【合成】→【添加到渲染队列】命令，如图 10-18 所示。

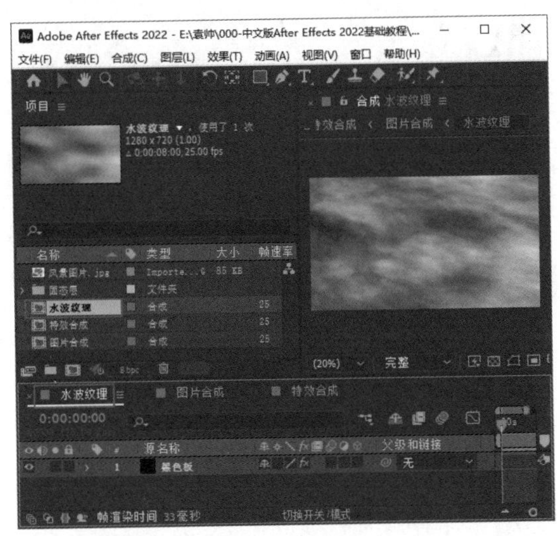

图 10-17 切换至【水波纹理】合成的【时间轴】面板

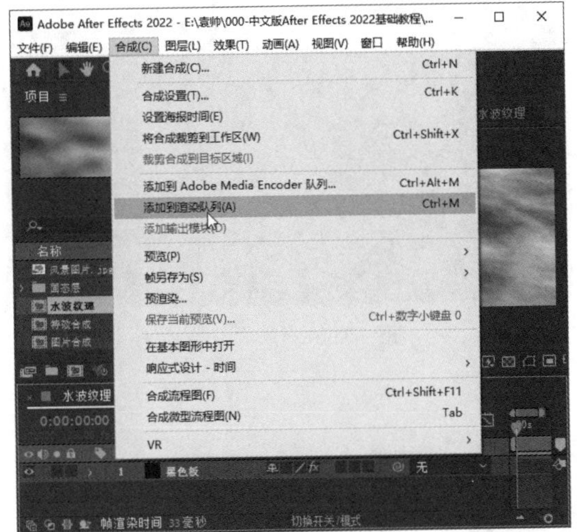

图 10-18 选择【添加到渲染队列】命令

步骤 03 在【渲染队列】面板中，可以看到新添加的【水波纹理】项，单击开关按钮☑确认是否勾选【渲染】项，即可完成多合成渲染设置，如图 10-19 所示。

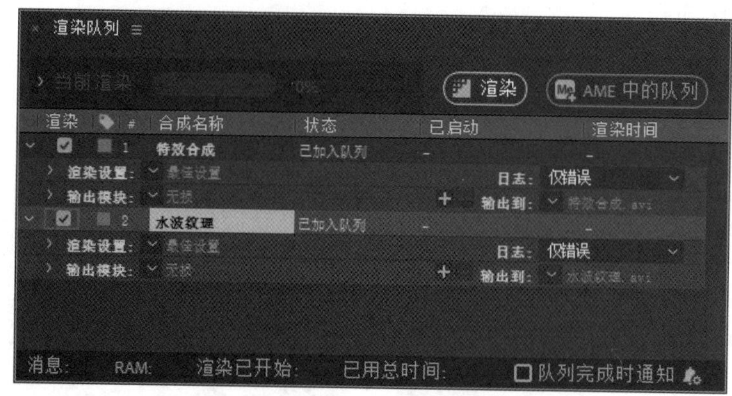

图 10-19　确认是否勾选【渲染】项

10.3.3 渲染进程设置

将多个合成项目添加到【渲染队列】面板中后，用户可以对渲染进程进行设置，下面详细介绍其操作方法。

步骤 01　在【渲染队列】面板中单击【渲染】按钮，After Effects 2022 会按次序对合成文件进行渲染，如图 10-20 所示。

步骤 02　在【渲染队列】面板中单击【停止】按钮，即可结束渲染操作，系统会自动对未渲染完成的文件队列进行新建，便于用户再次进行渲染操作，如图 10-21 所示。

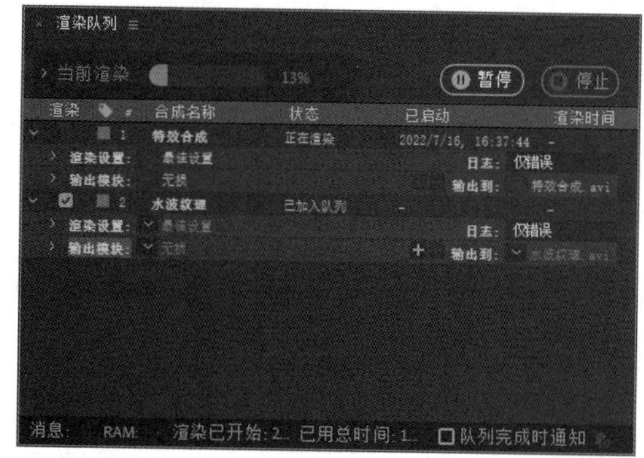

图 10-20　依次渲染

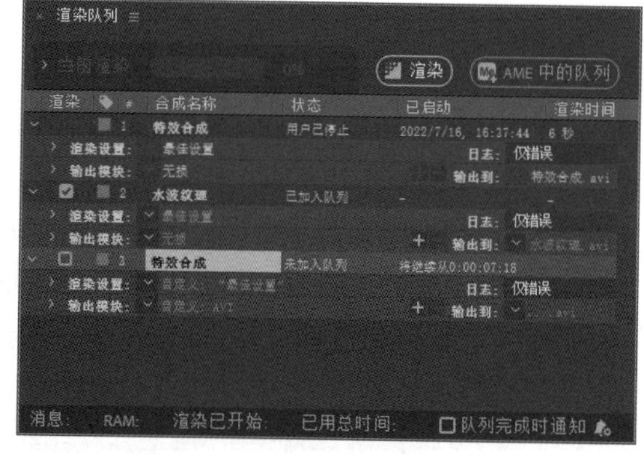

图 10-21　结束渲染后的队列状态

10.4 调整大小与裁剪

本节将介绍如何调整输出视频的画面分辨率及如何修改画面裁剪区域，帮助读者掌握渲染与输出视频的相关操作。

10.4.1 添加渲染队列

要对视频进行调整大小与裁剪的操作，需要首先将其添加入渲染队列，下面详细介绍其操作方法。

步骤 01 在【项目】面板中，选择【图片合成】合成文件，准备进行视频的选择输出操作，如图 10-22 所示。

步骤 02 在菜单栏中选择【合成】→【添加到渲染队列】命令，如图 10-23 所示。

图 10-22 选择【图片合成】合成文件

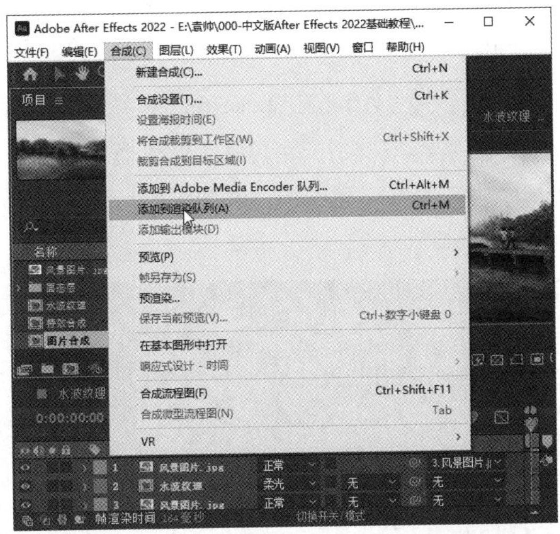

图 10-23 选择【添加到渲染队列】命令

步骤 03 【图片合成】项目出现在【渲染队列】面板中，勾选其【渲染】项，单击【输出到】右侧的文件名，如图 10-24 所示。

步骤 04 弹出【将影片输出到：】对话框，在其中设置输出路径和文件名，如图 10-25 所示，即可完成添加渲染队列的操作。

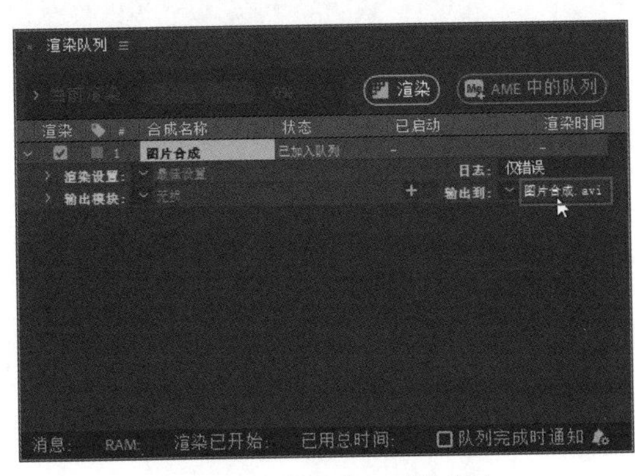

图 10-24 【渲染队列】面板

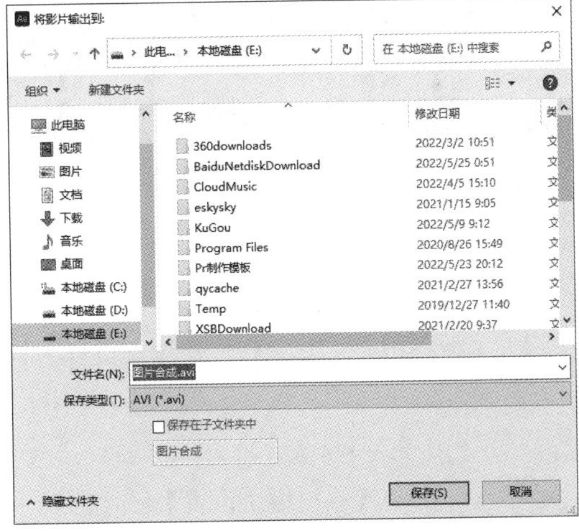

图 10-25 设置输出路径和文件名

10.4.2 调整输出大小

对视频完成添加渲染队列的操作后，即可开始调整输出大小，下面详细介绍其操作方法。

步骤 01 在【渲染队列】面板中，单击【输出模块】右侧的【无损】链接项，如图 10-26 所示。

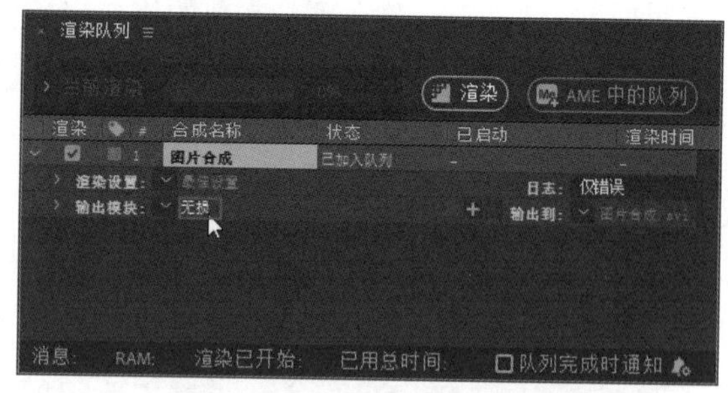

图 10-26 单击【无损】链接项

步骤 02 弹出【输出模块设置】对话框，用户可以勾选【调整大小】复选框，进行自定义尺寸的输出，如图 10-27 所示。

步骤 03 After Effects 2022 系统中有多种预设分辨率类型，用户可以在【输出模块设置】对话框中，展开【调整大小到】右侧的下拉列表框，在其中进行选择，如图 10-28 所示。

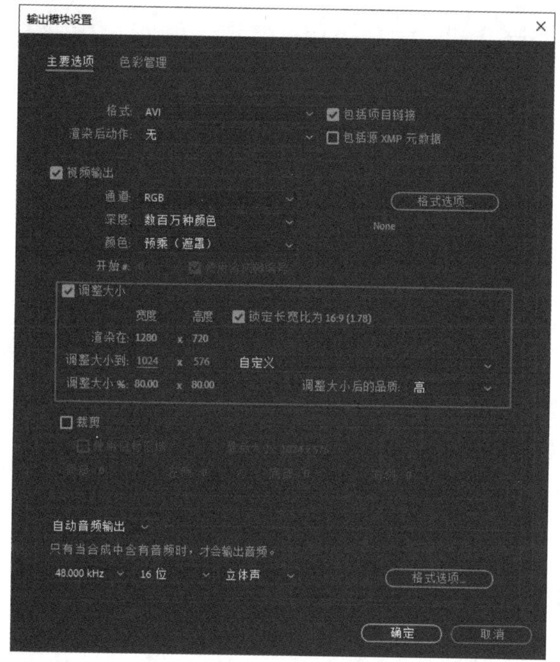

图 10-27 自定义输出尺寸

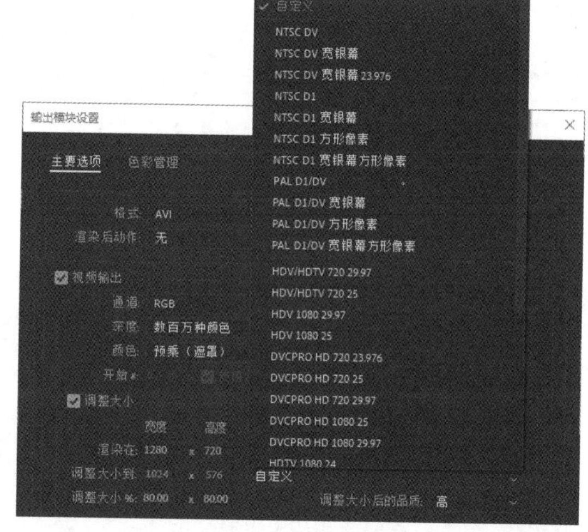

图 10-28 【调整大小到】右侧的下拉列表框

10.4.3 输出裁剪设置

使用 After Effects 2022 软件，用户可以对视频进行输出裁剪设置，下面详细介绍其操作方法。

步骤 01 在【输出模块设置】对话框中，勾选【裁剪】复选框，可以对要输出的画面进行裁剪设置，如图 10-29 所示。

步骤 02 在【输出模块设置】对话框中，设置【顶部】为 40、【底部】为 40，如图 10-30 所示，将裁剪删除画面上下两端的图像，完成输出裁剪设置。

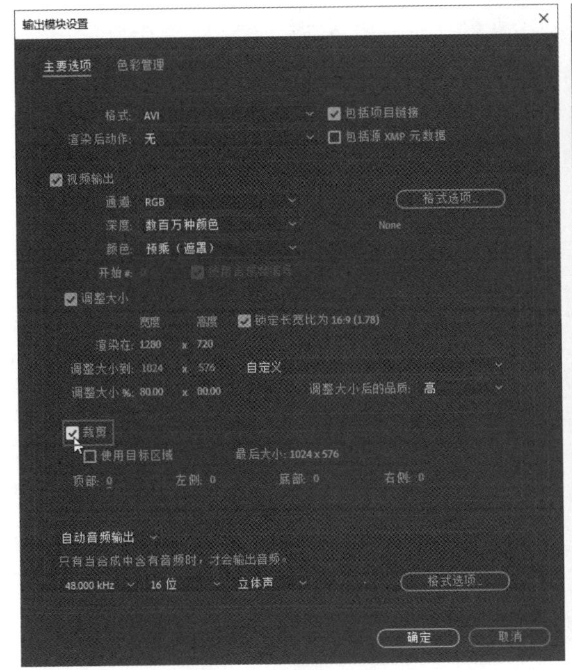

图 10-29　勾选【裁剪】复选框

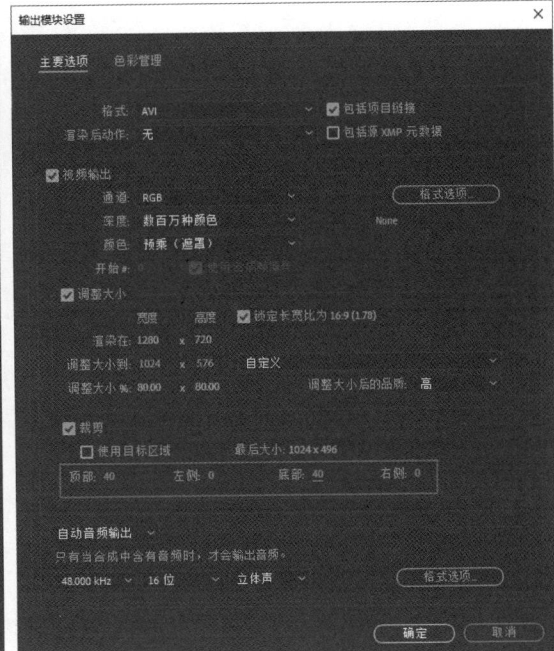

图 10-30　裁剪删除画面上下两端的图像

课堂问答

通过对本章内容的学习，相信读者对视频的渲染与输出有了一定的了解，下面列出一些常见问题，供读者学习参考。

问题 1：什么是 Adobe Media Encoder？

答：Adobe Media Encoder 是视频音频编码程序，用于渲染输出不同格式的作品。需要注意的是，必须安装与 After Effects 2022 版本一致的 Adobe Media Encoder 2022，才可以打开并使用 Adobe Media Encoder。

问题 2：找不到需要用的视频格式，该怎么办?

答：如果发现【渲染队列】面板中的输出格式很少，建议用户安装 Adobe Media Encoder 2022 软件，并使用 Adobe Media Encoder 设置格式，能够解决视频格式少的问题。

问题 3：如何查看合成流程图?

答：选择目标合后成，在菜单栏中选择【合成】→【合成流程图】命令，即可打开【流程图】面板。在该面板中，用户可以查看目标合成的流程图。

上机实战——渲染高质量的小视频

为了帮助读者巩固本章所学的知识，下面对一个上机实战案例进行分析与讲解。

效果展示

案例素材如图 10-31 所示，效果如图 10-32 所示。

图 10-31　素材

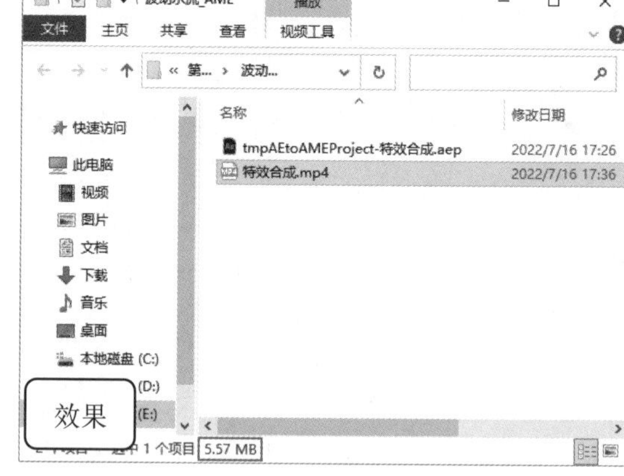

图 10-32　效果

思路分析

渲染高质量的小视频是很多用户的工作需求，但使用 After Effects 2022 渲染出的视频通常较大。本案例介绍使用 Adobe Media Encoder 软件渲染既保证质量高，又保证文件小的视频的方法，下面详细介绍其操作方法。

制作步骤

步骤 01 打开"素材文件\第 10 章\波动水流.aep"，选择【特效合成】合成后，在菜单栏中选择【合成】→【添加到 Adobe Media Encoder 队列】命令，如图 10-33 所示。

步骤 02 弹出 Adobe Media Encoder 软件启动界面，若计算机中安装了该软件，即可成功启动，如图 10-34 所示。

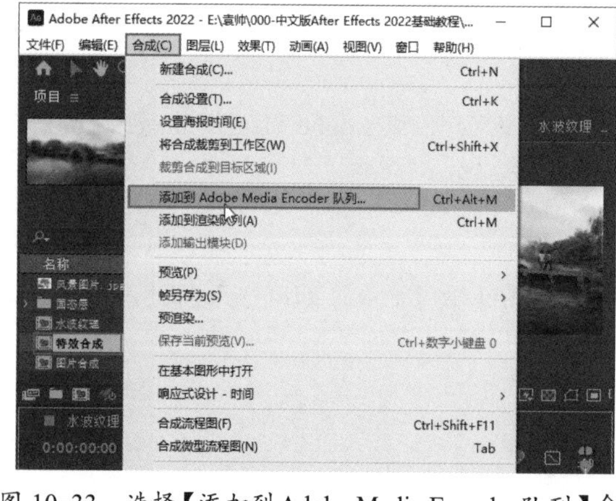

图 10-33　选择【添加到 Adobe Media Encoder 队列】命令

图 10-34　启动 Adobe Media Encoder

步骤 03 进入 Adobe Media Encoder 软件主界面后，系统会自动激活【队列】面板，单击按钮，选择【H.264】选项后，设置保存文件的路径和名称，如图 10-35 所示。

步骤 04　完成设置后，单击【H.264】链接项，如图 10-36 所示。

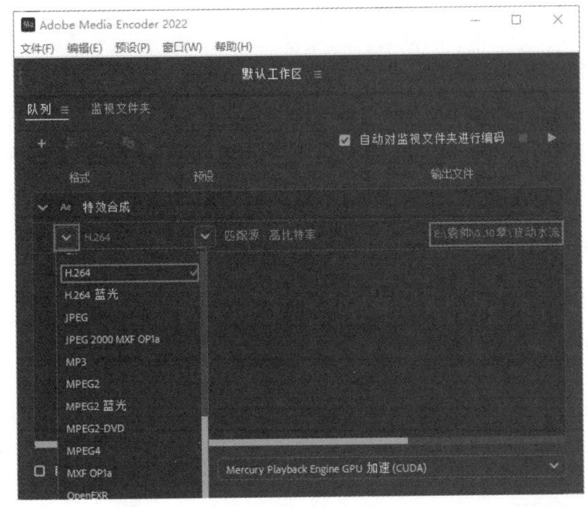

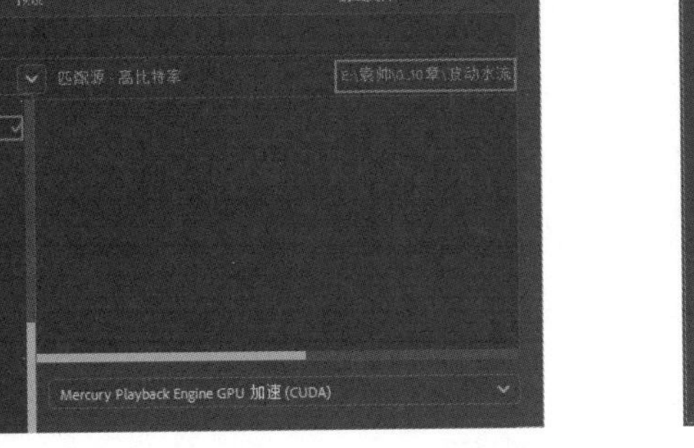

图 10-35　设置队列

图 10-36　单击【H.264】链接项

步骤 05　在弹出的【导出设置】对话框中选择右侧的【视频】选项卡，设置【目标比特率】为 5，如图 10-37 所示。

步骤 06　单击右上角的【启动队列】按钮▶，如图 10-38 所示。

图 10-37　设置目标比特率

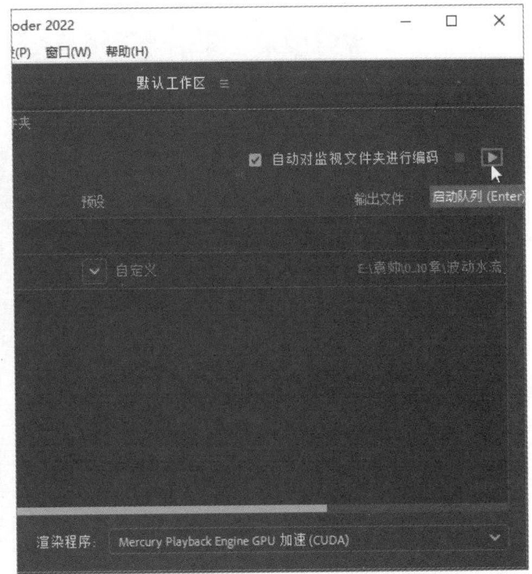

图 10-38　单击【启动队列】按钮

步骤 07　渲染完成后，可以在已设置的路径文件夹中找到渲染出的视频文件，如图 10-39 所示，可以看到这个文件非常小。如果需要更小的视频文件，可以将步骤 05 中的【目标比特率】数值再调小一些。

图 10-39　渲染出的视频文件

同步训练——设置渲染自定义时间范围的视频

完成对上机实战案例的学习后，为了提高读者的动手能力，下面安排一个同步训练案例，以期达到举一反三、触类旁通的学习效果。

图解流程

同步训练案例的流程图解如图 10-40 所示。

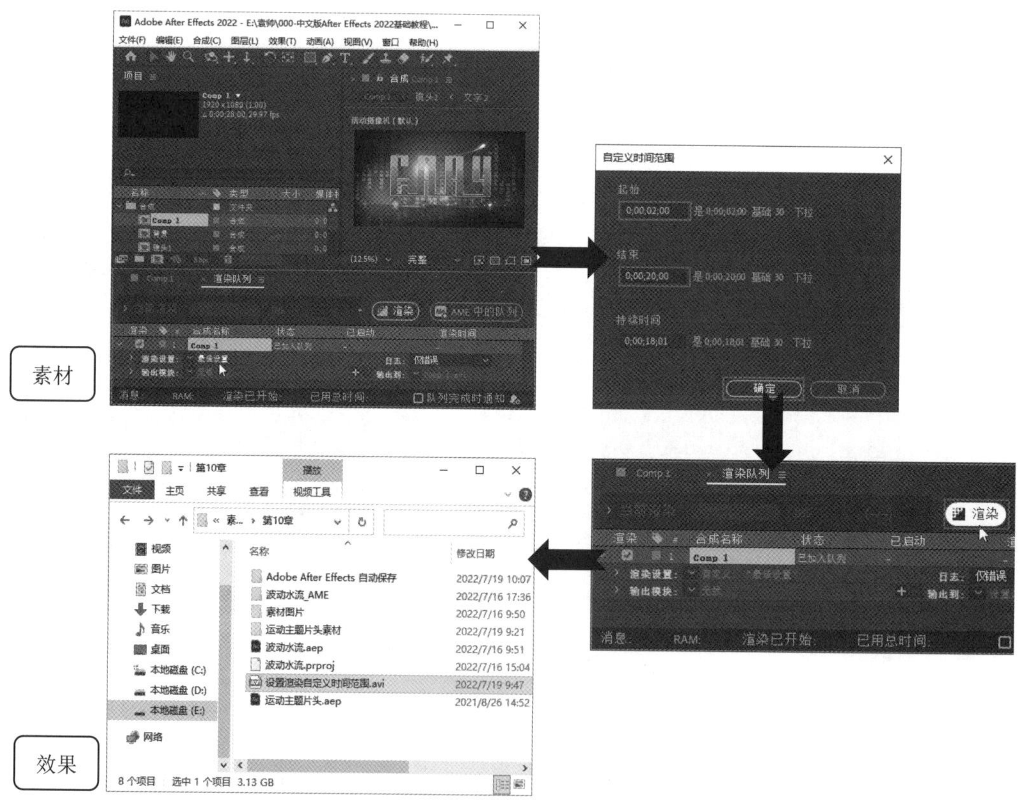

图 10-40　图解流程

思路分析

本案例首先在【自定义时间范围】对话框中为准备渲染的视频设置起止时间，然后设置文件名和保存位置，最后进行渲染，完成对自定义时间范围的视频的渲染设置。

关键步骤

步骤 01 打开“素材文件\第10章\运动主题片头.aep”，选择【comp 1】合成后，按【Ctrl+M】快捷键打开【渲染队列】面板，在该面板中单击【渲染设置】后面的【最佳设置】链接项，如图10-41所示。

步骤 02 弹出【渲染设置】对话框，单击【自定义】按钮，如图10-42所示。

图10-41 选择合成并进行渲染设置

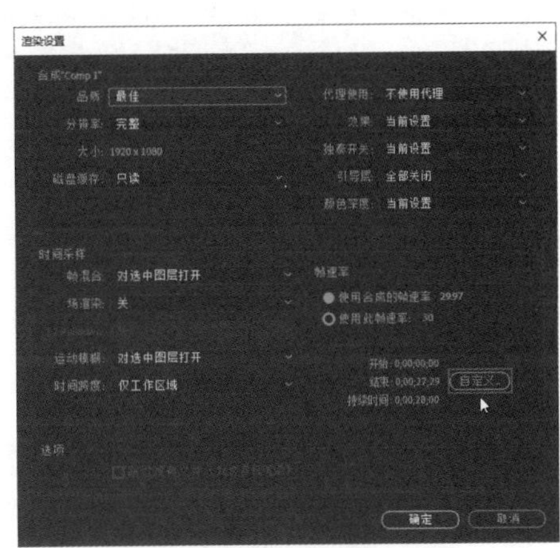

图10-42 单击【自定义】按钮

步骤 03 在弹出的【自定义时间范围】对话框中，设置【起始】时间为2秒、【结束】时间为20秒，单击【确定】按钮，如图10-43所示。

步骤 04 返回【渲染设置】对话框，可以看到已经设置了【自定义时间范围】的时间，单击【确定】按钮，如图10-44所示。

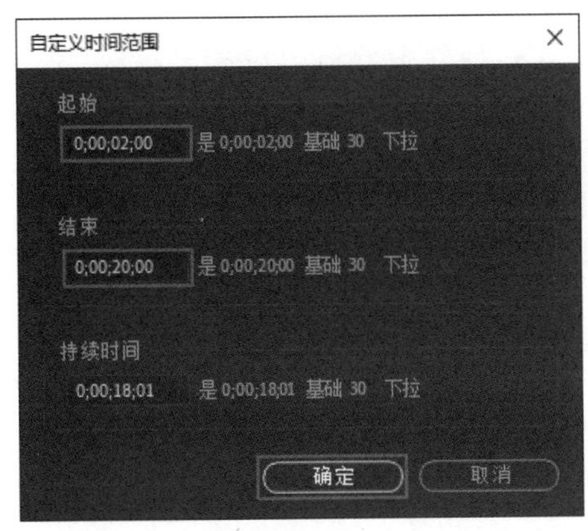

图10-43 设置自定义时间范围

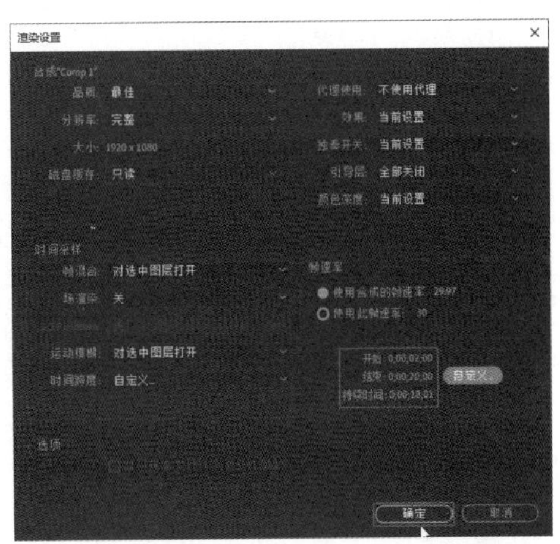

图10-44 设置了【自定义时间范围】的时间

步骤 05 返回【渲染队列】面板，单击【输出到】后面的【Comp 1.avi】链接项，如图 10-45 所示。

步骤 06 弹出【将影片输出到：】对话框，设置文件名和保存位置后，单击【保存】按钮，如图 10-46 所示。

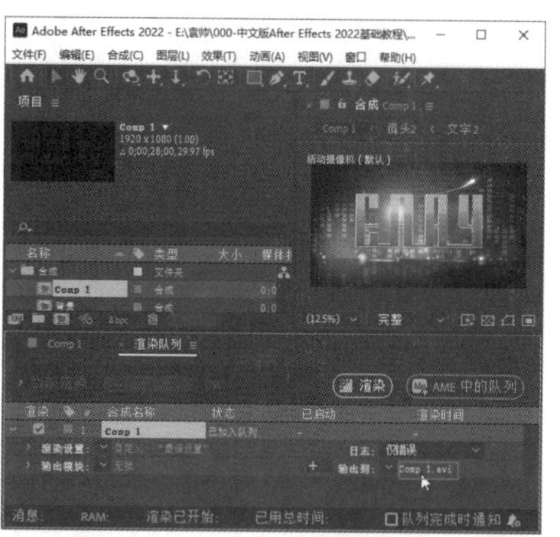

图 10-45 单击【输出到】后面的【Comp 1.avi】链接项

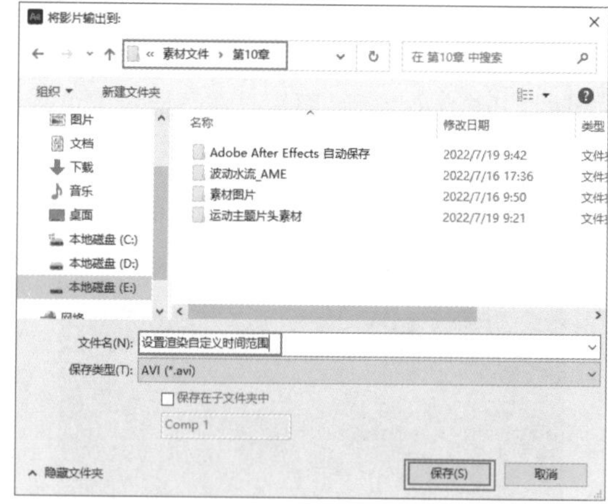

图 10-46 设置文件名和保存位置

步骤 07 返回【渲染队列】面板，单击【渲染】按钮，如图 10-47 所示。

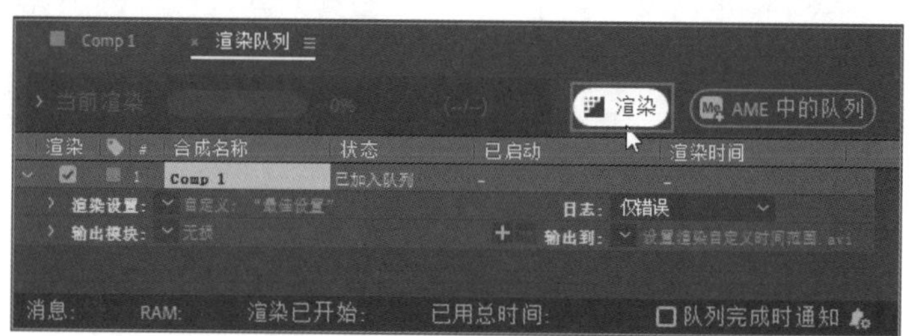

图 10-47 单击【渲染】按钮

步骤 08 完成以上操作后，即可开始渲染所选择的时间范围内的视频，如图 10-48 所示，用户需要在线等待一段时间。

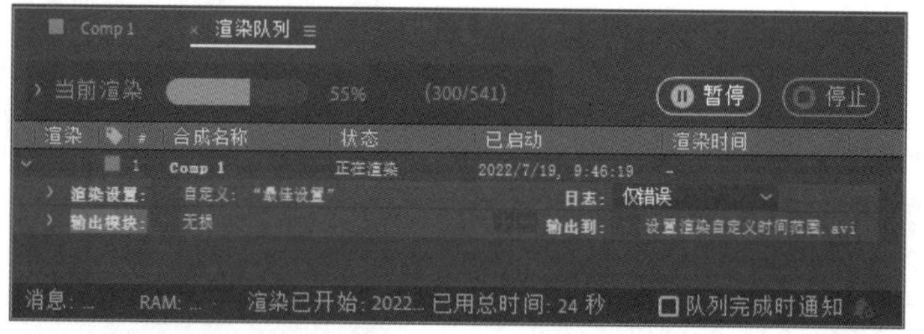

图 10-48 开始渲染所选择的时间范围内的视频

步骤 09 渲染完成后，即可在已设置的路径中看到渲染出的文件，如图 10-49 所示，完成设置渲染自定义时间范围的视频的操作。

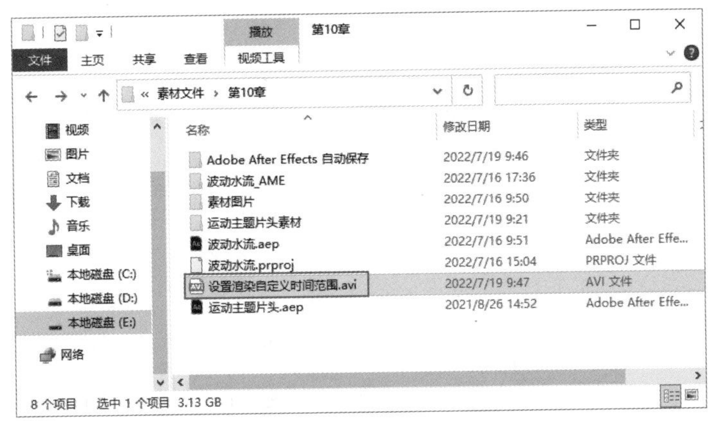

图 10-49　渲染出的文件

知识能力测试

本章讲解了视频的渲染与输出知识，为对知识进行巩固和考核，请读者完成以下练习题。

一、填空题

1. ______在整个视频制作过程中是最后一步，也是相当关键的一步。即使前面制作得再精妙，渲染不成功也会直接导致作品呈现的失败，即渲染的方式会影响视频的最终呈现效果。

2. 如果某After Effects项目拥有多个合成项目，那么切换至其他合成项目的________面板，同样可以进行渲染输出操作。

3. 输出视频时，最好选择使用应用范围广的__________和____________，或者目标客户平台使用的编码器和文件格式，否则，播放视频时，可能因为缺少解码器或相应的播放器而无法看到视频画面或无法听到视频声音。

二、选择题

1. 制作完成合成项目后，用户可以在(　　)面板中选择准备输出的合成，进行视频输出。

A.【时间轴】　　B.【项目】　　C.【合成】　　D.【输出】

2. 视频渲染是对构成视频的每个(　　)进行逐帧渲染。

A. 帧　　B. 时间单位　　C. 秒　　D. 关键帧

三、简答题

1. 如何将视频输出为Premiere Pro项目?

2. 如何调整视频的输出大小?

3. 如何对视频进行输出裁剪设置?

After Effects 2022

第11章 商业案例实训

在After Effects 2022中，使用各种特效，可以制作出各种适于商业宣传的效果。实际工作中，使用后期软件来制作商业宣传片特效，不仅可以大大节省成本，也可以加快视频制作速度。通过本章的学习，读者可以掌握常用的商业特效制作方面的知识，为深入学习After Effects影视高级特效制作知识奠定基础。

学习目标

- 学会制作水墨风格宣传片头
- 学会制作雪季旅游宣传片头

11.1 制作水墨风格宣传片头

效果展示

水墨风格宣传片头的效果如图 11-1 所示。

图 11-1　效果展示

思路分析

水墨效果是常用的广告特效之一，本节详细介绍制作水墨风格宣传片头的方法，具体分成 4 个部分，分别为制作水墨风格的背景效果、制作水墨风格的风景效果、制作水墨风格的过渡效果、制作水墨风格的最终效果。

11.1.1 制作水墨风格的背景效果

下面详细介绍使用渐变特效制作水墨风格的背景效果的操作方法。

制作步骤

步骤 01　打开“素材文件\第 11 章\制作水墨风格片头.aep”，在【时间轴】面板的空白位置右击鼠标，在弹出的快捷菜单中选择【新建】→【纯色】命令，如图 11-2 所示。

图 11-2　选择【纯色】命令

步骤 02　弹出【纯色设置】对话框，设置【名称】为“背景”、【宽度】为 1024 像素、【高度】为 768 像素，单击【确定】按钮，新建一个纯色图层，如图 11-3 所示。

步骤 03　为【背景】图层添加【梯度渐变】效果，如图 11-4 所示。

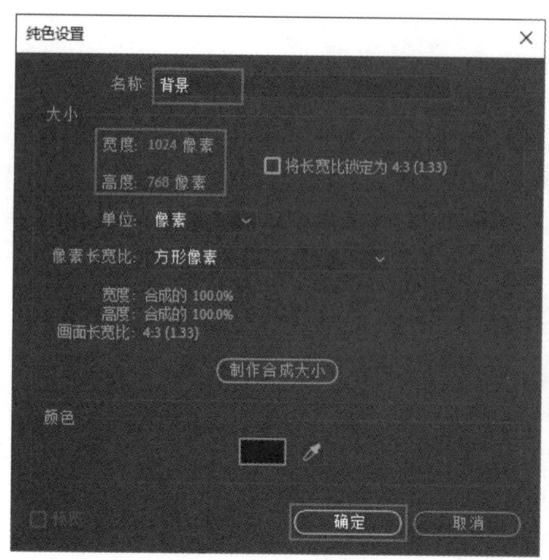

图 11-3 新建纯色图层

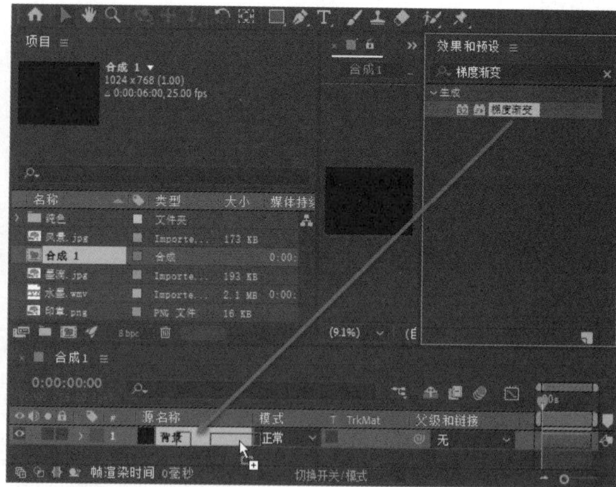

图 11-4 添加【梯度渐变】效果

步骤 04 在【效果控件】面板中设置【渐变起点】为(512.0，384.0)，设置【起始颜色】为白色，设置【渐变终点】为(512.0，1200.0)，设置【结束颜色】为灰色，设置【渐变形状】为径向渐变，如图 11-5 所示。

步骤 05 此时，拖曳时间线滑块，即可查看制作完成的水墨风格的背景效果，如图 11-6 所示。

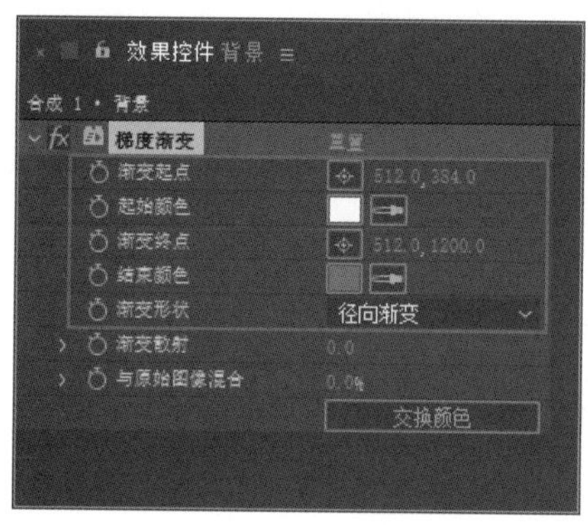

图 11-5 设置【梯度渐变】效果参数

图 11-6 水墨风格的背景效果

11.1.2 制作水墨风格的风景效果

下面详细介绍使用亮度和对比度、黑色和白色、高斯模糊和中间值等特效制作水墨风格的风景效果的操作方法。

步骤 01 新建一个文本图层，在【合成】面板中输入“山水之间”文本后，选择字体，设置字体大小、字体颜色，并单击【仿粗体】按钮T，如图 11-7 所示。

步骤 02 将时间线滑块拖曳到起始帧位置，开启【不透明度】的自动关键帧，并设置为 0%。随后，将时间线滑块拖曳到 24 帧的位置，设置【不透明度】为 100%，并设置文本图层的结束时间为 1 秒 16 帧，如图 11-8 所示。

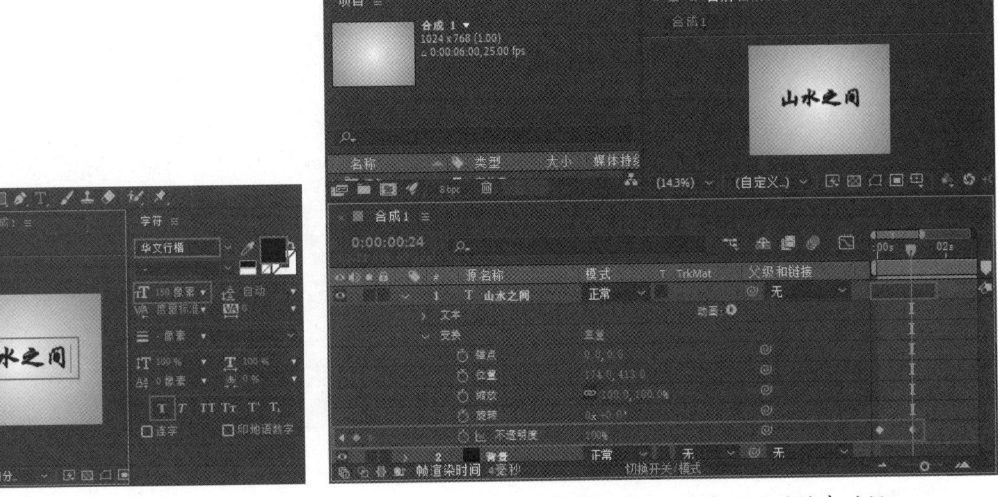

图 11-7　输入并设置文本（1）　　　图 11-8　设置关键帧及文本图层的结束时间

步骤 03　将【项目】面板中的【风景.jpg】素材文件以图层形式拖曳到【时间轴】面板中，设置图层的起始时间为 1 秒 16 帧、结束时间为 6 秒，如图 11-9 所示。

步骤 04　为【风景.jpg】图层添加【亮度和对比度】效果及【黑色和白色】效果，设置【亮度和对比度】效果的【亮度】为 13、【对比度】为 12，如图 11-10 所示。

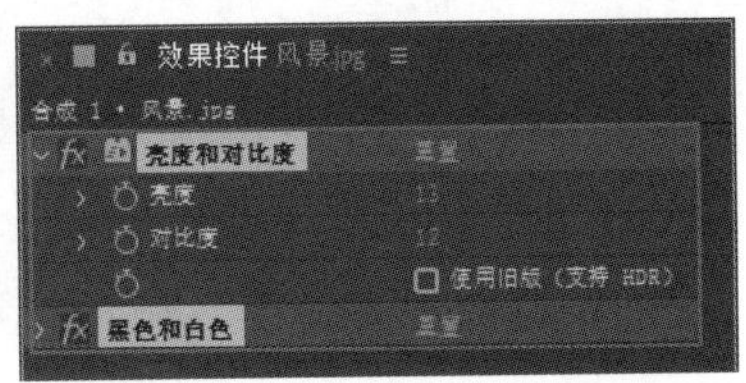

图 11-9　设置图层的起始时间与结束时间（1）　　　图 11-10　添加效果并设置参数（1）

步骤 05　为【风景.jpg】图层添加【高斯模糊】效果和【中间值】效果，设置【高斯模糊】效果的【模糊度】为 1.0，设置【中间值】效果的【半径】为 2，如图 11-11 所示。

步骤 06　将【项目】面板中的【印章.png】素材文件以图层形式拖曳到【时间轴】面板中，开启【三维图层】，设置【位置】为（929.0，448.0，0.0）、【缩放】为（60.0，60.0，60.0%），如图 11-12 所示。

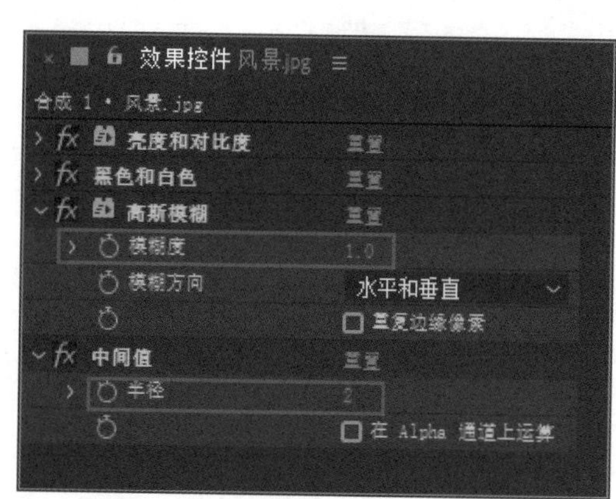

图 11-11 添加效果并设置参数（2）

图 11-12 设置【印章.png】图层参数

步骤 07 新建文本图层，在【合成】面板中输入“黄山”文本后，选择字体，设置字体大小、字体颜色，并单击【仿粗体】按钮，如图 11-13 所示。

步骤 08 开启【黄山】图层的【三维图层】，设置【黄山】图层和【印章.png】图层的起始时间和结束时间与【风景.jpg】图层一致，如图 11-14 所示。

图 11-13 输入并设置文本（2）

图 11-14 设置图层的起始时间与结束时间（2）

步骤 09 此时，拖曳时间线滑块，即可查看制作完成的水墨风格的风景效果，如图 11-15 所示。

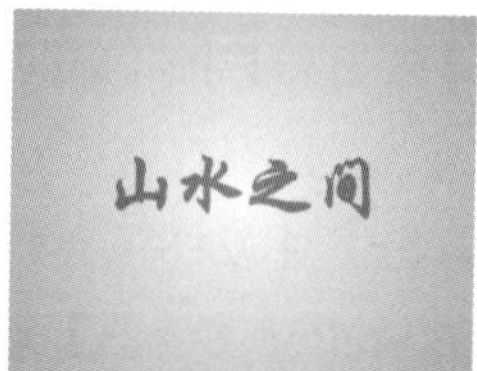

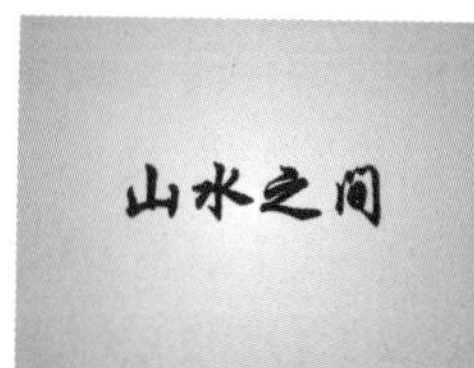

图 11-15 水墨风格的风景效果

11.1.3 制作水墨风格的过渡效果

下面介绍使用时间伸缩、摄像机、关键帧制作水墨风格的过渡效果的操作方法。

步骤 01 将【项目】面板中的【水墨.wmv】素材文件以图层形式拖曳到【时间轴】面板中，设置该图层的【模式】为【相减】，设置【位置】为（505.0，180.0）、【缩放】为（219.0，219.0%）、【旋转】为 0x +37.0°，如图 11-16 所示。

步骤 02 选择【水墨.wmv】图层，在该图层上右击鼠标，在弹出的快捷菜单中选择【时间】→【时间伸缩】命令，打开【时间伸缩】对话框。在【时间伸缩】对话框中设置【新持续时间】为 0：00：02：00，单击【确定】按钮，如图 11-17 所示。

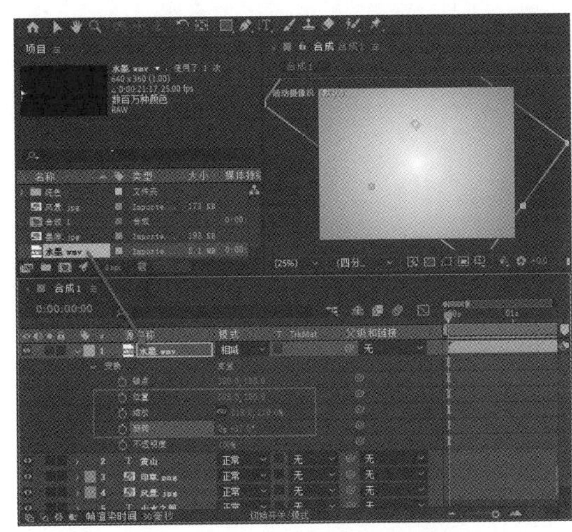

图 11-16 设置【水墨.wmv】图层

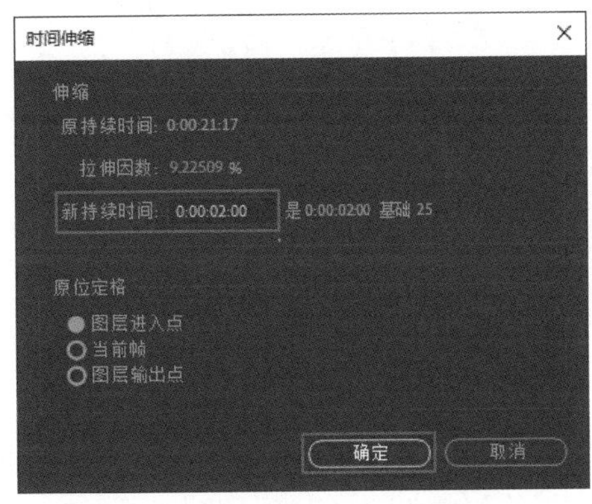

图 11-17 【时间伸缩】对话框

步骤 03 将时间线滑块拖曳到 1 秒 15 帧的位置，开启【水墨.wmv】图层的【不透明度】自动关键帧，设置为 100%。随后，将时间线滑块拖曳到 2 秒的位置，设置【不透明度】为 0%，如图 11-18 所示。

步骤 04 新建一个摄像机图层，在弹出的【摄像机设置】对话框中，设置【名称】为“摄像机 1”，设置【预设】为 28 毫米，单击【确定】按钮，如图 11-19 所示。

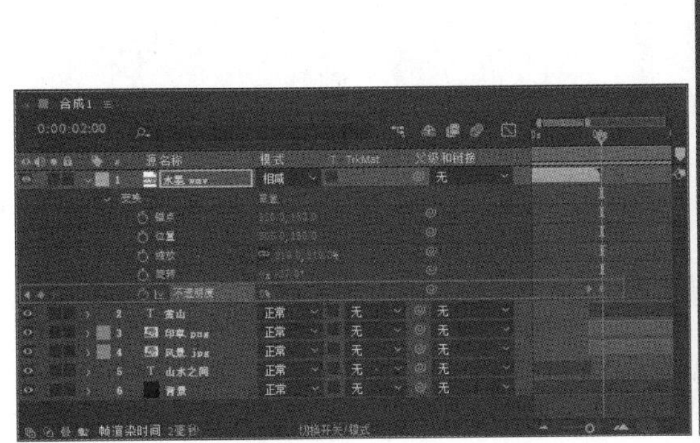

图 11-18 设置【不透明度】关键帧

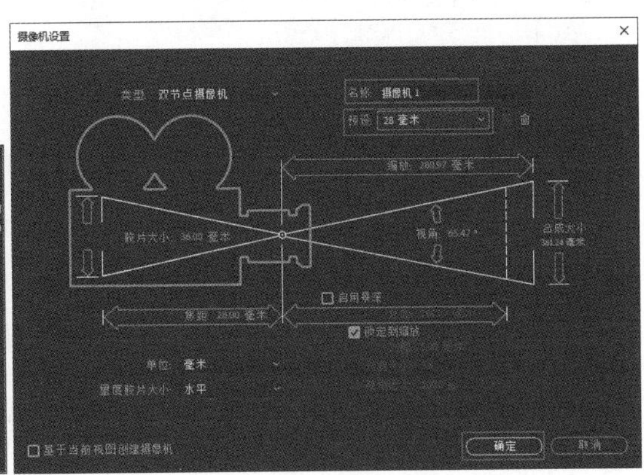

图 11-19 新建并设置摄像机图层

步骤 05 将时间线滑块拖曳到 1 秒 16 帧的位置，开启【摄像机 1】图层的【位置】自动关键帧，设置【位置】为（512.0，384.0，-523.0）。随后，将时间线滑块拖曳到 2 秒 16 帧的位置，设置【位置】为（512.0，384.0，-796.4），如图 11-20 所示。

步骤 06 此时，拖曳时间线滑块，即可查看制作完成的水墨风格的过渡效果，如图 11-21 所示。

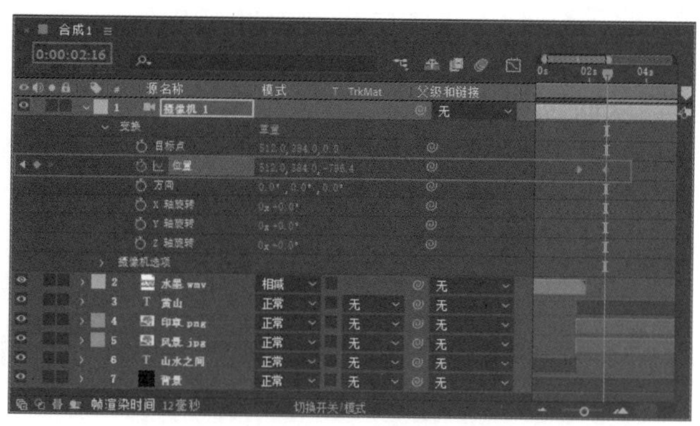

图 11-20 设置【位置】关键帧

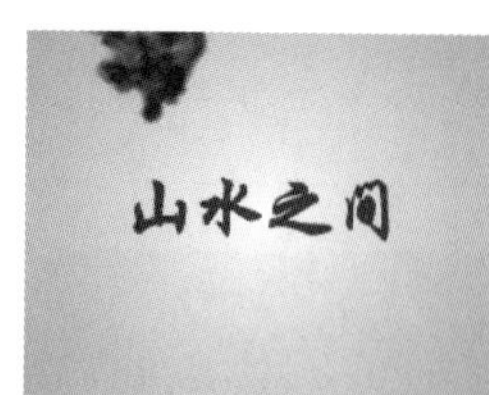

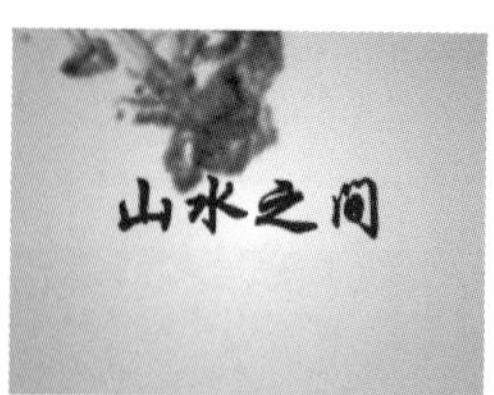

图 11-21 水墨风格的过渡效果

11.1.4 制作水墨风格的最终效果

下面介绍使用【波形变形】效果制作水墨风格的最终效果的操作方法。

步骤 01 将【项目】面板中的【墨滴.jpg】素材文件以图层形式拖曳到【时间轴】面板中，设置该图层的【缩放】为（75.0，75.0%），如图 11-22 所示。

步骤 02 新建一个文本图层，在【合成】面板中输入“水墨悠然”文本后，选择字体，设置字体颜色、字体大小等，如图 11-23 所示。

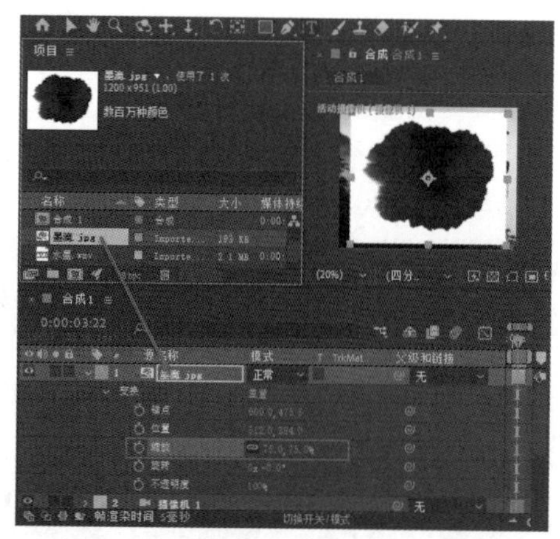

图 11-22 设置【墨滴.jpg】图层

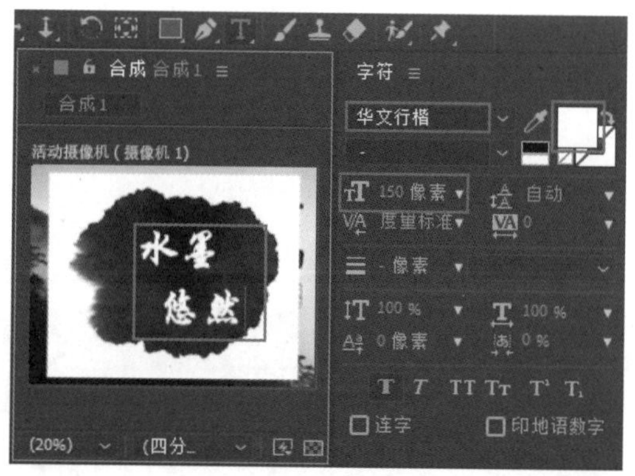

图 11-23 输入并设置文本

步骤 03 选择【水墨悠然】图层和【墨滴.jpg】图层，设置这两个图层的起始帧位置为 6 秒，如图 11-24 所示。

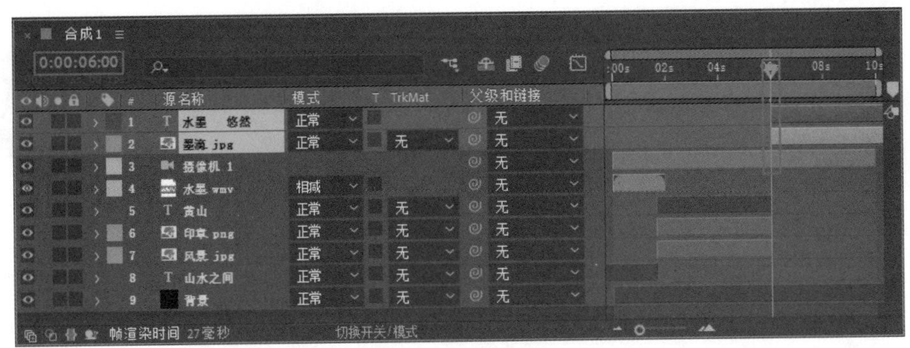

图 11-24 设置图层的起始帧位置

步骤 04 为【水墨悠然】图层添加【波形变形】效果，并将时间线滑块拖曳到 6 秒的位置，开启【波形变形】效果的【波形高度】自动关键帧，设置【波形高度】为 5。随后，将时间线滑块拖曳到 9 秒 12 帧的位置，设置【波形高度】为 0，如图 11-25 所示。

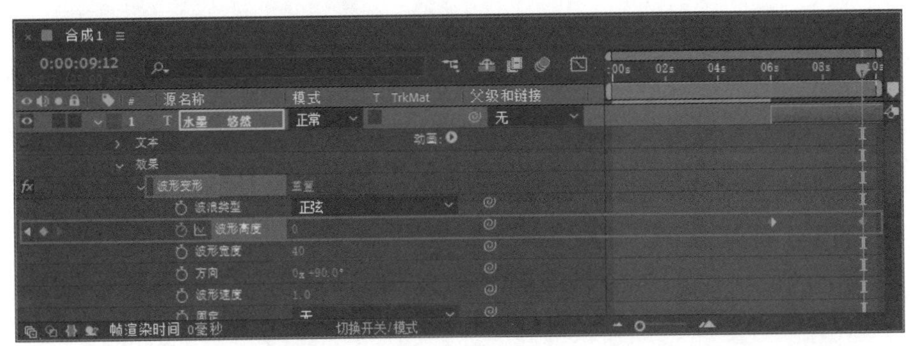

图 11-25 添加效果并设置关键帧

步骤 05 选择【时间轴】面板中的【水墨.wmv】图层，将其复制到 6 秒的位置，并拖曳到图层列表的顶层，设置【缩放】为（300.0，300.0%）、【旋转】为 0x -212.0°，如图 11-26 所示。

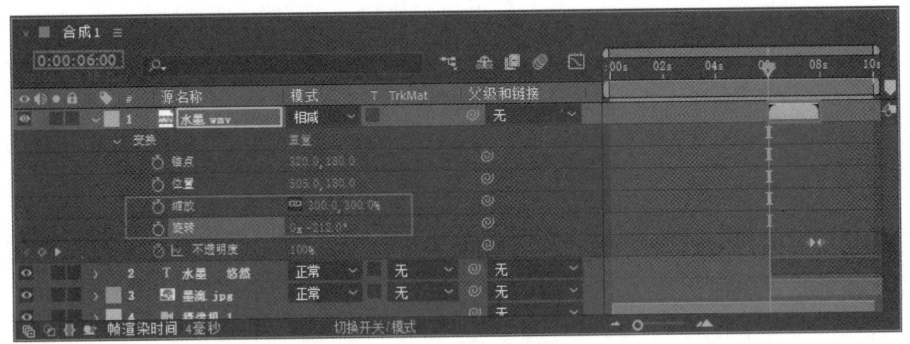

图 11-26 复制图层并设置参数

步骤 06 此时，拖曳时间线滑块，即可查看制作完成的水墨风格的最终效果，如图 11-27 所示。

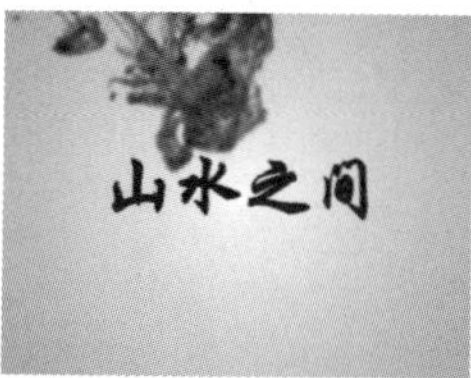

图 11-27　水墨风格的最终效果

11.2 制作雪季旅游宣传片头

效果展示

雪季旅游宣传片头的效果如图 11-28 所示。

图 11-28　效果展示

思路分析

制作雪季旅游宣传片头，是将拍摄的镜头画面进行组接、视频修饰、包装，从而形成完整的视频作品。本节详细介绍制作雪季旅游宣传片头的方法，具体分成 3 个部分，分别为制作风景过渡效果、制作云雾效果、制作画面的文字部分。

11.2.1 制作风景过渡效果

下面详细介绍使用【湍流置换】效果及【变换】属性关键帧制作风景过渡效果的操作方法。

制作步骤

步骤 01 打开“素材文件\第 11 章\雪季旅游宣传素材.aep”，为了便于操作，在【时间轴】面板中单击【2.jpg】图层、【3.jpg】图层、【4.jpg】图层前的按钮，对图层设置隐藏，如图 11-29 所示。

步骤 02 选择【1.jpg】图层，展开该图层的【变换】属性，设置【缩放】为（195.0，195.0%），如图 11-30 所示。

图 11-29 隐藏图层

图 11-30 设置【缩放】属性

步骤 03 取消【2.jpg】图层的隐藏设置并选择该图层，展开该图层的【变换】属性，设置【缩放】为（277.0，277.0%）。随后，先将时间线滑块拖曳到 1 秒的位置，开启【不透明度】的自动关键帧，设置为 0%，再将时间线滑块拖曳到 1 秒 10 帧的位置，设置【不透明度】为 100%，如图 11-31 所示。

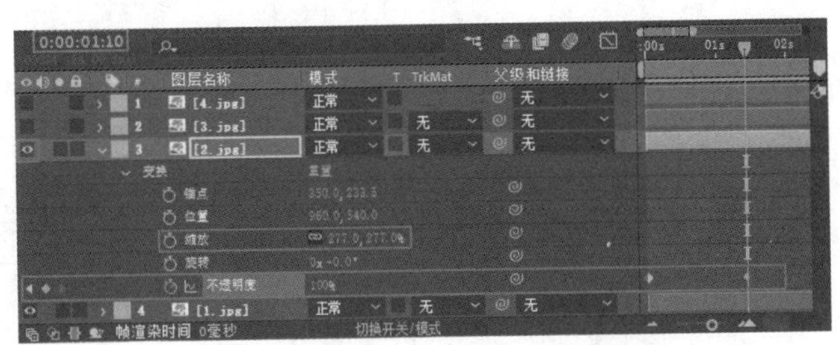

图 11-31 设置【2.jpg】图层的关键帧

步骤 04 在【效果和预设】面板中搜索到【湍流置换】效果后，将该效果拖曳到【时间轴】面板中的【2.jpg】图层上，如图 11-32 所示。

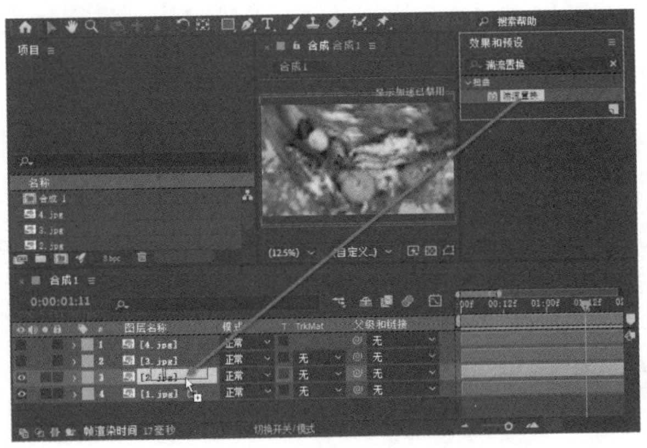

图 11-32 添加【湍流置换】效果

步骤 05　在【时间轴】面板中选择【2.jpg】图层，展开该图层下方的【湍流置换】效果，设置【大小】为 70.0、【偏移（湍流）】为（500.0，333.0），随后，先将时间线滑块拖曳到 1 秒的位置，开启【数量】的自动关键帧，设置【数量】为 150.0，再将时间线滑块拖曳到 2 秒的位置，设置【数量】为 0.0，如图 11-33 所示。

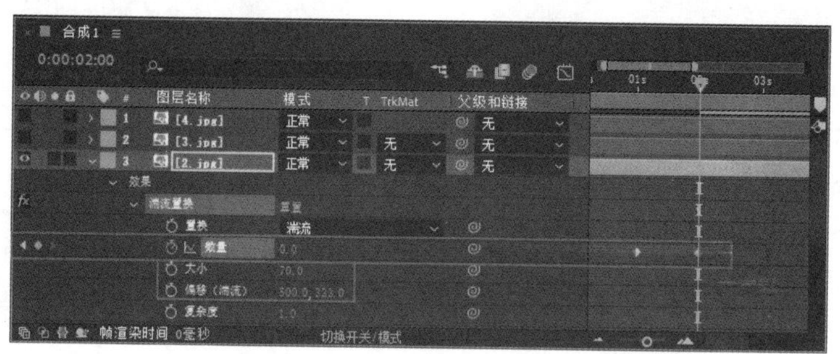

图 11-33　设置【湍流置换】效果关键帧

步骤 06　取消【3.jpg】图层的隐藏设置并选择该图层，展开该图层的【变换】属性，设置【缩放】为（194.0，194.0%）。随后，先将时间线滑块拖曳到3秒的位置，开启【位置】的自动关键帧，设置【位置】为（3150.0，540.0），再将时间线滑块拖曳到4秒的位置，设置【位置】为（960.0，540.0），如图11-34所示。

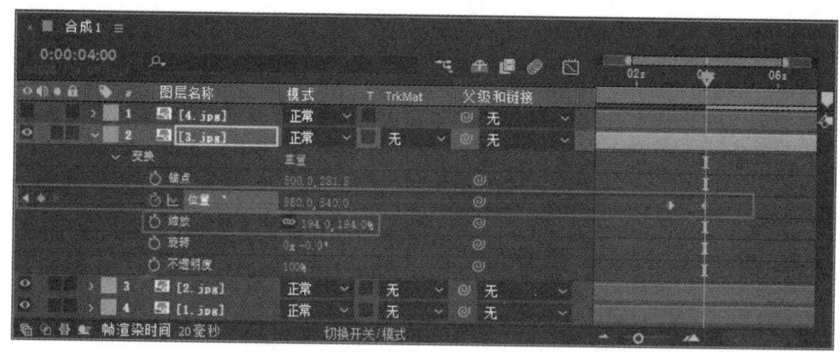

图 11-34　设置【3.jpg】图层的关键帧

步骤 07　取消【4.jpg】图层的隐藏设置并选择该图层，展开该图层的【变换】属性，设置【缩放】为（280.0，280.0%）。随后，先将时间线滑块拖曳到 4 秒的位置，开启【不透明度】的自动关键帧，设置【不透明度】为 0%，再将时间线滑块拖曳到 5 秒的位置，设置【不透明度】为 100%，如图 11-35 所示。

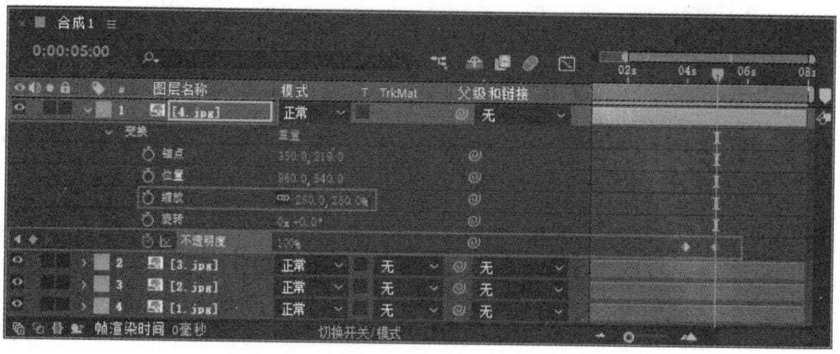

图 11-35　设置【4.jpg】图层的关键帧

11.2.2 制作云雾效果

下面详细介绍使用【分形杂色】效果、【CC Particle World】效果、【发光】效果、【光束】效果制作云雾效果的操作方法。

制作步骤

步骤 01 按【Ctrl+Y】快捷键打开【纯色设置】对话框，设置【颜色】为白色，创建一个纯色图层，如图 11-36 所示。

步骤 02 在【效果和预设】面板中搜索到【分形杂色】效果后，将该效果拖曳到【时间轴】面板中的【白色 纯色 1】图层上，如图 11-37 所示。

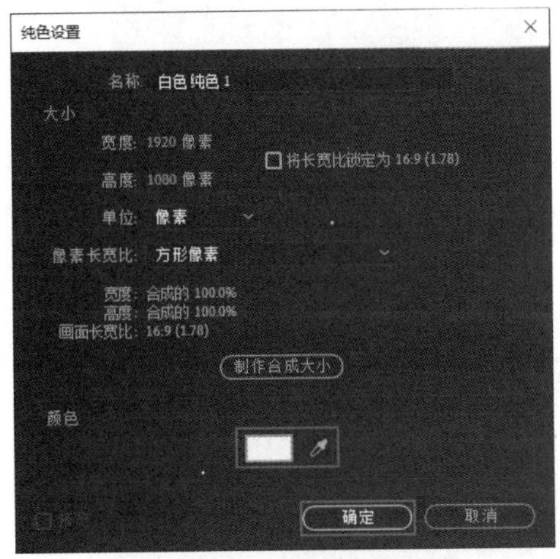

图 11-36 创建纯色图层

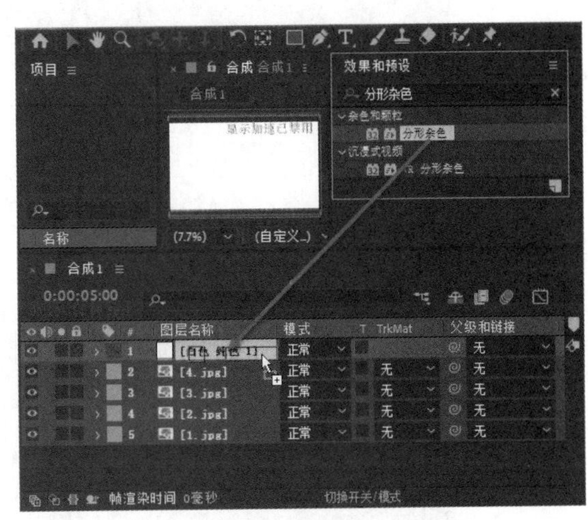

图 11-37 添加【分形杂色】效果

步骤 03 在【时间轴】面板中选择【白色 纯色 1】图层，展开该图层下方的【分形杂色】效果，设置【反转】为开、【对比度】为 120.0、【溢出】为【剪切】，如图 11-38 所示。

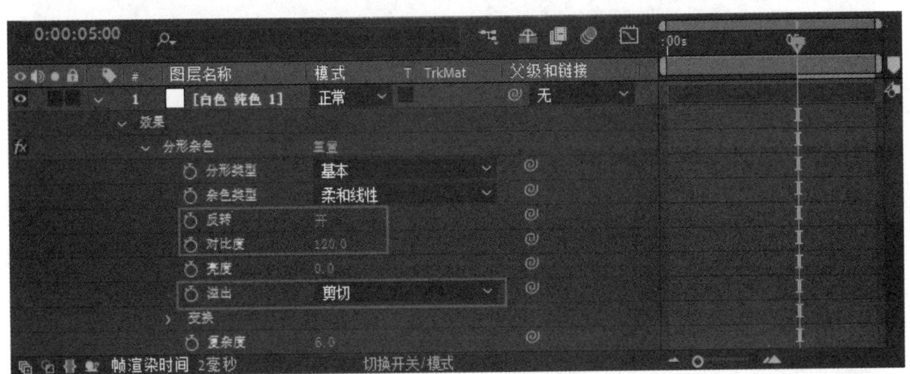

图 11-38 设置【分形杂色】效果参数

步骤 04 展开【变换】属性，设置【缩放】为 600.0、【透视位移】为开、【复杂度】为 17.0，随后，先将时间线滑块拖曳到起始帧位置，开启【偏移（湍流）】自动关键帧，设置【偏移（湍流）】为（0.0，213.0），再将时间线滑块拖曳到 7 秒 23 帧的位置，设置【偏移（湍流）】为（1000.0，213.0），如图 11-39 所示。

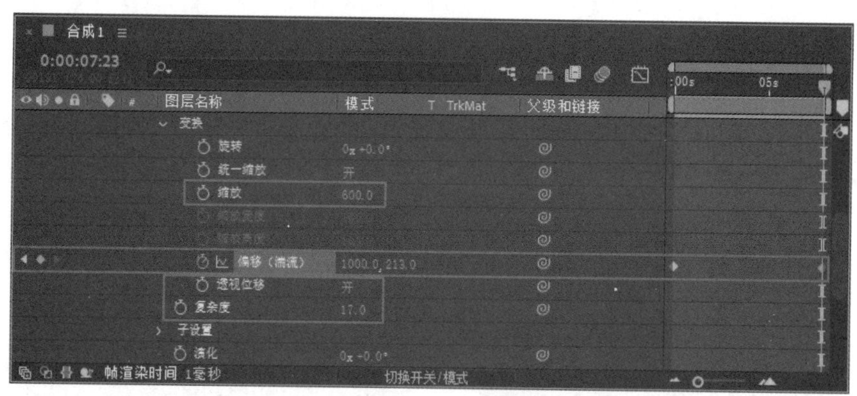

图 11-39　设置【变换】属性

步骤 05　展开【子设置】属性，设置【子影响（%）】为 50.0、【子缩放】为 50.0，并将时间线滑块拖曳到起始帧位置，开启【子位移】和【演化】的自动关键帧，设置【子位移】为（1000.0，275.0）、【演化】为（2x +0.0°），如图 11-40 所示。

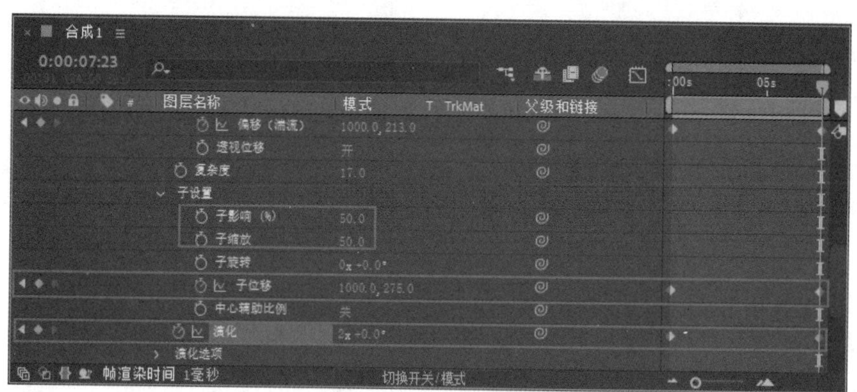

图 11-40　设置【子设置】属性

步骤 06　设置【白色 纯色 1】图层的【模式】为【屏幕】，如图 11-41 所示。

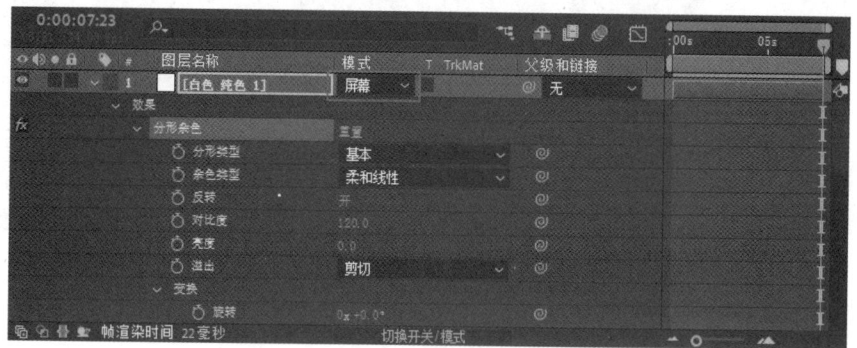

图 11-41　设置图层模式

步骤 07 在【时间轴】面板的空白位置右击鼠标，在弹出的快捷菜单中选择【新建】→【纯色】命令，打开【纯色设置】对话框。在【纯色设置】对话框中设置【名称】为“白色 纯色 2”、【颜色】为白色，单击【确定】按钮，如图 11-42 所示。

步骤 08 在【效果和预设】面板中搜索到【CC Particle World】效果后，将该效果拖曳到【时间轴】面板中的【白色 纯色 2】图层上，如图 11-43 所示。

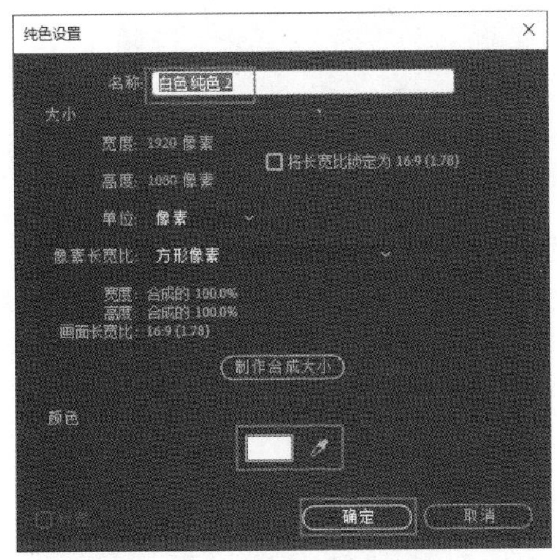

图 11-42 创建并设置纯色图层

图 11-43 添加【CC Particle World】效果

步骤 09 在【时间轴】面板中选择【白色 纯色 2】图层，展开该图层的【效果】→【CC Particle World】，设置【Birth Rate】为 1.0，随后，展开【Producer】，设置【Position Y】为 0.70、【Position Z】为 3.20、【Radius X】为 1.600、【Radius Y】为 2.500、【Radius Z】为 4.000，如图 11-44 所示。

步骤 10 展开【Physics】，设置【Animation】为 Jet Sideways、【Velocity】为 2.00、【Inherit Velocity %】为 110.0、【Gravity】为 0.600、【Resistance】为 3.0、【Extra】为 1.00，如图 11-45 所示。

图 11-44 设置【CC Particle World】参数

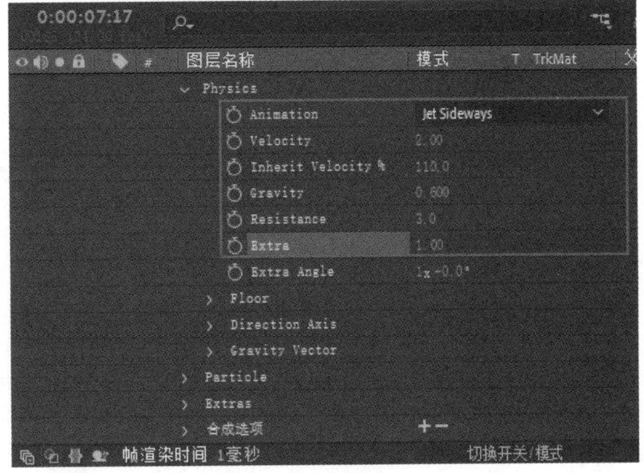

图 11-45 设置【Physics】参数

步骤 11 展开【Particle】，设置【Particle Type】为 Faded Sphere、【Birth Size】为 0.000、【Death Size】为 1.850、【Max Opacity】为 15.0%、【Birth Color】和【Death Color】均为白色，如图 11-46 所示。

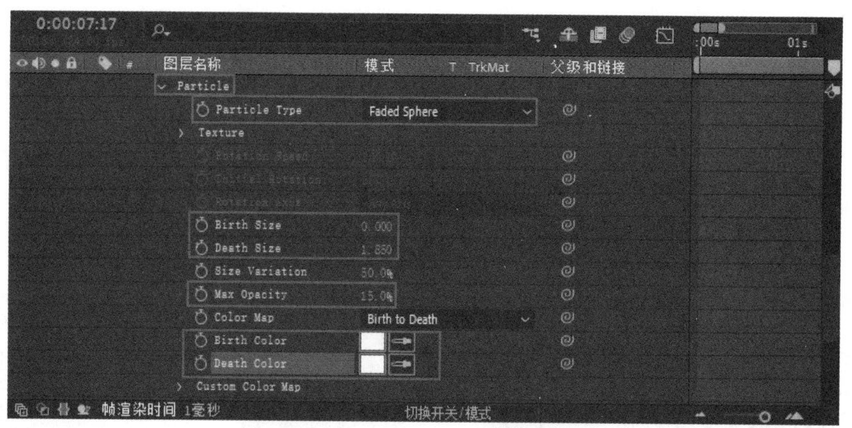

图 11-46　设置【Particel】参数

步骤 12　在【效果和预设】面板中搜索到【发光】效果后，将该效果拖曳到【时间轴】面板中的【白色 纯色 2】图层上，如图 11-47 所示。

步骤 13　在【时间轴】面板中选择【白色 纯色 2】图层，展开该图层的【发光】效果，设置【发光强度】为 2.0，如图 11-48 所示。

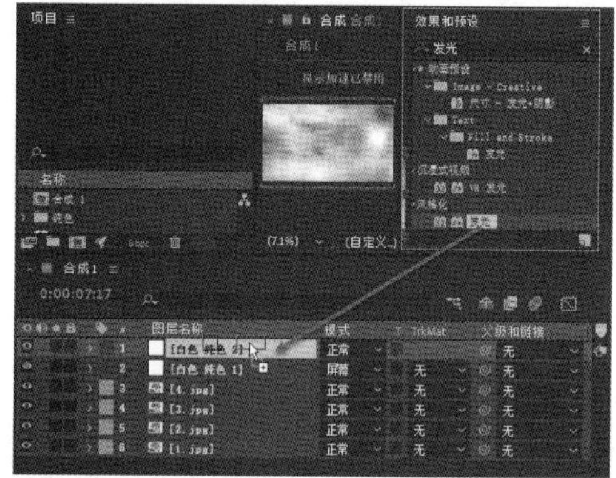

图 11-47　添加【发光】效果

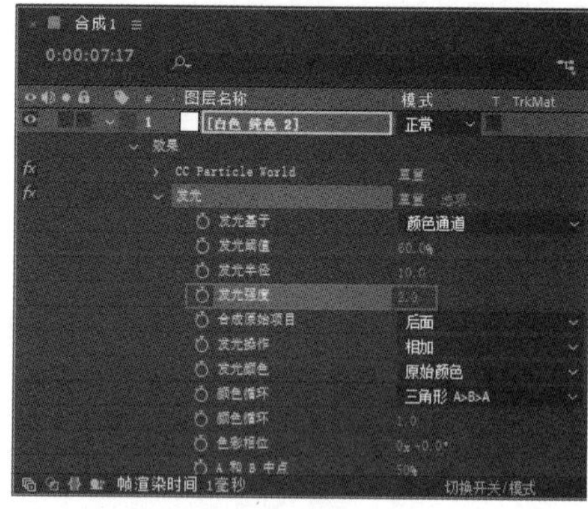

图 11-48　设置【发光强度】参数

步骤 14　此时，拖曳时间线滑块，即可看到画面中出现了白色粒子效果，如图 11-49 所示。

图 11-49　白色粒子效果

步骤 15 选择【矩形工具】，设置【填充】为黑色，在【合成 1】面板中的画面顶部合适位置绘制一个长条矩形。随后，在【时间轴】面板中选择【形状图层 1】图层，使用同样的方法在画面底部绘制一个长条矩形，完成对电影片段黑边效果的制作，如图 11-50 所示。

图 11-50　制作电影片段黑边效果

步骤 16 在菜单栏中选择【新建】→【纯色】命令，打开【纯色设置】对话框。在【纯色设置】对话框中，设置【名称】为“黑色 纯色 1”，设置【颜色】为黑色，单击【确定】按钮，如图 11-51 所示。

步骤 17 在【效果和预设】面板中搜索到【光束】效果后，将该效果拖曳到【时间轴】面板中的【黑色 纯色 1】图层上，如图 11-52 所示。

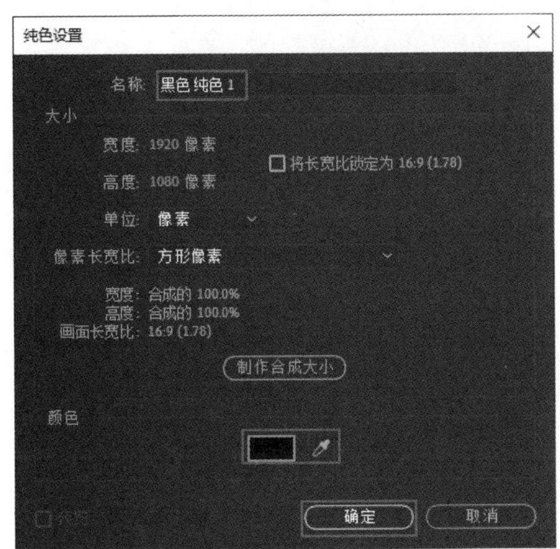

图 11-51　【纯色设置】对话框

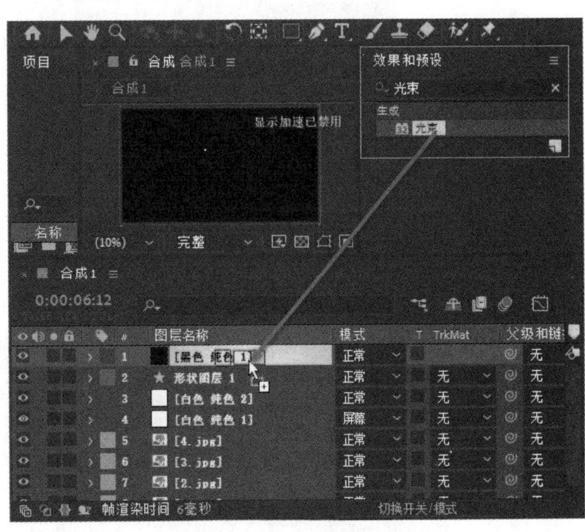

图 11-52　添加【光束】效果

步骤 18 在【时间轴】面板中选择【黑色 纯色 1】图层，展开该图层的【光束】效果，设置【起始点】为（406.0，558.0）、【结束点】为（1944.0、558.0）、【时间】为 36.0%、【起始厚度】为 65.00、【柔和度】为 100.0%、【内部颜色】与【外部颜色】均为白色，如图 11-53 所示。

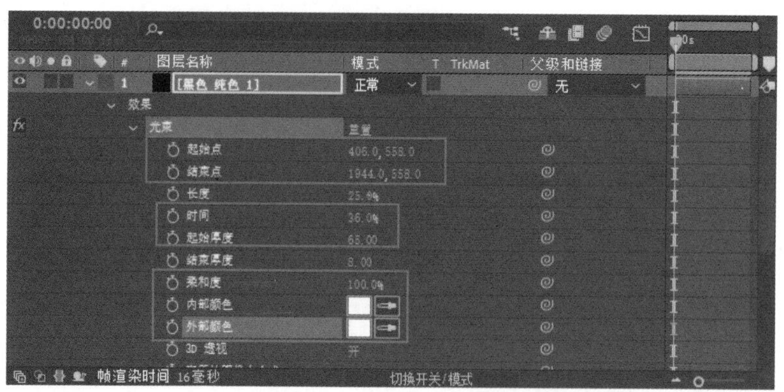

图 11-53　设置【光束】效果参数（1）

步骤 19　首先，将时间线滑块拖曳到起始帧位置，开启【结束厚度】的自动关键帧，设置【结束厚度】为 0.00，然后，将时间线滑块拖曳到 1 秒的位置，设置【结束厚度】为 50.00，并在当前位置开启【长度】的自动关键帧，设置【长度】为 0.0%，最后，将时间线滑块拖曳到 3 秒的位置，设置【长度】为 100.0%，如图 11-54 所示。

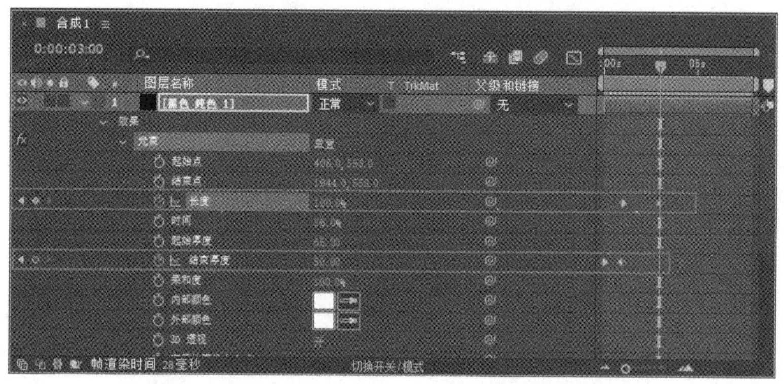

图 11-54　设置【光束】效果参数（2）

步骤 20　展开【黑色 纯色 1】图层的【变换】属性，将时间线滑块拖曳到 6 秒的位置，开启【不透明度】的自动关键帧，设置【不透明度】为 100%，如图 11-55 所示，随后，将时间线滑块拖曳到结束帧位置，设置【不透明度】为 0%。

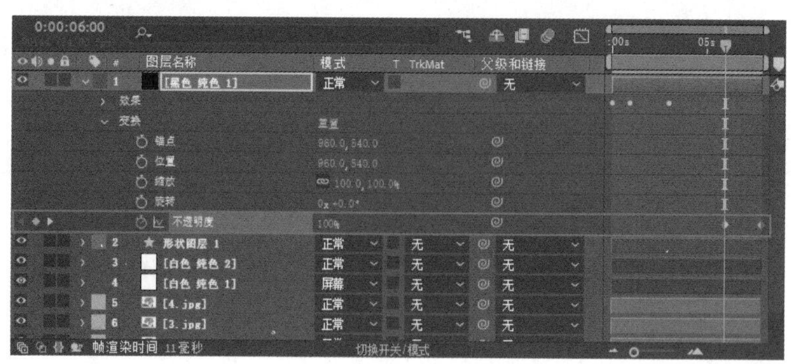

图 11-55　设置【不透明度】自动关键帧

步骤 21 此时，拖曳时间线滑块，即可查看制作完成的云雾效果，如图 11-56 所示。

图 11-56 云雾效果

11.2.3 制作画面的文字部分

继续在画面中添加文字部分后，本案例的最终效果就制作完成了。下面详细介绍先使用【横排文字工具】T添加文字，再通过设置属性关键帧及添加渐变叠加效果来优化画面中的文字效果的操作方法。

制作步骤

步骤 01 使用【横排文字工具】T在【字符】面板中选择合适的字体，设置字体颜色、字体大小，并在【合成】面板中输入“一起同行邂逅浪漫雪季”文本内容，随后，在【段落】面板中选择【居中对齐文本】，如图 11-57 所示。

图 11-57 输入并设置文字

步骤 02 在【时间轴】面板中展开文本图层的【变换】属性，设置【位置】为（976.0，596.0）后，首先将时间线滑块拖曳到 3 秒的位置，开启【缩放】和【不透明度】的自动关键帧，设置【缩放】为（400.0，400.0%）、【不透明度】为 0%，然后将时间线滑块拖曳到 4 秒的位置，设置【缩放】为（100.0，100.0%），最后将时间线滑块拖曳到 5 秒的位置，设置【不透明度】为 100%，如图 11-58 所示。

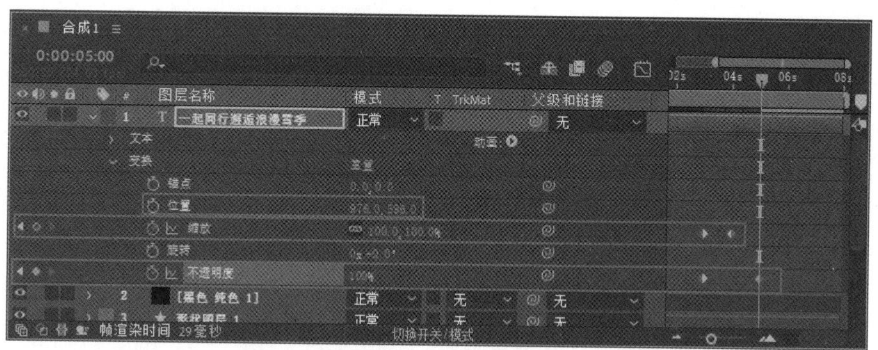

图 11-58　设置文本图层的【变换】属性

步骤 03　在【时间轴】面板中选择文本图层，右击鼠标并选择【图层样式】→【渐变叠加】命令后，在【时间轴】面板中继续选择文本图层，展开【图层样式】→【渐变叠加】，单击【颜色】后方的【编辑渐变】链接项，如图 11-59 所示。

步骤 04　在弹出的【渐变编辑器】对话框中，编辑一个青蓝色系渐变，如图 11-60 所示。

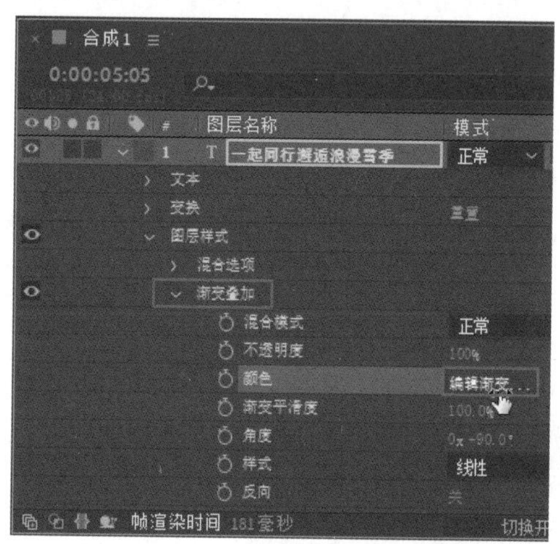

图 11-59　单击【编辑渐变】链接项

图 11-60　编辑青蓝色系渐变

步骤 05　此时，拖曳时间线滑块，即可预览制作完成的雪季旅游宣传片头的最终效果，如图 11-61 所示。

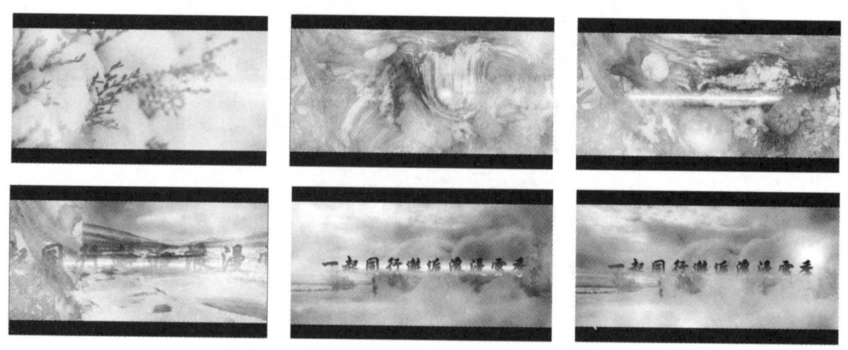

图 11-61　雪季旅游宣传片头最终效果

After Effects 2022

附录A 综合上机实训题

为了提高学生的上机操作能力，安排以下上机实训项目，教师可以根据教学内容与教学进度，合理安排学生上机实训。

实训一：制作渐变文字动画效果

在 After Effects 2022 中，制作如图 A-1 所示的渐变文字动画效果。

素材文件	上机实训\实训一\制作渐变文字素材.aep
结果文件	上机实训\实训一\制作渐变文字效果.aep

图 A-1　渐变文字动画效果

操作提示

本案例首先创建一个文本图层，然后输入文本，并复制一个文本图层，为文本添加梯度渐变效果，最后为文本图层设置效果动画关键帧，完成对渐变文字动画效果的制作，下面详细介绍其操作方法。

步骤 01 打开本案例的素材文件“制作渐变文字素材.aep”，加载合成后，在【时间轴】面板中右击鼠标，在弹出的快捷菜单中选择【新建】→【文本】命令，如图 A-2 所示。

步骤 02 在【合成】面板中输入“Flower”文本，选择字体，设置字体样式、字体大小，并设置【字体颜色】为黑色，如图 A-3 所示。

图 A-2　选择【文本】命令

图 A-3　输入文本并设置相关参数

步骤 03 选择【Flower】图层并复制出【Flower 2】图层后，选择【Flower 2】图层，设置【描边颜色】为白色、【描边类型】为【在描边上填充】、【描边大小】为 26 像素，如图 A-4 所示。

步骤 04 选择【Flower】图层，在菜单栏中选择【效果】→【生成】→【梯度渐变】命令，添加【梯度渐变】效果，设置【渐变起点】为(123.0，488.0)、【渐变终点】为(933.0，488.0)。随后，先将时间线滑块拖曳到起始帧位置，开启【起始颜色】和【结束颜色】的自动关键帧，设置【起始颜色】为红色、【结束颜色】为蓝色，再将时间线滑块拖曳到结束帧位置，设置【起始颜色】为蓝色、【结束颜色】为红色，如图A-5所示。

图A-4 设置图层

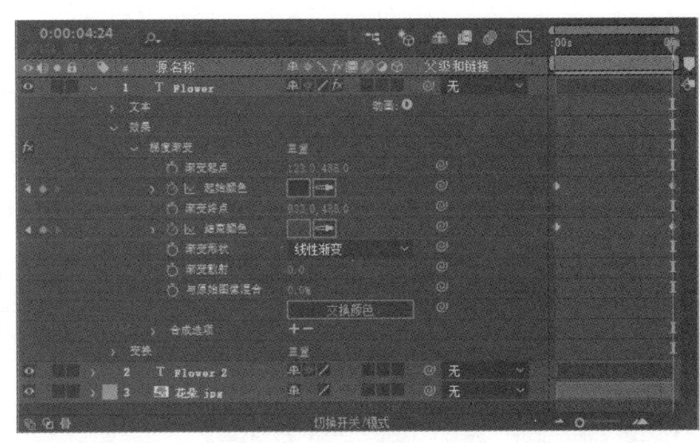

图A-5 添加效果并设置关键帧

步骤 05 此时，拖曳时间线滑块，即可查看制作完成的渐变文字动画效果。

技能拓展

在【字符】面板中单击【描边颜色】色块后，既可以在弹出的【文本颜色】面板中选择合适的文字描边颜色，也可以使用【吸管工具】吸取需要的颜色。

实训二：制作景点宣传广告

在After Effects 2022中，制作效果如图A-6所示的景点宣传广告。

素材文件	上机实训\实训二\景点宣传广告素材.aep
结果文件	上机实训\实训二\景点宣传广告效果.aep

图A-6 景点宣传广告效果

操作提示

本案例主要应用【光圈擦除】效果、【CC Line Sweep】效果和【CC Jaws】效果3种过渡效果，制作景点宣传广告，下面详细介绍其操作方法。

步骤 01 打开本案例的素材文件"景点宣传广告素材.aep"，在【效果和预设】面板中搜索到

【光圈擦除】效果后，将其拖曳到【时间轴】面板中的【景点 1.jpg】图层上，如图A-7 所示。

图 A-7　添加【光圈擦除】效果

步骤 02　在【时间轴】面板中，展开【景点 1.jpg】图层的【效果】属性组，将时间线滑块拖曳到起始帧位置，依次单击【点光圈】、【外径】和【旋转】前的【时间变化秒表】按钮，设置【点光圈】为 6、【外径】为 0.0、【旋转】为 0x +0.0°，如图A-8 所示。

步骤 03　将时间线滑块拖曳到 1 秒的位置，设置【点光圈】为 25、【外径】为 860.0、【旋转】为 0x +180.0°，如图A-9 所示。

图 A-8　设置关键帧（1）

图 A-9　设置关键帧（2）

步骤 04　拖曳时间线滑块，即可查看此时的画面效果，如图A-10 所示。

图 A-10　查看画面效果（1）

步骤 05　在【效果和预设】面板中搜索到【CC Line Sweep】效果后，将其拖曳到【时间轴】面板中的【景点 2.jpg】图层上，如图A-11 所示。

图 A-11　添加【CC Line Sweep】效果

步骤 06　在【时间轴】面板中，展开【景点 2.jpg】图层的【效果】属性组，将时间线滑块拖曳到 1 秒 15 帧的位置，单击【Completion】前的【时间变化秒表】按钮，设置【Completion】为 0.0，如图A-12 所示。

步骤 07　将时间线滑块拖曳至 2 秒 15 帧的位置，设置【Completion】为 100.0、【Direction】为 0x +145.0°、【Thickness】为 200.0，如图 A-13 所示。

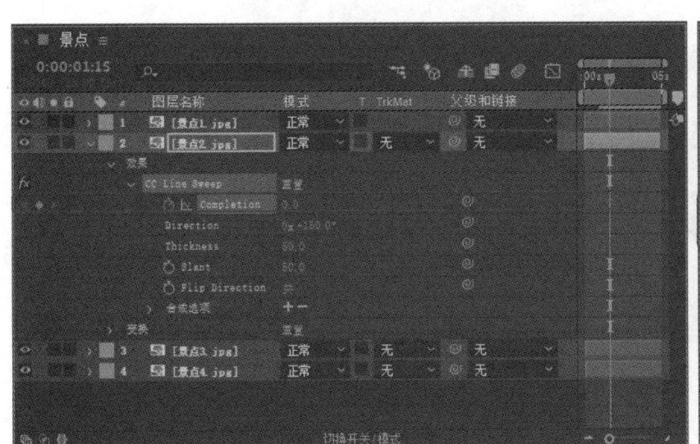

图 A-12 设置关键帧（3）

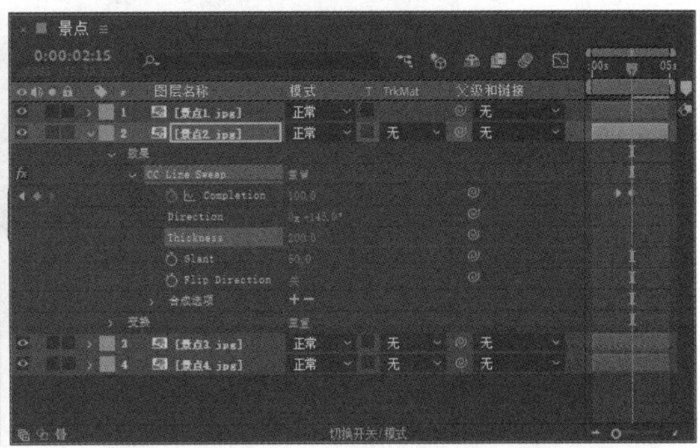

图 A-13 设置关键帧（4）

步骤 08 拖曳时间线滑块，即可查看此时的画面效果，如图 A-14 所示。

图 A-14 查看画面效果（2）

步骤 09 在【效果和预设】面板中搜索到【CC Jaws】效果后，将其拖曳到【时间轴】面板中的【景点 3.jpg】图层上，如图 A-15 所示。

步骤 10 在【时间轴】面板中，展开【景点 3.jpg】图层的【效果】属性组，将时间线滑块拖曳到 3 秒 05 帧的位置，单击【Completion】和【Direction】前的【时间变化秒表】按钮，设置【Completion】为 0.0%、【Direction】为 0x +0.0°，如图 A-16 所示。

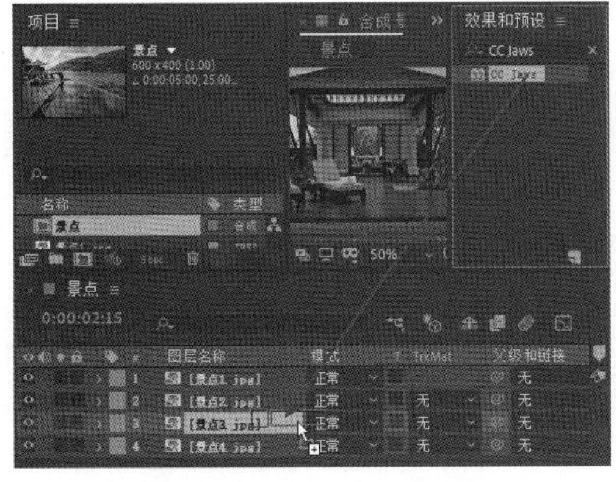

图 A-15 添加【CC Jaws】效果

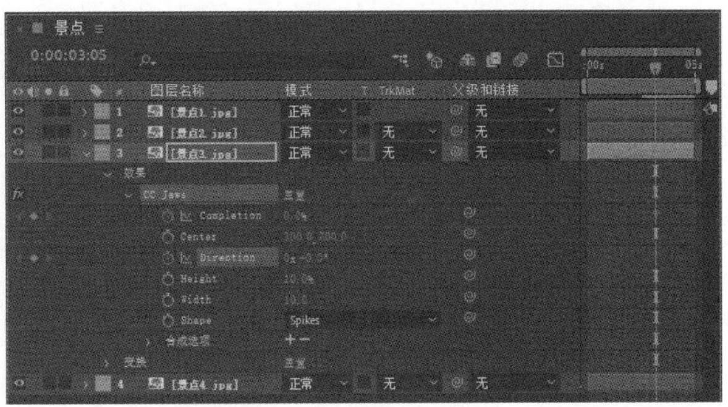

图 A-16 设置关键帧（5）

步骤 11 将时间线滑块拖曳至 3 秒 15 帧的位置，设置【Completion】为 100.0%、【Direction】为 0x +90.0°、【Height】为 100.0%、【Width】为 25.0，如图 A-17 所示。

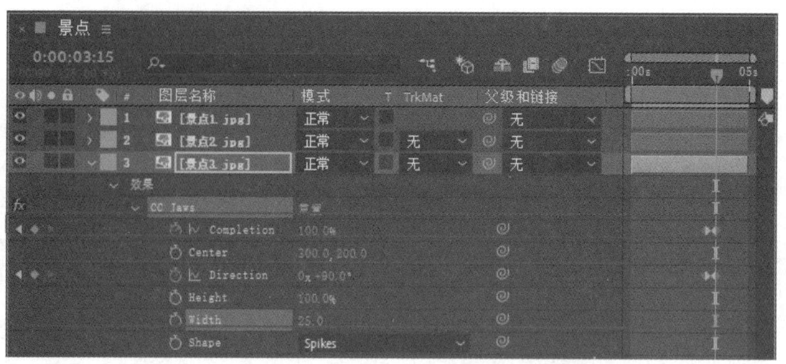

图A-17　设置关键帧（6）

步骤 12　拖曳时间线滑块，即可查看本案例的最终动画效果，如图A-18所示。

图A-18　最终画面效果

实训三：制作经典电影色调动画效果

在After Effects 2022中，制作如图A-19所示的经典电影色调动画效果。

素材文件	上机实训\实训三\制作经典电影色调素材.aep
结果文件	上机实训\实训三\制作经典电影色调效果.aep

图A-19　经典电影色调动画效果

操作提示

本案例主要使用【照片滤镜】效果制作经典电影色调效果，并通过设置关键帧动画制作色调变换过程动画，从而完成对经典电影色调动画效果的制作，下面详细介绍其操作方法。

步骤 01　打开本案例的素材文件“制作经典电影色调素材.aep”，在【效果和预设】面板中搜索到【照片滤镜】效果后，将其拖曳到【时间轴】面板中的【国风人物.jpg】图层上，如图A-20所示。

步骤02 在【时间轴】面板中，展开【国风人物.jpg】图层的【效果】属性组，将时间线滑块拖曳到起始帧位置，设置【照片滤镜】的【密度】为0.0%，并单击【密度】前的【时间变化秒表】按钮，随后，将时间线滑块拖曳到3秒15帧的位置，设置【密度】为100.0%，如图A-21所示。

图A-20 添加【照片滤镜】效果

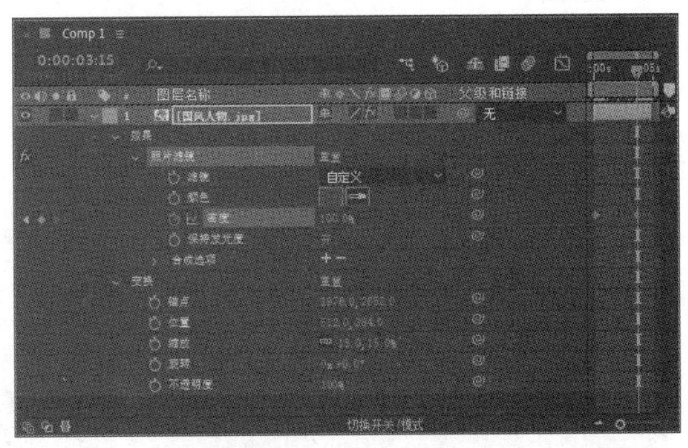

图A-21 设置关键帧

步骤03 按下小键盘上的数字键0，即可预览制作完成的经典电影色调动画效果。

> **技能拓展**
> 使用【照片滤镜】效果，相当于为素材加一个滤色镜，其中，【密度】参数值用于确定重新着色的强度，值越大，效果越明显。

实训四：制作水波动画效果

在After Effects 2022中，制作如图A-22所示的水波动画效果。

素材文件	上机实训\实训四\水波动画素材.aep
结果文件	上机实训\实训四\水波动画素材效果.aep

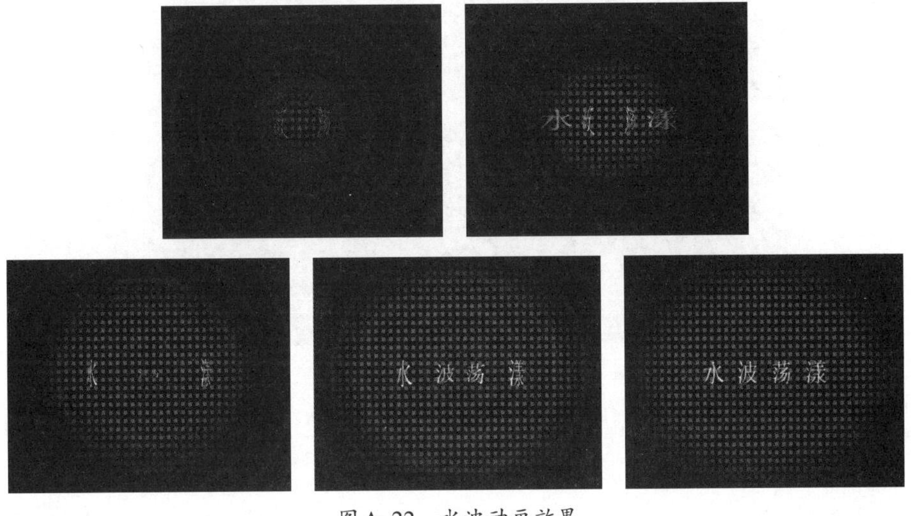

图A-22 水波动画效果

操作提示

本案例主要使用合成嵌套制作水波动画效果，并在制作过程中设置【焦散】效果、混合模式，下面详细介绍其操作方法。

步骤 01 在菜单栏中选择【文件】→【打开项目】命令，选择素材文件“水波动画素材.aep”后，在【项目】面板中双击【最终】合成文件，如图A-23所示。

步骤 02 选择【波浪置换】合成文件，并按住鼠标左键将其拖曳到【时间轴】面板中，如图A-24所示。

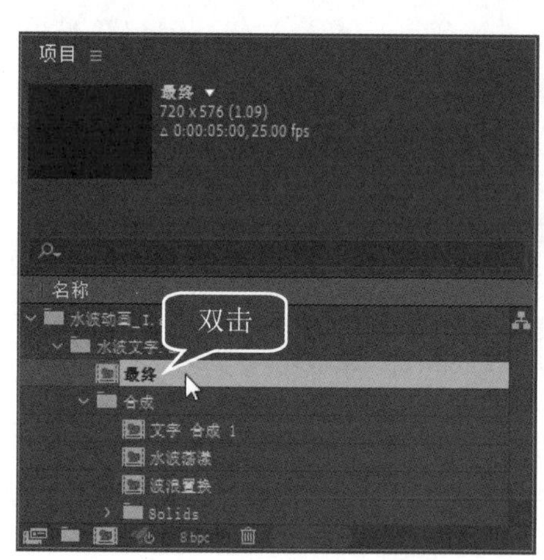

图A-23 双击【最终】合成文件

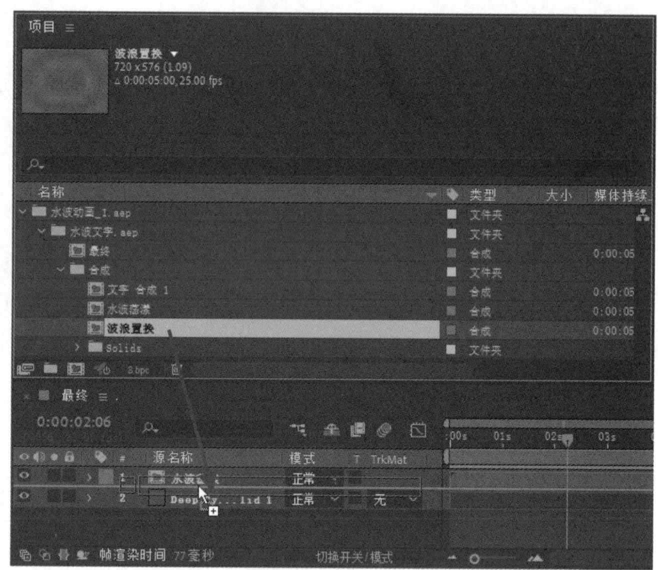

图A-24 将【波浪置换】合成文件拖曳到【时间轴】面板中

步骤 03 完成以上操作后，在【合成】面板中可以看到的效果如图A-25所示。

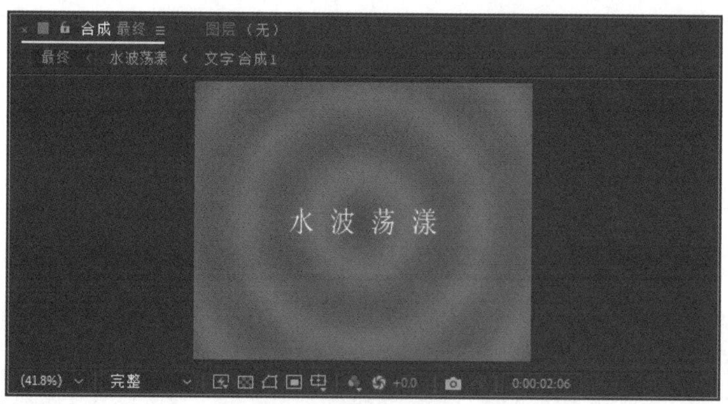

图A-25 查看效果（1）

步骤 04 选择【水波荡漾】图层，在【效果控件】面板中，展开【焦散】效果下方的【水】参数组，设置【水面】为【2.波浪置换】，如图A-26所示。

步骤 05 此时，在【合成】面板中可以看到的效果如图 A-27 所示。

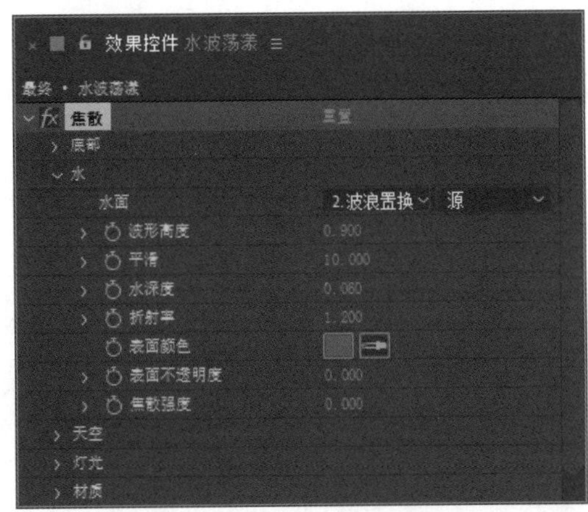

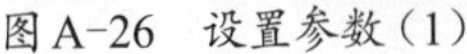
图 A-26 设置参数（1）

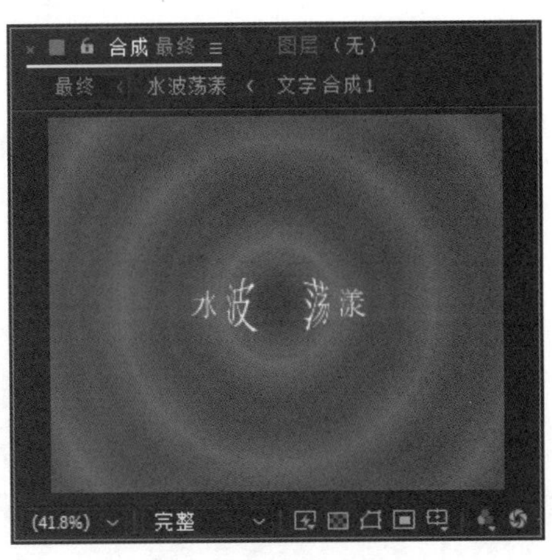

图 A-27 查看效果（2）

步骤 06 在【时间轴】面板中选择【水波荡漾】图层，将混合模式设置为【屏幕】，随后，将【波浪置换】图层隐藏，如图 A-28 所示。

步骤 07 单击【水波荡漾】图层的【折叠变换/连续栅格化】按钮，如图 A-29 所示，即可完成对水波动画效果的制作。

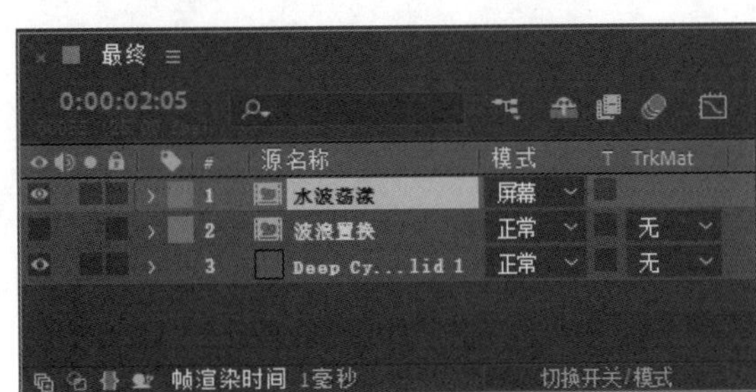

图 A-28 设置参数（2）

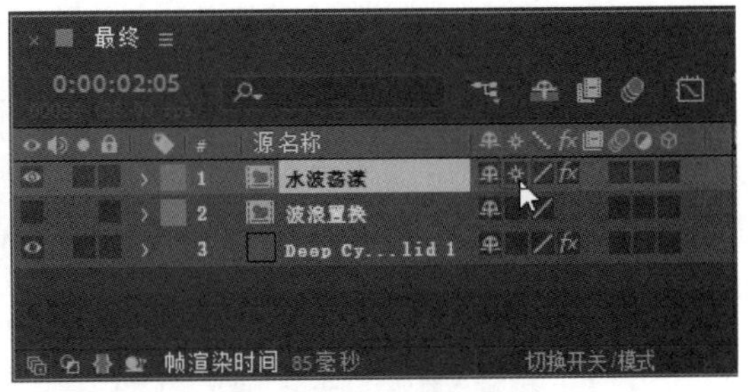

图 A-29 单击【折叠变换/连续栅格化】按钮

实训五：制作手写字动画效果

在 After Effects 2022 中，制作如图 A-30 所示的手写字动画效果。

素材文件	上机实训\实训五\手写字动画素材.aep
结果文件	上机实训\实训五\手写字动画效果.aep

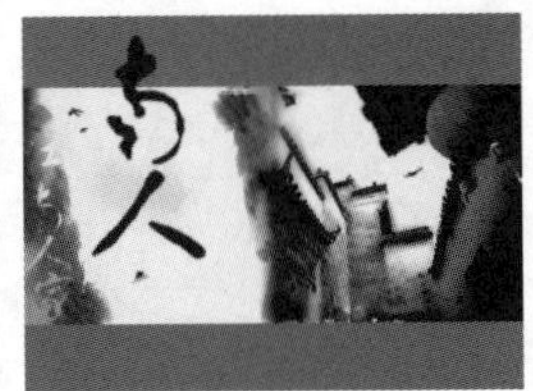

图 A-30 手写字动画效果

操作提示

本案例主要使用画笔工具制作手写字动画效果，下面详细介绍其操作方法。

步骤 01 在菜单栏中选择【文件】→【打开项目】命令，在素材文件夹中选择“手写字动画素材.aep”后，双击【文字】合成文件，如图A-31所示，将其加载到【时间轴】面板中。

步骤 02 双击【Text Paint】图层，将其打开在【图层】面板中后，在工具栏中单击【画笔工具】，在【绘画】面板中设置【时长】为写入、【前景颜色】为白色，如图A-32所示。

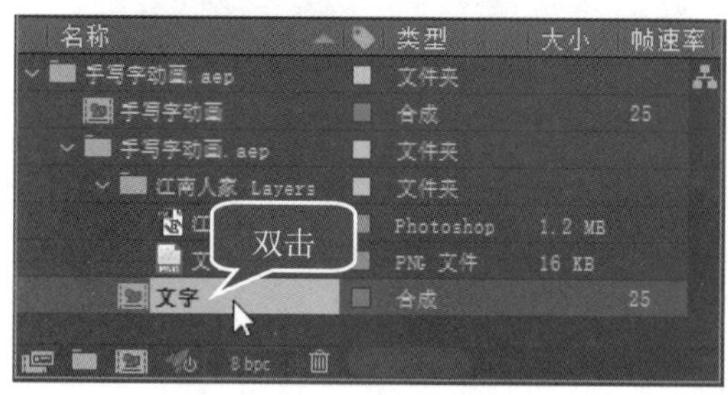

图A-31 加载合成

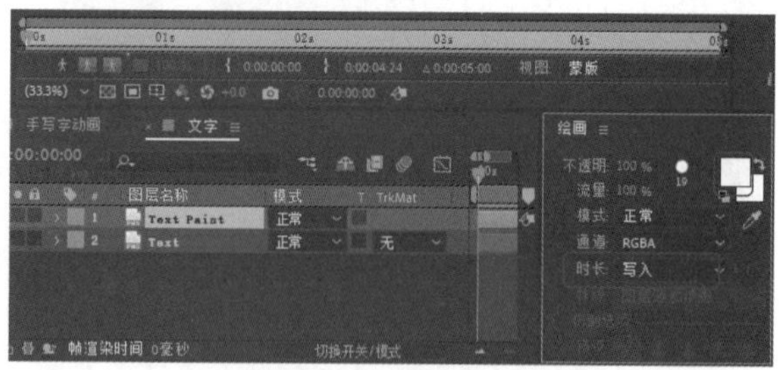

图A-32 设置工具参数

步骤 03 使用画笔工具，按照汉字的笔画顺序，将“江南人家”文本勾勒出来，如图A-33所示。

步骤 04 展开【Text Paint】图层的【绘画】选项组，设置所有画笔的【结束】属性关键帧动画。在0帧的位置设置【结束】为0.0%，如图A-34所示，在6帧的位置设置【结束】为100.0%。

图A-33 勾勒汉字

图A-34 设置关键帧

步骤 05 将画笔以 6 帧为单位，依次向后拉开间距，如图 A-35 所示。

图 A-35 拉开间距

步骤 06 选择【Text】图层，设置【轨道遮罩】模式为【Alpha】，如图 A-36 所示。

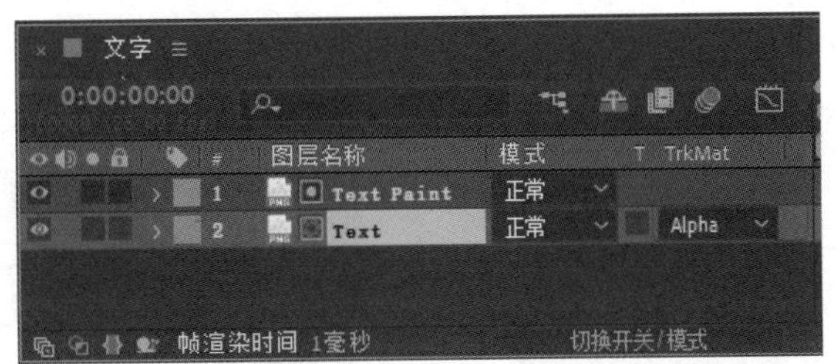

图 A-36 设置【轨道遮罩】模式

步骤 07 在【项目】面板中双击【手写字动画】项目，加载合成。随后，按下小键盘上的数字键 0，即可预览制作完成的手写字动画效果。

实训六：制作破碎汇聚动画效果

在 After Effects 2022 中，制作如图 A-37 所示的破碎汇聚动画效果。

素材文件	上机实训\实训六\破碎汇聚素材.aep
结果文件	上机实训\实训六\破碎汇聚效果.aep

图 A-37 破碎汇聚动画效果

图 A-37　破碎汇聚动画效果（续）

操作提示

本案例主要使用【碎片】效果，通过设置相关参数和关键帧动画完成对破碎汇聚动画效果的制作，下面详细介绍其操作方法。

步骤 01　打开本案例的素材文件“破碎汇聚素材.aep”，双击【破碎】合成文件，如图 A-38 所示，将其加载到【时间轴】面板中。

步骤 02　在【时间轴】面板中选择【素材合成】图层，展开【效果】→【模拟】→【碎片】属性组后，在【效果控件】面板中设置【视图】为【已渲染】，并在【形状】选项组中设置【图案】为【玻璃】、【重复】为 110.00、【凸出深度】为 0.35，如图 A-39 所示。

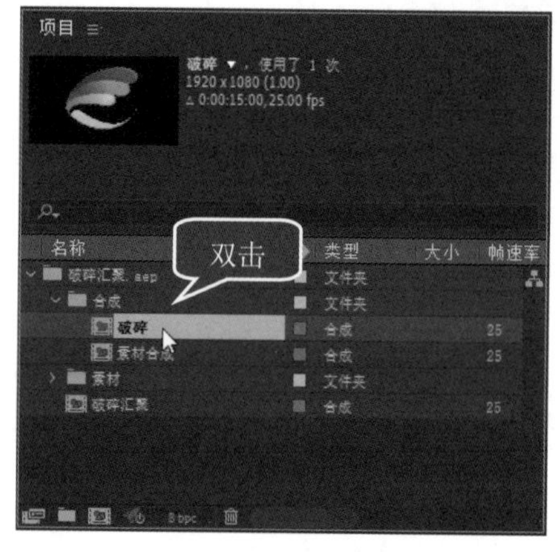

图 A-38　加载合成

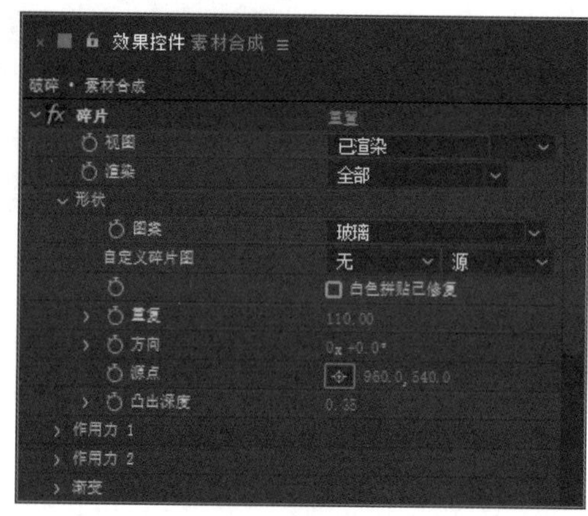

图 A-39　设置参数（1）

步骤 03　展开【作用力 1】选项组，设置【强度】为 0.00，随后，展开【渐变】选项组，设置【碎片阈值】为 100%、【渐变图层】为【1. 素材合成】，如图 A-40 所示。

步骤 04　展开【物理学】选项组，设置【旋转速度】为 1.00、【随机性】为 1.00、【粘度】为 0.71、【大规模方差】为 52%、【重力】为 2.00、【重力方向】为 0x +90.0°、【重力倾向】为 90.00，如图 A-41 所示。

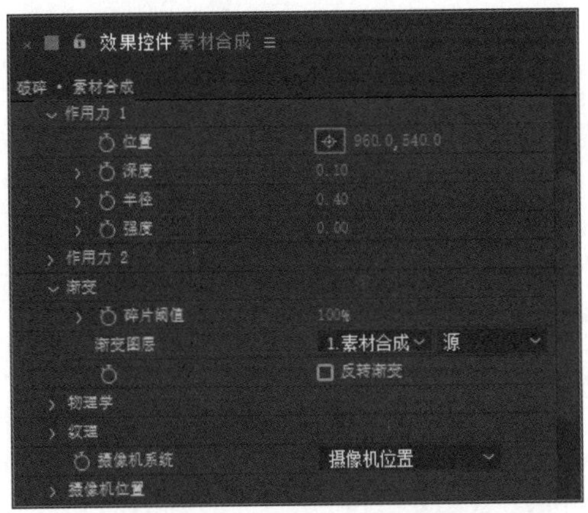

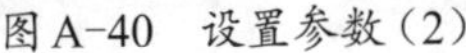

图 A-40 设置参数（2）

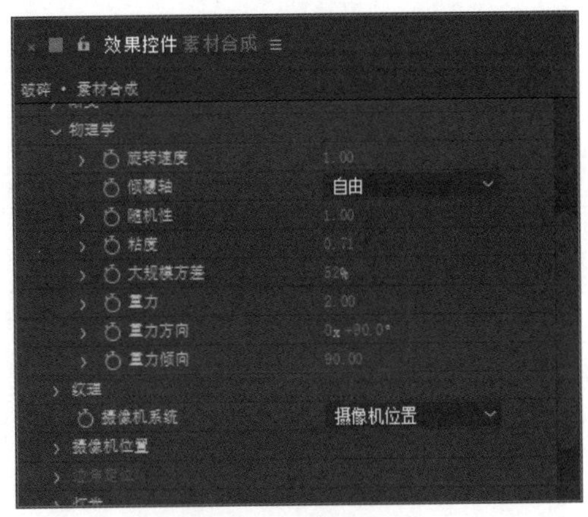

图 A-41 设置参数（3）

步骤 05 设置【重力】属性的关键帧动画，在 0 帧的位置，设置【重力】为 2.00，如图 A-42 所示。随后，在 6 秒的位置，设置【重力】为 61.00。

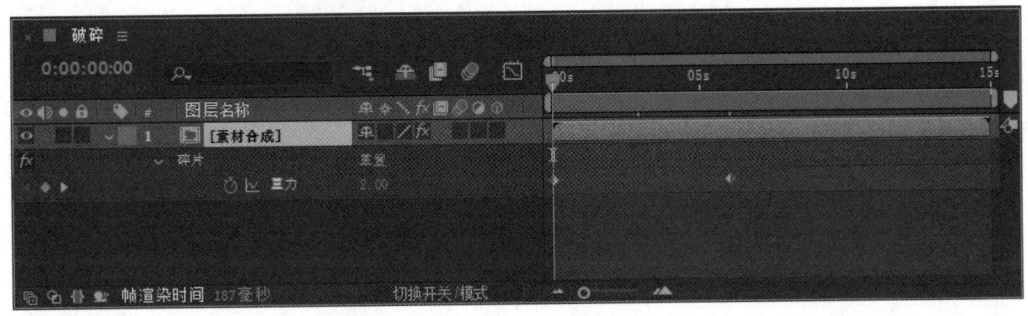

图 A-42 设置关键帧动画

步骤 06 在【项目】面板中双击【破碎汇聚】项目，加载合成。随后，按下小键盘上的数字键 0，即可预览制作完成的破碎汇聚动画效果。

After Effects 2022

附录B
知识与能力总复习题（卷1）

（全卷：100分 答题时间：120分钟）

得分	评卷人

一、选择题（每题2分，共23小题，共计46分）

1.（　　）指每秒钟刷新的图片的帧数，可以理解为图形处理器每秒钟能够刷新几次。

A. 分辨率　　B. 像素比　　C. 帧速率　　D. 信号制式

2.（　　）指由X轴向和Y轴向构成的平面视图。

A. 一维视图　　B. 二维视图　　C. 三维视图　　D. 四维视图

3. 三维空间是在二维空间基础上增加（　　）轴向，形成立体空间。

A. X　　B. Y　　C. I　　D. Z

4. RGB模式是由红、绿、蓝三原色组成的（　　）。

A. 视频播放模式　　B. 音频播放模式　　C. 色彩模式　　D. 图片模式

5. 要制作平滑连贯的动画效果，帧速率一般不小于（　　），电影的帧速率为24帧/秒。

A. 8帧/秒　　B. 10帧/秒　　C. 24帧/秒　　D. 30帧/秒

6.（　　）效果组中预置大量可以对图像颜色信息进行调整的效果，包括自动颜色、色阶、亮度与对比度、色彩平衡、曲线、色相位/饱和度等。

A.【色彩校正】　　B.【杂色和颗粒】　　C.【模糊和锐化】　　D.【风格化】

7. 视频编辑中，最小的单位是（　　）。

A. 小时　　B. 分钟　　C. 秒　　D. 帧

8. 关于视频信号制式的使用地域，（　　）描述是不正确的。

A. 美国、加拿大使用NTFS制式　　B. 日本使用PAL制式

C. 欧洲使用NTFS制式　　D. 中国使用PAL制式

9. 在After Effects 2022中，（　　）具备空间插值和时间插值两种属性。

A. 空间层属性关键帧　　B. 时间层属性关键帧

C. 任何类型的关键帧　　D. 没有关键帧

10. 使用（　　）模式，可以通过比较源图层和底图层的颜色亮度，保留较暗的颜色部分。

A. 相乘　　B. 颜色加深　　C. 变暗　　D. 线性加深

11. 下列关于视频信号制式的说法中，（　　）是正确的。

A. 日本、韩国使用SECAM制式

B. 美国等欧美国家使用SECAM制式

C. 俄罗斯使用NTSC制式

D. 中国大部分地区使用PAL制式

12. 如果需要连续向After Effects 2022中导入多个素材，应该选择（　　）命令。

A. 导入/文件夹　　B. 导入　　C. 导入/多个文件　　D. 导入/文件

13. 任何颜色与黑色相乘都将产生（　　），与白色相乘都将保持不变，而与中间亮度的颜色相

乘，可以得到一种更暗的颜色。

A. 黑色　　B. 白色　　C. 灰色　　D. 红色

14. 为特效的效果点设置动画后，可以在（　　）中对运动路径进行编辑。

A.【合成】面板　　B.【层】面板　　C.【时间线】面板　　D.【效果控制】面板

15. 在小数字键盘中按与图层序号对应的数字，即可（　　）相应的图层。

A. 删除　　B. 选择　　C. 复制　　D. 打开

16. 在【合成】面板中，按住（　　）键的同时使用蒙版工具，可以创建等比例的蒙版形状。

A.【Ctrl】　　B.【Shift】　　C.【Enter】　　D.【Alt】

17. 使用（　　），既可以在图层中绘制圆角矩形，也可以为图层绘制圆角矩形遮罩。

A. 蒙版工具　　B. 钢笔工具　　C. 星形工具　　D. 圆角矩形工具

18. 在（　　）面板中，可以设置文本的对齐方式和缩进大小。

A.【段落】　　B.【字符】　　C.【字体系列】　　D.【字体样式】

19.（　　）提供无限远的光照范围，可以照亮场景中处于目标点上的所有对象，且光线不会因为距离变长而衰减。

A. 聚光灯　　B. 点光源　　C. 平行光　　D. 环境光

20. 使用（　　）滤镜，可以为图像添加四色渐变，模拟霓虹灯、流光溢彩等效果。

A.【模拟】　　B.【渐变】　　C.【流光】　　D.【四色渐变】

21. 使用（　　）滤镜，可以在Lab、YUV和RGB任意一个色彩空间中根据指定的颜色范围设置抠出颜色。抠除具有多种颜色构成或灯光不均匀的蓝屏或绿屏背景时，使用该滤镜非常高效。

A.【颜色键】　　B.【颜色范围】　　C.【差值遮罩】　　D.【内部/外部键】

22. 默认状态下，合成影像中是没有（　　）的，所有图层，即使是3D图层，也不会自动拥有阴影、反射等效果。

A. 灯光层　　B. 文字层　　C. 摄像机层　　D. 图层

23. 使用钢笔工具，可以创建任意形状的蒙版。使用钢笔工具创建蒙版时，必须使蒙版呈（　　）状态。

A. 半闭合　　B. 闭合　　C. 开放　　D. 半开放

得分	评卷人

二、填空题（每题2分，共12小题，共计24分）

1. 使用__________模式，可以从基础颜色中减去源颜色，如果源颜色是黑色，则结果颜色是基础颜色。

2. ____________是每一帧被分割为两场，每一场包含一帧中所有的奇数扫描行或偶数扫描行的扫描方式。

3. 分辨率可以从______________与______________两个方面来分类。

4. 制作视频所使用的素材，都要先导入_______面板，在此面板中，可以对素材进行预览。

5. 在__________面板中，可以看到完成导入的所有素材，包括文件夹、合成文件、视频文件等。

6. 目前，视频流传输中较为重要的编码标准有国际电联的________和________。

7. 三维空间的工作需要依托坐标系，After Effects 2022 预置了 3 种坐标系工作模式，分别是本地轴模式、________和_______。

8. 如果需要对图层在【合成】面板中的空间关系进行快速对齐或分布操作，除了可以使用选择工具手动拖曳，还可以使用__________面板对所选图层进行自动对齐或分布操作。

9. 使用入点和出点控制面板，不但可以方便地控制层的入点和出点信息，还可以通过使用一些快捷功能，改变素材片段的________和__________。

10. 创建文本图层以后，使用动画制作工具可以快速创建复杂的动画效果。一个__________组中，可以包含一个或多个动画选择器及动画属性。

11. 变亮模式包括相加模式、_______模式、________模式、线性减淡模式、颜色减淡模式、经典颜色减淡模式和__________模式等 7 个模式。

12. 设置图层时间时，可以使用时间设置栏对图层__________进行精确设置，也可以手动对图层进行直观操作。

得分	评卷人

三、判断题（每题 1 分，共 14 小题，共计 14 分）

1. 在【时间轴】面板中选择图层，向上或向下拖曳到适当的位置，可以改变图层顺序。（　　）

2. 选择【图层】→【排列】→【使图层后移一层】命令或按【Ctrl+]】快捷键，可以将图层向下移一层。（　　）

3. After Effects 2022 中有很多类型的图层，不同类型的图层适用于不同的操作环境。有些图层用于绘图，有些图层用于影响其他图层的效果，有些图层用于带动其他图层运动等。（　　）

4. SECAM 制式克服了 PAL 制式相位失真的缺点，采用时间分隔法来传送两个色差信号。（　　）

5. 遮罩的实质是路径或轮廓图，用于修改图层的 Alpha 通道。（　　）

6. 蒙版层的轮廓形状决定着用户看到的图像形状。（　　）

7. 遮罩可以丰富画面元素、增加画面层次，在影像合成中是不可或缺的工具之一。（　　）

8. 3D 文字飞入特效是常在电视片头及电影字幕里出现的特效之一，该特效动感十足、空间感强烈，是很多后期特效师的最爱。（　　）

9. 关键帧的概念来源于传统动画制作。人们看到视频画面，其实是一幅幅图像快速播放产生的视觉欺骗，在早期的动画制作中，动画中的每一张图片都需要动画师绘制出来。（　　）

10. 使用色彩校正效果，可以通过对图像中的像素及色彩进行替换和修改等处理，模拟各种画派的风格，创作出丰富且真实的艺术效果。（　　）

11. 中国大陆市场上买到的正式进口的 DV 产品都是 NTSC 制式的 DV 产品。（　　）

12. 世界各国的视频信号制式不尽相同，制式的区分主要在于其帧频（场频）的不同、分解率的不同、信号带宽及载频的不同、色彩空间的转换关系不同等。 （ ）

13. 利用曲线效果，可以对图像各个通道的色调范围进行控制。调整曲线的弯曲度或复杂度，可以调整图像亮区和暗区的分布情况。 （ ）

14.【时间轴】面板是工作界面的核心组成部分，在 After Effects 2022 中，动画设置基本是在【时间轴】面板中完成的，其主要功能是拖动时间轴预览动画，同时对动画进行设置和编辑操作。 （ ）

得分	评卷人

四、简答题（每题 8 分，共 2 小题，共计 16 分）

1. 为素材添加效果的方法有几种？如何操作？

2. 灯光图层的主要作用是什么？如何创建灯光图层？